Matemáticas aplicadas

Aprendizaje Basado en Problemas

3

ESO CÓDIGO ABIERTO

Casals

Rafael-Ángel Martínez
(coordinador)

M.ª Concepción Muñoz
M.ª Isabel de los Santos
Pablo Martínez

La unidad, paso a paso

1 Contextos

Cada unidad desarrolla los distintos bloques curriculares de la asignatura de Matemáticas aplicadas en un **contexto cercano** a los alumnos y alumnas.

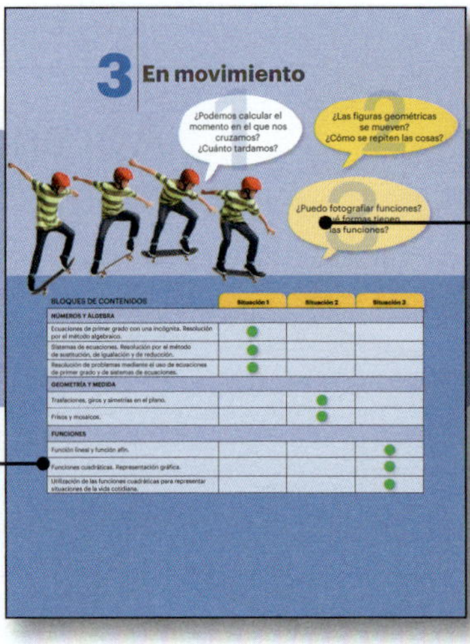

Preguntas iniciales para cada situación de aprendizaje

Contenidos de los distintos bloques curriculares de la unidad

4 Actividades

Existen **dos tipologías de actividades** para asegurar la adquisición de las distintas **competencias matemáticas.**

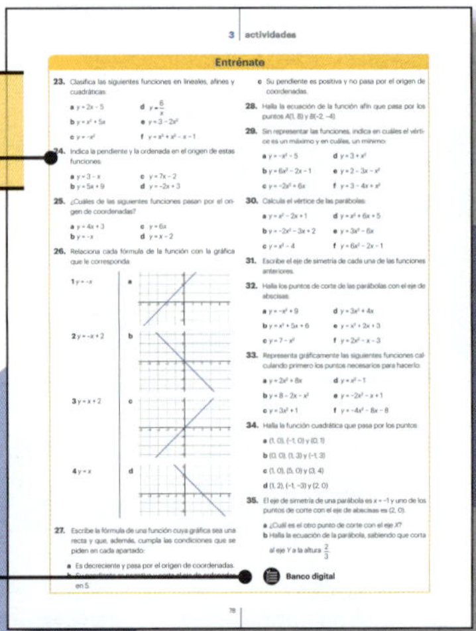

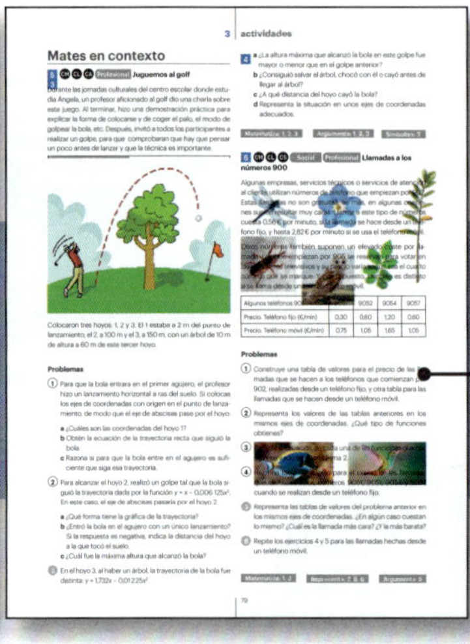

Actividades de ejercitación

Banco digital de actividades autocorregibles

Problemas contextualizados que indican la gradación de los procesos matemáticos (PISA) y las habilidades de la competencia matemática

5 Organizo los conceptos

Los contenidos se irán entremezclando durante todo el curso hasta completar **todos los conocimientos exigidos en el currículo.** De esta manera, los alumnos y alumnas verán la relación que existe entre los distintos bloques.

Contenidos resumidos y organizados por bloques al final de cada unidad

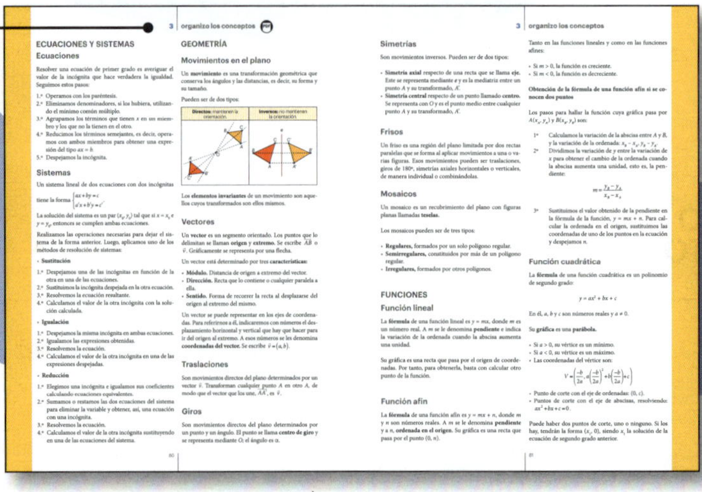

2 Situaciones de aprendizaje

En cada unidad se plantean **3 situaciones reales y de interés** para el alumnado, a partir de las cuales se irán construyendo distintos conocimientos matemáticos.

Retos o problemas que el alumnado podrá resolver mediante actividades dirigidas y orientadas

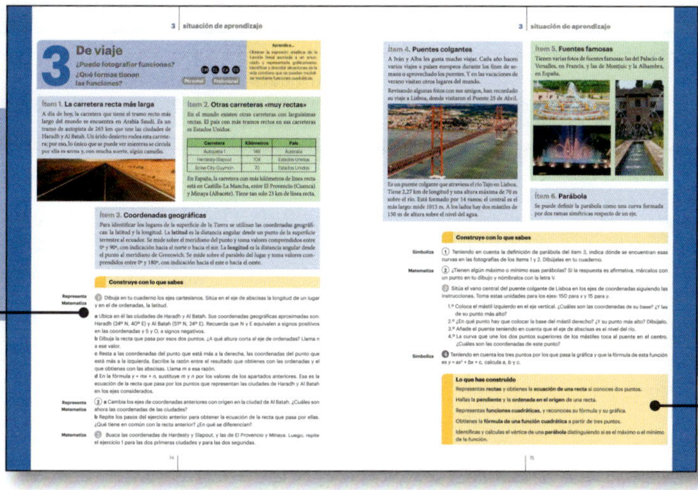

Nuevo conocimiento matemático adquirido para afrontar futuros retos

3 Contenidos

Se desarrollan los contenidos de cada situación de aprendizaje, **alternando los conocimientos teóricos esenciales con ejemplos, ilustraciones y recursos digitales.**

Conceptos teóricos básicos para el desarrollo del contenido de cada situación

Ejemplos resueltos

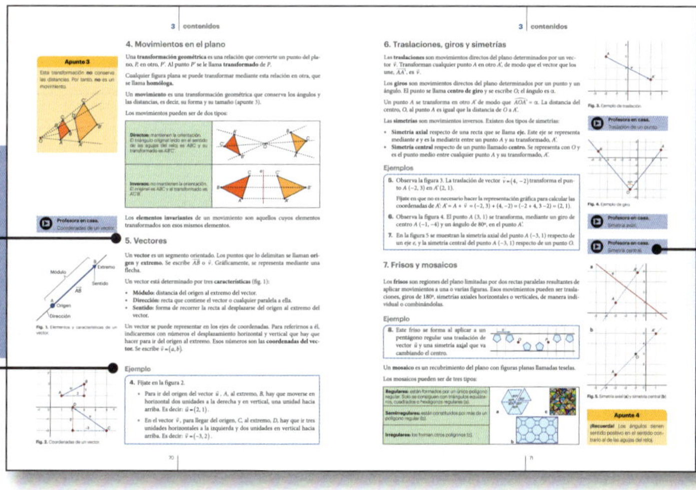

Vídeos «Profesor/a en casa», en los que se resuelven ejercicios y explican conceptos básicos

6 Actividades finales y Evalúa

Dos tipologías de actividades que mezclan los contenidos de los bloques de la unidad

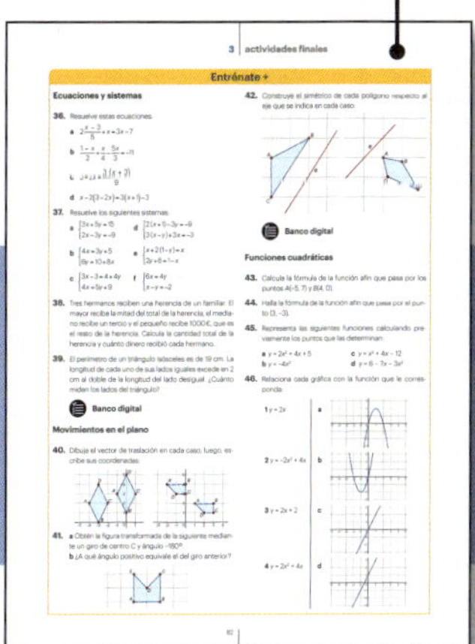

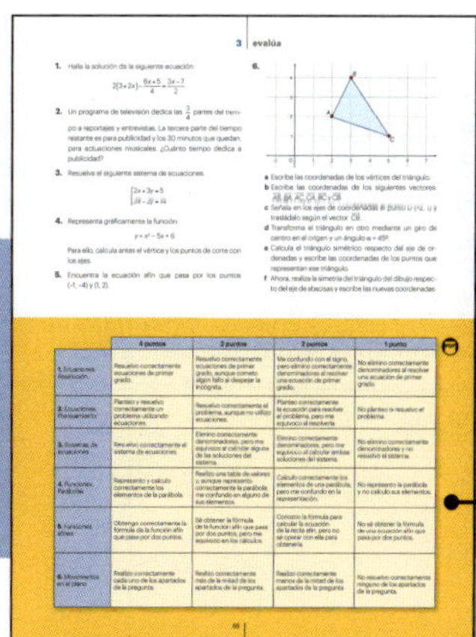

Autoevaluación con rúbrica

Además, un **proyecto** trimestral.

ÍNDICE

Contextos y situaciones de aprendizaje	Contenidos			
	Números y álgebra	**Geometría y medida**	**Estadística y probabilidad**	**Funciones**
PROYECTO 2 Pág. 87	**¿Cómo éramos y cómo seremos?** Resolución de problemas / Herramientas digitales / Pensamiento crítico			
4 **Historias matemáticas** 1 ¿Qué es una raíz? 2 Figuras perfectas 3 Sistemas históricos Pág. 89	• Monomios. Operaciones elementales con monomios. • Polinomios. Transformación de expresiones algebraicas. Operaciones elementales con polinomios. • Igualdades notables. • Sistemas de ecuaciones lineales. Resolución de sistemas de ecuaciones. Resolución de problemas mediante el uso de sistemas.	• Poliedros, poliedros regulares. Vértices, aristas y caras. Teorema de Euler. • Planos de simetría en los poliedros.		
5 **Tiempo libre y ocio** 1 ¡A remojo! 2 ¡A montar en las atracciones! 3 Don Quijote de las matemáticas Pág. 115	• Representación de números en la recta real. • Transformación de fracciones en decimales y viceversa. • Números decimales exactos y periódicos. Fracción generatriz. • Operaciones con fracciones y decimales. Cálculo aproximado y redondeo. • Ecuaciones de segundo grado con una incógnita. Resolución de ecuaciones de segundo grado por el método algebraico. • Resolución de problemas con ecuaciones de segundo grado. • Progresiones aritméticas y geométricas.			
6 **El mundo de la publicidad** 1 Negocios 2 Artes gráficas 3 El precio de la publicidad Pág. 141	• Operaciones con fracciones y decimales. • Raíces cuadradas. • Raíces no exactas. Expresión decimal. • Resolución de ecuaciones de segundo grado.	• División de un segmento en partes iguales. • Teorema de Tales. • Aplicación a la resolución de problemas. • Escalas. • Uso de las nuevas tecnologías para estudiar formas, configuraciones y relaciones geométricas.	• Frecuencias. • Análisis y comparación de situaciones de dependencia funcional dadas mediante tablas y enunciados. • Gráficas estadísticas. • Parámetros de posición y de dispersión. Diagrama de caja y bigotes. • Interpretación conjunta de la media y la desviación típica.	• Análisis y descripción cualitativa de gráficas que representan fenómenos del entorno cotidiano y de otras materias. • Análisis de una situación a partir del estudio de las características locales y globales de la gráfica. • Análisis y comparación de situaciones de dependencia funcional dadas mediante tablas y enunciados. • Utilización de modelos lineales para estudiar situaciones provenientes de los diferentes ámbitos de conocimiento y de la vida cotidiana. • Expresiones de la ecuación de la recta. • Funciones cuadráticas. Representación gráfica. Utilización para representar situaciones de la vida cotidiana.

ÍNDICE

PROYECTO 1

LA GUAPURA ESTÁ EN LAS MATES

¿Podemos definir matemáticamente la belleza de un rostro?

4 sesiones

Pon en marcha tus capacidades

Resolución de problemas

Comunicación y argumentación

Pensamiento crítico

PRESENTACIÓN DEL PROYECTO

¿Se puede medir matemáticamente la belleza? ¿Qué hace que una persona nos parezca guapa? ¿Es un tema objetivo o es una cuestión de gustos?

Con este proyecto:

- Estudiarás el concepto de simetría.
- Establecerás relaciones de proporcionalidad.
- Elaborarás, comunicarás y defenderás tu estudio de antropometría facial.
- Valorarás los cánones estéticos y apreciarás de una manera positiva la diversidad humana.

¡Tu personaje favorito puede ser el más bello matemáticamente!

¿QUÉ DEBES SABER PARA TENER ÉXITO EN ESTE PROYECTO?

Para hacer un buen proyecto, tienes que manejar herramientas y conceptos matemáticos que ya conoces, y otros nuevos que aprenderás durante el proceso:

- Dominar los diferentes tipos de movimientos en el plano.
- Operar con números decimales.
- Manejar cálculos de proporcionalidad.

¡No olvides aplicar tus conocimientos tecnológicos sobre programas de edición de imágenes!

PRODUCTO FINAL

El producto final será un póster en el que expondrás tu estudio antropométrico facial sobre el rostro de un personaje que tú elijas. En él expondrás, de forma gráfica y matemática, algunos parámetros antropométricos.

En primer lugar, tienes que trabajar a fondo los siguientes conocimientos:

- Concepto de simetría.
- Cálculo del error relativo y porcentajes.

Seguro que, durante tu estudio, encuentras otros datos interesantes. ¡No dudes en incorporarlos al proyecto!

¿Qué aprenderé?

Resolución de problemas

Ante el problema filosófico de definir la belleza, responderás con un análisis cuantitativo de los diferentes parámetros antropométricos que caracterizan un rostro.

Comunicación y argumentación

Comunicarás de forma razonada y con efectividad tu estudio antropométrico facial mediante un póster.

Pensamiento crítico

¿La belleza es una percepción puramente personal? ¿La imponen las modas? ¿Es un tema frívolo y sin interés? La ciencia intenta dar una respuesta objetiva a todo esto, pero ¿cuál es tu punto de vista?

¿QUÉ HAREMOS?

En grupos de 2

Sesión 1 **Definir matemáticamente la belleza.**	¿Hay algún parámetro matemático común a los rostros bonitos, como el grado de simetría o la proporción entre las distintas partes? Buscamos información sobre las investigaciones científicas que existen al respecto y sobre los parámetros que se analizan. Intercambiamos la información obtenida con otro grupo. Valoramos e incorporamos los comentarios que nos hagan.
Sesión 2 **Elegir los rostros que vamos a analizar.**	Por parejas, elegid a un personaje cuyo rostro consideréis especialmente bonito. Debe haber paridad de hombres y mujeres, y diversidad de edades y de nacionalidades. Buscad en la Red una foto frontal, si es posible, con un semblante neutro, e imprimid varias copias iguales y de buen tamaño (DIN A3 o superior). Acordamos la manera de analizar los rostros y plasmar el resultado de nuestro estudio.
Sesión 3 **Estudiar los rostros y cuantificar los parámetros en relación a un valor ideal.**	Montamos las fotografías sobre un póster y marcamos en cada una de ellas los diferentes puntos y elementos que se van a medir (por ejemplo, una foto para analizar la simetría, otra para el estudio de las proporciones, etc.). Medimos los diversos parámetros elegidos y los comparamos con los que se consideran ideales usando el concepto de error relativo.
Sesión 4 **Exponer el estudio antropométrico en el aula. Debatir sobre los resultados obtenidos.**	Por parejas, presentamos nuestro estudio en el aula. Hacemos un *ranking* de los rostros con unos resultados matemáticos más cercanos a los ideales. Debatimos sobre si los resultados objetivos coinciden con los gustos de la mayoría.

LA GUAPURA ESTÁ EN LAS MATES

En primer lugar, debéis exponer al resto de la clase cómo habéis elegido los parámetros antropométricos y explicar por qué lo habéis hecho así.

Luego, tenéis que presentar vuestro póster y defenderlo de las críticas que os hagan.

¿QUÉ EVALUAREMOS?

Para evaluar este proyecto, debéis acordar una rúbrica de evaluación durante la sesión 2 con el resto de los grupos y con el profesor o profesora.

Esta rúbrica valorará, como mínimo, estos aspectos:

- La consecución de información contrastada sobre los parámetros del rostro que se estudia.
- Un análisis de los rostros riguroso y coherente con los parámetros elegidos.
- La presentación en los pósteres, de forma clara y visual, del análisis realizado, y la relfexión.

Podéis añadir otros factores que consideréis interesantes a la hora de defender vuestro trabajo. Se evaluará la tarea de las parejas. Podrás autoevaluarte y evaluar a las otras parejas.

«Para aquellos que no conozcan las matemáticas, es difícil sentir la belleza, la profunda belleza de la naturaleza.»

Richard Feynman

1 Campamento de verano

¿De dónde vienes? ¿Qué actividades realizas?

¿El perfil de una ruta es una función?

¿Cuántas personas tienen menos años que yo? ¿Cuál es la media de edad?

BLOQUES DE CONTENIDOS	Situación 1	Situación 2	Situación 3
NÚMEROS Y ÁLGEBRA			
Representación de números en la recta real.	●		
Transformación de fracciones en decimales y viceversa.	●		
Números exactos y periódicos. Fracción generatriz.	●		
Operaciones con fracciones y decimales. Cálculo aproximado y redondeo. Cifras.	●		
Jerarquía de las operaciones.		●	
FUNCIONES			
Análisis y descripción cualitativa de gráficas que representan fenómenos del entorno cotidiano y de otras materias.		●	
Análisis de una situación a partir del estudio de las características locales y globales de la gráfica correspondiente.		●	
Análisis y comparación de situaciones de dependencia funcional dadas mediante tablas y enunciados.		●	
Utilización de modelos lineales para estudiar situaciones de los diferentes ámbitos de conocimiento y de la vida cotidiana, mediante la confección de tablas, la representación gráfica y la obtención de expresiones algebraicas.		●	
ESTADÍSTICA Y PROBABILIDAD			
Fases y tareas de un estudio estadístico. Población y muestra. Variables estadísticas: cualitativas, discretas y continuas.			●
Métodos de selección de una muestra estadística. Representatividad de una muestra.			●
Frecuencias absolutas, relativas y acumuladas.			●
Parámetros de posición. Cálculo, interpretación y propiedades.			●

1 Diversión a raudales

¿De dónde vienes?

¿Qué actividades realizas?

CM CL CA CS CD

Social Personal

Aprende a...

Reconocer y utilizar los distintos tipos de números.

Distinguir entre decimales finitos y decimales infinitos periódicos para hallar la fracción generatriz correspondiente.

Hallar la fracción generatriz correspondiente a un decimal exacto o periódico.

Ítem 1. Campamento de verano

Este año se va a realizar un campamento de verano en el *camping* Oromar. Hay 150 asistentes que proceden de varios lugares de la geografía española. La tabla siguiente muestra la procedencia de los chicos y chicas que participan en el campamento.

Procedencia	Madrid	Barcelona	Valencia	Otros
Fracción	$\frac{2}{5}$	$\frac{1}{3}$	$\frac{1}{6}$	
Chicos y chicas	$\frac{2}{3}$	$\frac{2}{5}$	$\frac{3}{5}$	$\frac{1}{3}$

Ítem 2. Números decimales

- Parte entera: a la izquierda de la coma.
- Parte decimal: a la derecha de la coma.
- Período: infinitos números de la parte decimal que se repiten. Lleva un arco encima para identificarlo.
- Periódicos puros: toda la parte decimal es período.
- Periódicos mixtos: en la parte decimal hay números que no se repiten, tiene parte no periódica.

Construye con lo que sabes

Matematiza

1. Fíjate en los datos del ítem 1. ¿Cuántos participantes proceden de Madrid? ¿Y de Barcelona y Valencia?

2. ¿Qué fracción representa a los que tienen otras procedencias? ¿Cuántos son?

3. ¿Qué fracción del total representan los que vienen de Madrid y Barcelona? ¿Y los que vienen de Barcelona y Valencia?

4. Calcula el número de chicos de cada lugar. Halla la fracción que representan las chicas madrileñas sobre el total. Calcula lo mismo para el resto.

5. Calcula el porcentaje de chicos y chicas que asisten en total.

Matematiza

6. Escribe con un decimal la fracción que representan, sobre el total, los chicos de Barcelona. ¿Tiene cifras decimales finitas o infinitas? ¿Se repiten todas? ¿Qué tipo de decimal es? Convierte a decimales las fracciones de los que asisten por lugares y clasifícalos.

   Nota: consulta el ítem 2.

Matematiza

7. El precio del campamento para cuatro personas durante 11 días es de 1320 €. ¿Cuánto pagarán 15 personas por 15 días?

8. Hay 30 habitaciones disponibles y quieren repartirlas de manera directamente proporcional a los participantes de cada lugar. ¿Cuántas habitaciones se asignarán a cada grupo? Calcula cuántas corresponderán a los chicos y chicas de cada zona.

Ítem 3. Representación de fracciones en la recta real

1. Dibuja una recta auxiliar desde el 0.
2. Marca tantas partes iguales como indique el denominador.
3. Une la última marca con el 1 y traza paralelas.
4. Selecciona tantas partes como indique el numerador.

Profesora en casa. Representación de fracciones en la recta real.

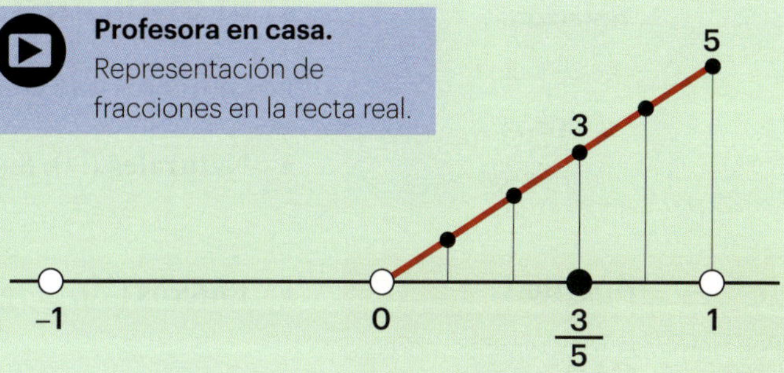

Ítem 4. Actividades disponibles

- Surf de 10:00 a 13:00 horas.
- Juegos de agua en la piscina de 11:00 a 13:30 horas y de 17:00 a 19:30 horas.
- *Quads* de 9:00 a 12:00 horas y de 19:00 a 20:00 horas.
- Tirolina y escalada de 18:00 a 20:00 horas.
- Vóley-playa de 16:00 a 22:00 horas.
- Juegos de mesa de de 10:00 a 14:00 y de 16:00 a 20:00 horas.

Construye con lo que sabes

Representa 9 Representa las fracciones del ítem 1 en la recta real. Para hacerlo, fíjate en la información del ítem 3.

Matematiza 10 Teniendo en cuenta que el día tiene 24 horas, escribe la fracción del tiempo que se dedica a cada actividad del ítem 4.

Argumenta 11 Escribe el decimal correspondiente a cada una de las fracciones del ejercicio anterior. Luego, clasifica esos decimales atendiendo al ítem 2. Justifica la clasificación que has hecho.

Representa 12 Representa en la recta real la fracción del tiempo que se dedica a:

a Surf. **b** *Quads.* **c** Vóley-playa. **d** Juegos de mesa.

Matematiza 13 Escribe mediante fracciones la parte del día en la que es posible practicar:

a Vóley-playa y juegos de mesa. **b** Surf y *quads.* **c** Juegos de agua y *quads.*

Argumenta 14 Escribe los horarios en los que coinciden las actividades de los apartados siguientes y escribe la fracción del tiempo que representan:

a *Quads* y tirolina y escalada. **b** Surf y vóley-playa. **c** Juegos de agua y *quads.*

Matematiza 15 ¿Hay algún período de tiempo en el que no se realizan actividades? Si es así, escríbelo y calcula la fracción que representa el tiempo sin actividades.

Argumenta 16 Ya sabes convertir una fracción a decimal, pero ¿sabrías hacer la operación contraria? Formad grupos de cuatro personas e Investigad de qué modo se puede encontrar la fracción para los tres tipos de decimales: exactos, periódicos puros y periódicos mixtos. Después, exponed vuestro trabajo en clase.

Lo que has construido

Conoces los **tipos de decimales** que hay y relacionas **fracciones y decimales.**

Representas **fracciones en la recta real.**

Notación

$\in$ → *pertenece a...*

$\neq$ → *distinto de...*

$\subset$ → *está contenido en...*

Apunte 1

Los números fraccionarios no tienen anterior ni siguiente.

¿Cuál es el siguiente de 3,5? ¿Es 3,6 o 3,51? ¿O quizás 3,501? La respuesta es que no tiene siguiente ni anterior. Por eso, se dice que $\mathbb{Q}$ es denso.

Apunte 2

Los enteros se expresan con $\mathbb{Z}$ porque en alemán la palabra *número* se escribe *zahl*.

Los racionales ($\mathbb{Q}$) se llaman así porque en inglés *quotient* significa 'cociente' y los racionales son el cociente de dos enteros.

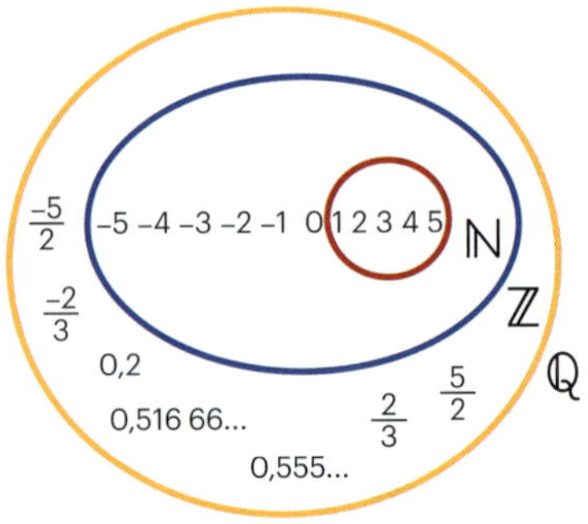

Fig. 1. El conjunto de los números racionales ($\mathbb{Q}$) incluye los naturales y los enteros.

Apunte 3

Tipos de fracciones

- **Propias:** son menores que 1.
- **Impropias:** son mayores que 1.
- **Unitarias:** son iguales a 1.

1. El conjunto de los números racionales

Los números que conoces hasta el momento son:

- **Naturales ($\mathbb{N}$).** Surgieron por la necesidad de contar.

$$\mathbb{N} = \{1, 2, 3, 4\ldots\ 30\ldots\}$$

- **Enteros ($\mathbb{Z}$).** Surgieron posteriormente por la necesidad de expresar deudas.

$$\mathbb{Z} = \{\ldots\ -3, -2, -1, 0, 1, 2, 3\ldots\}$$

  Los naturales son enteros positivos, por lo tanto, todo número natural es entero, pero no al contrario. Así, decimos que los números naturales están incluidos en los enteros y lo expresamos como $\mathbb{N} \subset \mathbb{Z}$.

  Todo número entero tiene anterior y siguiente. Así, −4 es el anterior de −3 y −2 es su siguiente.

- **Fraccionarios.** Expresan unidades incompletas o partes de la unidad. Podemos expresarlos como fracción o como número decimal (apunte 1).

El conjunto de los números enteros (que incluye a los naturales) junto con los fraccionarios se llama conjunto de los números racionales y se expresa por la letra $\mathbb{Q}$ (apunte 2). Se cumple $\mathbb{N} \subset \mathbb{Z} \subset \mathbb{Q}$.

Importante: todo número racional puede escribirse en forma de fracción.

Ejemplos

1. El 4 es un número natural; por lo tanto, pertenece a $\mathbb{N}$ y escribimos $4 \in \mathbb{N}$. Observa que 4 también es entero positivo y racional, ya que lo podemos escribir en forma de fracción: $\frac{4}{1}$.

2. El −2 no es natural, sino entero; por lo tanto, escribimos $-2 \in \mathbb{Z}$. También es racional: $-2 = \frac{-2}{1}$.

3. El número 3,5 es racional, ya que podemos escribirlo en forma de fracción: $3{,}5 = \frac{35}{10} = \frac{7}{2}$; por lo tanto, $3{,}5 \in \mathbb{Q}$, pero no es entero ni natural.

2. Fracciones

Para simplificar una fracción, dividiremos numerador y denominador entre su máximo común divisor (apunte 3).

- Cuando una fracción no se pueda simplificar más, diremos que es irreducible. Así, $\frac{a}{b}$ es irreducible si, y solo si, m. c. d. $(a, b) = 1$.
- Se dice que dos fracciones son equivalentes cuando, al simplificarse, dan lugar a la misma fracción irreducible.

Ejemplo

4. $\frac{a}{b}$ y $\frac{c}{d}$ son equivalentes si, y solo si, $a \cdot d = b \cdot c$. Así, $\frac{45}{60}$ y $\frac{3}{4}$ son equivalentes, ya que $45 \cdot 4 = 60 \cdot 3 = 180$.

2.1 Operaciones con fracciones

Suma y resta	Producto	Cociente
1. Se reducen a común denominador con el m. c. m. 2. Se suman o restan los numeradores y se deja el mismo denominador.	$\frac{a}{b}\cdot\frac{c}{d}=\frac{a\cdot c}{b\cdot d}$	$\frac{a}{b}:\frac{c}{d}=\frac{a}{b}\cdot\frac{d}{c}$

Ejemplos

5. Suma y resta de fracciones:

$$\frac{4}{3}+\frac{3}{12}-\frac{5}{8}\underset{\text{m. c. m}(3,12,8)=24}{=}\frac{32+6-15}{24}=\frac{23}{24}$$

6. Producto de fracciones:

$$\frac{2}{3}\cdot\frac{5}{6}=\frac{10}{18}=\frac{5}{9}$$

7. Cociente de fracciones:

$$\frac{2}{3}:\frac{5}{6}=\frac{2}{3}\cdot\frac{6}{5}=\frac{12}{15}=\frac{4}{5}$$

Apunte 4

Orden de las operaciones

1. Paréntesis y corchetes.
2. Potencias y raíces.
3. Multiplicaciones y divisiones.
4. Sumas y restas.

$\frac{a+b}{a+c}\neq\frac{b}{c}$ (*sumas*)

$\frac{a\cdot b}{a\cdot c}=\frac{b}{c}$ (*productos*)

2.2 Expresiones fraccionaria y decimal de un número racional

- Para **pasar de la expresión fraccionaria a la expresión decimal** dividimos el numerador entre el denominador. Los tipos de decimales que podemos obtener son los siguientes:

Exactos	Periódicos puros	Periódicos mixtos
Cantidad limitada de cifras decimales.	El período (la parte que se repite) empieza después de la coma.	El período no empieza después de la coma.
Ejemplo: 37,5 Parte entera: 37. Parte decimal: 5.	Ejemplo: $3,\widehat{65}=3,6565...$ Parte entera: 3. Período: 65.	Ejemplo: $3,12\widehat{65}=3,126565...$ Parte entera: 3. Anteperíodo: 12. Período: 65.
El denominador solo contiene los factores 2 o 5.	El denominador no contiene los factores 2 ni 5.	El denominador contiene los factores 2 o 5 y, además, otros.

Apunte 5

Redondeo de 1,3725 a:

Décima: 1,4

Centésima: 1,37

Milésima: 1,373

Profesora en casa. Otra manera de calcular la fracción generatriz.

- Para **pasar de la expresión decimal a la expresión fraccionaria**:

$$x=\frac{\text{Todas las cifras}-\text{Cifras hasta el período}}{\text{Tantos 9 como cifras el período Tantos 0 como cifras anteperíodo}}$$

Ejemplo

8. Paso de la expresión decimal a la expresión fraccionaria:

$$2,\widehat{165}=\frac{2165-2}{999}=\frac{2163}{999}\qquad 3,12\widehat{65}=\frac{31265-312}{9900}=\frac{30953}{9900}$$

Entrénate

1. Expresa con notación matemática las siguientes afirmaciones.

a 6 pertenece al conjunto de los números naturales.
b Los números naturales están incluidos en los racionales.
c 3,5 pertenece a los racionales.
d –5 pertenece a los enteros.

2. Indica si son ciertas o falsas las siguientes afirmaciones y argumenta tus respuestas.

a Todo número natural es entero.
b $\mathbb{Z} \subset \mathbb{N}$.
c $\frac{10}{2} \in \mathbb{N}$ y $\frac{8}{5} \in \mathbb{N}$.
d Hay enteros que no son naturales.
e Cualquier número racional puede escribirse en forma de fracción.
f Un número racional es entero.
g El número 7 es natural, entero y racional.

3. Calcula la fracción irreducible de las siguientes fracciones.

a $\frac{24}{28}$ **b** $\frac{36}{99}$ **c** $\frac{110}{220}$ **d** $\frac{42}{56}$ **e** $\frac{65}{91}$

4. Comprueba de dos maneras diferentes si los siguientes números racionales son equivalentes.

a $\frac{3}{4}$ y $\frac{9}{12}$ **b** $\frac{15}{30}$ y $\frac{90}{180}$ **c** $\frac{13}{26}$ y $\frac{52}{78}$

5. Realiza las siguientes operaciones, simplificando en cada paso, y expresa el resultado como fracción irreducible.

a $\frac{2}{3}+\left[1-\left(\frac{3}{4}-\frac{1}{6}\right)\right]$

b $\dfrac{\left(\frac{1}{2}-\frac{1}{6}\right):\frac{4}{3}}{\frac{1}{3}+\frac{1}{2}\cdot\frac{10}{9}-\frac{5}{6}}$

c $\frac{2}{5}-\frac{1}{5}\cdot\left(\frac{3}{4}-\frac{1}{3}:\frac{6}{12}\right)$

d $\dfrac{\frac{4}{9}-\frac{8}{3}\cdot\left(\frac{3}{8}-\frac{1}{3}\right)}{\left(\frac{1}{4}-\frac{1}{6}\right):\left(\frac{1}{3}:\frac{4}{9}\right)}$

6. Clasifica los siguientes números decimales. Identifica sus partes y luego calcula la fracción generatriz de dos formas diferentes.

a 2,67 **c** 5,111... **e** 3,244444 **g** 7,1212...
b 3,46 **d** 0,35454 **f** 2,345345 **h** 0,273636...

7. Realiza estas operaciones. Para ello, primero expresa los decimales en forma de fracción irreducible.

a $2,4\hat{6}-\frac{2}{5}$ **c** $1,\hat{6}+2,0\hat{4}$
b $3,\hat{6}+6,\hat{3}$ **d** $\frac{4}{3}-\frac{1}{3}\cdot 3,\widehat{12}$

8. Representa estas fracciones sobre la recta de números reales:

a $\frac{1}{5}$ **b** $\frac{3}{6}$ **c** $\frac{8}{3}$ **d** $\frac{-3}{5}$ **e** $\frac{5}{5}$

9. Redondea a las centésimas los siguientes números:

a 2,345555... **b** 1,884 **c** 5,9977... **d** 0,36666

10. Escribe de dos formas diferentes la fracción generatriz de los decimales que siguen:

a 2,3 **d** 3,5678678...
b 5,7625 **e** 2,3636...
c 2,99999... **f** –1,234444...

11. Clasifica los siguientes números en naturales, enteros o racionales. Escribe la notación adecuada; por ejemplo, como 3,5 es racional, escribiremos $3,5 \in \mathbb{Q}$.

a 4,5 **c** $\frac{25}{5}$ **e** 1,0636...
b 0 **d** 1,4678678... **f** $\frac{-10}{2}$

12. En cada caso, escribe tres números que se encuentren entre los siguientes:

a 4 y 5 **c** $\frac{1}{4}$ y $\frac{2}{4}$ **e** 2,3 y 2,35
b –1 y 1 **d** 1,4 y 1,7 **f** $\frac{1}{5}$ y $\frac{1}{4}$

13. Realiza estas operaciones simplificando en cada paso y expresa cada resultado como fracción irreducible:

a $\frac{5}{3}:\left(\frac{3}{2}+1-\frac{5}{6}\right)-\frac{2}{3}\cdot\frac{9}{4}=$

b $\frac{1}{3}\cdot\left(\frac{3}{4}-1\right)-\left(-\frac{1}{4}\right)=$

c $3-\dfrac{4}{1-\frac{1}{2}}=$

Banco digital

Mates en contexto

1 CM CL Personal Toca ahorrar

Como cada año, Emi ahorra para llevar a su hija Alba a un campamento de verano. Tiene dos opciones: llevarla seis días o 10 días. Evidentemente, el precio no es el mismo. Por seis días debe pagar 810 € y tiene que informarse sobre el precio si quisiera ampliar los días.

Problemas

1. Si Emi lleva ahorradas dos novenas partes del precio del campamento para una semana, ¿qué fracción del total tiene ahorrado? ¿Cuánto dinero es?
2. Escribe como decimal la parte que tiene ahorrada. ¿Qué tipo de decimal es? Escríbelo con la notación abreviada y redondea a las centésimas.
3. Escribe la fracción del total que le queda por ahorrar, el tipo de decimal que es y escríbelo de forma abreviada. Redondea a las centésimas.
4. En marzo ha tenido muchos gastos y ha ahorrado para el campamento 108 €. ¿Qué fracción del total representa esta cantidad de dinero? Escríbela como fracción irreducible.

   Sin realizar la división, indica qué tipo de decimal es. Luego, comprueba tu respuesta dividiendo y escribe el decimal de manera abreviada.
5. La fracción que representa lo que le queda por conseguir se corresponde con el decimal $0{,}6\widehat{4}$. ¿Qué tipo de decimal es? Escríbelo en forma de fracción irreducible y divide para comprobar que no te has equivocado.
6. Comprueba que la respuesta del apartado 5 es correcta usando la información de los ejercicios 1 y 4.
7. Si, en lugar de seis días, Alba se queda 10 días, el precio por día se reduce un 20 %. Calcula el precio del campamento en este caso.
8. Si, tiene ahorrados los 810 €, escribe con una fracción la parte que le queda por ahorrar. ¿Qué tipo de decimal representa?

Matematiza: 1, 2, 3, 5 **Argumenta: 4, 6, 7, 8**

2 CM CL Social Conexión a internet en el campamento de verano

Jose está de campamento en la playa. Le permiten conectarse a internet en horario de 9:00 a 10:00 horas y de 21:00 a 23:00 horas, siempre bajo la supervisión de un monitor.

Gema está en un campamento en la montaña y el horario para navegar por la Red es de 10:00 a 14:00 horas.

Problemas

1. ¿Podrían chatear a las 9:30 de la mañana? ¿Y por la tarde?
2. Escribe mediante una fracción las horas de conexión de las que dispone Jose. Calcula el porcentaje de tiempo que puede estar conectado diariamente.
3. Haz los mismos cálculos del ejercicio 2 en el caso de Gema. ¿Cuál de los dos puede conectarse más tiempo?
4. A Jose le han dado un bono extra de conexión que puede usar a cualquier hora. Si utiliza la mitad del tiempo de conexión de ese bono para chatear con Gema, ¿qué fracción le queda para otras actividades?
5. A continuación, Jose emplea la mitad del tiempo que le quedó para chatear con sus padres. ¿Qué fracción ha gastado con ellos? ¿Qué fracción le queda ahora?
6. Seguidamente, utiliza once quinceavos de lo que le quedaba en navegar por internet para buscar información. ¿Qué fracción ha usado en esta operación? ¿Qué fracción le queda ahora?
7. Si en el bono aún tiene 360 MB, ¿cuántos *megabytes* tenía el bono?
8. Calcula los *megabytes* que ha utilizado para cada actividad.
9. Si 1 GB son 1024 MB, ¿cuántos *gigabytes* tenía el bono?

Matematiza: 1, 2, 3, 8, 9 **Argumenta: 4, 5, 6, 7**

2 Actividades al aire libre

¿El perfil de una ruta es una función?

CM CL CA CS CC Social Personal Profesional

Aprende a...

Interpretar el comportamiento de una función dada gráficamente.

Identificar las características más relevantes de una gráfica en su contexto.

Construir una gráfica a partir de un enunciado contextualizado.

Ítem 1. Nos vamos de senderismo

Los integrantes del campamento se levantarán mañana temprano para hacer una ruta a pie a lo largo de un **sendero de pequeño recorrido (PR).** Para no perderse, deberán seguir señales como las siguientes:

También les han informado de que es una **ruta circular,** esto es, empieza y termina en el mismo punto. Recorrerán una distancia de 10 km y tardarán unas 2,5 horas. A los 5 km pararán media hora a tomar un bocadillo. A los 3 km y a los 8 km, se detendrán 10 minutos para refrescarse y descansar.

Ítem 2. El perfil de la ruta

El perfil es un gráfico en el que se muestra la altitud en cada punto de la ruta.

La diferencia de altura entre dos puntos se llama **desnivel.** Si es positivo, significa que se asciende y si es negativo, que se desciende.

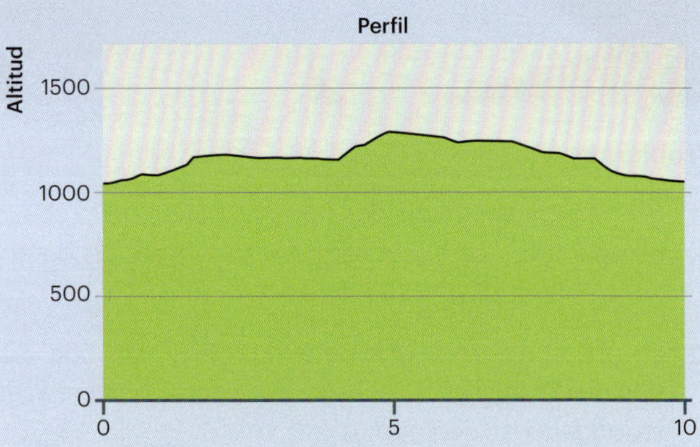

Construye con lo que sabes

Argumenta

1. Razona si es normal que en la ruta que van a hacer, la altitud del punto inicial y la del punto final sean la misma.

2. Observa el perfil del ítem 2 y realiza las actividades.

a ¿Qué magnitud se ha representado en el eje horizontal? ¿En qué unidades está expresada? ¿Entre qué dos números están comprendidos los valores que toma?

b Teniendo en cuenta que la altitud más baja de la ruta es 1054 m y la más alta, 1294 m, repite las preguntas del apartado anterior para el eje vertical.

Matematiza

3. Entra en la página web del enlace; observarás que, al pasar el puntero por los puntos del perfil de la ruta, aparecen dos números. ¿A qué valor representado en la gráfica corresponde cada uno de ellos?

4. Continúa trabajando con la página web para ser más preciso en las respuestas que con el dibujo del ítem 2. A lo largo del trayecto hay cambios de altitud.

a ¿Entre qué valores el desnivel es positivo?
b ¿Entre qué valores el desnivel es negativo?
c ¿Hay algún tramo en el que no exista desnivel? Si la respuesta es afirmativa, indica en cuál.

5. **a** ¿A qué distancia está el punto (o los puntos) de máxima altitud? ¿Cuál es ese valor máximo?

b ¿A qué distancia se encuentra el punto (o los puntos) de mínima altitud? ¿Cuál es ese valor mínimo?

Representa

6. Representa en una gráfica el recorrido de la ruta descrita en el ítem 1. Sitúa la distancia recorrida en el eje de abscisas y el tiempo en el eje de ordenadas.

Ítem 3. Tareas del campamento

En el campamento, cada asistente tiene que realizar sus tareas personales. Además, los monitores han organizado grupos para ayudar al resto de los asistentes y han elaborado una tabla que recoge las actividades diarias de las que ha de ocuparse cada uno.

Estas son las tareas del grupo 1 en la primera semana:

Día 1	Recoger la basura.
Día 2	Ser árbitros en los juegos.
Día 3	Descanso
Día 4	Elegir las canciones para la noche.
Día 5	Preparar un baile.
Día 6	Descanso
Día 7	Recoger la basura.

Ítem 4. Las noches del campamento

Una noche sin luna, los monitores explican que, en realidad, la Luna está, pero no se puede ver. Es la fase de la luna nueva. En el movimiento de traslación de la Luna alrededor de la Tierra, la posición de estas y del Sol da lugar a diferentes vistas del satélite.

La Luna tarda unos 28 días en dar una vuelta completa alrededor de la Tierra. Construimos la función que asocia a cada día la parte de giro de cada fase lunar.

N.º de días	0	7	14	21	28
Fracción de giro	0	1/4	1/2	3/4	1

Construye con lo que sabes

Matematiza

(7) Completa la siguiente tabla de valores para el ítem 3. Considera que al día que se debe hacer la tarea se le asigna un 1 y que, cuando se descansa, la asignación es 0.

Día	1	2	3	4	5	6	7
Tarea							

Representa

(8) Representa gráficamente la situación reflejada en la tabla anterior. Anota en el eje de abscisas los días y en el de ordenadas, las tareas.

Argumenta

(9) Observa el perfil del ítem 2 y la gráfica del ejercicio anterior. ¿Se pueden dibujar sin levantar el lápiz del papel?

Representa

(10) Haz la representación gráfica correspondiente a la tabla de valores del ítem 4. Para elaborarla, debes entender la tabla:

- Durante los 7 primeros días, el satélite está en fase de luna nueva y a cada instante de estos días le corresponde el valor 0 del eje *y*.
- Durante los 7 días siguientes, la Luna está en fase creciente y a cada instante de estos días le corresponde el valor 1/4 del eje *y*.
- De este modo, se asocia el valor 3/4 para los 7 días siguientes y el valor 1 para los 7 últimos días.

Argumenta

(11) Observa el ejercicio 10. ¿Se puede hacer el dibujo sin levantar el lápiz del papel?

Lo que has construido

Obtienes el **dominio** y el **recorrido de una función** a partir de su gráfica.

Reconoces y expresas correctamente los **intervalos de crecimiento y decrecimiento.**

Determinas los **máximos y mínimos** de una función a partir de su gráfica.

Construyes **tablas de valores** a partir de un texto y representas gráficamente una función partiendo de una tabla de valores y de un texto.

Distingues **funciones continuas y discontinuas** en una gráfica.

Identificas **funciones periódicas** en una tabla de valores y en una gráfica.

3. Funciones

Una **función** es una relación entre dos variables de modo tal que a un valor de una de ellas le corresponde un valor o ningún valor de la otra variable.

A una variable se le asignan los valores libremente. Se llama **variable independiente** y se representa con la letra x.

Los valores de la otra variable dependen del que se ha dado a la anterior y la relación entre ellas. Se llama **variable dependiente** y se designa con la letra y.

La relación entre ambas es la **función,** que se representa por la letra f.

Se escribe $y = f(x)$ y se lee «y es función de x» o también «y es la imagen de x» (apunte 7).

Ejemplo

9. Se escribe $4 = f(-3)$. Se lee «4 es la imagen de -3 mediante la función f».

4. Formas de expresar una función

Una función se puede expresar mediante las siguientes formas; todas ellas están relacionadas, de tal modo que es posible pasar de una expresión a otra.

4.1 Texto

Una relación entre dos variables se puede expresar narrando la situación.

Ejemplo

10. En una laguna, la empresa *Corsarios del lago* alquila barcas de pedales. El precio es de 2 € cada media hora. Cada barca se puede alquilar un tiempo máximo de 2 horas.

4.2 Tabla de valores

En una tabla se reflejan los valores de la variable independiente y los que le corresponden de la variable dependiente. Con cada par de valores se obtiene un punto.

Ejemplo

11. La función del ejemplo anterior se puede expresar mediante esta tabla.

N.º de medias horas	1	2	3	4
Precio	2	4	6	8

4.3 Gráficamente

En los ejes de coordenadas se representa un dibujo formado por los puntos (valores de x e y) de la función (apuntes 8 y 9).

4.4 Fórmula

Es una expresión que indica las operaciones que hay que aplicar a la variable independiente, x, para obtener la dependiente, y.

Apunte 6

El primer matemático que utilizó la actual notación para las funciones, $f(x)$, fue Leonhard Euler (Basilea 1707-San Petersburgo 1783).

Apunte 7

Las gráficas, como los textos, se leen de izquierda a derecha.

Apunte 8

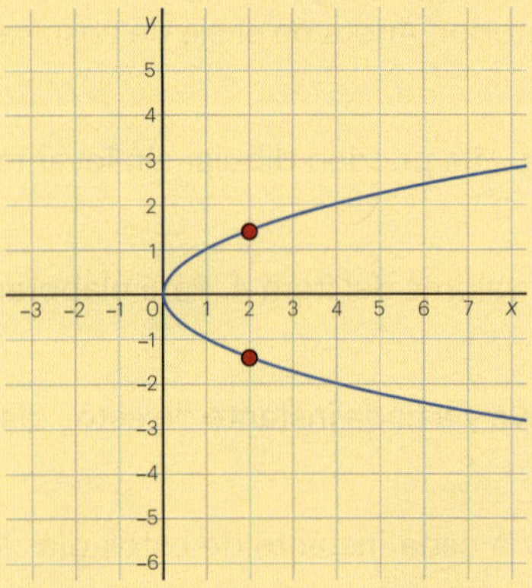

En $x = 2$, la gráfica pasa por dos puntos (le corresponden dos valores de y), los marcados con puntos rojos. Por lo tanto, **no** es la gráfica de una función.

Profesora en casa. Dominio y recorrido en la gráfica función.

Profesora en casa. Crecimiento y decrecimiento de una función.

Profesora en casa. Función periódica.

5. Dominio y recorrido

El **dominio** de una función es el conjunto de valores que puede tomar la variable x, de modo que se pueda calcular y. Se escribe D(f) o Dom(f).

El **recorrido** es el conjunto de valores que toma la variable dependiente, y. Se escribe Rec(f).

Ejemplo

12. Cuando la función se da mediante un texto, el dominio se deduce de este. En el ejemplo del alquiler de barcas, los valores de x son los números enteros positivos comprendidos entre 1 y 4. Es decir, D(f) = {1, 2, 3, 4}.

6. Características de una función

6.1 Crecimiento y decrecimiento

Una función es **creciente** si, al aumentar la variable independiente, x, aumenta la dependiente, y. Y es **decreciente** si, al aumentar x, disminuye y. Si se mantiene, la función es **constante.**

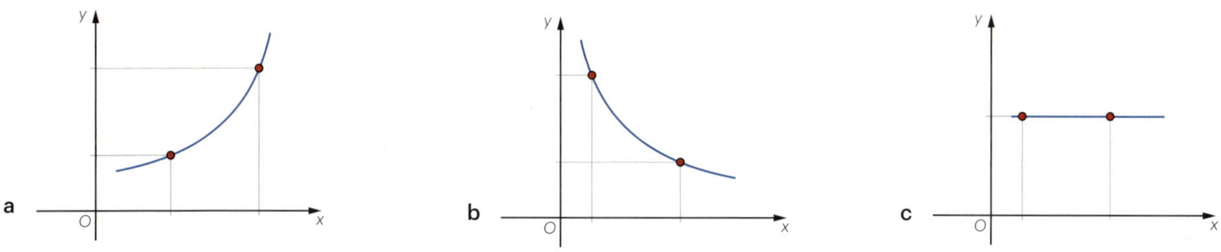

Fig. 2. Funciones creciente (**a**), decreciente (**b**) y constante (**c**). Recuerda que el intervalo en el que crece o decrece una función se expresa en valores de x.

6.2 Extremos: máximos y mínimos

Los **extremos relativos** de una función son los puntos en los que se produce un cambio en el crecimiento:

- **Máximo:** punto donde la función deja de ser creciente y empieza a ser decreciente.
- **Mínimo:** punto donde la función pasa de decreciente a creciente.

El punto en el que la función alcanza el mayor valor es el **máximo absoluto.** Aquel punto en el que alcanza el valor más pequeño es el **mínimo absoluto.**

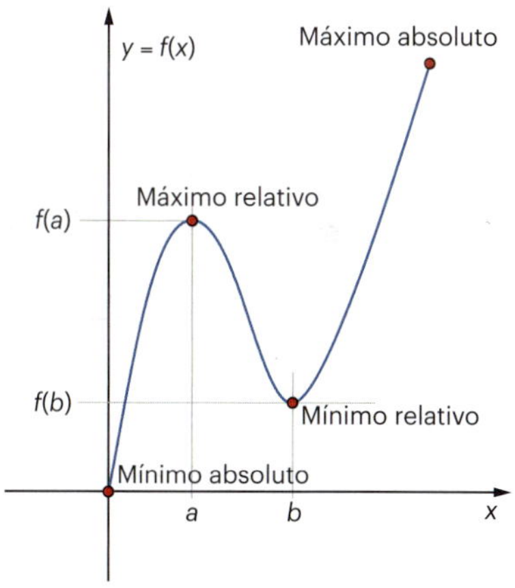

Fig. 3. Extremos de una función.

6.3 Continuidad

Una función es **continua** si no presenta interrupciones. Podemos saberlo de forma intuitiva si la dibujamos sin levantar el lápiz del papel.

Ejemplo

13. La función de la derecha es continua.
Además: D(f) = [−8, 5] y Rec(f) = [−5, 4]; crece en (−4, 1) y (3, 1), y decrece en (−8, −4) y (1, 3).
Los máximos relativos son (−8, 1) y (1, 4), y el máximo absoluto es (1, 4). Los mínimos relativos son (−4, −5) y (3, −4), y el mínimo absoluto es (−4, −5).

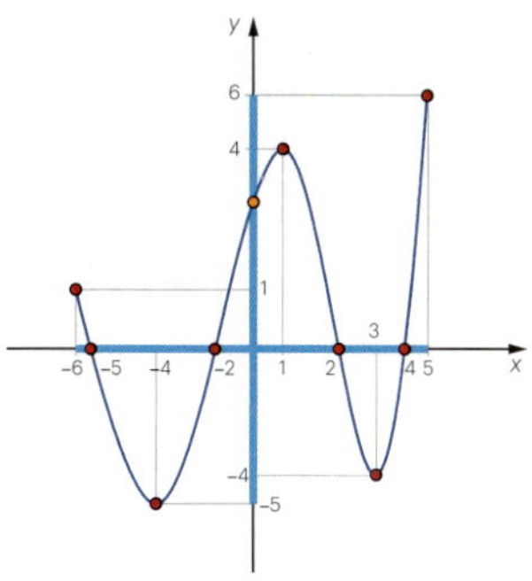

Entrénate

14. Razona cuáles de las siguientes gráficas corresponden a funciones.

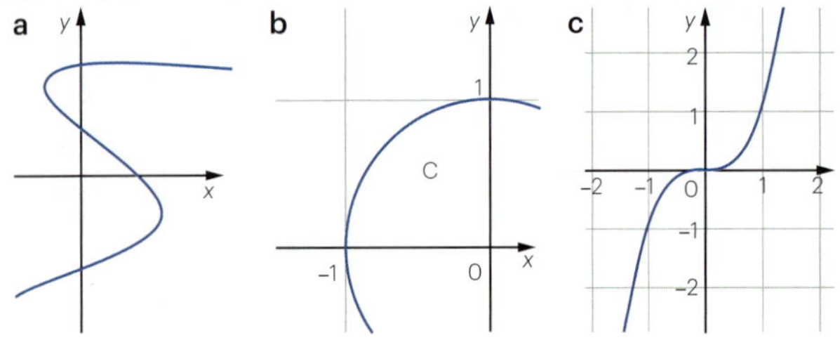

15. Escribe el dominio y el recorrido de las funciones.

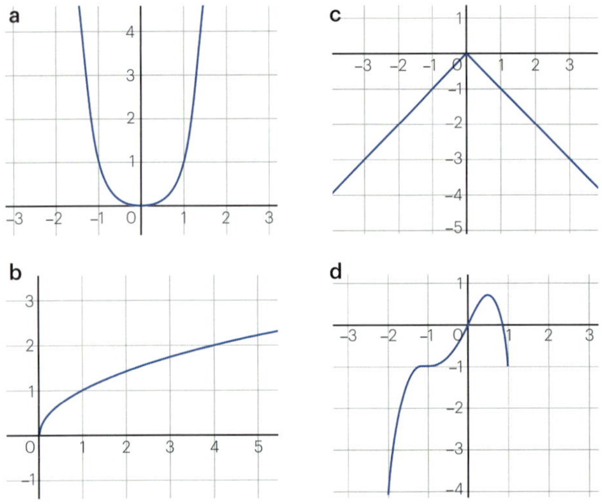

16. Para cada una de las funciones del ejercicio anterior:

a Escribe los intervalos de x en los que crece y en los que decrece.

b Indica sus máximos y mínimos relativos y absolutos.

17. Construye una tabla de valores para las siguientes situaciones.

a Lo que debe pagar cada excursionista por el autocar que los llevará, sabiendo que, en total, cuesta 1200 €.

b El espacio que recorre una moto si circula a 75 km/h.

c El precio de las entradas de cine de un grupo de personas, sabiendo que cada entrada cuesta 8,20 €.

18. Para las tres funciones del ejercicio anterior:

a Haz la representación gráfica.

b Escribe la fórmula.

19. Dibuja una función continua cuyo dominio sea [0, 8], que tenga un mínimo absoluto en el punto (1, –3) y otro relativo en (4, 0), un máximo relativo en (2, 5), y pase por (0, 2) y (8, 7). ¿Cuál es su recorrido?

20. Indica cuáles de las siguientes funciones son continuas.

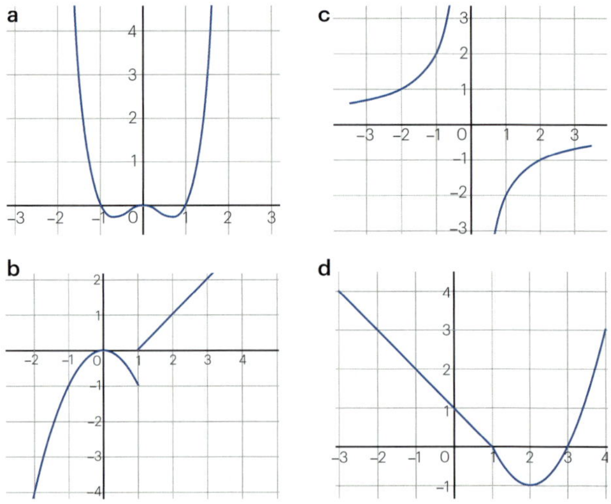

21. Haz un estudio completo de esta función resolviendo los apartados que siguen:

a Indica el dominio y el recorrido.

b Escribe los intervalos de x en los que la función crece y en los que decrece.

c Señala sus máximos y mínimos relativos.

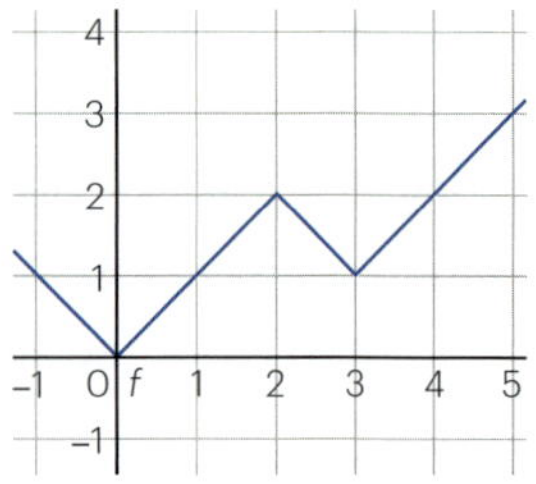

Banco digital

Mates en contexto

3 CD CL Profesional **La tienda de marcos**

Lucas tiene un listón de madera de 64 m de longitud. Va a hacer marcos para cuadros que tengan forma rectangular, pero no sabe bien qué longitud tendrán los lados.

Problemas

① Completa la tabla de valores.

Base (m)	1	2	4	8	16	32	64
Altura (m)	64	32					

② Haz la representacion gráfica correspondiente.

③ Escribe la fórmula que expresa la altura, y, en función de la base, x.

④ ¿Cuál es el dominio y el recorrido de la función?

⑤ Escribe los intervalos de crecimiento y decrecimiento.

⑥ ¿En qué punto se alcanza el máximo? ¿Qué forma tiene el marco en ese punto?

Matematiza: 1, 4, 6 **Representa: 2** **Simboliza: 3, 5**

4 CD CL CA Profesional Social La factura de la luz

En la factura de la luz aparecen unos conceptos cuyo precio es siempre el mismo y otros con un precio variable.

Los conceptos de precio variable son el consumo realizado en el período de facturación y el IVA, que es el 21 % de la suma de todos los conceptos anteriores.

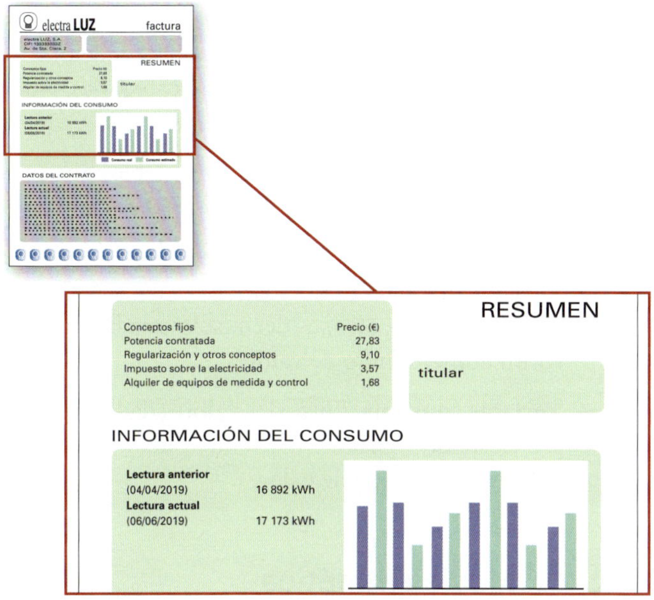

Problemas

1. ¿Cuál es la cantidad fija, sin IVA, que hay que pagar en una factura? ¿Y con IVA?
2. Si el kWh se paga a 0,149 €, ¿cuánto costaría el consumo de la factura anterior?
3. Halla el importe total de la factura anterior de dos formas:
   - **a** Suma todas las cantidades que hay que pagar y luego aplica el IVA al resultado.
   - **b** Calcula primero el precio del consumo con IVA y súmalo al resultado del fijo más IVA que hallaste en el ejercicio 1.
4. Si, durante un período de facturación, no se realizara ningún consumo, ¿a cuánto ascendería la factura?
5. Construye una tabla de valores que refleje el importe de la factura en función de los kWh consumidos.
6. Haz una representación gráfica con la tabla anterior.
7. Escribe la fórmula de la función correspondiente.
8. ¿Cuál es su dominio?
9. Escribe sus intervalos de crecimiento, y sus máximos y mínimos relativos y absolutos.

Matematiza: 1, 2, 3, 4, 5, 8, 9 **Representa: 6** **Simboliza: 7**

5 CD CL CC Científico ¿Cuánto dura un ataque de ansiedad?

La RAE define la *ansiedad* como una angustia que puede aparecer unida a algunas enfermedades y que no permite que la persona se relaje y descanse.

Ante determinadas situaciones estresantes, los seres humanos notamos un estado emocional que generalmente nos pone en alerta para enfrentarnos a ellas. Cierto grado de ansiedad es conveniente para manejar las situaciones del día a día, pero cuando este se sobrepasa, comienza a ser un problema.

Un exceso de esta sensación produce lo que se conoce como ataque de pánico o de ansiedad, que puede, incluso, anular cualquier actuación del individuo.

Esta es la gráfica que expresa el nivel de ansiedad (en tanto por ciento) de una persona durante un momento de pánico.

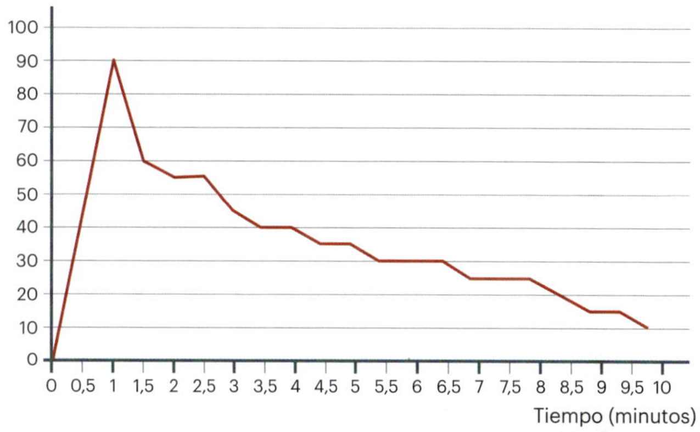

Problemas

1. Teniendo en cuenta que, para que la persona vuelva a estar tranquila, pueden transcurrir hasta 15 minutos, completa la gráfica de la función hasta ese momento.
2. ¿Cuál es el dominio de la función que refleja el ataque, desde que empieza hasta que la persona vuelve a tranquilizarse? ¿Y el recorrido?
3. Escribe los intervalos de crecimiento y decrecimiento de la función.
4. ¿En qué instante se alcanza el máximo? ¿Cuál es su valor?
5. ¿Es una función continua?
6. Describe la situación que se refleja en la gráfica.
7. Según el texto, ¿es positivo sentir un poco de ansiedad ante un examen?
8. Y según la gráfica, además de pedir ayuda, ¿qué debe hacer un alumno que tiene un ataque de ansiedad en ese momento?

Matematiza: 1, 2, 3, 4 **Representa: 5** **Argumenta: 6, 7**

3 MasterMate

¿Cuántas personas tienen menos años que yo? ¿Cuál es la media de edad?

CM CL CS

Personal Social

Aprende a...

Distinguir población y muestra justificando las diferencias en problemas contextualizados.

Diferenciar todos los tipos de variables.

Elaborar tablas de frecuencias.

Calcular e interpretar las medidas de posición.

Ítem 1. Campamento matemático

Este curso, la Consejería de Educación ha organizado un campamento especial: MasterMate. Está dedicado a alumnos y alumnas con edades comprendidas entre 12 y 18 años que sean apasionados de las matemáticas. En el primer año han seleccionado la siguiente cantidad de jóvenes:

Edad	Chicos	Chicas
11	11	14
12	10	15
13	16	14
14	14	16
15	14	21
16	19	16
17	20	20
18	16	24

Ítem 2. Variables

Una **variable estadística** es cada una de las características o propiedades que posee un determinado grupo de personas o elementos que queremos estudiar. Las variables se designan mediante x_i, que se lee «equis sub i».

Ítem 3. Tipos de variables

- Las **variables cualitativas** son las variables que pueden tomar como valores cualidades o categorías. No se pueden expresar mediante números.
- Las **variables cuantitativas** son las variables que se expresan mediante números. Estas variables se dividen en dos categorías:
  - **Variable discreta.** Entre dos valores consecutivos no puede existir otro; es decir, solo puede adquirir un número finito de valores.
  - **Variable continua.** Entre dos valores dados siempre existe otro posible. Por tanto, puede adquirir un número infinito de valores.

Ítem 4. Media aritmética

La media aritmética es $\overline{x} = \frac{\sum f_i \cdot x_i}{N}$, donde f_i es la frecuencia, x_i es el valor y N es el número total de datos.

Para calcular la media aritmética se multiplica cada valor por su frecuencia, se suman estos productos y se divide entre el número total de datos.

Construye con lo que sabes

Comunica (1) ¿Cuántos jóvenes asisten al campamento? ¿Cuántos son chicos y cuántas son chicas?

Argumenta (2) ¿Crees que esos números son representativos de las personas a las que les gustan las matemáticas? Razona tu respuesta.

Matematiza (3) Añade una columna a la izquierda de la tabla y calcula en ella el número total de jóvenes de cada edad que van a este campamento.

Argumenta (4) Indica en qué edades hay más chicas que chicos.

(5) ¿Cuántos chicos tienen 14 años o menos?

(6) ¿Cuántas chicas hay menores de 16 años?

Matematiza (7) Calcula las siguientes edades medias:

a De las chicas.
b De los chicos.
c Del total de asistentes al campamento.
d De las medias de las chicas y los chicos.

Ítem 5. Talleres

MasterMate está organizado por talleres y por grupos de edad, rotando cada día.

- Talleres: Álgebra, Geometría, Funciones y Probabilidad.
- Grupos de edad: 11-12 años, 13-14 años, 15-16 años y 17-18 años.

Así, cada grupo está en un taller distinto cada día. Siguiendo el orden expuesto de los talleres, el primer día, los más jóvenes van a Álgebra.

Ítem 6. Gustos matemáticos

Al finalizar, se hace una encuesta entre todos los asistentes para mejorar el campamento del próximo año. Al preguntar sobre el taller que más ha gustado, se obtienen los siguientes resultados:

Taller	Chicos	Chicas
Álgebra	42	32
Geometría	30	34
Funciones	20	26
Probabilidad	28	48

Ítem 7. Álgebra

El álgebra es la rama de las matemáticas que emplea números, letras y signos para hacer referencia a múltiples operaciones aritméticas.

El término *álgebra* tiene su origen en el latín *algebra*, el cual, a su vez, proviene de un vocablo árabe que significa 'reducción' o 'cotejo'.

En el área escolar de Secundaria, el álgebra corresponde a las ecuaciones, los sistemas, los polinomios, etc.

Construye con lo que sabes

Argumenta (8) ¿Qué tipo de variable se estudia en el ítem 6?

(9) ¿Qué taller les ha gustado más a los chicos? ¿Y a las chicas?

Matematiza (10) Añade una columna a la izquierda de la tabla y calcula en ella el número total de jóvenes a los que les ha gustado cada taller.

Argumenta (11) ¿Cuál ha sido el taller con más éxito? ¿Cuál es el que menos ha gustado?

Matematiza (12) ¿A qué porcentaje de jóvenes les ha gustado más el taller de Geometría?

(13) ¿A qué porcentaje de chicas les ha gustado más el taller de Funciones?

(14) Calcula cuántos fueron a cada taller el primer día.

Argumenta (15) ¿Se podría calcular la media aritmética de estos datos? ¿Por qué?

Plantea (16) Haced una encuesta entre todos los miembros de la clase para saber cuál de las cuatro ramas de las matemáticas os gusta más.

Lo que has construido

Sabes distinguir distintos **tipos de variables.**

Reconoces **datos significativos.**

Calculas las **frecuencias** de las variables estadísticas.

Calculas las **medias aritméticas** de un conjunto de datos.

7. Población y muestra

Apunte 9

La elección de una buena muestra es muy importante para poder sacar conclusiones que se ajusten al total de la población.

Existe un método científico para ello que se llama muestreo aleatorio.

Al realizar un estudio estadístico, podemos tomar todos los elementos o bien escoger unos cuantos para trabajar con ellos.

- **Población.** Conjunto de todos los elementos (personas o cosas) de los que se ocupa un estudio estadístico. A cada elemento se le llama **individuo.**
- **Muestra.** Conjunto representativo de la población (apunte 10).

Ejemplo

14. Usaremos la población para conocer la nota media de la clase, el deporte practicado por los alumnos y alumnas del instituto, etc. Es decir, la utilizamos cuando el número que hay que estudiar lo hace factible.

Emplearemos la muestra para conocer la calidad de unas latas de conserva, el número de hijos en las familias de una comunidad, los deportes más practicados por las mujeres, etc. Es decir, recurriremos a ella cuando el número sea muy grande o si lo que queremos estudiar así lo requiere.

8. Frecuencias absolutas y relativas

Profesor en casa. Notación matemática.

- **Frecuencia absoluta.** Número de veces que aparece un determinado valor en un estudio estadístico. Se representa con f_i.
  La suma de todas las frecuencias absolutas de un estudio estadístico coincide con el número total de datos de ese estudio.
- **Frecuencia relativa.** Cociente (razón) entre la frecuencia absoluta (f_i) de un valor y el total de datos (N). Se representa mediante h_i.

$$\text{Frecuencia relativa} = \frac{\text{Frecuencia absoluta}}{\text{Total de datos}} \Rightarrow h_i = \frac{f_i}{N}$$

  La suma de todas las frecuencias relativas de un estudio estadístico vale 1.
- **Frecuencia absoluta acumulada.** Suma de las frecuencias absolutas de todos los valores inferiores o iguales al valor considerado. Se representa con F_i.

$$F_i = \sum_1^i f_j$$

  Por su definición, la frecuencia acumulada de un determinado valor es igual a la frecuencia acumulada del valor anterior más su frecuencia absoluta.

$$F_i = F_{i-1} + f_i$$

  Las frecuencias acumuladas solo se pueden calcular sobre variables cuantitativas. Además, la frecuencia acumulada del último valor tiene que coincidir con el número total de datos, ya que sumamos todas las frecuencias absolutas (apunte 11).

Apunte 10

¡Recuerda!

El símbolo matemático $\sum$ significa 'suma'.

Ejemplo

15. Al realizar un estudio a 600 personas sobre el número de veces que usan el coche cada día, se han obtenido los siguientes datos:

N.º de veces que se usa el coche	Frecuencia absoluta	Frecuencia acumulada	Frecuencia acumulada
0	80	**80**	**80**
1	60	**140** (60 + 80)	**140** (80 + 60)
2	240	**380** (60 + 80 + 240)	**380** (140 + 240
3	120	**500** (60 + 80 + 240 + 120)	**500** (380 + 120)
4	70	**570** (60 + 80 + 240 + 120 + 70)	**570** (500 + 70)
5	30	**600** (60 + 80 + 240 + 120 + 70 + 30)	**600** (570 + 30)

9. Parámetros centrales

Los **parámetros centrales,** también llamados **parámetros de posición,** son números que representan de forma global el conjunto de los datos.

Existen muchos parámetros centrales, pero los más importantes son:

- **Moda.** Valor que tiene mayor frecuencia absoluta. Se representa mediante ***Mo*** (apunte 12).
- **Mediana.** Valor que ocupa el lugar central de todos los datos cuando estos están ordenados de menor a mayor. Se representa con ***Me.***
  Su obtención es inmediata si tenemos un número impar de datos, ya que, en ese caso, solo hay un dato central. En cambio, si el número de datos es par, hay dos datos centrales. Si coinciden, no hay problema, pero si no coinciden, se considera que hay dos medianas, o también se puede tomar la media de ambos datos (apunte 13).
- **Media aritmética.** Valor obtenido al sumar todos los datos del estudio estadístico y dividir el resultado entre el número total de datos. Se representa por el símbolo $\overline{x}$ (apunte 14).

El problema surge, tanto para la obtención de la mediana como para la obtención de la media aritmética, cuando tenemos un número grande de datos. En estos casos, hay que actuar como se explica a continuación.

Para **obtener la mediana,** usaremos las frecuencias acumuladas de los valores:

1. Tomamos el número total de datos y lo dividimos entre 2.
2. En la tabla de frecuencias, buscamos la primera frecuencia acumulada que sea mayor que el resultado anterior.
3. Esta frecuencia acumulada corresponderá a cierto valor, que será la mediana.

Para **obtener la media aritmética,** usaremos las frecuencias absolutas de los valores:

1. Multiplicamos cada valor por su frecuencia absoluta.
2. Sumamos todos esos productos.
3. Por último, dividimos el resultado entre el número total de datos.

Apunte 11

Moda

La moda se puede calcular tanto en variables cualitativas como en variables cuantitativas.

En los estudios estadísticos puede haber más de una moda. Si hay dos, se llama bimodal.

Apunte 12

Mediana y media

La mediana y la media aritmética solo tienen sentido en las variables cuantitativas.

Apunte 13

Media aritmética

$$\overline{x} = \frac{\sum f_i \cdot x_i}{N}$$

f_i: frecuencias

x_i: valores

N: número de datos

Ejemplo

16. La tabla adjunta muestra el número de veces que han ido al cine los alumnos y alumnas de 3.º y 4.º de ESO.

Mediana:

Tenemos 250 datos (suma de las frecuencias absolutas).

Dividimos 250 / 2 = 125.

La primera frecuencia acumulada mayor de 125 es 156, que corresponde al valor 2.

Luego la mediana es *Me* = 2.

Media aritmética:

Creamos y utilizamos la columna de la derecha. Para ello, multiplicamos los valores (número de veces que han ido al cine) por su frecuencia absoluta.

Sumamos todos estos productos y el resultado es 572. Si dividimos este valor entre el número de datos, obtenemos la media aritmética: $\overline{x} = \frac{572}{250} = 2{,}288$.

N.º de veces	f_i	F_i	$x_i \cdot f_i$
0	18	18	0
1	45	63	45
2	93	156	186
3	51	207	153
4	27	234	108
5	16	250	80
SUMA	250		572

Profesor en casa.
Cálculo de parámetros centrales.

Entrénate

22. Indica si, para los siguientes estudios estadísticos, hace falta la población o la muestra.

a La temperatura media de un mes.
b La duración de un televisor.
c La cantidad de peces en un lago.
d Los deportes practicados en tu ciudad.
e El número de aprobados en tu instituto.

23. Estima mentalmente la media, la mediana y la moda de las siguientes series de números.

a 4, 6, 7, 7, 7, 8, 10
b 1, 3, 5, 3, 1, 3, 5, 3
c −2, 2, −5, 5, 0, 0, −3, 3
d 8, 5, 2, 6, 6, 4, 4, 5, 1, 9, 5, 3, 7, 5

24. Construye una tabla de frecuencias con las vocales de este enunciado: «El azar no es más que la medida de nuestra ignorancia».

25. En una clase de 3.º de ESO con 25 estudiantes, el número de asignaturas aprobadas por cada uno es: 3, 6, 7, 7, 3, 7, 5, 5, 4, 5, 7, 5, 7, 7, 3, 4, 2, 6, 7, 1, 6, 4, 5, 7, 5. Construye su tabla de frecuencias.

26. Se ha realizado una encuesta para saber si la gente compra el periódico todos los días. Resulta el siguiente gráfico.

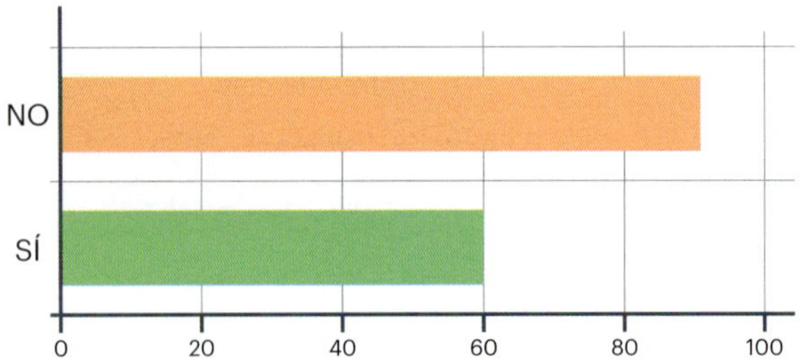

a ¿A cuántas personas se entrevistó?
b Construye su tabla de frecuencias.

27. Un dado trucado se lanza 120 veces y se obtienen los siguientes datos.

Caras	1	2	3	4	5	6
f_i	9	19	18	17	20	37

Construye su tabla de frecuencias y calcula sus parámetros centrales.

28. En una caja hay 70 tornillos que pesan 3 gramos, 100 que pesan 4 gramos y 30 que pesan 5 gramos. ¿Cuál es la media de su peso?

29. Tenemos esta serie de datos: 1, 3, 4, 4, 5, 5, 6, 7, 8, 9. Si se cambia el 9 por el 15, ¿qué parámetro central se altera? ¿Cuál queda igual? ¿Por qué?

30. La media de un grupo de cinco números es 6,2 y la media de otro grupo de diez números es 8,1.

a ¿Cuánto suman los cinco primeros números?
b ¿Cuánto suman los otros diez números?
c ¿Cuál es la media de todos juntos?

31. El número de hijos e hijas de diez familias es: 2, 3, 0, 1, 2, 1, 1, 2, 3, 0, 1, 1, 1, 2, 2, 2, 0, 1, 2, 3. Calcula la media, la mediana y la moda.

32. En un estudio realizado a 100 niños y niñas sobre el número de vasos de leche que beben al día, se han obtenido los siguientes datos.

N.º de vasos	f_i	h_i
1	25	0,25
2	20	0,2
3	x	z
4	15	0,15
5	y	0,05

Completa la tabla obteniendo los valores x, y, z.

33. Lola ha conseguido las siguientes notas en las pruebas escritas: 1, 3, 5, 8, 2, 4, 5. Calcula su media, mediana y moda. Si tú fueses su profesor o profesora, ¿la aprobarías? ¿Por qué?

34. Escribe una serie (distinta en cada apartado) de cinco números (comprendidos entre 2 y 8), de tal forma que:

a Su media sea 4. **b** Su moda sea 6.

35. Para poner la nota, una profesora de Matemáticas hace cuatro exámenes. En los tres primeros un alumno ha conseguido estas calificaciones: 3, 3, 4. ¿Qué nota debe conseguir, como mínimo, para aprobar?

36. Se considera la siguiente tabla de frecuencias.

x_i	1	2	3	4	5	6
f_i	5	6	12		9	4

Calcula la frecuencia del valor 4, si la media es 3.

37. Se hace un estudio a varios niños y niñas de un colegio sobre la cantidad de leche que beben diariamente y se obtienen los datos de la siguiente tabla, pero faltan algunos. Complétala y calcula la media.

Vasos	f_i	h_i
1	50	
2	20	0,2
3		
4		0,15
5		0,05

38. La altura de cinco chicos es 1,75 y la de siete chicas es 1,68. Calcula la media de los doce jóvenes.

Banco digital

Mates en contexto

6 CM CL Social Personal Parques temáticos

Los parques temáticos son el sueño de muchos jóvenes y no tan jóvenes... No importa la edad: niños, adolescentes e incluso adultos quieren visitar los parques temáticos más famosos. Aquí te presentamos los veinte más visitados en Europa durante 2017, último año del que se tienen cifras:

Parque	Localización	Asistencia (2017)
Parque Disneyland (Disneyland París)	Marne-la-Vallée, Francia	9660000
Europa Park	Rust, Alemania	5700000
Parque Walt Disney Studios	Marne-la-Vallée, Francia	5200000
Efteling	Kaatsheuvel, Países Bajos	5180000
Jardines Tívoli	Copenhague, Dinamarca	4640000
Port Aventura	Salou, España	3650000
Liseberg	Gotemburgo, Suecia	3061000
Gardaland	Castelnuovo del Garda, Italia	2600000
Puy du Fou	Les Epesses, Francia	2260000
Legoland Windsor	Windsor, Reino Unido	2200000
Legoland Billund	Billund, Dinamarca	2120000
Alton Towers	Staffordshire, Reino Unido	2000000
Futuroscope	Jaunay-Clan, Francia	2000000
Parc Astérix	Plailly, Francia	2000000
Phantasialand	Brühl, Alemania	1995000
Parque Warner	Madrid, España	1840000
Thorpe Park	Chertsey, Reino Unido	1800000
Grona Lund	Estocolmo, Suecia	1690000
Chessington World of Adventures	Chessington, Reino Unido	1520000
Heide Park	Soltau, Alemania	1480000

Problemas

1. Calcula el total de visitantes que recibieron estos veinte parques temáticos en 2017.
2. Ese mismo año, visitaron los parques temáticos del mundo 244 millones de personas. ¿Qué porcentaje representan los veinte parques europeos?
3. ¿Qué parques españoles aparecen en la lista? ¿Qué lugares ocupan?
4. Calcula la media aritmética del número de visitantes de estos parques.
5. Calcula ahora su mediana.
6. ¿Crees que alguno de estos dos parámetros de posición es representativo? Razona tu respuesta.
7. Confecciona una tabla en la que la variable sea el país donde se encuentra el parque temático y la frecuencia, el número de parques de ese país que aparecen en la lista.
8. ¿Qué tipo de variable se utiliza?
9. ¿Qué frecuencias puedes hallar? Calcúlalas.
10. ¿Cuál es la moda?
11. ¿Por qué no puedes calcular la media aritmética?

Matematiza: 1, 2, 4, 5, 7, 9, 10 **Comunica: 3, 8, 9**

Argumenta: 6, 11

7 CM CL Social ¿Cuántos hermanos tienes?

Los alumnos de 3.º de ESO del instituto Francisco de Goya están comentando los datos del INE (Instituto Nacional de Estadística) sobre la distribución de hogares españoles según el número de miembros. Los datos que tienen son:

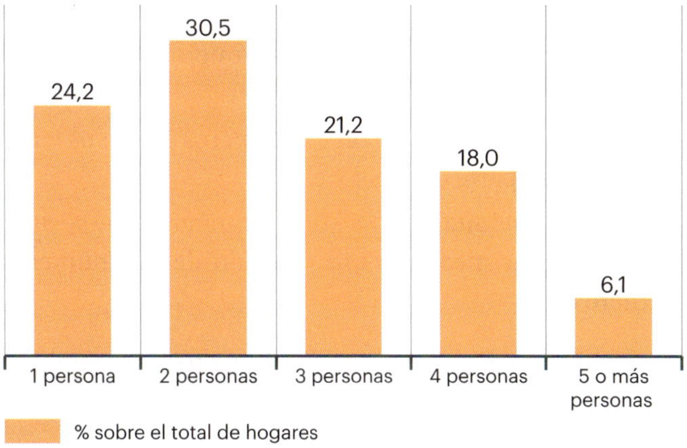

Para comprobar si son ciertos estos datos, hacen una encuesta entre todos los estudiantes de 3.º de ESO de su centro de estudios, preguntando por el número de hermanos y hermanas que tienen. Consiguen estos resultados:

N.º de hermanos y hermanas	0	1	2	3	+3
Frecuencia	36	69	12	3	0

Judith opina que esta muestra no sirve para comparar datos, mientras que Aitana cree que sí, que son representativos de todos los hogares de España.

Problemas

1. ¿Quién crees que tiene razón, Judith o Aitana? Razona la respuesta.
2. De las variables que aparecen en el estudio del INE, ¿cuáles no se pueden comparar con el trabajo que han hecho en el instituto?
3. ¿Cuántos alumnos de 3.º de ESO han participado en la encuesta?
4. ¿Cuántos son hijos únicos?
5. Completa la tabla con las frecuencias acumuladas y relativas.
6. Calcula la moda, la mediana y la media aritmética del número de hermanos y hermanas que tiene cada uno.
7. La media de hijos por familia es de 1,32 hijos. ¿Coincide con los datos del instituto de Aitana y Judith? ¿Por qué?
8. Con el consentimiento de las familias, haz un estudio en tu clase sobre el número de hermanos y hermanas (incluye todas las frecuencias y los parámetros centrales), y compara tus resultados con los del instituto Francisco de Goya.

Argumenta: 1, 2, 7 **Matematiza: 3, 4, 5, 6** **Plantea: 8**

NÚMEROS Y ÁLGEBRA

Números naturales, enteros y racionales

Los números conocidos hasta el momento son:

- **Números naturales** ($\mathbb{N}$). Son los números positivos sin parte decimal.
- **Números enteros** ($\mathbb{Z}$). Son los números positivos y negativos con parte decimal y el 0.
- **Números racionales** ($\mathbb{Q}$). Son los números que se pueden expresar mediante una fracción de dos números enteros.

Se cumple que $\mathbb{N} \subset \mathbb{Z} \subset \mathbb{Q}$, es decir, que todos los naturales están contenidos en los enteros y que todos los enteros, a su vez, están contenidos en los racionales.

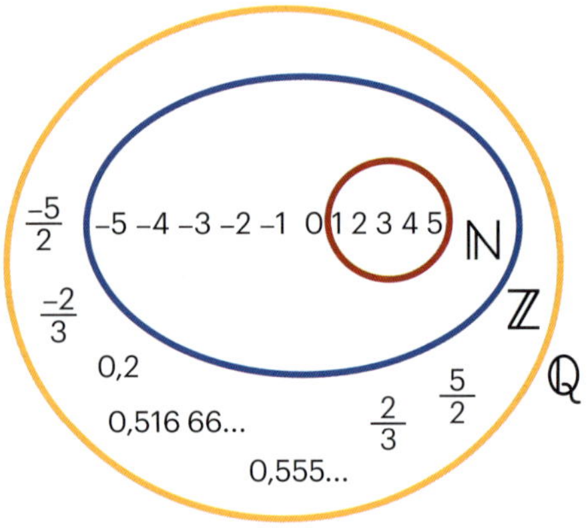

Fracciones

Una **fracción** $\frac{a}{b}$ es **irreducible** si, y solo si, m. c. d. $(a, b) = 1$.

Para **sumar o restar** dos fracciones debemos:

1. Reducir a común denominador con el m. c. m.
2. Sumar o restar los numeradores y dejar el mismo denominador.

Para **multiplicar** dos fracciones:

$$\frac{a}{b} \cdot \frac{c}{d} = \frac{a \cdot c}{b \cdot d}$$

Para **dividir** dos fracciones:

$$\frac{a}{b} : \frac{c}{d} = \frac{a}{b} \cdot \frac{d}{c}$$

Para **pasar de la expresión fraccionaria a la expresión decimal,** dividimos el numerador entre el denominador. Los tipos de decimales que podemos obtener son los siguientes:

- **Exactos,** con una cantidad limitada de cifras decimales.
- **Periódicos puros,** con el período (lo que se repite) justo después de la coma.
- **Periódicos mixtos,** cuyo período no empieza después de la coma.

Para **pasar de la expresión decimal a la expresión fraccionaria:**

$$x = \frac{\text{Todas las cifras} - \text{Cifras hasta el período}}{\text{Tantos 9 como cifras tiene el período. Tantos 0 cifras tiene el anteperíodo}}$$

FUNCIONES

Una **función** es una relación entre dos variables de modo tal que a un valor de una de ellas le corresponde un valor o ningún valor de la otra variable.

La **variable independiente** se representa con la letra x, mientras que la **variable dependiente** se representa con la letra y.

La relación entre ambas es la función, que se representa por la letra f. Se escribe $y = f(x)$ y se lee «y es función de x» o también «y es la imagen de x».

Existen distintas formas de expresar una función:

- **Texto.** Una relación entre dos variables se puede expresar narrando la situación.
- **Tabla de valores.** En una tabla se reflejan los valores de la variable independiente y los correspondientes de la variable dependiente. Con cada par de valores se obtiene un punto.
- **Gráficamente.** En los ejes de coordenadas se representa un dibujo formado por los puntos (valores de x e y) de la función.
- **Fórmula.** Es una expresión que indica las operaciones que hay que aplicar a la variable independiente, x, para obtener la dependiente, y.

Características de una función

El **dominio** de una función es el conjunto de valores que puede tomar la variable *x*, de modo que se pueda calcular *y*. Se escribe D(*f*) o Dom(*f*).

El **recorrido** es el conjunto de valores que toma la variable dependiente, *y*. Se escribe Rec(*f*).

Una función es **creciente** si, al aumentar la variable independiente, *x*, aumenta la dependiente, *y*.

Una función es **decreciente** si, al aumentar *x*, disminuye *y*.

Una función es **constante** si al variar *x*, se mantiene constante *y*.

Los **extremos relativos** de una función son los puntos en los que se produce un cambio en el crecimiento:

- **Máximo:** punto en el que la función deja de ser creciente y empieza a ser decreciente.
- **Mínimo:** punto en el que la función pasa de decreciente a creciente.

El punto en el que la función alcanza el mayor valor es el **máximo absoluto.** Aquel punto en el que alcanza el valor más pequeño es el **mínimo absoluto.**

Una función es **continua** si no presenta interrupciones. Podemos saberlo de forma intuitiva si la dibujamos sin levantar el lápiz del papel.

ESTADÍSTICA Y PROBABILIDAD

Población y muestra

La **población** es el conjunto de todos los elementos (personas o cosas) de los que trata un estudio estadístico.

A cada elemento se le llama **individuo.**

La **muestra** es el conjunto representativo de la población.

Frecuencias absolutas y relativas

La **frecuencia absoluta** es el número de veces que aparece un determinado valor en un estudio estadístico. Se representa mediante f_i.

La **frecuencia relativa** de un valor es el cociente (razón) entre su frecuencia absoluta y el total de datos. Se representa mediante h_i.

$$\text{Frecuencia relativa} = \frac{\text{Frecuencia absoluta}}{\text{Total de datos}} \rightarrow h_i = \frac{f_i}{N}$$

La **frecuencia acumulada** de un determinado valor es la suma de las frecuencias absolutas de todos los valores inferiores o iguales al valor considerado. Se representa con F_i.

Parámetros centrales

Los **parámetros centrales,** también llamados **parámetros de posición,** son números que representan de forma global el conjunto de los datos.

La **moda** es el valor que tiene mayor frecuencia absoluta. Se representa con ***Mo.***

La **mediana** es el valor que ocupa el lugar central de todos los datos cuando estos están ordenados de menor a mayor. Se representa con ***Me.*** Su obtención es inmediata si tenemos un número impar de datos, ya que, en ese caso, solo hay un dato central. En cambio, si el número de datos es par, hay dos datos centrales. Si coinciden, no hay problema, pero si no coinciden, se considera que hay dos medianas, o también se puede tomar la media de ambos datos.

La **media aritmética** es el valor obtenido al sumar todos los datos del estudio estadístico y dividir el resultado entre el número total de datos. Se representa por el símbolo $\bar{x}$.

El problema surge cuando tenemos un número grande de datos. En estos casos, hay que actuar como se explica a continuación.

Para **obtener la mediana,** usaremos las frecuencias acumuladas de los valores:

1. Tomamos el número total de datos y lo dividimos entre 2.
2. En la tabla de frecuencias, buscamos la primera frecuencia acumulada que sea mayor que el resultado anterior.
3. Esta frecuencia acumulada corresponderá a cierto valor, que será la mediana.

Para **obtener la media aritmética,** usaremos las frecuencias absolutas de los valores:

1. Multiplicamos cada valor por su frecuencia absoluta (recuerda que la frecuencia absoluta es el número de veces que se repite un valor).
2. Sumamos todos esos productos.
3. Por último, dividimos el resultado entre el número total de datos.

Entrénate +

Números

39. Resuelve las siguientes operaciones, simplificando en cada paso, y expresa el resultado como fracción irreducible.

a $\left(3+\frac{1}{2}\right)\cdot\left(3-\frac{1}{2}\right)=$

b $\left(1+\frac{1}{2}\right)^2:\left(1-\frac{1}{2}\right)^3=$

c $\frac{5}{6}:\left(\frac{1}{4}+\frac{1}{6}\right)-\frac{5}{6}-\frac{3}{4}\cdot\frac{8}{9}=$

d $8-3\cdot\frac{1}{1+\frac{1}{2}}=$

40. Clasifica los siguientes números decimales. Identifica sus partes y posteriormente calcula la fracción generatriz de dos formas diferentes.

a 1,067... **b** 2,311... **c** 0,2424... **d** 3,221212...

41. Haz las siguientes operaciones. Para ello, comienza expresando los decimales en forma de fracción irreducible:

a $1,3\widehat{5}-\frac{1}{4}$ **b** $2,\widehat{5}:5,\widehat{2}$

42. Clasifica estos números en naturales, enteros o racionales. Escribe la notación adecuada:

a 2,3 **b** −5 **c** $\frac{-20}{4}$ **d** 3,45... **e** −1,1212... **f** $\frac{14}{7}$

43. En cada caso, escribe tres números que se encuentren entre los siguientes:

a 0 y 6 **b** −2 y −1 **c** $\frac{2}{5}$ y $\frac{2}{4}$ **d** 3,6 y 3,7 **e** 1,2 y 1,25 **f** $-\frac{1}{4}$ y $-\frac{1}{5}$

Banco digital

Formas de expresar una función

44. Un médico dedica seis horas diarias a atender a sus pacientes. El número de personas que acuden a la consulta no es la misma todos los días. Por ello, el tiempo que debe dedicar para que todas dispongan de los mismos minutos de atención no es siempre igual.

a Escribe la tabla de valores que refleje el tiempo que dedica a cada paciente en función del número de los que acuden a la consulta en un día.
b Haz la gráfica correspondiente.
c Escribe la fórmula de la función.

45. A partir de la función $y = 3 - 2x$, construye la tabla de valores correspondientes para que su dominio sea [−2, 2] y represéntala gráficamente.

Características de las funciones

46. Dadas las siguientes funciones, indica: dominio y recorrido, intervalos de crecimiento y decrecimiento, máximos y mínimos relativos y absolutos y continuidad.

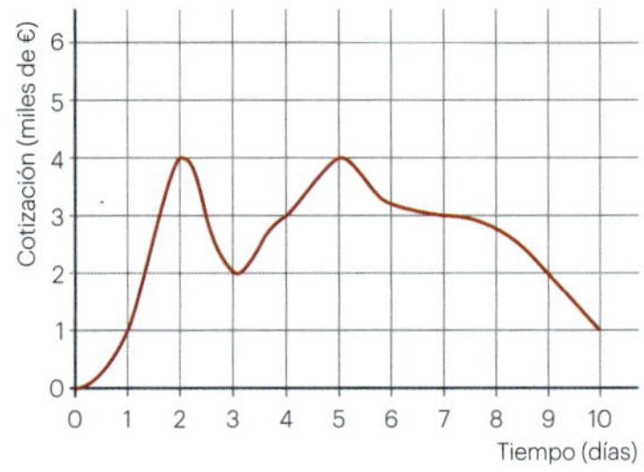

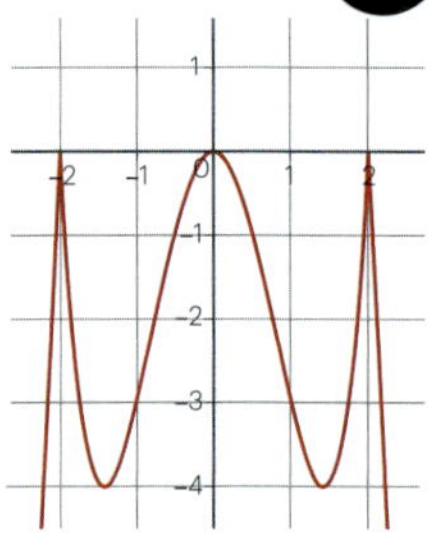

Banco digital

Estadística

47. Las notas de un grupo de alumnos y alumnas en un examen de Matemáticas han sido las siguientes: 8, 4, 5, 7, 3, 6, 7, 8, 2, 2, 6, 7, 7, 9, 5, 6, 7, 4, 6, 2, 8, 5, 6, 5, 5, 6, 8, 6, 5, 7.

a Construye una tabla con estos datos.
b ¿Cuántos alumnos y alumnas aprobaron? ¿Y cuántos suspendieron?
c ¿Cuál ha sido la nota que más ha aparecido?
d ¿Cuál es su media aritmética?

48. En un campeonato, las canastas logradas por 25 tiradores fueron: 8, 10, 12, 12, 10, 10, 11, 11, 10, 13, 9, 11, 10, 9, 9, 11, 12, 9, 10, 9, 10, 8, 10, 9, 10.

a Resume los datos en una tabla de frecuencias.
b Calcula la media, la mediana y la moda.

49. Las temperaturas registradas en una semana de enero han sido estas:

Día	L	M	X	J	V	S	D
Máxima	12	16	18	21	14	15	12
Mínima	−2	−1	4	5	0	−2	−4

Calcula las temperaturas máximas y mínimas medias.

Banco digital

Mates en contexto

8 CM CL Social **Reunión de monitores**

Pablo y los demás monitores de un campamento de verano se han reunido para planificar las actividades. En el grupo de monitores, $\frac{2}{5}$ del total son de Alcalá de Henares, $\frac{1}{6}$ son de Rivas y el resto son del centro de Madrid.

Han decidido pedir unas *pizzas* y han elegido de tres tipos: barbacoa, cuatro quesos y carbonara. Cada uno ha tomado $\frac{1}{3}$ de barbacoa, $\frac{1}{2}$ de cuatro quesos y $\frac{1}{4}$ de carbonara.

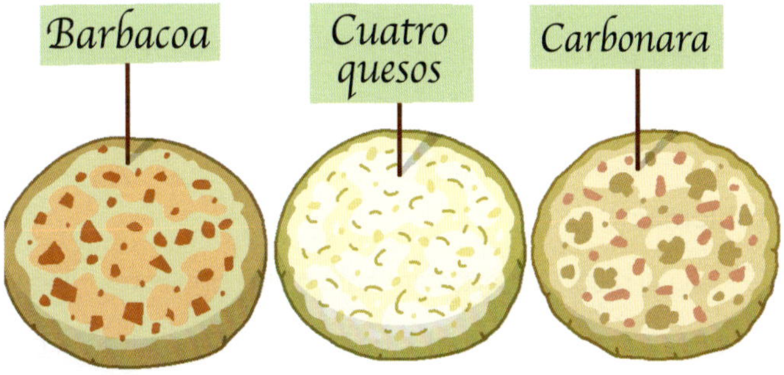

Problemas

(1) ¿Qué fracción representa a los monitores de Alcalá de Henares y a los de Rivas juntos? ¿Y a los de Madrid? ¿Qué fracción representa a los de Madrid y Rivas? Escribe fracciones irreducibles.

(2) Pasa a decimales las fracciones del apartado anterior, indicando de qué tipo de decimal se trata. ¿Qué porcentaje representan? Redondea a las centésimas.

(3) El número de monitores está entre 25 y 100. ¿Cuáles son las posibilidades?

(4) Calcula el número de monitores de Alcalá de Henares, Rivas y Madrid con cada una de las posibilidades que has planteado en el ejercicio anterior.

(5) ¿De qué tipo de *pizza* han comido más?

(6) ¿Ha tomado cada uno más o menos de una *pizza*? Justifica la respuesta.

(7) Han encargado 33 *pizzas*. ¿Cuántos monitores son? Calcula el número de *pizzas* de cada tipo que han encargado. ¿Sobra de algún tipo? ¿Cuánto sobra?

(8) ¿Cuántas *pizzas* más tendrían que encargar para poder repetir todos de la que ha sobrado?

(9) Calcula cuántas personas podrían comer si se encargaran 72 *pizzas* y cuántas *pizzas* de cada tipo se encargan. ¿Sobra algo?

Matematiza: 1, 2, 4 **Plantea: 3, 9** **Argumenta: 5, 6, 7, 8**

9 CM CL Personal **Conciertos de verano**

Alberto e Idoia son unos apasionados de los conciertos. Este año, dos de sus grupos favoritos tocan en sitios diferentes y deben elegir el concierto al que irán.

El grupo Adrada toca por la costa. Llevan un tiempo consultando los precios de las entradas y han visto que, de media, una entrada cuesta 40 €, aunque han observado que, según el momento, el precio puede variar casi 10 €, arriba o abajo. El hotel en la costa vale entre 60 € y 120 €.

El grupo Sotillo toca en el interior y las entradas cuestan entre 45 € y 70 €. El hotel en el interior cuesta, de media, 50 €, con un margen de 15 € arriba o abajo.

Problemas

(1) ¿Cuál será el precio mínimo de las entradas del concierto del grupo Adrada? ¿Y el precio máximo? Calcula el porcentaje de rebaja con respecto a 40 €, si se paga el precio mínimo.

(2) Determina la media de lo que cuesta el hotel para ir a ver al grupo Adrada.

(3) Calcula lo que cuesta ir a ver al grupo Adrada en los siguientes casos:

a Pagan lo mínimo en entradas y hotel.
b Pagan lo máximo en ambos conceptos.
c Pagan la media tanto en entradas como en hotel.

(4) ¿Qué fracción del presupuesto representa el gasto en entradas en cada caso? ¿Y el gasto en hotel?

(5) Escribe los decimales de las fracciones anteriores y clasifícalos.

(6) Además del gasto en hotel y en las entradas, Alberto e Idoia han decidido llevar 200 € más para comida y lo que puedan necesitar. Calcula la fracción que representa ahora cada concepto en los tres casos que se plantean en el ejercicio 3.

(7) Expresa las fracciones como decimales y clasifícalos.

(8) Para el concierto del grupo Sotillo, tienen intención de gastar 162 € entre entradas y hotel. ¿Cuánto debe costar cada entrada, si quieren gastarse $\frac{2}{3}$ en ellas?

Matematiza: 1, 2, 3, 4, 5, 6, 7 **Argumenta: 8**

10 CD CL CS Profesional Social **Vivimos entre ruidos**

El ruido es un sonido que se percibe como algo desagradable.

La unidad de medida de la intensidad del sonido es el decibelio (dB). Por encima de los 100 dB resulta perjudicial y es recomendable utilizar protectores. El umbral del dolor es de 120 dB.

El sonido se propaga en forma de ondas. El número de ondas por segundo es la frecuencia del sonido y se mide en hercios (Hz). Una persona sana puede percibir frecuencias de sonido comprendidas entre 20 Hz (sonidos débiles) y 20 000 Hz (sonidos fuertes).

La exposición prolongada de una persona al ruido ocasiona pérdida de audición, además de problemas cardiovasculares o estrés.

En las siguientes gráficas se muestra la pérdida auditiva por edad que se produce en cada frecuencia, tras un tiempo de exposición a 99 dB.

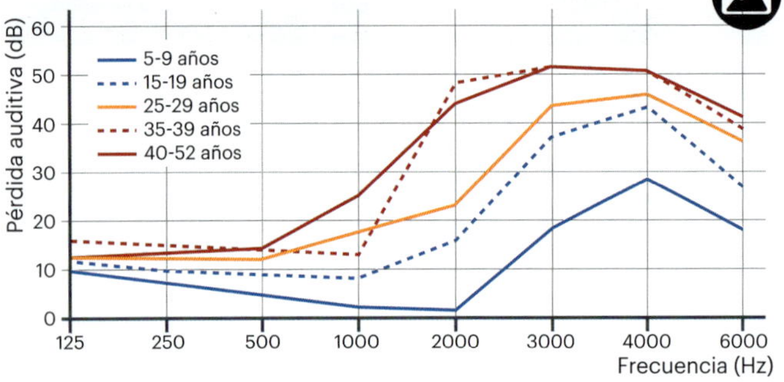

Problemas

1. ¿Cuál es la variable independiente? ¿En qué unidades se mide? ¿Y la dependiente?
2. ¿Las funciones representadas son continuas? Si la respuesta es negativa, indica cuáles no lo son.
3. ¿En qué frecuencia se produce la menor pérdida auditiva en cada una de las edades? ¿Cuántos decibelios se pierden?
4. ¿En cuál tiene lugar la mayor pérdida auditiva? ¿Qué valor toma en cada caso?
5. Describe la pérdida auditiva que se produce en los niños y niñas con edades comprendidas entre 5 y 9 años.
6. ¿En qué grupo de edad se registra una pérdida más rápida de audición? ¿Entre qué frecuencias se produce? ¿Cuántos decibelios se pierden?
7. ¿Qué grupo de edad mantiene el mismo nivel de pérdida al principio? ¿Hasta qué frecuencia?
8. ¿En cuáles disminuye la pérdida? ¿Y en cuáles aumenta?

Argumenta: 1, 2 **Matematiza: 3, 4, 5, 6, 7, 8**

11 CD CL CI Social **¿Dónde aparcamos?**

La tía de Iván y sus amigas van a ir al teatro y a cenar al centro de la ciudad en la que viven. Han decidido ir en el coche de una de ellas, pero, como es difícil encontrar sitio para aparcar en la calle, lo dejarán en un aparcamiento público. Estas son las tarifas del aparcamiento más cercano:

PARKING VERDE

• Del minuto 0 al 30	0,0416 €/min
• Del minuto 31 al 90	0,0373 €/min
• Del minuto 91 al 600	0,0498 €/min
• A partir del minuto 661	31,85 € (máx. diario)

Problemas

1. Halla el precio del aparcamiento en los siguientes casos.
   - **a** No consiguen entradas para el teatro y vuelven al coche en 20 minutos.
   - **b** Al terminar la obra, deciden volver a casa y cogen el coche una hora y media después haberlo dejado.
   - **c** Cumplen sus planes y vuelven al coche después de 4,5 horas.
   - **d** Deciden quedarse a dormir en casa de la tía de Iván, que vive cerca, y recogerán el coche 20 horas después de haberlo aparcado.
2. **a** Construye una tabla de valores para cada tramo de precios.
   b Escribe la fórmula correspondiente a cada uno de ellos.
3. Haz una gráfica para cada una de las tablas del ejercicio *2a*.
4. Coloca las gráficas del ejercicio 3 en unos únicos ejes de coordenadas.
5. Observa la representación que obtienes en el ejercicio anterior. ¿Es una función continua?
6. Calcula la media de los precios de los tres primeros tramos.
7. Halla la fórmula que correspondería al precio del aparcamiento si todos los minutos, del 0 al 600, tuvieran el precio medio obtenido.
8. Dibújala en los mismos ejes del ejercicio 4 y explica entre qué minutos es más barata esta nueva opción.

Argumenta: 1, 8 **Matematiza: 2a, 3, 4, 5, 6** **Simboliza: 2b, 7**

12 CM CL CS Personal Social Notas curiosas

Los estudiantes de 2.º de Bachillerato del instituto El cisne solo tienen un examen por trimestre, que es el que marca la nota de cada evaluación. En el primer trimestre del curso pasado hubo unas notas muy curiosas en Matemáticas:

Chicos: 10, 0, 5, 0, 1, 5, 1, 2, 3, 9.

Chicas: 0, 9, 10, 3, 3, 3, 2, 3, 9, 2, 9, 0, 2, 5, 4, 6, 10, 10, 9, 9.

Son curiosas porque lo habitual es que haya pocas notas muy buenas o muy malas, y el resto intermedias; pero en este caso las intermedias apenas existen.

Nota: estos datos son reales. Al final de ese curso, solo dos estudiantes suspendieron la asignatura.

Problemas

1. ¿Cuántos chicos y cuántas chicas hay en esa clase? ¿Cuántos hay en total?
2. Considerando la variable «nota conseguida», elabora tres tablas (una para los chicos, otra para las chicas y otra global con los datos de todos) de frecuencias (absolutas, acumuladas y relativas).

   Contesta a las siguientes preguntas, separando tus respuestas en chicos, chicas y global.
3. ¿Cuántos consiguieron sobresaliente (9 o 10)?
4. ¿Cuántos suspendieron (menos de 5)?
5. ¿Has usado alguna frecuencia para contestar a los ejercicios 3 y 4? Si la respuesta ha sido afirmativa, ¿cuál ha sido?
6. Calcula la moda y la mediana en las tres tablas.
7. Calcula la media aritmética en las tres tablas.
8. ¿Coincide la media global con la media de los chicos y de las chicas?
9. ¿Por qué crees que ocurre esto?
10. En este caso, ¿cuál crees que es el parámetro central de las notas obtenidas?

Matematiza: 1, 2, 6, 7 **Argumenta: 3, 4, 8, 9, 10**

Comunica: 5

13 CM CL CS Social Personal ¿Cuánto se lee?

Según la Federación de Editores de España, el 94,7% de la población (mayores de 14 años) lee en cualquier medio, pero solo el 65,8% lee libros, en el formato que sea.

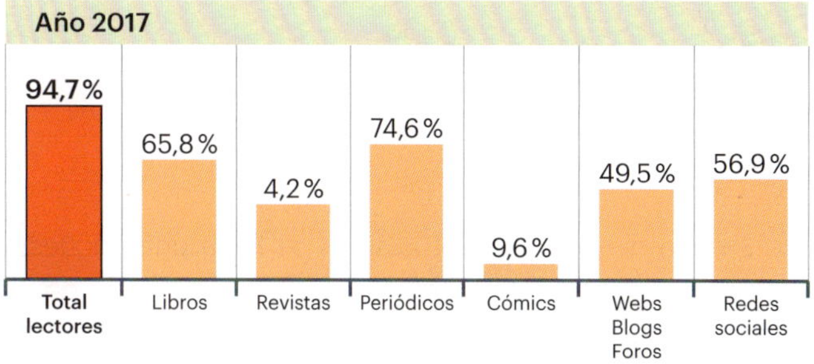

En cambio, este mismo estudio informa de que el 99,3% de los adolescentes (entre 15 y 18 años) lee y de que el 92% lo hace en libros, aunque, de estos, el 23% reconoce que lo hace solo porque lo mandan en clase.

Para comprobar si es cierto, en el instituto El cisne han escogido a 300 alumnos y alumnas entre 3.º de ESO y 2.º de Bachillerato, y les han hecho una encuesta preguntando cuántos libros han leído en el último año (dejando fuera los que tienen que leer durante el curso escolar).

El resultado se muestra en la siguiente tabla:

N.º de libros	0	1	2	3	4	5	6
Frecuencia		87	57	42	21	12	3

Problemas

1. ¿Cuántos adolescentes no leyeron ningún libro?
2. ¿Qué porcentaje representa del total?
3. ¿Coinciden estos datos con el estudio antes mencionado? ¿A qué crees que se debe?
4. Añade a la tabla dos columnas más con las frecuencias acumuladas y las frecuencias relativas.
5. Calcula la mediana y la moda de este estudio.
6. Calcula su media aritmética para saber cuál es el número medio de libros que se leen en ese instituto.
7. ¿Coinciden los tres parámetros de posición?
8. ¿Cuál crees tú que es el más representativo?

Argumenta: 1, 3, 7, 8 **Matematiza: 2, 4, 5, 6**

1. Clasifica los siguientes números en naturales, enteros y racionales. Ten en cuenta que $\mathbb{N} \subset \mathbb{Z} \subset \mathbb{Q}$.

a 2,5
b –7
c –1
d 0
e 8,06
f –2,57
g 3
h –3

2. Pasa las siguientes fracciones a su expresión decimal y clasifica el resultado en exacto, periódico puro o periódico mixto.

a $\frac{2}{5}$
b $\frac{1}{3}$
c $\frac{36}{99}$
d $\frac{1}{4}$

3. En una clase de 30 estudiantes se hace una encuesta para saber el número de hermanos que tienen. Los datos se recogen a continuación. Calcula la frecuencia absoluta y relativa de cada una de las distintas respuestas.

0, 1, 3, 0, 0, 2, 1, 2, 2, 1, 3, 1, 1, 1, 1, 0, 2, 3, 1, 0, 0, 0, 0, 1, 2, 2, 1, 1, 0, 1

4. Usando los datos del ejercicio anterior, calcula la moda, la media aritmética y la mediana.

5. Dadas las siguientes gráficas, di cuáles son funciones y cuáles no lo son. De las que sí sean funciones, señala su dominio, recorrido, extremos relativos, e indica si son continuas y/o periódicas.

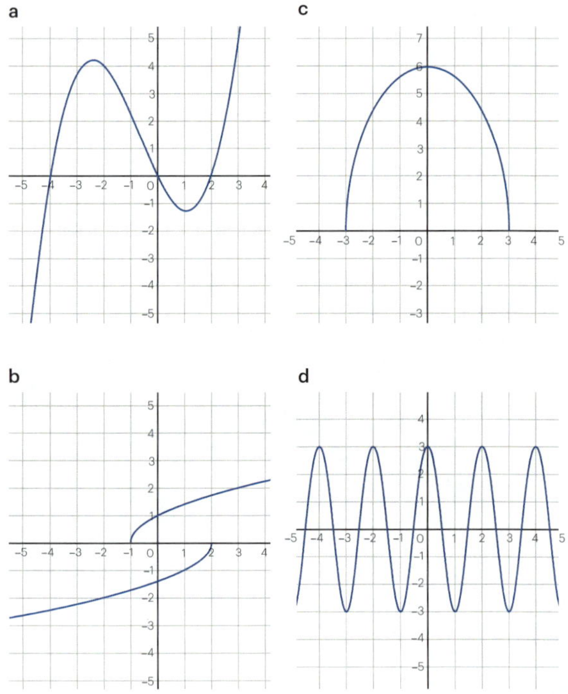

	4 puntos	3 puntos	2 puntos	1 punto
1. Tipos de números	Distingo entre números naturales, enteros y racionales, y explico de forma razonada los criterios de clasificación.	Distingo entre números naturales, enteros y racionales, pero cometo pequeños errores al explicar de forma razonada los criterios de clasificación.	Distingo entre números naturales y enteros, explicando de forma razonada los criterios de clasificación, pero no soy capaz de distinguir los racionales.	No logro distinguir los diferentes tipos de números.
2. Fracciones y decimales	Sé hallar el decimal correspondiente a una fracción dada y soy capaz de clasificarlo correctamente entre decimal exacto, periódico puro o periódico mixto.	Sé hallar el decimal correspondiente a una fracción dada, pero cometo algunos errores, y soy capaz de clasificarlo correctamente entre decimal exacto, periódico puro o periódico mixto.	Sé hallar el decimal correspondiente a una fracción dada, pero cometo algunos errores, y no soy capaz de clasificarlo correctamente.	No sé hallar el decimal correspondiente a una fracción dada.
3. Frecuencias relativas y absolutas	Calculo las frecuencias absolutas y relativas de un conjunto de datos.	Calculo las frecuencias absolutas y relativas de un conjunto de datos, pero cometo algunos errores.	Calculo la frecuencia absoluta, pero no sé calcular la frecuencia relativa de un conjunto de datos.	No sé calcular la frecuencia absoluta ni la frecuencia relativa de un conjunto de datos.
4. Parámetros centrales	Calculo correctamente la moda, la media aritmética y la mediana de un conjunto de datos.	Calculo la moda y la media aritmética de un conjunto de datos, pero no sé calcular la mediana.	Calculo correctamente la moda de un conjunto de datos, pero cometo errores al calcular la media aritmética y no sé calcular la mediana.	No sé calcular la moda, la media aritmética ni la mediana de un conjunto de datos.
5. Funciones	Identifico gráficamente una función y sé estudiar correctamente sus características.	Identifico gráficamente una función y sé estudiar correctamente sus características, aunque cometo algunos errores.	Identifico gráficamente una función, pero no sé estudiar correctamente sus características.	No sé identificar gráficamente una función ni estudiar sus características.

2 Naturaleza matemática

1

¿Cuánto miden los elementos de la sangre? ¿Es muy grande el universo?

2

¿Se puede saber cuántos elementos hay sin contarlos? ¿Cuánto tiempo hace que vivió?

3

¿Cómo crece mi jardín? ¿Cuáles son todas sus dimensiones?

BLOQUES DE CONTENIDOS	Situación 1	Situación 2	Situación 3
NÚMEROS Y ÁLGEBRA			
Potencias de números racionales con exponente entero. Significado y uso.	●		
Potencias de base 10. Aplicación para la expresión de números muy pequeños.	●		
Operaciones con números expresados en notación científica.	●		
Operaciones con fracciones y decimales. Cálculo aproximado y redondeo.	●		●
Investigación de regularidades, relaciones y propiedades que aparecen en conjuntos de números. Expresión usando lenguaje algebraico.		●	
Sucesiones numéricas. Sucesiones recurrentes. Progresiones aritméticas y geométricas.		●	
GEOMETRÍA Y MEDIDA			
Polígonos. Circunferencia y círculo. Perímetro y área.			●
Escalas.			●
Poliedros, poliedros regulares. Vértices, aristas y caras.			●
Áreas y volúmenes de cuerpos geométricos.			●
Cilindro, cono, tronco de cono. La esfera.			●

1 Números grandes y pequeños

¿Cuánto miden los elementos de la sangre?

¿Es muy grande el universo?

CM CL CA CS

Social Científico

Aprende a...

Expresar números muy grandes y muy pequeños en notación científica, operar con ellos con y sin calculadora.

Calcular el valor de expresiones numéricas mediante las operaciones elementales y las potencias de exponente entero.

Ítem 1. Componentes de la sangre

En la sangre encontramos tres componentes fundamentales: glóbulos rojos, glóbulos blancos y plaquetas. Estos componentes son muy pequeños y sus medidas son las siguientes:

- Glóbulos rojos: 87 $\mu m^3 = 87 \cdot 10^{-9}$ $mm^3 = 87 \cdot 10^{-18}$ m^3
- Glóbulos blancos: 900 $\mu m^3 = 9 \cdot 10^{-7}$ $mm^3 =$ $= 900 \cdot 10^{-18}$ m^3
- Plaquetas: 65 $\mu m^3 = 6{,}5 \cdot 10^{-8}$ $mm^3 = 65 \cdot 10^{-18}$ m^3

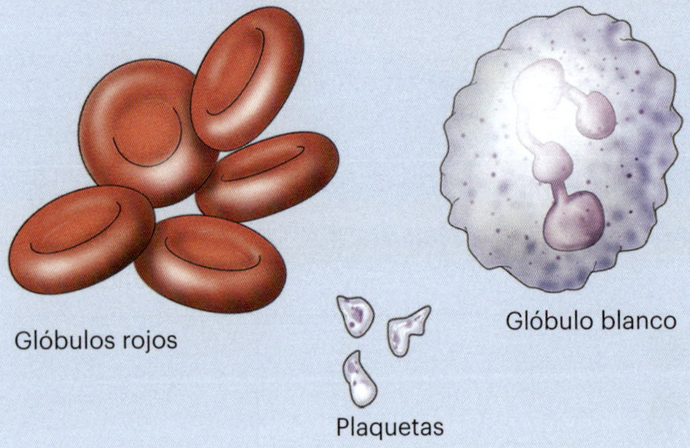

Ítem 2. Análisis de sangre

Pedro se ha hecho un análisis de sangre en el que se calcula la cantidad de componentes sanguíneos. Estos fueron los resultados:

- Glóbulos rojos: 5 millones/$mm^3 = 5 \cdot 10^6/mm^3$
- Glóbulos blancos: 8000/$mm^3 = 8 \cdot 10^3/mm^3$
- Plaquetas: 300 000/$mm^3 = 3 \cdot 10^5/mm^3$

Ítem 3. Notación científica

La notación científica sirve para expresar números muy grandes o muy pequeños.

Una cifra en notación científica se compone de un número llamado *mantisa*, comprendido entre 1 y 10, y una potencia de 10.

Para multiplicar (o dividir) dos números en notación científica se multiplican (o dividen) las mantisas por un lado y, por otro, las potencias de 10 aplicando las propiedades de las potencias.

Construye con lo que sabes

Comunica

1. ¿Cuál, de los tres componentes de la sangre, tiene el tamaño más grande? ¿Y cuál tiene el tamaño más pequeño? ¿Son considerables las diferencias de tamaño?

2. Según los resultados del análisis del ítem 2, ¿qué componente se encuentra en más cantidad en la sangre? ¿Y de cuál hay menos? ¿Es una diferencia considerable?

Matematiza

3. Si, para el análisis, tomaron a Pedro una muestra de 12 mL ($12 \cdot 10^3$ mm^3) de sangre:

   a ¿Cuántos glóbulos rojos le sacaron en total?

   b ¿Cuántos glóbulos blancos le sacaron en total?

   c ¿Cuántas plaquetas le sacaron en total?

   d ¿Cuál fue el volumen de glóbulos rojos que le extrajeron?

   e ¿Cuál fue el volumen de glóbulos blancos que le extrajeron?

   f ¿Cuál fue el volumen de plaquetas que le extrajeron?

4. En una donación de sangre se extraen 450 mL ($4{,}50 \cdot 10^5$ mm^3) de sangre. Responde a las cuestiones del ejercicio 3 con esta cantidad de sangre.

5. Pedro tiene en su cuerpo un total de 5 L ($5 \cdot 10^6$ mm^3) de sangre. Responde a las cuestiones del ejercicio 3 con esta cantidad de sangre.

Ítem 4. En el espacio

Los planetas giran alrededor del Sol en una órbita elíptica y, durante su trayectoria, hay momentos en los que están más cerca del Sol y otros, más lejos. La distancia máxima a la que se puede situar un planeta del sistema solar respecto al Sol se llama *perihelio* y la distancia mínima es el *afelio.* En el ítem 5 tienes una tabla de los afelios y perihelios de los planetas del sistema solar.

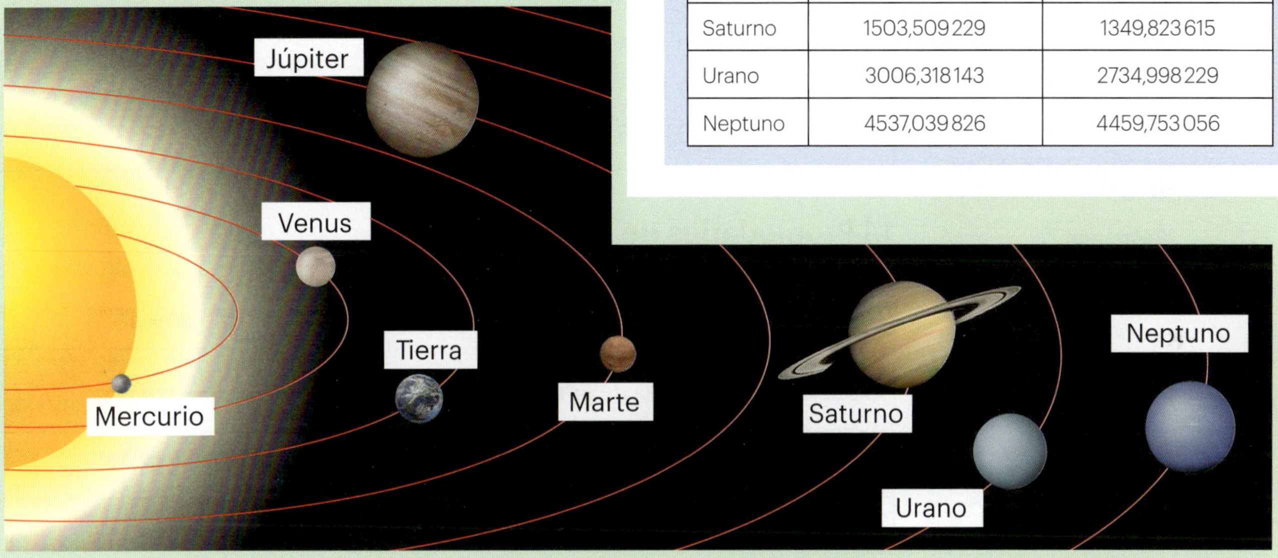

Ítem 5. Afelio y perihelio

Planeta	Afelio (en millones de km)	Perihelio (en millones de km)
Mercurio	69,817445	46,001009
Venus	108,942780	107,476170
Tierra	152,098233	147,098291
Marte	249,232432	206,645215
Júpiter	816,001807	740,679835
Saturno	1503,509229	1349,823615
Urano	3006,318143	2734,998229
Neptuno	4537,039826	4459,753056

Construye con lo que sabes

Matematiza

6. Expresa en metros y con notación científica los datos de la tabla. Recuerda que un millón de km son 1000000 m, es decir, 10^6 m.

7. Si la luz viaja a una velocidad de $3 \cdot 10^8$ m/s, calcula cuánto tiempo tarda la luz del Sol en llegar a cada uno de los planetas en su afelio y en su perihelio.

8. El año luz es una medida de distancia muy usada en astronomía y equivale a la distancia que recorre la luz en un año. Calcula esa distancia y exprésala en km y en m.

9. Elabora una tabla como la del ítem 5, pero expresando las medidas en años luz.

Representa

10. Si saliésemos de la Tierra en dirección al Sol, cuando este se encuentra más cerca (afelio), con una velocidad de 120 km/h, ¿cuánto tiempo tardaríamos en llegar?

Matematiza

11. ¿Cuánto tiempo tarda la luz en dar una vuelta a la Tierra, si esta tiene un radio de 6378 km?

12. Determina cuánto tiempo tarda la luz en recorrer 100 km.

Lo que has construido

Reconoces, interpretas y representas números en **notación científica.**

Sabes trabajar con números en notación científica.

Aplicas las propiedades del **producto** y la **división de potencias.**

Interpretas **potencias con exponente negativo.**

1. Potencias

Apunte 1

Potencias

Las potencias tienen prioridad respecto a la suma, la resta, la multiplicación y la división.

Si una potencia con base negativa tiene exponente par, el resultado es un número positivo; por el contrario, si el exponente es impar, el resultado es un número negativo.

Apunte 2

¡Recuerda!

$(-a)^n \neq -a^n$

$a^1 = a$

$a^0 = 1$

$(a + b)^n \neq -a^n + b^n$

Una **potencia** es una forma abreviada de expresar una multiplicación en la que todos los factores son iguales. Así, la potencia a^n representa un producto en el que a se multiplica por sí mismo n veces. El número a es la **base** y el número n es el **exponente.**

$$a^n = \underbrace{a \cdot a \cdot \ldots \cdot a}_{n \text{ veces}}$$

Ejemplo

1. **a** $2^5 = 2 \cdot 2 \cdot 2 \cdot 2 \cdot 2 = 32$

b $(-3)^4 = (-3) \cdot (-3) \cdot (-3) \cdot (-3) = 81$

c $10^7 = 10 \cdot 10 \cdot 10 \cdot 10 \cdot 10 \cdot 10 \cdot 10 = 10000000$

d $(-5)^3 = (-5) \cdot (-5) \cdot (-5) = -125$

1.1 Propiedades de las potencias

Producto de potencias de la misma base	$a^m \cdot a^n = a^{m+n}$
Cociente de potencias de la misma base	$\dfrac{a^m}{a^n} = a^{m-n}$
Potencia de una potencia	$(a^n)^m = a^{n \cdot m}$
Potencia de un producto	$(a \cdot b)^n = a^n \cdot b^n$
Potencia de un cociente	$\left(\dfrac{a}{b}\right)^n = \dfrac{a^n}{b^n}$

Ejemplo

2. **a** $2^4 \cdot 2^5 = 2^{4+5} = 2^9$

b $\dfrac{3^7}{3^5} = 3^{7-5} = 3^2$

c $(10^3)^7 = 10^{3 \cdot 7} = 10^{21}$

d $(5 \cdot 4)^3 = 5^3 \cdot 4^3$

e $\left(\dfrac{7}{2}\right)^5 = \dfrac{7^5}{2^5}$

1.2 Potencias con exponente negativo

Profesor en casa. Potencias con exponente negativo.

El inverso de un número es aquel número que, multiplicado por a, da 1 como resultado (apunte 3). Se denota como a^{-1} y es $\dfrac{1}{a}$. Por lo tanto, aplicando las reglas de las potencias, podemos ver que:

$$a^{-n} = (a^{-1})^n = \left(\frac{1}{a}\right)^n = \frac{1}{a^n}$$

Apunte 3

No existe inverso del número cero, ya que sería $0^{-1} = \dfrac{1}{0}$ y esta operación no se puede hacer.

El cero es el único número que no tiene inverso.

Ejemplo

3. **a** $2^{-5} = \dfrac{1}{2^5} = \dfrac{1}{32}$

b $10^{-7} = \dfrac{1}{10^7} = \dfrac{1}{10000000}$

c $(-3)^{-4} = \dfrac{1}{(-3)^4} = \dfrac{1}{81}$

d $(-5)^{-3} = \dfrac{1}{(-5)^3} = \dfrac{1}{-125}$

1.3 Potencia de una fracción con exponente negativo

La potencia de una fracción con exponente negativo es igual al inverso de la fracción, elevado al exponente en positivo (apunte 4).

$$\left(\frac{a}{b}\right)^{-n} = \left(\frac{b}{a}\right)^{n}$$

Ejemplo

4. a $\left(\frac{7}{2}\right)^{-5} = \left(\frac{2}{7}\right)^{5} = \frac{2^5}{7^5}$ **b** $\left(\frac{1}{3}\right)^{-6} = \left(\frac{3}{1}\right)^{6} = 3^6$ **c** $\left(\frac{-5}{7}\right)^{-2} = \left(\frac{7}{-5}\right)^{2} = \frac{7^2}{(-5)^2}$

Apunte 4

El inverso de una fracción $\frac{a}{b}$ se obtiene invirtiendo la fracción; es decir:

$$\left(\frac{a}{b}\right)^{-1} = \frac{b}{a}$$

Pero ¡cuidado!

$$a^{-n} \neq -a^{n}$$

1.4 Potencias de base 10

Las potencias de base 10 se usan en numerosos contextos, pues en ellas se basa nuestro sistema numérico. Además, son muy fáciles de escribir:

$10^1 = 10$	$10^2 = 100$	$10^3 = 1000$	$10^4 = 10\,000$	$10^5 = 100\,000$
$10^{-1} = 0{,}1$	$10^{-2} = 0{,}01$	$10^{-3} = 0{,}001$	$10^{-4} = 0{,}0\,001$	$10^{-5} = 0{,}00\,001$

NOTACIÓN CIENTÍFICA (APUNTE 5)

Para expresar cantidades muy grandes o muy pequeñas se utiliza la notación científica, que es un número expresado como el producto de:

- Un número *a* con valor absoluto comprendido entre 1 y 10.
- Una potencia de 10 con exponente entero *n*.

Así, un número expresado en notación científica tiene esta forma:

$$a \cdot 10^n$$

Donde $1 \leq |a| < 10$ y n es un número entero que indica cuántos lugares se desplaza la coma en a hacia la derecha (si n es positivo) o hacia la izquierda (si n es negativo).

Apunte 5

Algunos de los números más importantes en física se expresan en notación científica.

Velocidad de la luz: $1{,}08 \cdot 10^9$ km/h

Año luz: $9{,}46 \cdot 10^{15}$ m

Masa de un átomo de H: $1{,}7 \cdot 10^{-27}$ kg

Ejemplo

5. a $0{,}000\,012 = 1{,}2 \cdot 10^{-5}$ **b** $965\,000\,000 = 9{,}65 \cdot 10^{8}$

Profesor en casa. Operaciones con notación científica.

1.5 Producto de números en notación científica

Para operar con dos números en notación científica usamos las propiedades del producto y de las potencias.

Por un lado, multiplicaremos los números que están delante de la potencia de 10 y, por otro lado, multiplicaremos las potencias de 10 usando la propiedad del producto de potencias con la misma base.

Si queremos multiplicar un número por otro número , lo haremos de la siguiente manera:

$$(a \cdot 10^n) \cdot (b \cdot 10^m) = a \cdot b \cdot 10^n \cdot 10^m = (a \cdot b) \cdot 10^{n+m}$$

Ejemplo

6. a $(2 \cdot 10^5) \cdot (3 \cdot 10^7) = (2 \cdot 3) \cdot 10^{5+7} = 6 \cdot 10^{12}$

b $(3 \cdot 10^{-9}) \cdot (5 \cdot 10^2) = (3 \cdot 5) \cdot 10^{-9+2} = 15 \cdot 10^{-7}$

c $(-5 \cdot 10^4) \cdot (6 \cdot 10^{-7}) = ((-5) \cdot 6) \cdot 10^{4+(-7)} = (-30) \cdot 10^{-3}$

Entrénate

1. Expresa como potencia única las siguientes expresiones:

a $2^3 \cdot 2^5 : 2^4$ **d** $2 : 2^5 \cdot 2^2$

b $3^7 : 3^9 \cdot (3^5)^2$ **e** $(3^2)^3 \cdot 3 : 3^2$

c $(-5)^2 : (-5)^5$ **f** $10^5 : 10 \cdot 10^2$

2. Expresa como potencia única las siguientes expresiones:

a $4^3 \cdot 3^3$ **d** $5^4 \cdot 2^4 \cdot (-3)^4$

b $6^7 : 3^7$ **e** $5^2 \cdot 4^2 : 2^2$

c $(-8)^5 : 4^5$ **f** $(-4)^4 : 2^4 \cdot 3^4$

3. Calcula el valor de las siguientes expresiones y observa si son iguales o no:

a $(6 + 2)^3$ y $(6^2 + 2^2)$

b $(6 - 2)^3$ y $(6^2 - 2^2)$

c $(6 \cdot 2)^3$ y $(6^2 \cdot 2^2)$

d $(6 : 2)^3$ y $(6^2 : 2^2)$

4. Sin efectuar las operaciones, di si el resultado es positivo o negativo:

a $(-4)^3$ **d** -2^6

b -8^5 **e** $(-5)^4$

c $(-3)^{1000}$ **f** $(-3)^{1001}$

5. Expresa como potencia única las siguientes expresiones:

a $2^3 \cdot 2^{-5}$ **e** $2^{-1} : 2^5$

b $3^7 : 3^{-9}$ **f** $(3^{-2})^3 \cdot 3$

c $(-5)^{-2} \cdot (-5)^{-6}$ **g** $2^{-3} : 2^3$

d $10 : 10^{-5}$ **h** $5^3 \cdot (5^2)^{-3} : 5^{-8}$

6. Sin efectuar las operaciones, di si el resultado es positivo o negativo:

a $(-4)^{-3}$ **e** -2^{-6}

b -8^{-5} **f** $(-5)^{-4}$

c $(-1)^{-4}$ **g** $(-1)^{-5}$

d -1^{-9} **h** -1^{-12}

7. Expresa en forma de fracción las siguientes potencias con exponente negativo:

a 2^{-3} **d** -8^{-5}

b $(-2)^{-6}$ **e** 1^{-6}

c 10^{-5} **f** 3^{-4}

8. Expresa el resultado como una fracción con exponente positivo:

a $\left(\frac{3}{2}\right)^{-3}$ **c** $\left(\frac{-7}{3}\right)^{-1}$ **e** $\left(\frac{5}{11}\right)^{-8}$

b $(5)^{-4}$ **d** $(-7)^{-1}$ **f** $\left(\frac{-2}{-3}\right)^{-8}$

9. Expresa como una única potencia de 10:

a $\frac{10^5}{10^3}$ **c** $\frac{10^{-2}}{10^{-6}}$ **e** $\frac{10^7}{10^9}$

b $\frac{10^{-2}}{10^{-5}}$ **d** $\frac{10^3}{10^2}$ **f** $\frac{10^{-7}}{10^{-5}}$

10. Expresa los siguientes números decimales en notación científica:

a 0,000 652

b 0,042

c 52 600 000

d 1 000 000 000

e 0,0 000 000 001

f 6 014 000

11. Expresa en números decimales:

a $2{,}34 \cdot 10^6$

b $6{,}402 \cdot 10^{-4}$

c $-2{,}35 \cdot 10^2$

d $9{,}1803 \cdot 10^7$

e $1{,}028 \cdot 10^{-3}$

12. Efectúa las siguientes operaciones con números expresados en notación científica:

a $(2 \cdot 10^3) \cdot (5 \cdot 10^6)$

b $(3 \cdot 10^{-6}) \cdot (4 \cdot 10^6)$

c $(3 \cdot 10^{-2}) \cdot (7 \cdot 10^8)$

d $(4 \cdot 10^5) \cdot (2 \cdot 10^{-2})$

e $(6 \cdot 10^3) : (2 \cdot 10^{-5})$

f $(9 \cdot 10^{-5}) : (3 \cdot 10^{-6})$

g $(8 \cdot 10^{-2}) : (2 \cdot 10^8)$

h $(6 \cdot 10^5) : (3 \cdot 10^2)$

Banco digital

Mates en contexto

1 CM CL CA Científico Las bacterias

Un determinado tipo de bacterias se multiplica mediante el proceso llamado de *fisión binaria,* que consiste en que cada bacteria se divide dando lugar a dos bacterias y estas, a su vez, repetirán el proceso originando dos nuevas bacterias cada una. Las veces que se repite este proceso se conoce como *ciclo.*

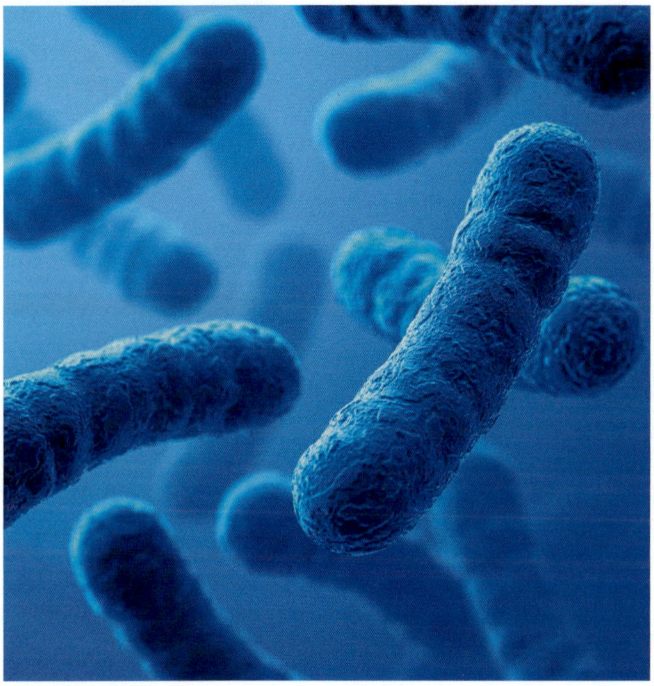

Problemas

1. ¿Cuántas bacterias habrá al cabo de 2 ciclos? ¿Y al cabo de 3? ¿Y de 5? ¿Y de 10?
2. Responde a las preguntas del ejercicio anterior suponiendo que, en vez de dividirse en dos, cada bacteria se divide en tres.
3. Si cada bacteria mide 1 µm ($1 \cdot 10^{-6}$ m) de longitud, ¿cuál sería la longitud del total de las bacterias puestas en fila al cabo de 3 ciclos? ¿Y al cabo de 5? ¿Y al cabo de 10?
4. Si cada bacteria ocupa 1 nm² ($1 \cdot 10^{-18}$ m²), ¿cuántos ciclos tardarán en ocupar un área de 1 m²? ¿Y un área de 2 m²?
5. Imagina que la primera bacteria tiene una longitud de 1 cm (10^{-2} m) y que, a dividirse en dos, no recupera su tamaño original, sino que se queda con la mitad de tamaño; es decir, tendríamos dos bacterias de medio centímetro de longitud cada una. ¿Cuál sería la longitud de cada bacteria al cabo de 3 ciclos? ¿Y de 5 ciclos? ¿Y de 10?

Matematiza: 1, 2, 3, 5 **Argumenta: 4**

2 CM CL CA Científico Átomos

Los átomos están constituidos por tres partículas esenciales: protones, neutrones y electrones. Los dos primeros están en el centro del átomo formando el núcleo, mientras que los electrones orbitan alrededor de él. Estas partículas son muy pequeñas:

Partícula	Masa (kg)
Protón	$1{,}671 \cdot 10^{-27}$
Neutrón	$1{,}675 \cdot 10^{-27}$
Electrón	$9{,}109 \cdot 10^{-31}$

Modelo de átomo de Rutherford

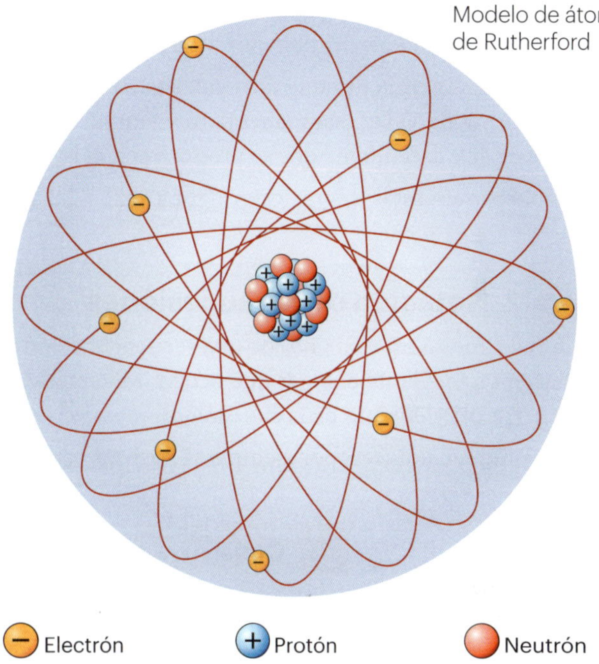

Problemas

1. ¿Hay una diferencia significativa entre el tamaño de los neutrones y el de los protones?
2. ¿Hay una diferencia significativa entre el tamaño de los protones y el de los electrones?
3. Calcula cuántos electrones hacen falta para igualar la masa de un protón.
4. El radio de un protón es de $8{,}41 \cdot 10^{-16}$ m. Los electrones giran alrededor del núcleo a una distancia de $5{,}29 \cdot 10^{-11}$ m. Calcula la proporción entre las dos distancias.
5. El diámetro de un átomo de hidrógeno es de 0,0000000002 m. Expresa esta distancia en notación científica y determina cuántos átomos de hidrógeno habría que colocar, uno al lado del otro, para formar una fila de 2 km.

Argumenta: 1, 2, 6 **Matematiza: 3, 4, 5**

2 Patrones

¿Se puede saber cuántos elementos hay sin contarlos?

¿Cuánto tiempo hace que vivió?

CM CL CA CI CS CC

Social

Personal Científico

Aprende a...

Obtener una fórmula para el término general de una sucesión sencilla.

Identificar progresiones aritméticas y geométricas, expresar su término general, calcular la suma de los *n* primeros términos y emplearlas para resolver problemas.

Ítem 1. El vuelo de las aves migratorias

Muchas aves viajan grandes distancias para llegar a lugares cálidos en los que tienen el alimento asegurado durante el invierno.

Prácticamente, no se detienen para comer, beber ni dormir. Por eso, no todas las aves logran llegar a su destino; al parecer, un tercio de las más jóvenes podrían morir debido al agotamiento extremo durante su primer viaje migratorio.

Para ahorrar energía durante el vuelo, suelen desplazarse en bandadas, muchas de las cuales tienen forma de V. De esta manera, cada animal (salvo el líder) se beneficia de volar en la corriente de aire ascendente que se produce con el batir de alas de los otros.

¿Has observado estas migraciones alguna vez? ¿Has intentado contar las aves?

Ítem 2. Notación de las sucesiones

Para referimos a un elemento de una secuencia de números (sucesión), lo hacemos mediante el lugar que ocupa. Matemáticamente lo escribimos a_3 (tercer elemento de la sucesión a).

Un término cualquiera, por ejemplo el i-ésimo, será a_i.

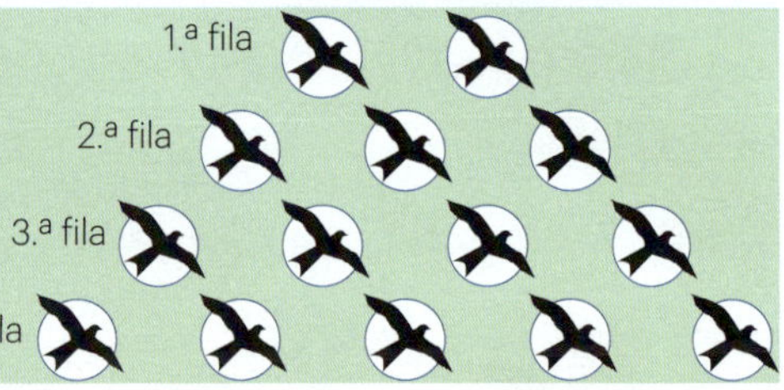

Construye con lo que sabes

Matematiza (1) Observa la formación de aves de la foto del ítem 1. En el gráfico del ítem 2 se muestra la estructura de esta formación de vuelo en forma de V. ¿Cuántas aves vuelan en la primera fila? ¿Y en la segunda? Escribe la secuencia de números que representa a los animales que vuelan en las diez primeras filas.

Argumenta (2) Lo que has escrito anteriormente se llama *sucesión de números* y cada uno de los números es el *término de la sucesión*. ¿Cuántos términos de la sucesión has escrito? ¿Cómo has calculado cada uno de esos términos? ¿Cuántos podrías hallar?

Matematiza (3) Fíjate en el ítem 2. Con la secuencia de números del ejercicio 1, copia y completa la siguiente tabla en tu cuaderno:

Término	Notación matemática	Valor	Se escribe
Primero	a_1	1	$a_1 = 1$
Segundo			

(4) ¿Todos los términos tienen anterior? ¿Y siguiente? Calcula la diferencia entre cada término y su anterior. ¿Qué sucede? Escribe esta relación con notación matemática.

Matematiza (5) ¿Cuántas aves hay en total en las diez primeras filas?

Argumenta (6) Realiza las siguientes sumas: $a_1 + a_{10}$, $a_2 + a_9$, $a_3 + a_8$, $a_4 + a_7$, $a_5 + a_6$. ¿Qué observas? ¿Se te ocurre otra manera hacer la suma anterior? ¿Cuál es más corta?

Simboliza (7) Calcula el número de aves para 12 filas, 14 filas, 16 filas y n filas.

Ítem 3. Desintegración radiactiva

Los materiales radiactivos se van desintegrando con el paso del tiempo. Cada material tiene una **vida media** que, una vez conocida, permite calcular el tiempo que ha transcurrido desde que se inició el proceso de desintegración, ya que, por cada período de vida media, el material se va quedando en la **mitad.**

El carbono 14 forma parte de los tejidos de los seres vivos, pues se absorbe de la atmósfera de manera continua hasta la muerte del individuo. Tiene una vida media de 5568 años. Por eso, los paleontólogos miden la cantidad residual de carbono 14 para calcular el momento en el que se formó.

Ítem 4. Progresiones

Las progresiones son sucesiones de números entre los cuales existe una norma.

- **Progresión aritmética.** Cada término se obtiene del anterior sumando un número fijo llamado **diferencia.**
- **Progresión geométrica.** Cada término se obtiene del anterior multiplicando por un número fijo llamado **razón.**

Construye con lo que sabes

Interpreta

8 Lee atentamente la información del ítem 3. Luego, copia y completa en tu cuaderno la siguiente tabla:

Tiempo transcurrido (años)	0	5568			
Cantidad de carbono 14 residual	1	$\frac{1}{2}$			

Matematiza

9 Fíjate en el ítem 4 y observa la sucesión de números del tiempo transcurrido en la tabla anterior. ¿De qué tipo es? Escribe los seis primeros términos con la notación matemática que utilizaste en la página anterior.

10 Escribe cuánto valen a_8, a_{10} y a_n.

11 Calcula la suma de los ocho primeros términos de esta sucesión empleando la fórmula que obtuviste para n filas en el ejercicio anterior.

12 Según el ítem 4, ¿de qué tipo es la sucesión de cantidad de carbono 14 residual? Escribe con notación matemática los seis primeros términos.

13 Escribe mediante una operación cómo se calcula a_2, a_3, a_4, a_5, a_6, en función del término anterior. Escribe también cada uno de ellos en función de a_1.

Simboliza

14 Observa la relación entre los términos de la sucesión y escribe:

a a_n en función de a_1

b a_n en función de a_2

c a_n en función de a_6

d a_n en función de a_m

Matematiza

15 ¿Cuánto suman los cinco primeros términos de la progresión cantidad de carbono 14 residual?

Simboliza

16 Por parejas, buscad la fórmula que permite sumar los n primeros términos de la progresión anterior.

Lo que has construido

Reconoces la relación entre una **secuencia de números.**

Calculas el término general y la suma de los n primeros términos de una **progresión.**

Distingues entre **progresiones aritméticas y geométricas.**

2. Sucesiones

Apunte 6

Todos los términos de una sucesión tienen anterior, salvo el primero.

Dados los siguientes números: 2, 5, 8, 11... ¿Sabrías decir cuál es el siguiente?

En este caso, puedes hacerlo porque la secuencia numérica presenta una **regularidad.** Observa que cada uno se obtiene sumando 3 al anterior. Así, $5 = 2 + 3$, $8 = 5 + 3$, $11 = 8 + 3$. El siguiente será 14, ya que $11 + 3 = 14$.

Una **sucesión** es una secuencia de números reales dados ordenadamente, de manera que se puedan numerar: primero, segundo, tercero…

Apunte 7

Aquí usamos la letra *a* para nombrar la sucesión, pero también se usan otras letras en minúsculas, normalmente, letras consecutivas. Así, si nombramos la sucesión con *b*, sus términos serían b_1, b_2...

Cada elemento de la sucesión se llama **término** (apunte 9); para referirnos al lugar que ocupa en la sucesión usamos **subíndices**. Así, el primer término de la sucesión anterior será a_1 y su valor es 2; por lo tanto, escribiremos $a_1 = 2$. El segundo término será $a_2 = 5$; el tercero, $a_3 = 8$, y así sucesivamente. Si queremos referirnos a un término cualquiera de la sucesión, lo llamaremos término ***n*-ésimo** y lo escribiremos como $\boldsymbol{a_n}$ (apunte 10). Observa que el subíndice siempre será un número natural.

Ejemplo

7. Dada la sucesión $\sqrt{1}, \sqrt{2}, \sqrt{3}, ...$, ¿cuál será el término que ocupa la posición 80? Si te fijas, $a_1 = \sqrt{1}$, $a_2 = \sqrt{2}$, $a_3 = \sqrt{3}$. Luego $a_{80} = \sqrt{80}$.

¿Cuál será el término *n*-ésimo de la sucesión? En este caso, $a_n = \sqrt{n}$.

Ejemplo

8. Calcula los términos sexto y décimo de la sucesión $a_n = 2(n - 1) + 3$.

$a_6 = 2(6 - 1) + 3 = 13$

$a_{10} = 2(10 - 1) + 3 = 21$

- El **término general** de una sucesión es una expresión algebraica que nos permite calcular cualquier término de la sucesión a partir del subíndice.
- Si los términos de una sucesión se definen en función de los términos anteriores de acuerdo con una expresión algebraica conocida, la **sucesión** es **recurrente.**

La sucesión recurrente más conocida es la **sucesión de Fibonacci** (fig. 3), en la que cada término se calcula como la suma de los dos anteriores menos el primero y el segundo.

Fig. 3. Leonardo de Pisa (1175-1240), también conocido como Fibonacci, fue un matemático italiano. Difundió en Occidente los conocimientos científicos en el *Liber abaci.*

Ejemplo

9. Escribe los primeros términos de la sucesión $a_1 = a_2 = 1$, $a_n = a_{n-2} + a_{n-1}$.

Observa que, salvo el primer y el segundo término, cada uno está expresado como la suma de los dos anteriores.

Así: $a_3 = a_{3-2} + a_{3-1} = a_1 + a_2 = 1 + 1 = \mathbf{2}$, $a_4 = a_2 + a_3 = 1 + 2 = \mathbf{3}$, $a_5 = a_3 + a_4 = 2 + 3 = \mathbf{5}$, $a_6 = a_4 + a_5 = 3 + 5 = \mathbf{8}$**...**

La sucesión resulta ser 1, 1, 2, 3, 5, 8...

3. Progresiones aritméticas

Observa la siguiente sucesión: –2, 0, 2, 4, 6, 8… ¿Cómo se obtiene cada término?

Si te das cuenta, cada término resulta tras sumar 2 al anterior o, lo que es lo mismo, la diferencia entre dos términos consecutivos de la sucesión es constante. Esa diferencia es 2.

Una sucesión de números reales es una **progresión aritmética** si cada término se obtiene del anterior sumándole un número fijo llamado **diferencia.**

Ejemplo

10. Observa esta sucesión: 7, 5, 3, 1, –1, –3.

Para comprobar si es una progresión aritmética, podemos proceder de dos maneras:

1. Calculamos la diferencia de términos consecutivos: 5 – 7 = –2, 3 – 5 = = –2, 1 – 3 = –2, –1 –1 = –2, –3 – (–1) = –3 + 1 = –2. Luego sí es progresión aritmética, ya que la diferencia es constante.
2. Observamos que cada término se obtiene sumando –2 al anterior:

   7 + (–2) = 5, 5 + (–2) = 3…

- El **término general de una progresión aritmética con diferencia *d*** es:

$$\left.\begin{array}{c} a_2 = a_1 + d \\ a_3 = a_2 + d = a_1 + d + d = a_1 + 2d \\ a_4 = a_3 + d = a_1 + 2d + d = a_1 + 3d \\ \dots \\ a_{14} = a_1 + 13d \end{array}\right\} \xrightarrow{\text{en general}} a_n = a_1 + (n-1)\cdot d$$

- La **suma** de los ***n* primeros términos** (apunte 12) de una progresión aritmética es:

$$S_n = \frac{a_1 + a_n}{2}\cdot n$$

Ejemplos

11. Calcula el término general de las progresiones aritméticas del ejemplo anterior.

$a_1 = 7$ y $d = -2$, luego $a_n = 7 + (n-1)\cdot(-2) = 7 - 2n + 2 = 9 - 2n$.

Comprobamos que es correcta; por ejemplo: $a_5 = 9 - 2\cdot 5 = 9 - 10 = -1$.

$a_1 = 1$ y $d = \frac{1}{2}$, luego $a_n = 1 + (n-1)\cdot\frac{1}{2} = 1 + \frac{n}{2} - \frac{1}{2} = \frac{n+1}{2}$.

12. Suma los quince primeros términos de la progresión aritmética 2, 4, 6, 8…

$a_1 = 2$, $d = 2$, luego $a_{15} = a_1 + 14\cdot d = 2 + 14\cdot 2 = 30$.

Así, $S_{15} = \frac{a_1 + a_{15}}{2}\cdot 15 = \frac{2+30}{2}\cdot 15 = 240$.

4. Progresiones geométricas

Una sucesión de números reales es una progresión geométrica si cada término se obtiene a partir del anterior multiplicándolo por un número fijo o razón (r). El cociente entre un término y su anterior es siempre la razón, r.

El término general de una progresión geométrica es $a_n = a_1 \cdot r^{n-1}$.

Dos términos cualesquiera de una progresión geométrica cumplen $a_n = a_m \cdot r^{n-m}$.

- La **suma de los *n* primeros términos de una progresión geométrica** es:

$$S_n = \frac{a_n\cdot r - a_1}{r-1} = \frac{a_1\cdot(r^n - 1)}{r-1}\; r \neq 1$$

Apunte 8

Dos términos cualesquiera de una progresión aritmética están relacionados.

Por ejemplo, a_{17} y a_5:

$$a_{17} = a_5 + (17-5)\cdot d$$

En general:

$$a_n = a_m + (n-m)\cdot d$$

Con dos términos de la progresión se puede calcular la diferencia.

Profesora en casa. Suma de los *n* primeros términos de una progresión aritmética.

Apunte 9

En una progresión aritmética de *n* términos, la suma de dos términos equidistantes es siempre la misma. Compruébalo con la progresión aritmética de los 100 primeros números naturales.

Profesor en casa. Suma de los términos de una progresión geométrica.

Ejemplo

13. Dada la siguiente sucesión: 2, 4, 8, 16…, comprueba que es una progresión geométrica y calcula su término general.

Vemos que cada término se obtiene del anterior multiplicando por 2. Así, $r = 2$; por lo tanto, el término general $a_n = 2 \cdot 2^{n-1} = 2^n$.

Entrénate

13. Dada la sucesión –1, 1, 3, 5, 7...

a ¿Cuánto vale el primer término? Escríbelo con la notación correspondiente.
b ¿Cuánto vale a_4?
c Escribe los tres siguientes términos de la sucesión. ¿Qué lugar ocupa el último? ¿Cómo lo escribes?

14. Escribe los tres términos siguientes de estas sucesiones:

a –11, –13, –15...
b –1, 0, –1, 0...
c $\frac{2}{3}, \frac{5}{3}, \frac{8}{3}, \ldots$
d $\frac{3}{5}, \frac{4}{5}, 1, \ldots$

15. Halla los términos quinto, séptimo y décimo de las siguientes sucesiones:

a $a_n = 5(2 - 3n) + 4$
b $b_1 = 2, b_n = 2 \cdot b_{n-1} - 3$

16. Escribe el término general de las siguientes sucesiones:

a 1, 3, 5, 7...
b $1, \frac{1}{2}, \frac{1}{3}, \frac{1}{4}, \ldots$

17. Dada la sucesión $a_n = \frac{2n-1}{n+3}$, resuelve estos ejercicios:

a Calcula a_7.
b ¿Es $\frac{1}{4}$ un término de la sucesión? ¿Cuál?
c ¿Es $\frac{3}{7}$ un término de la sucesión? Justifica tu respuesta.

18. Dada la siguiente sucesión: $1, \frac{3}{2}, 2, \frac{5}{2}, 3 \ldots$, resuelve estos ejercicios:

a ¿Es una progresión aritmética? Justifica tu respuesta.
b Calcula la diferencia y el término general.
c ¿Cuánto vale a_{40}?

19. Escribe el término general de una progresión aritmética sabiendo que:

a $a_1 = 10$ y $d = -3$
b $b_3 = 23$ y $b_{11} = 7$
c $c_1 = 2$ y $c_{11} = 52$
d $d_6 = 21$ y $d = 6$

20. La diferencia de una progresión aritmética es $d = -3$, y la suma de los términos cuarto y quinto es 1. Escribe su término general.

21. De una progresión aritmética se sabe que la suma de los términos tercero y séptimo es 50 y que, al restar al noveno el segundo, da 21. Escribe el término general y los cinco primeros términos.

22. Halla la suma de los 25 primeros términos de una progresión aritmética tal que $a_1 = 7$ y $d = 6$.

23. Encuentra S_{40} en una progresión aritmética, sabiendo que $a_1 = 5$ y $a_2 = 8$.

24. Calcula la suma de los múltiplos de 7 menores de 1000.

25. Escribe la progresión aritmética que cumple que $a_1 = 1$ y $S_7 = 70$.

26. Argumenta si las siguientes progresiones son aritméticas o geométricas:

a 2, 6, 18, 54...
b 4, 1, –2, –5...
c 3, –6, 12, –24...
d $1, \frac{1}{2}, \frac{1}{4}, \frac{1}{8}, \ldots$

27. Escribe los cinco primeros términos de las siguientes progresiones geométricas:

a $b_1 = 3; r = -4$
b $c_1 = 400; r = 0{,}25$

28. Escribe el término general de una progresión geométrica, sabiendo que:

a $a_1 = 3; r = 4$
b $b_1 = 3; b_5 = 768$

29. Calcula la suma de los 12 primeros términos de las siguientes progresiones geométricas:

a $a_1 = 5; r = 3$
b $b_1 = 20; b_2 = 10$

30. Ejercicio resuelto

Suma los infinitos términos de una progresión geométrica en la que $a_1 = 10$ y $r = \frac{2}{3}$.

1. La razón debe cumplir $-1 < r < 1$ ($|r| < 1$). Así, los términos se hacen sucesivamente menores y la suma es finita. En este caso, se cumple.
2. Sumamos infinitos términos; por eso, expresamos:

$$S_\infty = \frac{a_1 \cdot (r^\infty - 1)}{r-1} = \frac{a_1 \cdot r^\infty - a_1}{r-1}.$$

Como la razón es menor que 1, al elevarla sucesivamente a números más altos, el resultado se acerca a 0:

$$r^\infty = 0 \text{ y } S_\infty = \frac{a_1 \cdot r^\infty - a_1}{r-1} = \frac{-a_1}{r-1} = \frac{a_1}{1-r}$$

Así $S_\infty = \dfrac{10}{1-\frac{2}{3}} = \dfrac{10}{\frac{1}{3}} = 30.$

Profesora en casa. Suma de los infinitos términos de una progresión geométrica.

31. Calcula la suma de los infinitos términos de una progresión geométrica tal que:

a $a_1 = 103$ y $r = 0{,}3$
b $b_1 = 40$ y $b_2 = 10$

Banco digital

Mates en contexto

3 CM CL Personal El salto de la rana

Muchas ranas son capaces de saltar **treinta veces** su longitud y algunas ranas arborícolas pueden saltar cincuenta veces el largo de su cuerpo, lo que sería equivalente a que una persona saltara un **campo de fútbol.**

La rana de Alba salta una media de 2 m.

Problemas

1. Escribe la secuencia de los metros que recorre en total durante los cinco primeros saltos.
2. ¿Esa secuencia es una sucesión? ¿De qué tipo?
3. Escribe el término general de esa sucesión.
4. ¿Cuántos saltos tendrá que dar para recorrer 90 m?
5. ¿Es posible que haya recorrido 107 m en total? Justifica tu respuesta.
6. Si, al final, recorre 136 m, ¿cuántos saltos ha dado?
7. Haz la suma de los 50 primeros números de esta sucesión.
8. Alba pone su rana al borde de una charca circular de 10 m de diámetro. El primer salto que da es de 2 m, pero se da cuenta de que, cada vez, salta los $\frac{2}{3}$ del salto anterior. Escribe la secuencia de los cuatro primeros saltos.
9. ¿Qué tipo de sucesión es? Escribe su término general y la suma de los veinte primeros términos.
10. Suponiendo que salta en línea recta y que pasa por el centro de la charca, ¿llegará al centro?
11. ¿Y llegará al otro lado de la charca? Si la respuesta es negativa, argumenta cuál es el diámetro que debe tener la charca para que la rana pueda pasar al otro lado.

Matematiza: 1, 7, 8 **Argumenta: 2, 4, 5, 6, 10, 11**

Simboliza: 3, 9

4 CM CL Científico La belleza no es azar

¿Cuántas parejas de conejos tendremos a fin de año, si comenzamos con dos que dan lugar, cada mes, a otra pareja que, a su vez, procrea a los dos meses de vida? Fíjate en el siguiente esquema.

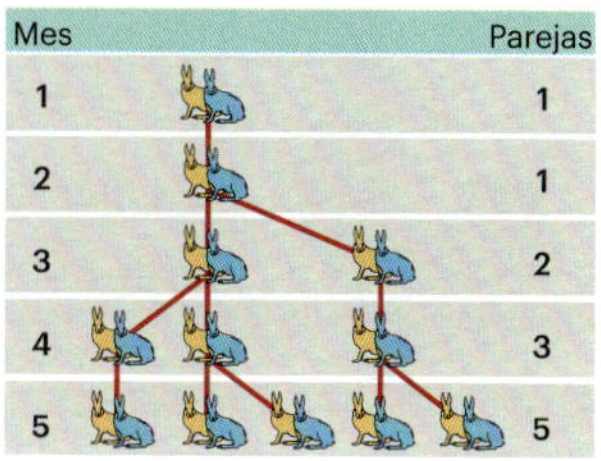

Problemas

1. El número de parejas de conejos forma una sucesión de números. ¿Cuánto vale a_1? ¿Y a_2? ¿Y a_3? ¿Y a_4? ¿Y a_5?
2. ¿Tiene alguna relación a_3 con a_1 y a_2? ¿Cuál?
3. Relaciona a_4 con a_2 y a_3, y a_5 con a_3 y a_4.
4. Escribe cómo se puede hallar a_n.
5. Calcula el número de parejas que habrá hasta el decimotercer mes.
6. Copia y completa en tu cuaderno la siguiente tabla (utiliza siete decimales):

Cociente	$\frac{a_2}{a_1}$	$\frac{a_3}{a_2}$	$\frac{a_4}{a_3}$	$\frac{a_5}{a_4}$	$\frac{a_6}{a_5}$	...	$\frac{a_{13}}{a_{12}}$
Valor	1	2					

7. ¿Hacia qué número irracional se acercan los cocientes del ejercicio anterior?
8. Observa las imágenes. Tienen dos espirales: una en el mismo sentido que el de las agujas del reloj y otra, en sentido contrario. ¿Son números de la sucesión anterior? ¿Cuánto vale su cociente?

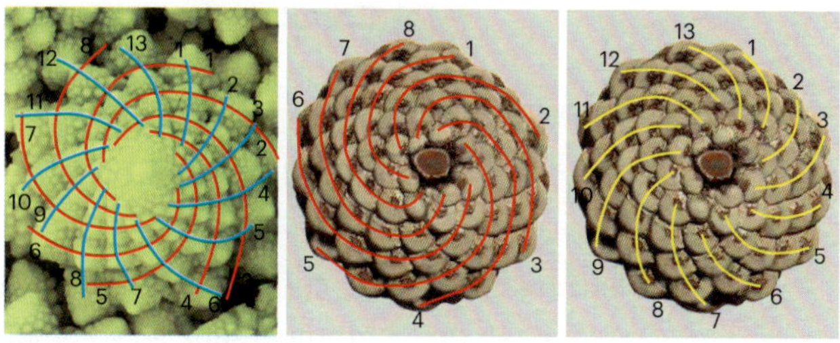

9. Realiza el cociente que se indica y reflexiona:
   - **a** Tu altura y la distancia entre tu ombligo y tu pie.
   - **b** Del hombro a la punta de los dedos y del codo a la punta de los dedos.
   - **c** Del codo a la punta de los dedos y desde el comienzo de la mano a la punta de los dedos.
   - **d** De la cadera al pie y de la rodilla al pie.

Matematiza: 1, 3, 5, 6, 9 **Argumenta: 2, 4, 7, 8**

Simboliza: 4

3 ¿Jardines matemáticos?

¿Cómo crece mi jardín?

¿Cuáles son todas sus dimensiones?

CM CL CC

Social | Profesional

Aprende a...

Reconocer y describir los elementos y las propiedades características de las figuras planas, los cuerpos geométricos elementales.

Calcular áreas y volúmenes de poliedros, cilindros, conos y esferas, y aplicarlos.

Ítem 1. Jardines ornamentales

Los jardines ornamentales son áreas diseñadas con plantas, con el propósito de proporcionar placer estético. El diseño de estos jardines es increíblemente variado, dependiendo del clima, las plantas que los componen y la naturaleza de la arquitectura que los rodea.

Ítem 2. Volúmenes

$$V_{\text{cilindro}} = V_{\text{prisma}} = A_{\text{base}} \cdot \text{altura}$$

$$V_{\text{cono}} = V_{\text{pirámide}} = \frac{1}{3} \cdot (A_{\text{base}} \cdot \text{altura})$$

$$V_{\text{esfera}} = \frac{4 \cdot \pi \cdot r^3}{3}$$

Ítem 3. Formas en los jardines

Construye con lo que sabes

Comunica

1. Fíjate en los jardines I, III y IV del ítem 3 e indica qué cuerpos geométricos observas en ellos.

2. En el jardín II se aprecia una gran variedad de cuerpos y figuras geométricas. Di el nombre de los que conoces.

Matematiza

3. Si los árboles del jardín I fueran conos perfectos de 280 cm de altura y un diámetro de la base de 1,8 m, ¿cuál sería su volumen?

4. En el jardín IV, la altura de las hojas de los árboles cilíndricos coincide con el perímetro de sus bases. Sabiendo que estas tienen un diámetro de 80 cm, halla su volumen.

Argumenta

5. Localiza cuatro cuadriláteros que tengan formas diferentes en el jardín II.

Matematiza

6. En el jardín III, la figura cuadrangular grande tiene unas dimensiones de 120 cm de lado y 40 cm de altura. Calcula su volumen.

7. En el jardín III, la figura cuadrangular pequeña tiene un lado que es las 3/5 partes de la grande y su altura es el 80 % de la grande. Calcula su volumen. ¿Cuál es la superficie de este parterre?

Argumenta

8. También en el jardín III, podemos observar unas plantas que tienen forma de esferas pequeñas, de 32 cm de radio, y otras esferas grandes cuyo radio es tres veces el de las pequeñas. Determina el volumen de cada una de estas esferas. ¿Qué relación hay entre sus volúmenes?

Ítem 4. Gran Canal de Versalles

Las enormes dimensiones de este estanque (mide 1500 m de longitud y 62 m de ancho), así como su forma de cruz, hicieron posible la escenificación de espectaculares luchas navales. Además tenía una función práctica: recogía los desagües de las fuentes situadas por encima de su nivel.

Ítem 5. Datos impresionantes

Superficie total de los jardines de Versalles: 800 ha			
N.º de árboles	200 000	Superficie Grand Canal	23 ha
Flores plantadas anualmente	210 000	Perímetro Grand Canal	5,57 km
Fuentes de agua	50	Cañerías de agua	35 km
Aspersores	620	Consumo de agua promedio	3600 m³

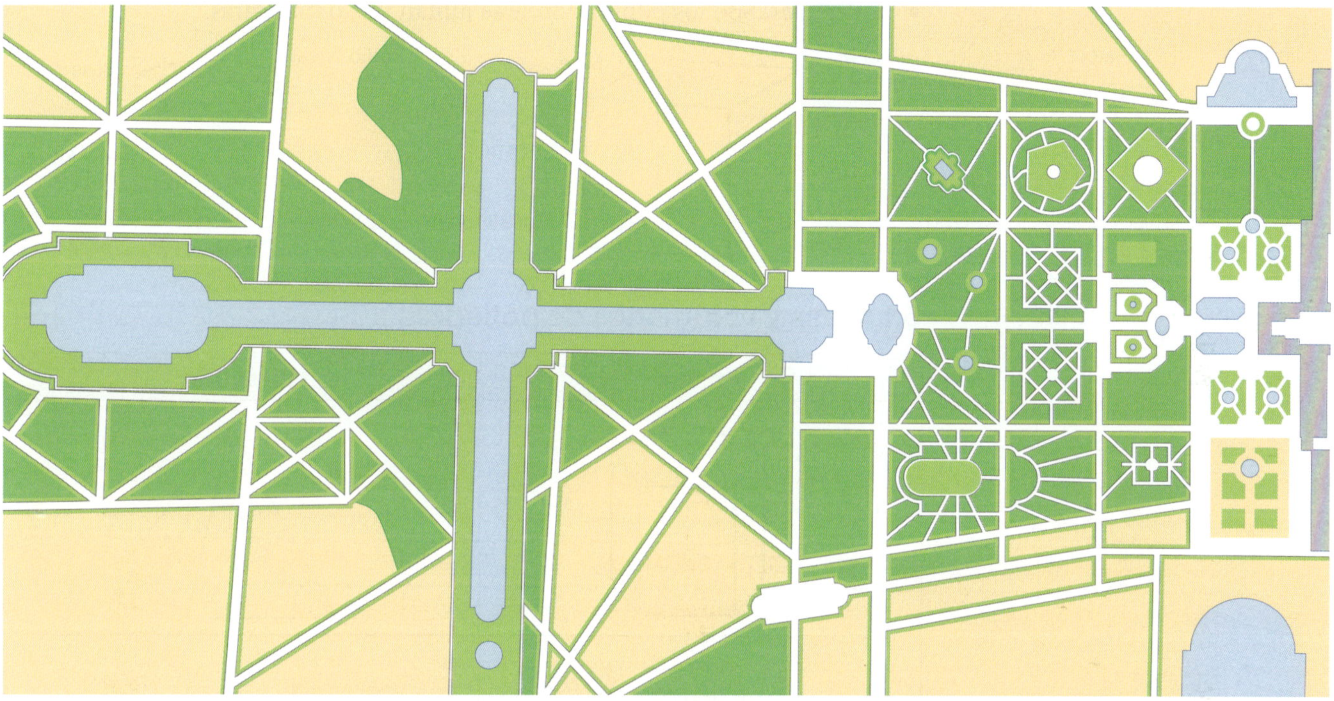

Construye con lo que sabes

Matematiza

9. En el trazado de las calles y los parterres podemos descubrir muchas figuras geométricas. Localiza todas las figuras diferentes que puedas.

10. Indica algunas líneas paralelas, perpendiculares y ángulos obtusos.

11. Encuentra todos los pentágonos que te sea posible (hay más de los que te imaginas).

Plantea

12. Conociendo los datos del Gran Canal, calcula la longitud aproximada del brazo corto de la cruz.

Plantea Argumenta

13. ¿Cuáles son las dimensiones de la parte del jardín que se ve en el plano? ¿Es todo el jardín?

Matematiza

14. Trabajando de lunes a viernes todos los días del año, ¿cuántas flores plantan diariamente? (Supondremos que todos los días plantan el mismo número de flores.)

15. ¿Cuánto pesa el consumo medio de agua? (Recuerda: 1 dL = 1 kg.)

Plantea

16. Formad grupos de cuatro personas y diseñad vuestro propio jardín ornamental. En él tiene que figurar el mayor número posible de cuerpos geométricos.

Lo que has construido

Reconoces las **figuras y cuerpos geométricos.**

Calculas las **áreas y volúmenes de cuerpos geométricos.**

5. Cuerpos geométricos

Apunte 10

La palabra *poliedro* proviene del griego y significa 'muchas caras'. Son **poliedros** el prisma, la pirámide, el tronco, etc.

Los **cuerpos de revolución** son aquellos que se obtienen al girar una línea, llamada generatriz, sobre un eje. Son cuerpos de revolución el cilindro, el cono, la esfera, etc.

Un **cuerpo geométrico** es una figura geométrica de tres dimensiones (largo, ancho y alto) que ocupa un lugar en el espacio y que, en consecuencia, tiene un volumen.

Los cuerpos geométricos pueden ser **poliedros** y **cuerpos redondos** o **cuerpos de revolución** (apunte 13).

Los elementos de un cuerpo geométrico son:

- **Caras.** Son las superficies planas que limitan el cuerpo geométrico.
- **Aristas.** Son las líneas que se forman cuando se juntan dos caras.
- **Vértices.** Son los puntos donde se juntan tres o más caras.

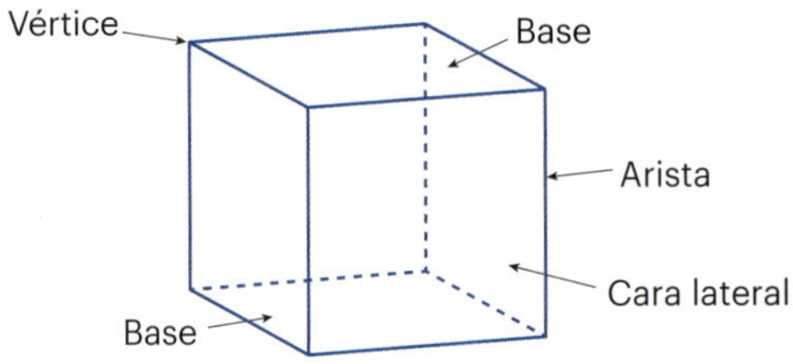

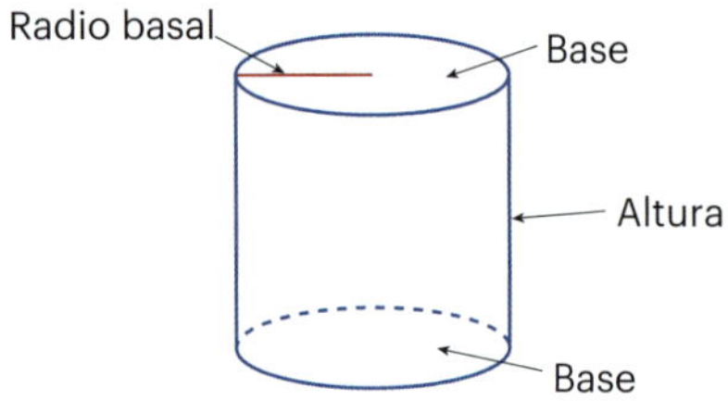

5.1 Áreas y volúmenes de poliedros

Prisma	Pirámide
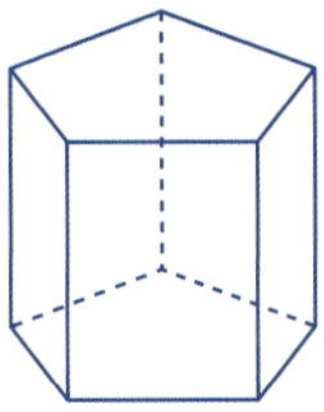	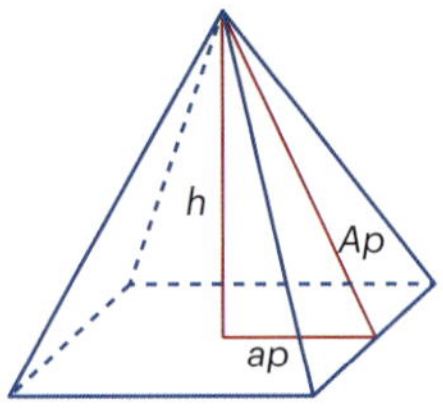
$A_L = P_B \cdot h$ $A_T = A_L + 2 \cdot A_B$ $V = A_B \cdot h$	$A_L = \dfrac{P_B \cdot Ap}{2}$ $A_T = A_L + A_B$ $V = \dfrac{A_B \cdot h}{3}$

Ejemplo

14. Observa la pirámide cuadrangular del dibujo, y calcula su área total y su volumen.

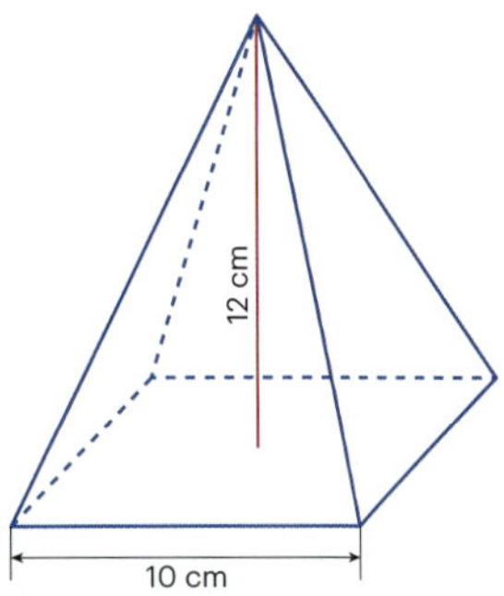

Para hallar el área total, nos hace falta el área de la base y el área de cada triángulo de las caras laterales.

Como es un cuadrado, el área de la base es: $A_B = 10^2 = 100$ cm^2.

Para calcular el área lateral, necesitamos la apotema de las caras. Si observas el dibujo, es la hipotenusa de un triángulo rectángulo cuyos catetos son la mitad de la base y la altura. Por tanto: $A_p = \sqrt{5^2 + 12^2} = \sqrt{25 + 144} = \sqrt{169} = 13$ cm.

Así pues, el área lateral es: $A_L = \dfrac{(4 \cdot 10) \cdot 13}{2} = 260 \text{ cm}^2$.

Y, en consecuencia, el área total es: $A_T = A_B + A_L = 100 + 260 = 360$ cm^2.

Aplicando la fórmula, resulta el volumen: $V = \dfrac{A_B \cdot h}{3} = \dfrac{100 \cdot 12}{3} = 400 \text{ cm}^3$.

5.2 Áreas y volúmenes de cuerpos redondos

Cilindro	Cono
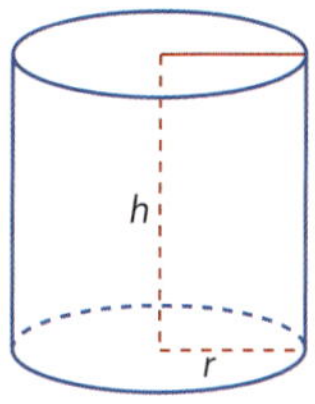	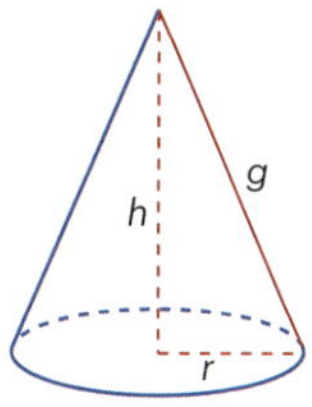
$A_L = 2 \cdot \pi \cdot r \cdot h$ $A_T = 2 \cdot \pi \cdot r \cdot (h + r)$ $V = \pi \cdot r^2 \cdot h$	$A_L = \pi \cdot r \cdot g$ $A_T = \pi \cdot r \cdot (g + r)$ $V = \dfrac{\pi \cdot r^2 \cdot h}{3}$

Ejemplo

15. Observa el cono del dibujo. Calcula su área total y su volumen.

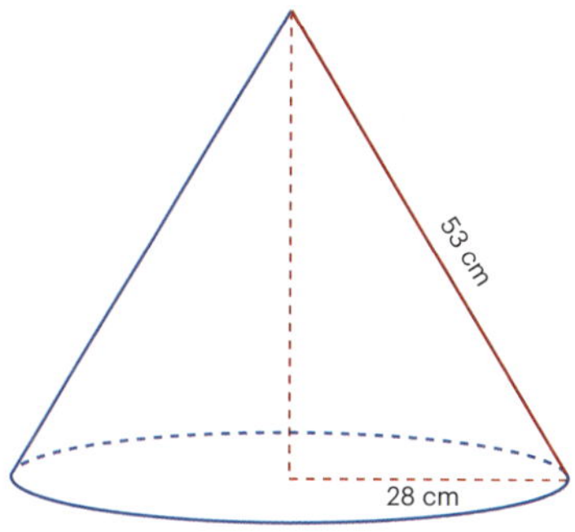

Para hallar el área total, necesitamos conocer el área de la base y el área lateral.

El área de la base es:

$A_B = \pi \cdot r^2 = 3{,}14 \cdot 28^2 = 2461{,}76\ \text{cm}^2$

Para calcular el área lateral usamos esta fórmula:

$A_L = \pi \cdot r \cdot g = 3{,}14 \cdot 28 \cdot 53 = 4659{,}76\ \text{cm}^2$

Luego el área total es: $A_T = 2461{,}76 + 4659{,}76 = 7121{,}52\ \text{cm}^2$.

Para determinar el volumen, necesitamos conocer la altura. Si observas el dibujo, te darás cuenta de que es uno de los catetos de un triángulo rectángulo, cuya hipotenusa es la generatriz, mientras que el otro cateto es el radio de la base. Por tanto: $h = \sqrt{53^2 - 28^2} = 45\ \text{cm}$.

Por último, al aplicar la fórmula, resulta el volumen:

$$V = \frac{\pi \cdot r \cdot h}{3} = \frac{3{,}14 \cdot 28 \cdot 45}{3} = 3956{,}4\ \text{cm}^3$$

Superficie esférica. Esfera	Huso esférico. Cuña esférica
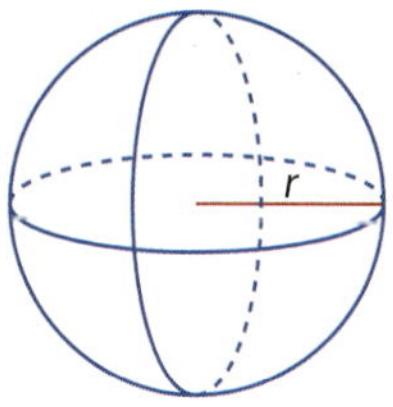	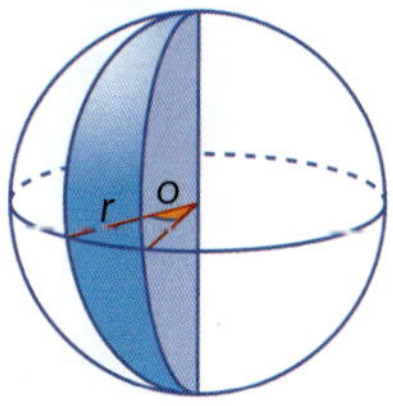
$A = 4 \cdot \pi \cdot r^2$ $V = \dfrac{4}{3} \cdot \pi \cdot r^3$	$A = \dfrac{4 \cdot \pi \cdot r^2 \cdot \alpha}{360}$ $V = \dfrac{4}{3} \cdot \dfrac{\pi \cdot r^3 \cdot \alpha}{360}$

Profesor en casa.
Área y volumen de un huso esférico y una cuña esférica.

Entrénate

32. Calcula el área total y el volumen de las siguientes figuras:

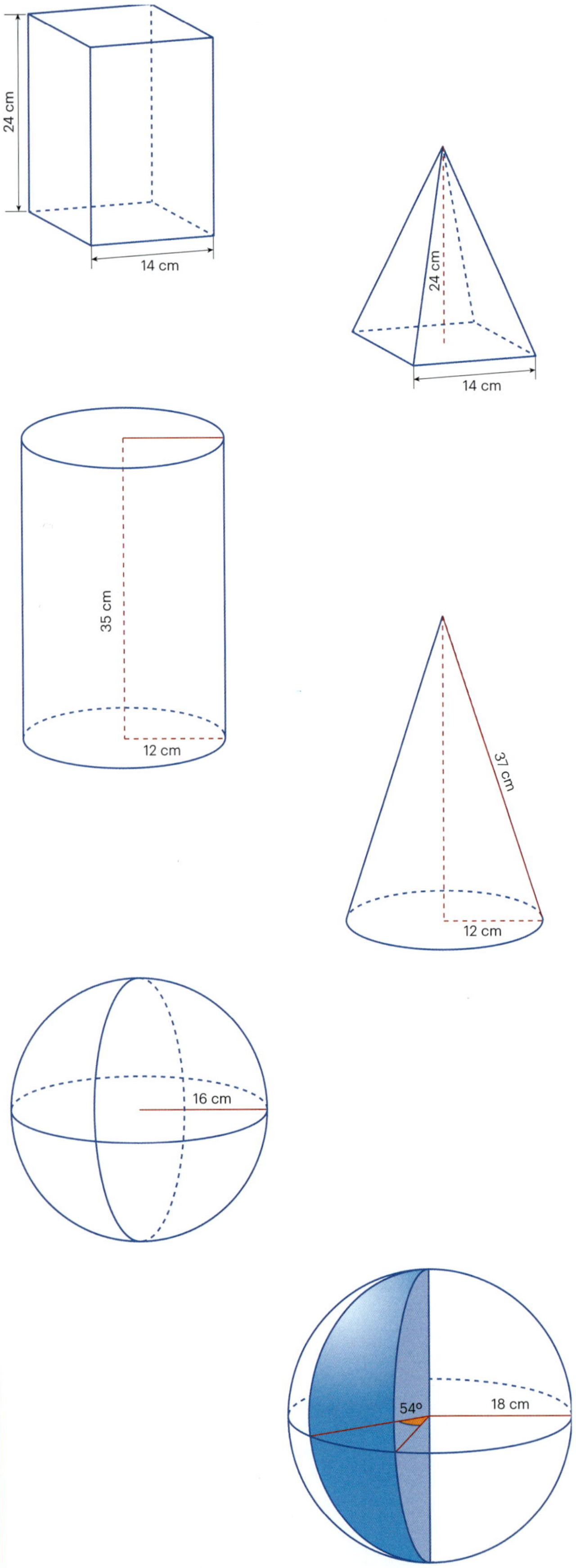

33. Halla el área y el volumen de un cubo de 12 dm de arista.

34. Determina el área total y el volumen de un ortoedro que tiene estas dimensiones: 50 cm, 4 dm y 0,6 m.

35. La base de un prisma triangular es un triángulo rectángulo cuyos catetos miden 48 cm y 55 cm. La altura del prisma es de 78 cm. Calcula el área de la base, el área de cada cara lateral y su volumen.

36. Un depósito de agua tiene forma de prisma rectangular; los lados de la base miden 20 m y 16 m. Halla la altura para que pueda contener un millón de litros de agua.

37. Calcula el volumen de una pirámide cuadrangular cuyo perímetro mide 64 cm y cuya altura es de 15 cm. ¿Cuánto mide su área total?

38. Una pirámide de base cuadrada tiene de arista de la base de 10 cm y la arista de las caras laterales mide 13 cm. ¿Cuál es su volumen?

39. Un cilindro tiene de diámetro de la base de 16 cm y la altura mide 22 cm. Calcula su área total y su volumen.

40. Un cilindro tiene de altura 9 cm y el área lateral coincide con el área de la base. ¿Cuál es su radio? ¿Y su volumen?

41. Una pequeña piscina de forma circular tiene un diámetro de 4 m y una altura de 15 dm. ¿Qué cantidad de agua puede contener, como máximo?

42. Determina el área total y el volumen de un cono de 4 cm de radio de la base y 9 cm de altura.

43. Halla la generatriz de un cono cuyo volumen es 20 096 m^3 y cuya longitud de la circunferencia de la base mide 125,6 m.

44. Un gorro cónico de cartón tiene una altura de 30 cm y el diámetro de la base es de 14 cm. ¿Cuánta superficie de cartón necesitaremos para hacer 200 gorros?

45. Una esfera tiene 36 cm de diámetro. Calcula el área y el volumen.

46. Una esfera tiene un área de 615,44 dm^2. Halla su volumen.

47. Una esfera tiene un volumen de 3052,08 cm^3. Calcula su área.

48. Calcula el volumen de una cuña esférica cuyo diámetro es de 34 cm y cuyo ángulo mide 36º.

49. ¿Cuál es el volumen de un gajo de una naranja cuyo diámetro es de 10 cm y que contiene 8 gajos?

Banco digital

Mates en contexto

5 CM CL Profesional Granja ecológica

El gabinete de arquitectura de María ha recibido un encargo: debe diseñar una gran granja ecológica, para lo que tiene que proyectar un edificio.

Inicialmente, María pensó en un edificio imitando las barracas de la Huerta valenciana, que es un espacio rectangular (de 24 m de largo y 6 m de ancho) cubierto por un tejado en forma de prisma triangular.

Pero, para innovar un poco, se le ocurrió la idea de que el espacio fuese un cuadrado (de 12 m de lado) y que el tejado tuviera forma de pirámide cuadrangular, imitando algunas granjas alemanas.

Y, por último, también pensó en un edificio circular (de 6,75 m de radio) cuyo techo fuese un cono.

Sin contar el techo, el edificio tendría una altura de 2,40 m; con el techo, 5 m.

Problemas

1. Haz un dibujo esquemático de los tres posibles edificios, indicando (con distintos colores) las diferentes figuras geométricas.
2. Calcula la superficie necesaria que ocuparía cada uno de los edificios.
3. ¿Cuál es el área de las paredes en cada uno de los posibles edificios?
4. Si se construyeran las paredes de piedra, el precio del m² de pared sería de unos 200 €. ¿Cuánto dinero costaría levantar las paredes de cada edificio?
5. Calcula el área que ocuparía cada uno de los distintos tejados.
6. El precio para hacer el techo es de 75 €/m². Calcula cuánto costaría cada uno de los tejados.
7. ¿Cuál es el techo más barato?
8. ¿A qué edificio corresponde el menor coste, entre paredes y techo?
9. Calcula el volumen que encierra cada edificio. ¿A qué edificio corresponde el mayor volumen?

Representa: 1 **Matematiza: 2, 3, 4, 5, 6**

Argumenta: 7, 8, 9 **Plantea: 9**

6 CM CL CA Profesional ¡Al rico helado!

La heladería Salinas dispone de tres tamaños de cucuruchos de galleta para sus helados: pequeño, de 45 mm de diámetro y una longitud de 90 mm; mediano, de 55 mm de diámetro y 120 mm de longitud, y grande, de 65 mm de diámetro y 150 mm de longitud.

Los precios de los helados son: pequeño: 1,8 €; mediano: 2,2 € y grande: 2,5 €.

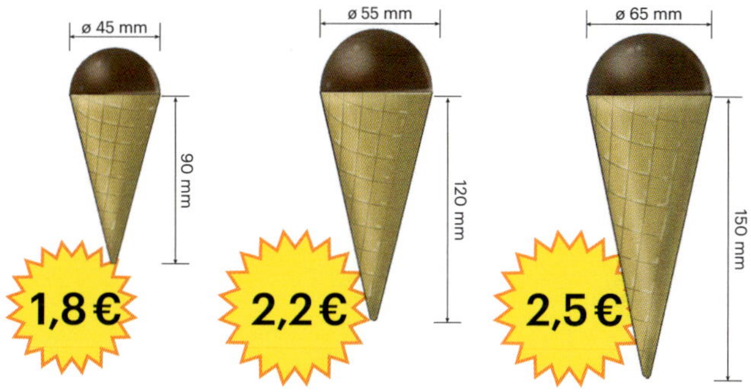

Problemas

1. ¿Qué forma geométrica tienen los cucuruchos?
2. Determina el volumen de los tres cucuruchos.
3. Calcula cuánta galleta hace falta para hacer un cucurucho de cada tipo.
4. Sabiendo que 500 cucuruchos pequeños pesan 4 kg, ¿cuánto pesarán 500 cucuruchos medianos y 500 cucuruchos grandes?
5. Halla el volumen de helado que tiene cada bola que se pone en los cucuruchos.
6. La densidad de los helados de crema es, aproximadamente, de 600 g/L. ¿Cuánto pesa cada una de las bolas de los helados? (Recuerda que $D = \frac{m}{V}$ y que 1 L = 1 dm³.)
7. Teniendo en cuenta todo lo anterior, ¿cuál es el precio por kg de helado, según el tamaño?
8. ¿Cuál compensa comprar? ¿Por qué?

En esta heladería existe un helado superespecial (de 85 mm de diámetro y 270 mm de altura) que cuesta 5 €.

9. ¿Cuál sería el peso de la galleta? ¿Y del helado?
10. ¿A cuántos helados pequeños equivale este helado especial? ¿Y medianos? ¿Y grandes?
11. ¿Compensa comprar este helado? ¿Por qué?

Comunica: 1 **Matematiza: 2, 3, 5, 10**

Argumenta: 7, 8, 11 **Plantea: 4, 6, 9**

NÚMEROS

Potencias

Una potencia es una forma abreviada de expresar una multiplicación en la que todos los factores son iguales. Así, la potencia a^n representa un producto en el que a se multiplica por sí mismo n veces. El número a se llama **base** y el número n se llama **exponente.**

$$a^n = \underbrace{a \cdot a \cdot \ldots \cdot a}_{n \text{ veces}}$$

Propiedades de las potencias

$a^m \cdot a^n = a^{m+n}$
$(a^n)^m = a^{n \cdot m}$
$\left(\frac{a}{b}\right)^n = \frac{a^n}{b^n}$
$\frac{a^m}{a^n} = a^{m-n}$
$(a \cdot b)^n = a^n \cdot b^n$
$(a+b)^n \neq a^n + b^n$

Potencias con exponente negativo

$$a^{-n} = (a^{-1})^n = \left(\frac{1}{a}\right)^n = \frac{1}{a^n}$$

Potencia de una fracción con exponente negativo

$$\left(\frac{a}{b}\right)^{-n} = \left(\frac{b}{a}\right)^n$$

Notación científica

Para expresar cantidades muy grandes o muy pequeñas se utiliza la notación científica, que es un número expresado como el producto de:

- Un número a con un valor absoluto comprendido entre 1 y 10.
- Una potencia de 10 con exponente entero n.

De este modo, un número expresado en notación científica tendrá esta forma:

$$a \cdot 10^n$$

Aquí, $1 \leq |a| < 10$ y n es un número entero que indica cuántos lugares se desplaza la coma en a, a la derecha (si n es positivo) o hacia la izquierda (si n es negativo).

Producto de números en notación científica

Para operar con dos números en notación científica, utilizaremos las propiedades del producto y las potencias.

Por un lado, multiplicaremos los números que están delante de la potencia de 10 y, por otro lado, multiplicaremos las potencias de 10 usando la propiedad del producto de potencias con la misma base.

División de números en notación científica

Para operar con dos números en notación científica, tenemos que utilizar las propiedades de la división y las potencias.

Por un lado, dividimos los números que están delante de la potencia de 10 y, por otro, dividimos las potencias de 10 recurriendo a la propiedad de la división de potencias con la misma base.

Finalmente, si el cociente resultante de la división de los números que están delante de la potencia de 10 es menor que 1, lo multiplicamos por 10 y restamos 1 al exponente de la potencia de 10.

Si queremos dividir un número $a \cdot 10^n$ entre otro número $b \cdot 10^m$, lo haremos de la siguiente manera:

$$(a:10^n)\cdot(b:10^m) = (a:b)\cdot(10^n:10^m) = (a:b)\cdot 10^{n-m}$$

Radicales

Son los números que se escriben con el símbolo $\sqrt[n]{a}$, que se lee «raíz enésima de a».

El resultado de $\sqrt[n]{a}$ es un número, b, que, al elevarlo a n, da a. Esto se escribe:

$$\sqrt[n]{a} = b \Leftrightarrow b^n = a$$

Sus elementos son: el índice, n (es un número natural distinto de 1), el **radicando,** a, y la **raíz,** b.

Radicales y potencias

Un radical se puede escribir como una potencia de exponente racional cuyo numerador es el exponente del radicando y cuyo denominador es el índice del radical.

$$\sqrt[n]{a^m} = a^{\frac{m}{n}}$$

Sucesiones

Una sucesión es una secuencia de números reales dados ordenadamente, de tal manera que se puedan numerar: primero, segundo, tercero…

Cada elemento de la sucesión se llama **término;** para referirnos al lugar que ocupa en la sucesión usamos **subíndices.** Así, el primer término de la sucesión será a_1; el segundo será a_2; el tercero será a_3 y así sucesivamente. Si queremos referirnos a un término cualquiera de la sucesión, lo llamaremos término ***n*-ésimo** y lo escribiremos como $\boldsymbol{a_n}$.

El **término general** de una sucesión es una expresión algebraica que nos permite calcular cualquier término de la sucesión a partir del subíndice.

Si los términos de una sucesión se definen en función de los términos anteriores de acuerdo con una expresión algebraica conocida, la **sucesión** es **recurrente.**

Progresiones aritméticas

Una sucesión de números reales es una progresión aritmética si cada término se obtiene del anterior sumándole un número fijo llamado **diferencia.** La diferencia puede ser positiva o negativa.

El término general de una progresión aritmética con diferencia d es: $a_n = a_1 + (n-1) \cdot d$.

La **suma** de los ***n*** **primeros términos** de una progresión aritmética es: $S_n = \frac{a_1 + a_n}{2} \cdot n$.

Progresiones geométricas

Una sucesión de números reales es una progresión geométrica si cada término se obtiene a partir del anterior, multiplicándolo por un número fijo o razón (r). El cociente entre un término y su anterior es siempre la razón, r.

El **término general** de una progresión geométrica es $a_n = a_1 \cdot r^{n-1}$.

Dos términos cualesquiera de una progresión geométrica cumplen que $a_n = a_m \cdot r^{n-m}$.

La **suma** de los ***n*** **primeros términos** de una progresión geométrica es:

$$S_n = \frac{a_n \cdot r - a_1}{r-1} = \frac{a_1 \cdot (r^n - 1)}{r-1} \quad r \neq 1$$

GEOMETRÍA

Cuerpos geométricos

Un cuerpo geométrico es una figura geométrica de tres dimensiones (largo, ancho y alto) que ocupa un lugar en el espacio y que, en consecuencia, tiene un volumen. Los cuerpos geométricos pueden ser **poliedros** y **cuerpos redondos** o **cuerpos de revolución.**

Los **poliedros** son los cuerpos geométricos que están limitados por caras planas o polígonos. Son poliedros el prisma y la pirámide.

Los **cuerpos de revolución** son los que se obtienen al girar una línea, llamada generatriz, sobre un eje. Son cuerpos de revolución el cilindro, el cono y la esfera.

Los **elementos** de un cuerpo geométrico son:

- **Caras.** Son las superficies planas que limitan el cuerpo geométrico.
- **Aristas.** Son las líneas que se forman cuando se juntan dos caras.
- **Vértices.** Son los puntos donde se juntan tres o más caras.

Áreas y volúmenes

Prisma $A_L = P_B \cdot h$ $A_T = A_L + 2 \cdot A_B$ $V = A_B \cdot h$	**Pirámide** $A_L = \frac{P_B \cdot Ap}{2}$ $A_T = A_L + A_B$ $V = \frac{A_B \cdot h}{3}$
Cilindro $A_L = 2 \cdot \pi \cdot r \cdot h$ $A_T = 2 \cdot \pi \cdot r \cdot (h + r)$ $V = \pi \cdot r^2 \cdot h$	**Cono** $A_L = \pi \cdot r \cdot g$ $A_T = \pi \cdot r \cdot (g + r)$ $V = \frac{\pi \cdot r^2 \cdot h}{3}$
Superficie esférica. Esfera $A = 4 \cdot \pi \cdot r^2$ $V = \frac{4}{3} \cdot \pi \cdot r^3$	**Huso esférico. Cuña esférica** $A = \frac{4 \cdot \pi \cdot r^2 \cdot \alpha}{360}$ $V = \frac{4}{3} \cdot \frac{\pi \cdot r^3 \cdot \alpha}{360}$

Entrénate +

Potencias

50. Expresa como potencia única las siguientes expresiones:

a $2^3 \cdot 2^{-5} : 2^4$
b $(-3)^5 : 4^5$
c $(3^2)^3 \cdot 3 : 3^{-3}$
d $3^7 : 3^9 \cdot (3^5)^{-2}$
e $(-4)^4 : 2^4 \cdot 7^4$
f $10^5 : 10 \cdot 10^2$

51. Expresa el resultado como una fracción con exponente positivo:

a $\left(\frac{5}{2}\right)^{-4}$ **b** $(3)^{-3}$ **c** $\left(\frac{-7}{-3}\right)^{-2}$ **d** $(-7)^{-5}$

52. Efectúa las siguientes operaciones con números expresados en notación científica:

a $(2 \cdot 10^5) \cdot (3 \cdot 10^6)$
b $(6 \cdot 10^3) : (2 \cdot 10^5)$
c $(3 \cdot 10^7) \cdot (5 \cdot 10^2)$
d $(9 \cdot 10^5) : (3 \cdot 10^{-6})$

53. Expresa los siguientes números decimales en notación científica:

a 0,000 001 98
b 100 000 000 000
c 0,003 56
d 0,000 001

54. Efectúa las siguientes operaciones con números expresados en notación científica:

a $(2{,}5 \cdot 10^4) \cdot (6 \cdot 10^8)$
b $(7 \cdot 10^{-7}) \cdot (8 \cdot 10^{-3})$
c $(9{,}3 \cdot 10^{-3}) : (3 \cdot 10^5)$
d $(8 \cdot 10^4) : (2 \cdot 10^{-4})$

Banco digital

Sucesiones

55. Halla los términos tercero, quinto y octavo de las siguientes sucesiones:

a $a_n = -2 \cdot (1 - 4n)$
b $b_1 = 5, b_n = 3 \cdot b_{n-1} + 1$

56. Tenemos la siguiente sucesión: 1, 5, 9, 13, 17... Resuelve:

a ¿Es una progresión aritmética? Justifica tu respuesta.
b ¿Cuál es la diferencia? ¿Y el término general?
c ¿Cuánto vale a_{36}?

57. Escribe los cinco primeros términos de una progresión geométrica cuyo primer término es 3 y cuya razón es $\frac{1}{3}$. Calcula la suma de los infinitos términos de esta progresión.

58. Tenemos la sucesión 15, 21, 27, 33, 39... 17. ¿Cuántos términos hay en ella? Súmalos.

59. Escribe los cinco primeros términos de las siguientes progresiones aritméticas:

a $a_1 = 7; d = 12$ **b** $b_1 = 35; d = -4$

60. En una progresión aritmética, la suma del segundo y quinto términos vale 12; la del tercero y el noveno vale 22. Escribe el término general.

61. Calcula S_{56} en una progresión aritmética. Sabes que $a_3 = 11$ y $a_6 = 26$.

62. Escribe el término general de una progresión geométrica, sabiendo que $c_4 = 20$ y $c_5 = 25$.

63. Calcula la suma de los doce primeros términos de la siguiente progresión geométrica: $c_3 = 14$, $c_6 = 4802$.

64. Calcula la suma de los infinitos términos de una progresión geométrica tal que $c_2 = 108$, $c_5 = 4$.

Banco digital

Geometría

65. La suma de las áreas de las caras de un cubo es 726 cm². Halla su volumen.

66. Un prisma tiene como base un rectángulo cuyos lados miden 20 cm y 35 cm. La altura del prisma es igual al perímetro de la base. Calcula el área de la base y el área total. ¿Cuál es el volumen del prisma?

67. Los lados de una pirámide cuadrangular tienen una longitud de 30 cm. Calcula el volumen si la altura es de 50 cm.

68. Un cilindro tiene por altura la misma longitud que la circunferencia de la base. Si la altura mide 157 cm. ¿cuál es su área total? ¿Y su volumen?

69. El área lateral de un cilindro mide 753,6 cm² y su generatriz mide 15 cm. Halla su volumen.

70. Calcula el área total y el volumen de un cono de 10 cm de diámetro y 13 cm de generatriz.

71. La tienda de los indios o tipi tiene forma de cono de 4,5 m de diámetro y 6 m de altura. ¿Qué volumen ocupa? ¿Cuánta tela hace falta para hacerla?

72. Un globo (esférico) tiene 1 m de diámetro. ¿Cuántos metros cúbicos de aire contiene?

Banco digital

Mates en contexto

7 CM CL CA Científico Medidas astronómicas

Como sabes, en el sistema solar los planetas giran alrededor del Sol. Cada astro tiene sus propias dimensiones y su propia constitución. En la siguiente tabla se recogen las masas y los radios.

Astro	Masa (kg)	Radio (km)
Sol	$1{,}9891 \cdot 10^{30}$	696 000
Mercurio	$3{,}302 \cdot 10^{23}$	2439
Venus	$4{,}8685 \cdot 10^{24}$	6051
Tierra	$5{,}9736 \cdot 10^{24}$	6378
Marte	$6{,}418 \cdot 10^{23}$	3394
Júpiter	$1{,}8986 \cdot 10^{27}$	71 398
Saturno	$5{,}6846 \cdot 10^{26}$	60 000
Urano	$8{,}681 \cdot 10^{25}$	25 400
Neptuno	$1{,}0243 \cdot 10^{26}$	24 750

Problemas

1. Ordena los astros de mayor a menor masa. ¿Hay algún astro con una masa muy superior a la del resto?
2. Ordena los astros de mayor a menor radio. ¿Hay algún astro con un radio superior al del resto?
3. Calcula el volumen de cada planeta en km^3 y en m^3.
4. Calcula la masa de cada planeta en g.
5. Calcula la densidad de cada planeta en kg/km^3 y en g/m^3.
6. Halla la proporción entre la masa del Sol y la de cada uno de los planetas.
7. Halla la proporción entre la densidad del Sol y la de cada uno de los planetas.

Argumenta: 1, 2 **Matematiza: 3, 4, 5**

8 CM CL Social Los *gremlins*

Gremlins es una película estrenada en 1984 que tuvo mucho éxito. La historia se inicia cuando un padre regala a su hijo un animal llamado mogwai, que en chino cantonés significa 'espíritu maligno'. Aunque la criatura tiene un aspecto dulce e inocente, para cuidarla no debe olvidar tres advertencias:

- La luz del sol lo mata.
- No hay que alimentarlo después de medianoche.
- Puede beber agua, pero, si se moja, se reproduce.

Problemas

1. Si al mojar el *gremlin*, este se reproduce dando lugar a tres nuevos *gremlins*, ¿cuántos tendrá el chico si lo moja una vez? ¿Y dos veces? ¿Y tres veces?
2. ¿Qué tipo de progresión sería esta reproducción de *gremlins*?
3. Calcula el número de *gremlins* que tendría el joven si en un día lo mojara diez veces.

Matematiza: 1, 2, 3

9 CM CL Social Juego del ajedrez

Según una leyenda, hace mucho tiempo, en una parte de la India reinaba un rey llamado Sheram. En una batalla perdió a su hijo, lo que lo dejó profundamente triste. Nada lograba alegrarlo.

Un buen día, Sissa le presentó un juego que, aseguró, conseguiría divertirlo y alegrarlo de nuevo: el ajedrez. El rey comenzó a jugar y consiguió aliviar su pena. Como recompensa, dio a Sissa 1 grano de trigo por la primera casilla, 2 por la segunda, 4 por la tercera, 8 por la cuarta...

Problemas

1. Escribe la sucesión del número de los granos de trigo que dio el rey. ¿De qué tipo es? Justifica tu respuesta.
2. Escribe su término general. ¿Cuál es el último término de la sucesión?
3. Calcula la suma de todos sus términos y exprésala en forma de potencia.

Matematiza: 1, 2, 3

10 CM CL CC CA Profesional **Papel para escribir**

La forma que habitualmente tiene el papel que utilizamos para escribir es rectangular. Cuando la relación entre sus lados es un número racional, se habla de *rectángulo estático*. Si se trata de un número irracional, es un *rectángulo dinámico*. Este es el caso del rectángulo que más usamos, el DIN A4.

DIN es el acrónimo del Instituto Alemán de Normalización, que estableció unas normas para elaborar papel aceptadas por los demás países europeos. El formato base es el DIN A0, que es un rectángulo de 1 m^2 de superficie y cuya relación (cociente) entre el lado mayor y el menor es $\sqrt{2} \approx 1{,}41$. Las medidas de los lados del DIN A0 son (ancho y largo con redondeo a milímetros) 841 mm x 1189 mm.

Al doblar este formato por la mitad del lado superior, se obtienen dos hojas de formato DIN A1. Repitiendo este proceso, se van obteniendo los formatos sucesivos. Todos guardan la misma relación (cociente) entre sus lados, es decir, $\sqrt{2} \approx 1{,}41$.

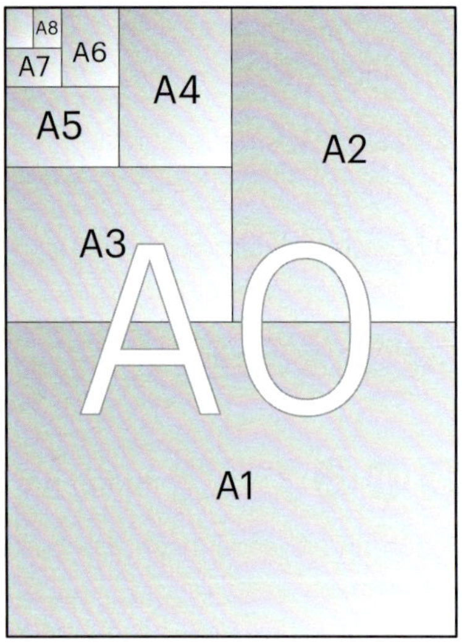

El grosor de una hoja de papel de uso corriente (sea del formato que sea) está comprendido entre 0,08 mm y 0,11 mm.

Problemas

1. Con las medidas que se han dado de DIN A0, comprueba que su área es un metro cuadrado y la relación aproximada entre sus lados, 1,41.
2. Calcula las medidas de los lados del formato DIN A1 (recuerda que se obtienen dividiendo por la mitad un formato DIN A0).
3. ¿Sus lados mantienen, aproximadamente, la relación 1,41?
4. ¿Cuánto mide el área de una hoja de formato DIN A1?
5. Halla las medidas de los formatos DIN A2, DIN A3, DIN A4 y DIN A5.
6. Comprueba que en cada caso se sigue manteniendo la relación 1,41 entre sus lados.
7. Calcula el área de cada uno de los formatos que has ido obteniendo (observa que no hace falta usar la fórmula del área de un rectángulo).
8. Construye la progresión que resulta al considerar el área de cada uno de los formatos.
9. ¿Qué relación existe entre cada término y el siguiente?
10. ¿De qué tipo de progresión se trata? Escribe su término general.
11. ¿Qué área tendría un papel de formato DIN A8?
12. Construye la progresión que se obtiene al considerar la medida del lado mayor de cada uno de los rectángulos de los formatos DIN.
13. ¿Qué relación existe entre cada término y el siguiente?
14. ¿De qué tipo de progresión se trata? Escribe su término general.
15. ¿Cuánto medirá el lado mayor de un papel de formato DIN A10?

De todos los posibles grosores de una hoja de uso corriente, vamos a considerar que tenemos una cuyo grosor es 0,1 mm, lo suficientemente grande como para poder doblarla todas las veces que queramos.

16. ¿Qué grosor tendremos si doblamos esa hoja por la mitad?
17. Si, ahora, volvemos a doblarla por la mitad, ¿qué grosor obtenemos?
18. Y si la volvemos a doblar por la mitad, ¿cuál sería el grosor ahora?
19. Escribe la sucesión de números que vas obteniendo hasta llegar a ocho pliegues.
20. ¿Reconoces el tipo de sucesión de que se trata?
21. Escribe su término general y calcula la suma de sus ocho primeros términos mediante la fórmula que has estudiado.
22. Comprueba que el valor que has obtenido en el ejercicio anterior coincide con la suma de los ocho grosores que has obtenido en el problema 19.
23. Calcula el grosor que resulta tras hacer 25 dobleces.
24. El Everest tiene una altura de 8848 m. ¿Cuántos dobleces se necesitarían para superarla?
25. Busca la distancia de la Tierra al Sol. ¿Cuántos dobleces se precisarían para sobrepasarla?

Matematiza: 1, 2, 5, 6, 8, 12, 15, 16, 17, 18, 19, 23

Argumenta: 3, 4, 9, 11, 13, 20, 22

Plantea: 7, 24, 25

Simboliza: 10, 14, 21

11 CM CL Profesional Mundiales de fútbol

Aunque el fútbol moderno nació en Inglaterra, el mayor torneo en la historia de este deporte se celebró en Sudamérica. Fue en el año 1930, en Uruguay. Se jugó en tres estadios. En uno de ellos, el Centenario, solo participaron 13 equipos.

La final, celebrada el 30 de julio de 1930, pasó a la historia. El juego terminó 4 a 2 a favor de los anfitriones del mundial. Uno de los héroes del torneo fue Héctor Castro, el único jugador con discapacidad que marcó un gol en la fase final de un mundial.

Problemas

1. Los mundiales se celebran cada cuatro años. ¿Qué tipo de sucesión es? Escribe su término general.
2. A causa de la Segunda Guerra Mundial, no se celebraron mundiales en las ediciones 4.ª y 5.ª. ¿En qué años no hubo?
3. ¿Cuál es la edición del mundial de Alemania de 2006?
4. ¿En qué año se celebrará la edición 35.ª?

Matematiza: 1, 2 **Argumenta: 3, 4**

12 CM CL Social El almacén de naranjas

En un almacén de frutas hay naranjas valencianas de dos tipos, envasadas de distinta forma:

Calibre	Diámetro (mm)	Peso (g)/ unidad	Peso (kg)/ caja	Precio (€)
Mediano	65	165	15	20
Mediano	65	165	20	24
Selección	75	250	15	22
Selección	75	250	20	26
Selección	75	250	30	40

Problemas

1. Calcula la densidad de cada tipo de naranja.
2. Determina cuántas naranjas, aproximadamente, contiene cada una de las cajas.
3. ¿Cuánto cuesta el kilo de naranjas de cada una de las cajas?
4. ¿Cuál es la más rentable por cada tipo de naranja?
5. La cáscara pesa, aproximadamente, la cuarta parte del peso de una naranja. ¿Cuánto pesa cada tipo de naranja sin cáscara?
6. Resulta que las naranjas de calibre mediano tienen 10 gajos y las de calibre selección tienen 12 gajos. ¿Cuál es el peso de cada uno de estos gajos (una vez pelados)?
7. ¿Cuál es el volumen de estos gajos?

Se ha recibido un pedido: hay que embalar las naranjas en cajas pequeñas de 2 kg.

8. Dependiendo del calibre, ¿cuántas naranjas cabrán en cada caja de 2 kg?
9. Se quiere que las cajas sean lo más cuadradas que sea posible. ¿Cuántas filas y columnas tendrán en cada caso?
10. ¿Cuáles serán las dimensiones de estas cajas?
11. Calcula el volumen de las cajas.
12. Una vez cerradas, ¿qué cantidad de aire contendrán las cajas?

También quieren envasar 1 kg de naranjas en tubos cilíndricos, de forma que queden alineadas.

13. ¿Cuáles deben ser las dimensiones de estos tubos?
14. ¿Cuál es el volumen de esos envases?
15. ¿Qué cantidad de aire queda en su interior, una vez introducidas las naranjas?
16. Trabajo de investigación en grupo. La mejor forma de envasar las naranjas es la que refleja la figura, suponiendo que queremos envasar 11 naranjas selección.

¿Qué dimensiones tendrá el envase?

Profesor en casa. Embalando naranjas.

Matematiza: 1, 2, 3, 5, 6, 7, 8, 10, 11, 14

Argumenta: 4, 9, 13 **Plantea: 12, 15, 16**

1. Aplica las propiedades de las potencias para expresar como una única potencia: $\frac{5^9 \cdot (5^2)^{-7}}{5^2 \cdot 5^{-5}}$.

2. Calcula y simplifica al máximo la siguiente expresión: $\frac{2^3 \cdot 8^{-4}}{4^{-5}}$.

3. Realiza las operaciones con notación científica:

a $3{,}2 \cdot 10^7 \cdot 1{,}5 \cdot 10^{-9}$

b $8{,}7 \cdot 10^5 : 3 \cdot 10^{-8}$

4. La velocidad de la luz es de $3 \cdot 10^5$ km/s. ¿Cuánto tiempo tarda la luz en recorrer 1 mm? (Expresa el resultado en notación científica.)

5. Escribe el término general de una progresión aritmética de la que se sabe:

a $a_1 = 5$; $a_8 = 19$

b $b_{10} = 44$; $d = 3$

6. Calcula la suma de los 50 primeros términos de una progresión aritmética de la que sabemos que $a_1 = -20$ y $d = 2{,}5$.

7. Escribe el término general de una progresión geométrica sabiendo que:

a $a_1 = 5$; $r = 2$

b $b_1 = 2$; $b_5 = 162$

8. Calcula la suma de los infinitos términos de una progresión geométrica tal que $a_1 = 100$ y $a_2 = 25$.

9. ¿Cuánto dinero llevaba a sus vacaciones una persona si el primer día gastó 200 €, fue disminuyendo gastos a razón de 5 € por día y el dinero le duró 20 días?

10. Calcula el área total y el volumen de una pirámide cuadrangular cuyo lado de la base mide 14 cm y la apotema de una de las caras mide 25 cm.

11. Halla el volumen de un cilindro cuya altura es el doble que su diámetro y cuya área de la base vale 314 cm².

12. Se tienen cinco esferas metálicas de 10 cm de radio. Se funden y con el metal se forma una sola esfera. ¿Cuál será el radio de la nueva esfera?

	4 puntos	3 puntos	2 puntos	1 punto
1. Potencias	Hago todo tipo de operaciones con potencias, aplicando correctamente todas las propiedades.	Hago todo tipo de operaciones con potencias, pero me equivoco en algún cálculo.	Hago operaciones con potencias, pero no aplico bien alguna de las propiedades.	No soy capaz de hacer operaciones con potencias.
2. Notación científica	Realizo correctamente cualquier operación que requiere notación científica.	Realizo correctamente cualquier operación que requiere notación científica, pero no doy el resultado en esa notación.	Realizo operaciones con notación científica, pero me equivoco en los cálculos.	No soy capaz de manejar ni de operar con números en notación científica.
3. Progresiones aritméticas	Sé obtener el término general y la suma de *n* elementos de una progresión aritmética.	Sé obtener el término general y la suma de *n* elementos de una progresión aritmética, pero me equivoco en los cálculos.	Sé obtener el término general, pero no la suma de *n* elementos de una progresión aritmética.	No sé obtener el término general ni la suma de *n* elementos de una progresión aritmética.
4. Progresiones geométricas	Sé obtener el término general y la suma de infinitos términos de una progresión geométrica.	Sé obtener el término general y la suma de infinitos términos de una progresión geométrica, pero me equivoco en los cálculos.	Sé obtener el término general, pero no la suma de infinitos términos de una progresión geométrica.	No sé obtener el término general ni la suma de infinitos términos de una progresión geométrica.
5. Áreas y volúmenes	Calculo correctamente el área y el volumen de los distintos cuerpos geométricos.	Calculo correctamente el área y el volumen de los distintos cuerpos geométricos, pero me equivoco en los cálculos.	Calculo correctamente el área y el volumen de algunos cuerpos geométricos.	No calculo ni las áreas ni los volúmenes de los cuerpos geométricos.

3 En movimiento

1 ¿Podemos calcular el momento en el que nos cruzamos? ¿Cuánto tardamos?

2 ¿Las figuras geométricas se mueven? ¿Cómo se repiten las cosas?

3 ¿Puedo fotografiar funciones? ¿Qué formas tienen las funciones?

BLOQUES DE CONTENIDOS	Situación 1	Situación 2	Situación 3
NÚMEROS Y ÁLGEBRA			
Ecuaciones de primer grado con una incógnita. Resolución por el método algebraico.	●		
Sistemas de ecuaciones. Resolución por el método de sustitución, de igualación y de reducción.	●		
Resolución de problemas mediante el uso de ecuaciones de primer grado y de sistemas de ecuaciones.	●		
GEOMETRÍA Y MEDIDA			
Traslaciones, giros y simetrías en el plano.		●	
Frisos y mosaicos.		●	
FUNCIONES			
Función lineal y función afín.			●
Funciones cuadráticas. Representación gráfica.			●
Utilización de las funciones cuadráticas para representar situaciones de la vida cotidiana.			●

1 Ecuaciones viajeras

¿Podemos calcular el momento en el que nos cruzamos?

¿Cuánto tardamos?

CM CL CA CS

Social

Aprende a...

Usar y elaborar modelos matemáticos sencillos que permitan la resolución de un problema.

Formular algebraicamente una situación de la vida cotidiana mediante ecuaciones y sistemas de ecuaciones, y resolverlas.

Ítem 1. Intercambio de casas

Una práctica cada vez más extendida para pasar las vacaciones en diversos lugares sin gastar mucho dinero consiste en el intercambio de casas. Dos familias que quieran irse de vacaciones en la misma fecha se ponen en contacto para intercambiar sus viviendas durante esos días. De este modo, ambas se ahorran el hotel o el alquiler del apartamento.

Ítem 2. Las vacaciones

Una familia de San Sebastián, los Garmendia, y otra de Barcelona, los Balaguer, han decidido hacer un intercambio de casas para pasar sus vacaciones y, así, conocer la cultura y la gastronomía de la otra ciudad.

Por motivos de horarios, los Garmendia parten hacia Barcelona en dos coches diferentes: el primero sale a las 10 de la mañana y se desplaza con una velocidad media de 90 km/h; el otro coche sale a las 11 de la mañana y va a una velocidad media de 110 km/h.

Los Balaguer salen hacia San Sebastián en un solo coche a las 12 de la mañana y su velocidad media es de 100 km/h.

Ítem 3. Distancia

La distancia x recorrida en un intervalo de tiempo t a una velocidad v viene dada por la siguiente expresión:

$$x = v \cdot t$$

Construye con lo que sabes

Simboliza

1. Si la letra x representa la distancia recorrida por el primer coche de los Garmendia y t es el tiempo transcurrido desde que salió, ¿cuál es la expresión que refleja la distancia recorrida por ese primer coche?

2. Si la letra x es la distancia recorrida por el segundo coche de los Garmendia y t es el tiempo transcurrido desde que salió, ¿cuál es la expresión que refleja la distancia recorrida por ese segundo coche?

Matematiza

3. Teniendo en cuenta las expresiones de los ejercicios 1 y 2, calcula la distancia recorrida y la hora a la que el segundo coche alcanza al primero. Ten en cuenta que, cuando coincidan, los dos habrán recorrido la misma distancia.

4. Calcula a qué hora llegará cada coche a Barcelona. ¿Cuál de los dos llega antes?

Simboliza

5. Si la letra y es la distancia recorrida por el coche de los Balaguer, expresa esa distancia, siendo t el tiempo transcurrido desde que salió el coche de San Sebastián.

Matematiza

6. Usando las expresiones de los ejercicios 1 y 5, y 2 y 5, calcula la hora a la que se cruza cada coche de los Garmendia con el coche de los Balaguer. Ten en cuenta que la distancia recorrida por el coche de los Garmendia más la distancia recorrida por el vehículo de los Balaguer tiene que ser la distancia total entre Barcelona y San Sebastián.

Ítem 4. Un viaje a Italia

La familia Vázquez hace un viaje a Italia. Para llegar a su destino, usa distintos medios de transporte, en cada uno de los cuales tarda una fracción del total. Primero coge un taxi desde su casa al aeropuerto de Barajas, en cuyo trayecto tarda una doceava parte del tiempo total del viaje. Al llegar al aeropuerto, tiene que esperar un sexto del total del tiempo de viaje. En el vuelo de Madrid a Roma invierte cinco doceavas partes del tiempo. Finalmente, tarda una hora entre la espera del autobús en la terminal y el rato en que este la lleva su destino.

Ítem 5. Coches de alquiler

Al llegar a Roma, los miembros de la familia Vázquez desean alquilar un coche; pueden escoger entre un coche de gasolina o un diésel. El de gasolina cuesta 50 €, más lo que gasten en gasolina, mientras que el diésel vale 55 €, más lo que gasten en gasóleo.

Comparando los precios de la gasolina y el gasóleo, y los consumos de ambos vehículos, hacen el cálculo y resulta que la gasolina les sale a 0,067 56 €/km, mientras que el gasóleo les sale a 0,049 28 €/km.

Construye con lo que sabes

Simboliza

7. Si representamos con la letra *x* el tiempo total del viaje de la familia Vázquez, expresa los distintos tiempos que aparecen en el ítem 4.

8. Con las expresiones del ejercicio anterior, escribe la ecuación que determina el tiempo total del viaje.

Matematiza

9. Resuelve la ecuación obtenida en el ejercicio anterior para calcular cuánto tardaron en hacer el viaje.

Simboliza

10. Con los datos del ítem 5, y representando con la letra *y* el dinero total y con la letra *x* los kilómetros recorridos, plantea las expresiones que indiquen el dinero total que se gasta con cada tipo de coche, en función de los kilómetros que se recorran.

Matematiza

11. Teniendo en cuenta las expresiones anteriores, ¿qué coche les sale más rentable, si recorren 250 km? ¿Y si recorren 300 km?

12. Con las ecuaciones obtenidas en el ejercicio 10, plantea y resuelve el sistema de ecuaciones que determine el número de kilómetros a partir del cual es mejor usar un coche u otro.

Lo que has construido

Planteas **expresiones algebraicas** en función de situaciones dadas.

Resuelves **ecuaciones lineales con una incógnita.**

Planteas **sistemas de ecuaciones lineales con dos incógnitas.**

Resuelves **sistemas de ecuaciones lineales.**

1. Resolución de ecuaciones de primer grado

Resolver una ecuación de primer grado es averiguar el valor de la incógnita que hace verdadera la igualdad (apunte 1). Para ello, necesitamos despejar la incógnita siguiendo estos pasos:

1.º Se eliminan los paréntesis, si los hubiera (recuerda que estos signos nos obligan a realizar la operación que hay en su interior antes que las demás operaciones).
2.º Se eliminan los denominadores, si los hubiera. Para ello, calculamos el mínimo común múltiplo, ponemos las fracciones equivalentes y operamos con ellas. De esta forma, cancelamos los denominadores de ambos miembros.
3.º Se agrupan los términos en x en un miembro y los términos independientes en el otro miembro.
4.º Se reducen los términos semejantes, es decir, operar con ambos miembros para obtener una expresión del tipo $ax = b$.
5.º Se despeja la incógnita.

Apunte 1

Elementos de una ecuación

$$\underbrace{3x+2}_{\text{primer miembro}} = \underbrace{5x-1}_{\text{segundo miembro}}$$

Lo números que acompañan a las x (el 3 y el 5) se llaman **coeficientes** y los números que están solos (el 2 y el −1) se llaman **términos independientes.**

Ejemplo

1. Hallar la solución de la ecuación $\frac{x+3}{4} - 2(x-3) = \frac{x-5}{6} - 2$.

1.º $\frac{x+3}{4} - 2x + 6 = \frac{x-5}{6} - 2$.

2.º m. c. m. (4, 6) = 12. Por lo tanto: $\frac{3x+9}{12} - \frac{24x}{12} + \frac{72}{12} = \frac{2x-10}{12} - \frac{24}{12} \rightarrow$

$\rightarrow \frac{(3x+9) - 24x + 72}{12} = \frac{(2x-10) - 24}{12} \rightarrow 3x + 9 - 24x + 72 = 2x - 10 - 24$

3.º $3x - 24x - 2x = -10 - 24 - 9 - 72$

4.º $-23x = -115$

5.º $x = \frac{-115}{-23} \rightarrow x = 5$

Profesor en casa. Ecuaciones de primer grado con fracciones.

Solución de un sistema de ecuaciones

Una solución de un sistema de dos ecuaciones con dos incógnitas debe satisfacer las dos ecuaciones.

2. Sistemas de ecuaciones

Un sistema lineal de dos ecuaciones con dos incógnitas está formado por dos ecuaciones (apunte 2). Cada una de ellas tiene dos incógnitas, normalmente denominadas x e y. Estas dos ecuaciones están dentro de unas llaves:

$$\begin{cases} ax + by = c \\ a'x + b'y = c' \end{cases}$$

La solución del sistema es un par (x_0, y_0) tal que si $x = x_0$ e $y = y_0$, entonces se cumplen ambas ecuaciones.

Apunte 2

Aunque en un principio las ecuaciones no tengan este aspecto, mediante transformaciones podemos poner todos los términos con incógnitas a un lado y los términos independientes a otro.

Ejemplo

2. Dado el sistema $\begin{cases} x + 2y = 5 \\ 5x - y = 14 \end{cases}$, podemos afirmar que (3, 1) es su solución, ya que si ponemos $x = 3$ e $y = 1$, tenemos que:

$3 + 2 \cdot 1 = 5$, por lo que se cumple la primera ecuación.

$5 \cdot 3 - 1 = 14$, por lo que se cumple la segunda ecuación.

Como (3, 1) hace que se cumplan ambas ecuaciones a la vez, podemos afirmar que es la solución del sistema.

3. Métodos de resolución de sistemas

Para resolver sistemas lineales de dos ecuaciones con dos incógnitas disponemos de tres métodos:

- **Sustitución**

  1.º Se despeja una de las incógnitas en una de las ecuaciones.
  2.º Se sustituye la expresión obtenida en la otra ecuación.
  3.º Se resuelve la ecuación de una incógnita que hemos obtenido.
  4.º Se calcula el valor de la otra incógnita con la ecuación despejada.

- **Igualación**

  1.º Se despeja la misma incógnita en ambas ecuaciones.
  2.º Se igualan las expresiones obtenidas.
  3.º Se resuelve la ecuación de una incógnita obtenida.
  4.º Se calcula el valor de la otra incógnita sustituyendo en una de las expresiones despejadas.

- **Reducción**

  1.º Se igualan los coeficientes de una de las incógnitas de ambas ecuaciones multiplicando cada una por el valor correspondiente.
  2.º Se suman o restan las dos ecuaciones del sistema para obtener, así, una ecuación con una incógnita.
  3.º Se resuelve la ecuación de una incógnita obtenida.
  4.º Se calcula el valor de la otra incógnita sustituyendo en una de las ecuaciones del sistema.

Profesor en casa.
Resolución de sistemas por el método gráfico.

Ejemplo

3. Vamos a resolver un sistema de ecuaciones usando los métodos de sustitución y reducción.

$$\begin{cases} x = \dfrac{3-3y}{2} \\ -x+6=1-2y \end{cases}$$

En primer lugar, independientemente del método que usemos, transformamos este sistema en otro equivalente: $\begin{cases} 2x+3y=3 \\ -x+2y=-5 \end{cases}$

Sustitución:

1.º Despejamos la x de la segunda ecuación:

$x - 2y + 5$

2.º $2\,(2y + 5) + 3y = 3$

3.º $4y + 10 + 3y = 3 \rightarrow 4y + 3y = 3 - 10 \rightarrow$
$\rightarrow 7y = -7 \rightarrow y = -1$

4.º $x = 2\,(-1) + 5 = -2 + 5 = 3$

La solución es (3, –1).

Reducción:

1.º

$$\begin{cases} 2x+3y=3 \\ -x+2y=-5 \end{cases} \xrightarrow{\text{se multiplica la segunda ecuación por 2}} \begin{cases} 2x+3y=3 \\ -2x+4y=-10 \end{cases}$$

2.º Se suman las dos ecuaciones:

$$\begin{array}{rr} & 2x+3y=3 \\ + & -2x+4y=-10 \\ \hline & 7y=-7 \end{array}$$

3.º $7y = -7 \rightarrow y = -1$

4.º $2x+3(-1)=3 \rightarrow 2x-3=3 \rightarrow 2x=6 \rightarrow x=3$

La solución es (3, –1).

Entrénate

1. Resuelve las siguientes ecuaciones:

a $2\cdot\frac{x-1}{3}+x=3x-6$

b $3\cdot(1-x)=\frac{x}{2}-6x$

c $3-2x+\frac{x}{3}=4(6-x)$

d $\frac{3}{2}-(x-2)=\frac{x}{3}-\frac{7}{6}$

2. Comprueba cuál es la solución correcta en cada uno de estos sistemas:

a $\begin{cases}x+y=2\\2x-y=1\end{cases}$ Soluciones: (0, 0), (2, 0), (1, 1).

b $\begin{cases}x+2y=3\\2x+3y=4\end{cases}$ Soluciones: (–1, 2), (2, –1), (1, 1).

c $\begin{cases}-2x-3y=5\\5x+2y=-7\end{cases}$ Soluciones: (2, –1), (–1, 2), (–1, –1).

d $\begin{cases}x+4y=10\\4x-y=23\end{cases}$ Soluciones: (6, 1), (1, 6), (6, 6).

3. Resuelve los siguientes sistemas recurriendo al método de reducción:

a $\begin{cases}x+2y=4\\2x-y=3\end{cases}$ **c** $\begin{cases}-x=2-2y\\x+y=1\end{cases}$

b $\begin{cases}x-4y=-11\\4x=-7+y\end{cases}$ **d** $\begin{cases}x+4y=-3\\-x=y-3\end{cases}$

4. Resuelve los siguientes sistemas usando el método de sustitución:

a $\begin{cases}x+y=4\\x-y=-2\end{cases}$ **c** $\begin{cases}x+3y=-7\\-x=y+3\end{cases}$

b $\begin{cases}x+2y=1\\2x-2=5y\end{cases}$ **d** $\begin{cases}2x=6-4y\\4x-y=19\end{cases}$

5. Resuelve los siguientes sistemas mediante el método de igualación:

a $\begin{cases}x-2y=-1\\2x-4=y\end{cases}$ **c** $\begin{cases}7x-9y-2x+4=-30\\5(x-1+y)=25\end{cases}$

b $\begin{cases}x+y=2\\x-3y=-2\end{cases}$ **d** $\begin{cases}x+3y=2\\y=2x+3\end{cases}$

6. La suma de tres números consecutivos es 105. ¿Cuáles son esos números?

7. Halla dos números tales que el primero sea el triple que el segundo, y el primero más el doble del segundo sea 30.

a Determina estos números planteando y resolviendo una única ecuación de primer grado con una incógnita. Para ello, llama al primer número *x* y expresa el segundo número en función del primero.

b Halla estos números planteando un sistema de dos ecuaciones lineales de dos incógnitas. Para ello, llama *x* al primer número e *y* al segundo.

8. En el siguiente dibujo, el segmento *AB* mide 4 cm, el segmento *DE* mide 3 cm y el segmento *AD* mide 14 cm. Calcula cuánto tienen que medir los segmentos *AC* y *CD* para que las áreas de los triángulos sean iguales.

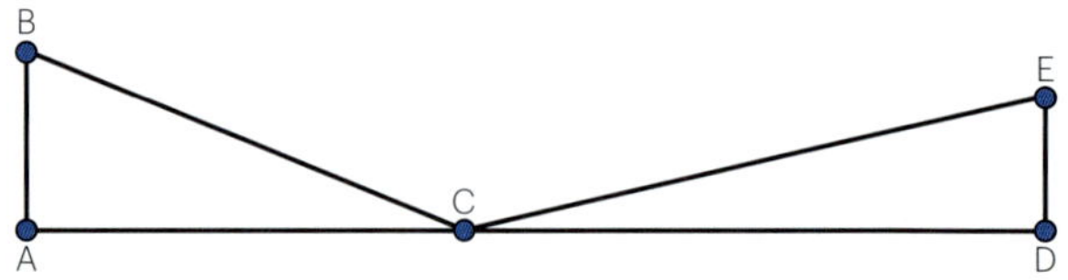

9. Problema resuelto. La suma de las cifras de un número de dos cifras es 11. Si invertimos las cifras, el número resultante es 45 unidades mayor que el original. ¿De qué número se trata?

Llamamos *x* a las decenas del número original y a las unidades, *y*. Así, el número será el $10x + y$, ya que la *x* representa las decenas y la *y* representa las unidades. De esta forma, el número que resulta de invertir sus cifras es el $10y + x$, por lo que tenemos dos ecuaciones:

- La suma de las cifras es 11. Resulta la ecuación:

$$x + y = 11$$

- Si invertimos las cifras, el número resultante es 45 unidades mayor. Resulta la ecuación:

$$(10x + y) + 45 = 10y + x$$

Para hallar los valores de *x* e *y*, resolvemos el sistema formado por esas dos ecuaciones:

$$\begin{cases}x+y=11\\(10x+y)+45=10y+x\end{cases}$$

El resultado es $x = 3$ e $y = 8$.

10. La suma de las cifras de un número de dos cifras es 8. Si las invertimos, el número resultante es 36 unidades menor que el original. Calcula este número.

Banco digital

Mates en contexto

1 CM CL Social El epitafio de Diofanto

Diofanto de Grecia fue un matemático tan apasionado que hizo que en su tumba se grabara el siguiente epitafio:

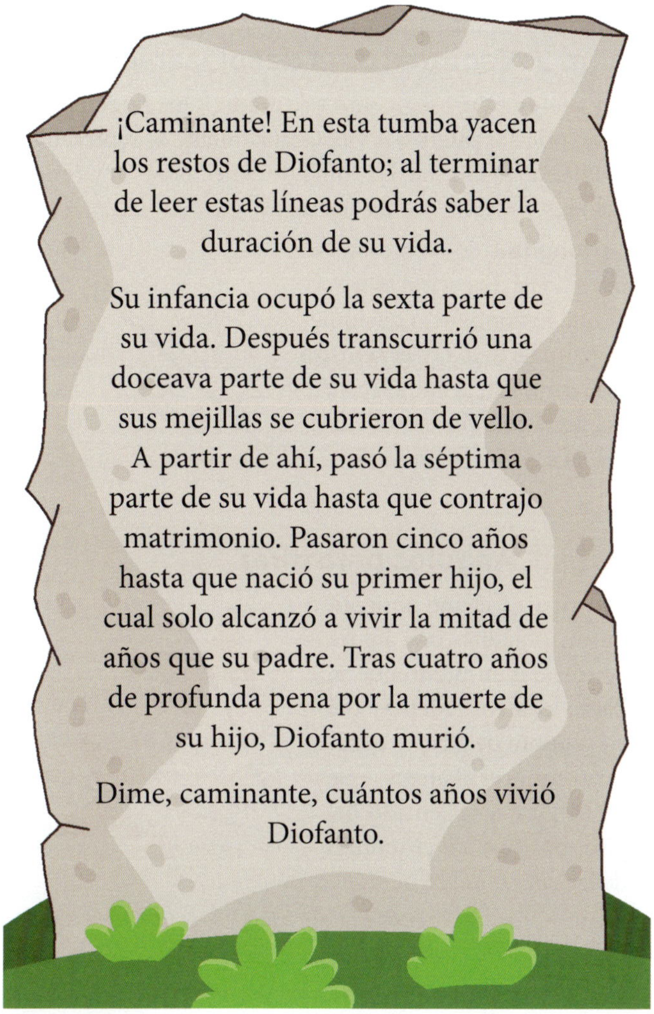

Problemas

1. Si representamos el número total de años que vivió Diofanto con la letra x, expresa con fracciones el tiempo que vivió en cada una de las etapas de su vida.
2. Con las expresiones del ejercicio anterior, escribe la ecuación cuya solución da el número total de años que vivió y resuélvela.
3. Contesta a las siguientes preguntas:
   - **a** ¿Qué edad tenía cuando le empezó a salir barba?
   - **b** ¿A qué edad se casó Diofanto?
   - **c** ¿Qué edad tenía cuando fue padre?
   - **d** ¿Cuántos años vivió su hijo? ¿Qué edad tenía Diofanto cuando murió su hijo?

Matematiza: 1, 2, 3 **Simboliza: 1, 2**

2 CM CL Social Las notas

A Miguel no se le dan muy bien las matemáticas; por eso, con frecuencia hace cálculos para saber las notas que tiene que sacar en los exámenes para conseguir el aprobado. Durante el curso tiene un total de seis exámenes, dos en cada trimestre; todos los exámenes valen lo mismo para la nota del trimestre y para la nota de final de curso.

Problemas

1. Si en el primer examen ha sacado un 4, ¿qué nota debe obtener en el segundo examen para aprobar el primer trimestre? Plantea el problema con una ecuación.
2. ¿Cuánto deben sumar las notas de los seis exámenes para que la media final sea un aprobado? ¿Y si quiere que la media sea un 7?
3. A final de curso y a falta del último examen, estas son las notas de Miguel:

Primer trimestre	Primer examen	5
	Segundo examen	3
Segundo trimestre	Primer examen	6
	Segundo examen	4
Tercer trimestre	Primer examen	4

   - **a** ¿Qué nota debe sacar en el último examen para aprobar el tercer trimestre?
   - **b** ¿Esa nota le valdría para conseguir una nota media de aprobado en todo el curso?
   - **c** Calcula la nota que tendría que sacar en el último examen para conseguir aprobar el curso.
   - **d** ¿Es posible que obtenga como nota media del curso un 6 o más? En caso afirmativo, calcula la nota que debería sacar en el último examen para que sucediera esto.
4. Si el último examen consta de diez preguntas de tipo test, de tal forma que cada acierto suma un punto, cada fallo resta medio punto y hay que contestar a todas, sin dejar ninguna cuestión en blanco:
   - **a** ¿Qué nota sacará si contesta bien a la mitad de las preguntas y falla el resto?
   - **b** ¿Cuántas preguntas acertó, si al final sacó un 5,5?
   - **c** ¿Cuántas preguntas ha de tener bien para aprobar el trimestre?
   - **d** ¿Cuántas preguntas debe tener bien para aprobar el curso?

Argumenta: 1, 3, 4 **Matematiza: 2, 3, 4**

2 Movimientos para todo

¿Las figuras geométricas se mueven?
¿Cómo se repiten las cosas?

CM CL CS CC CD Social Personal Profesional

Aprende a...

Identificar los elementos más característicos de los movimientos en el plano que están presentes en la naturaleza, en diseños cotidianos o en obras de arte.

Generar creaciones propias mediante la composición de movimientos, empleando herramientas tecnológicas cuando sea necesario.

Ítem 1. Una aventura en barco

Durante el verano pasado, Andrea realizó un crucero con su familia. Lo pasó muy bien; hablando con la tripulación aprendió algunas expresiones y términos náuticos, como *milla náutica* (equivalente a 1852 km), *proa, popa, babor, estribor, rumbo verdadero* (ángulo formado por la línea proa-popa con el norte geográfico), *virar,* etc.

Ahora está preparando una ruta en velero que conecta dos islas imaginarias: Alfa y Omega.

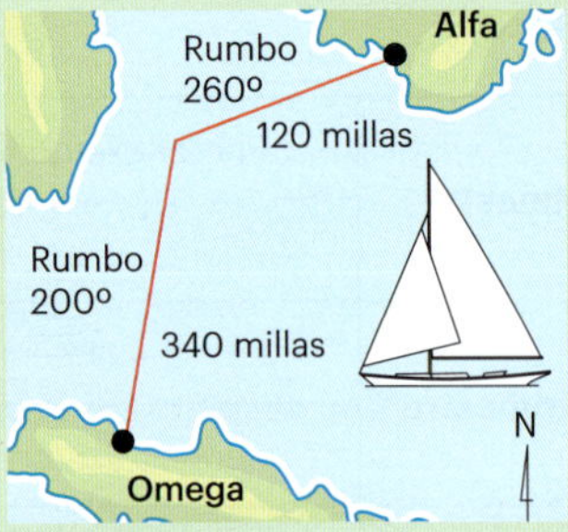

- Salida el día 1/07 del sur de Alfa.
- Navegar durante 120 millas con rumbo 260º.
- Cambiar el rumbo a 200º a lo largo de 340 millas.
- Llegada al norte de Omega.

Ítem 2. Vectores para desplazarse

Un **vector** es un segmento orientado. Queda determinado por dos puntos, *A* y *B*. Gráficamente se representa mediante una flecha. La punta de la flecha es el extremo del vector y el inicio, el origen.

La **longitud** del vector es su módulo, la **dirección** es la recta que lo contiene o cualquiera paralela a ella, y el **sentido** es la forma en la que se recorre esa recta cuando se va del origen al extremo del vector.

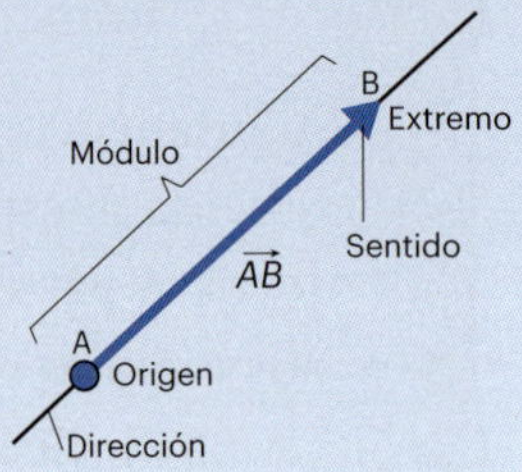

Ítem 3. Ángulos para girar

Un **giro** es el movimiento de un objeto o una figura en torno a un punto que se llama **centro.** Además del eje o punto de giro, es necesario conocer el ángulo que ha de girar y el **sentido** del giro: positivo, en el sentido de las agujas del reloj.

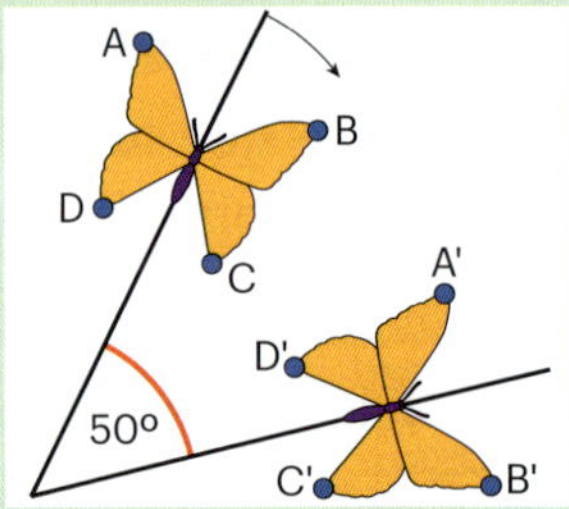

Construye con lo que sabes

Matematiza 1 Observa el dibujo del ítem 1 y reprodúcelo en tu cuaderno. Teniendo en cuenta el ítem 2, dibuja dos flechas en la trayectoria que sigue el barco de Andrea para ir de Alfa a Omega.

Argumenta 2 **a** ¿Cuál es el módulo del primer vector, el que parte de Alfa? ¿Y el módulo del vector que llega a Omega?

b Describe los vectores dando su dirección y su sentido (ayúdate de los puntos cardinales y el rumbo del barco).

Representa 3 Dibuja unos ejes cartesianos con origen en el punto de partida. ¿Cuáles son las coordenadas del barco en ese momento? ¿Y cuando llega al final del primer vector? ¿Y cuando llega al final del recorrido?

Argumenta 4 Cuando el barco cambia el rumbo, ¿qué ángulo debe girar? ¿En qué sentido debe girar, positivo o negativo?

Matematiza 5 Observa las mariposas del ítem 3. Unas rectas las dividen en dos partes iguales, ¿qué rectas son?

Plantea 6 En alguno de los cambios del barco, ¿se han modificado su forma o tamaño?

Ítem 4. Lugares con encanto

Al hermano de Andrea, Lucas, lo que más le ha gustado de los viajes que han hecho en vacaciones ha sido la Alhambra de Granada. Ha leído los *Cuentos de la Alhambra,* de Washington Irving y, al verla, los ha revivido con mucha ilusión.

Lo que más le ha llamado la atención es la decoración de las paredes y los techos. En ella, a veces aparecen unas franjas horizontales en las que las figuras se repiten.

a

b

Otras veces, las figuras cubren la pared o el suelo sin dejar huecos ni superponerse entre ellas.

c

d

Ítem 5. Frisos

En matemáticas, los frisos son regiones del plano limitadas por dos rectas paralelas y de longitud ilimitada, que se forman mediante movimientos aplicados a una o varias figuras.

a

b

Ítem 6. Mosaicos

Los mosaicos son recubrimientos del plano con figuras planas. Las figuras se denominan **teselas;** deben estar unidas de tal modo que no se solapen ni queden huecos entre ellas.

Las únicas figuras regulares que recubren el plano son las que aparecen en los siguientes mosaicos:

a

b

c
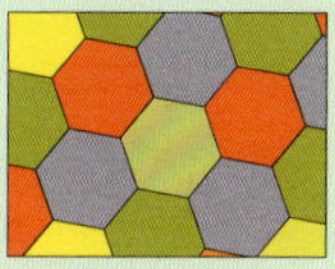

Construye con lo que sabes

Argumenta (7) Observa los frisos del ítem 5. ¿Cuál es la figura mínima que se repite en cada uno de ellos?

Matematiza (8) ¿Qué movimientos se aplican a esas figuras mínimas para conseguir la construcción final?

(9) Identifica los mosaicos que aparecen en el ítem 4.

Argumenta (10) Fíjate en los mosaicos del ítem 6. ¿Cuáles son las únicas figuras regulares que recubren el plano?

Matematiza (11) Los mosaicos que se forman solo con una figura regular se llaman mosaicos regulares. ¿Hay alguno de este tipo en el ítem 4? Si es así, indica qué figura regular lo crea.

Matematiza Argumenta (12) **a** Fíjate en un vértice del primer mosaico del ítem 6 (*a*). ¿Cuántos triángulos coinciden en él? ¿Cuánto mide el ángulo que forman todos ellos?

b Repite el apartado anterior, pero fijándote en un vértice del segundo mosaico (*b*).

c Y ahora, haz lo mismo con uno del tercer mosaico (*c*).

d Teniendo en cuenta lo anterior, ¿por qué no es posible formar un mosaico con un pentágono regular o un octógono regular?

Lo que has construido

Identificas **traslaciones,** reconociendo el vector que las define.

Realizas **traslaciones de una figura plana.**

Reconoces **giros de figuras planas.**

Obtienes el **ángulo de giro,** conociendo el centro del movimiento.

Hallas la **figura** que se obtiene tras hacer un giro a otra figura dada.

Identificas **simetrías axiales** de una figura plana.

Obtienes la **figura simétrica** de una figura plana cualquiera.

Apunte 3

Esta transformación **no** conserva las distancias. Por tanto, **no** es un movimiento.

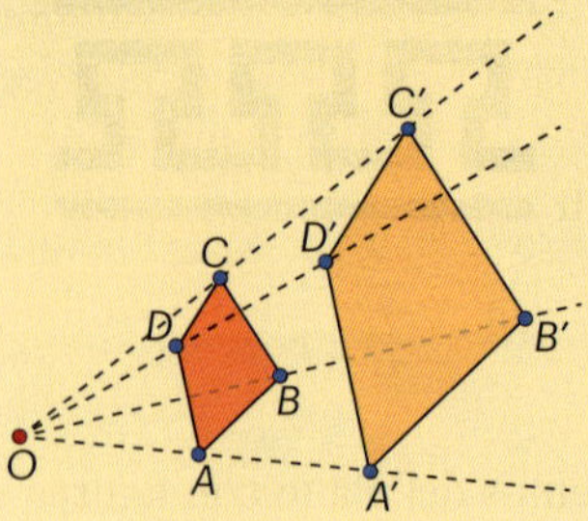

4. Movimientos en el plano

Una **transformación geométrica** es una relación que convierte un punto del plano, *P*, en otro, *P'*. Al punto *P'* se le llama **transformado** de *P*.

Cualquier figura plana se puede transformar mediante esta relación en otra, que se llama **homóloga.**

Un **movimiento** es una transformación geométrica que conserva los ángulos y las distancias, es decir, su forma y su tamaño (apunte 3).

Los movimientos pueden ser de dos tipos:

Directos: mantienen la orientación. El triángulo original leído en el sentido de las agujas del reloj es *ABC* y su transformado es *A'B'C'*.	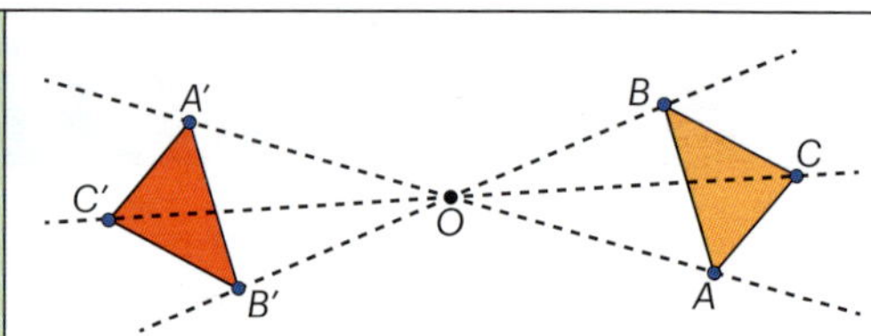
Inversos: no mantienen la orientación. El original es *ABC* y el transformado es *A'C'B'*.	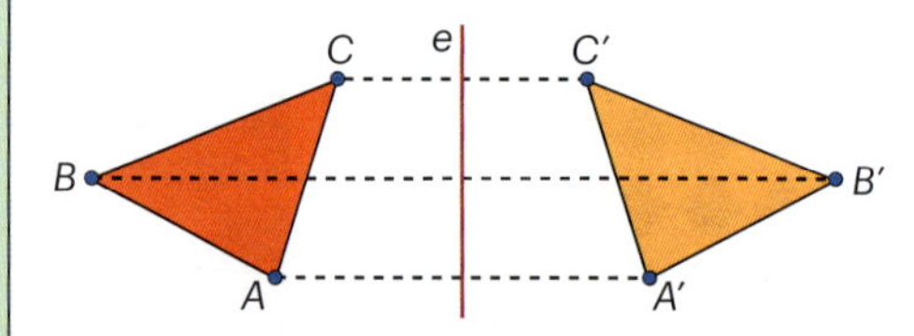

Los **elementos invariantes** de un movimiento son aquellos cuyos elementos transformados son esos mismos elementos.

Profesora en casa.
Coordenadas de un vector.

5. Vectores

Un **vector** es un segmento orientado. Los puntos que lo delimitan se llaman **origen** y **extremo.** Se escribe $\overrightarrow{AB}$ o $\vec{v}$. Gráficamente, se representa mediante una flecha.

Un vector está determinado por tres **características** (fig. 1):

- **Módulo:** distancia del origen al extremo del vector.
- **Dirección:** recta que contiene el vector o cualquier paralela a ella.
- **Sentido:** forma de recorrer la recta al desplazarse del origen al extremo del vector.

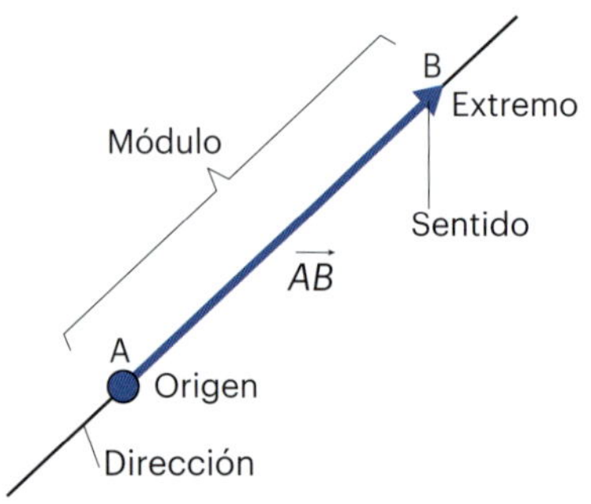

Fig. 1. Elementos y características de un vector.

Un vector se puede representar en los ejes de coordenadas. Para referirnos a él, indicaremos con números el desplazamiento horizontal y vertical que hay que hacer para ir del origen al extremo. Esos números son las **coordenadas del vector.** Se escribe $\vec{v} = (a, b)$.

Ejemplo

4. Fíjate en la figura 2.

- Para ir del origen del vector $\vec{u}$, *A*, al extremo, *B*, hay que moverse en horizontal dos unidades a la derecha y en vertical, una unidad hacia arriba. Es decir: $\vec{u} = (2, 1)$.
- En el vector $\vec{v}$, para llegar del origen, *C*, al extremo, *D*, hay que ir tres unidades horizontales a la izquierda y dos unidades en vertical hacia arriba. Es decir: $\vec{v} = (-3, 2)$.

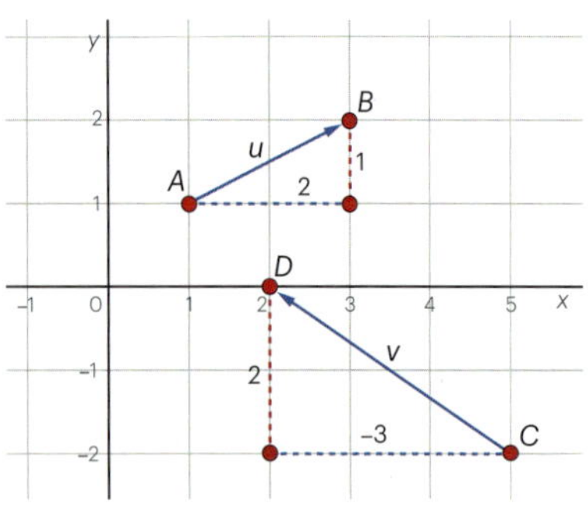

Fig. 2. Coordenadas de un vector.

6. Traslaciones, giros y simetrías

Las **traslaciones** son movimientos directos del plano determinados por un vector $\vec{v}$. Transforman cualquier punto *A* en otro *A'*, de modo que el vector que los une, $\overrightarrow{AA'}$, es $\vec{v}$.

Los **giros** son movimientos directos del plano determinados por un punto y un ángulo. El punto se llama **centro de giro** y se escribe *O*; el ángulo es α.

Un punto *A* se transforma en otro *A'* de modo que $\widehat{AOA'} = \alpha$. La distancia del centro, *O*, al punto *A* es igual que la distancia de *O* a *A'*.

Las **simetrías** son movimientos inversos. Existen dos tipos de simetrías:

- **Simetría axial** respecto de una recta que se llama **eje.** Este eje se representa mediante ***e*** y es la mediatriz entre un punto *A* y su transformado, *A'*.
- **Simetría central** respecto de un punto llamado **centro.** Se representa con *O* y es el punto medio entre cualquier punto *A* y su transformado, *A'*.

Ejemplos

5. Observa la figura 3. La traslación de vector $\vec{v} = (4, -2)$ transforma el punto *A* (–2, 3) en *A'* (2, 1).

Fíjate en que no es necesario hacer la representación gráfica para calcular las coordenadas de *A'*: $A' = A + \vec{v} = (-2, 3) + (4, -2) = (-2 + 4, 3 - 2) = (2, 1)$.

6. Observa la figura 4. El punto *A* (3, 1) se transforma, mediante un giro de centro *A* (–1, –4) y un ángulo de 80º, en el punto *A'*.

7. En la figura 5 se muestran la simetría axial del punto *A* (–3, 1) respecto de un eje *e*, y la simetría central del punto *A* (–3, 1) respecto de un punto *O*.

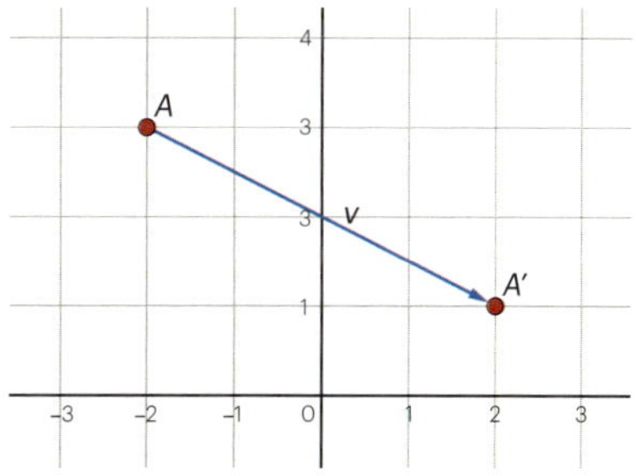

Fig. 3. Ejemplo de traslación.

Profesora en casa. Traslación de un punto.

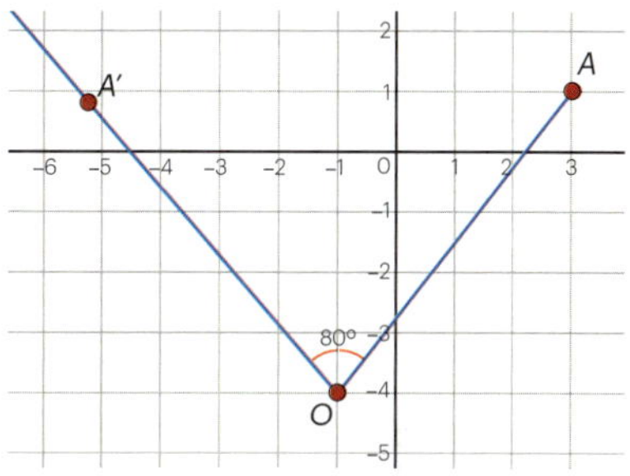

Fig. 4. Ejemplo de giro.

Profesora en casa. Simetría axial.

Profesora en casa. Simetría central.

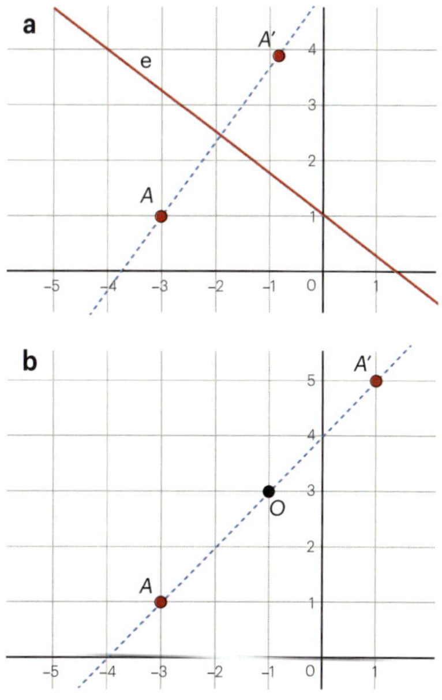

Fig. 5. Simetría axial (**a**) y simetría central (**b**).

7. Frisos y mosaicos

Los **frisos** son regiones del plano limitadas por dos rectas paralelas resultantes de aplicar movimientos a una o varias figuras. Esos movimientos pueden ser traslaciones, giros de 180º, simetrías axiales horizontales o verticales, de manera individual o combinándolas.

Ejemplo

8. Este friso se forma al aplicar a un pentágono regular una traslación de vector $\vec{u}$ y una simetría axial que va cambiando el centro.

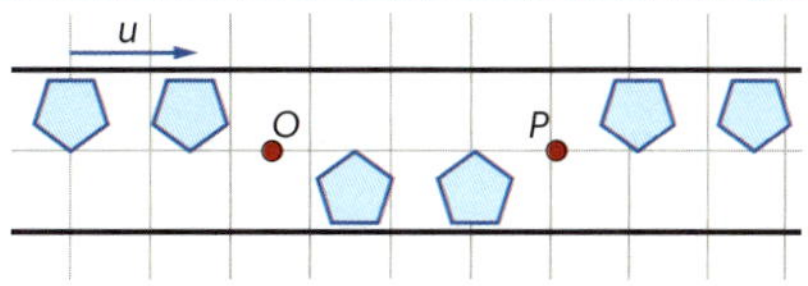

Un **mosaico** es un recubrimiento del plano con figuras planas llamadas teselas.

Los mosaicos pueden ser de tres tipos:

Regulares: están formados por un único polígono regular. Solo se consiguen con triángulos equiláteros, cuadrados o hexágonos regulares (a).	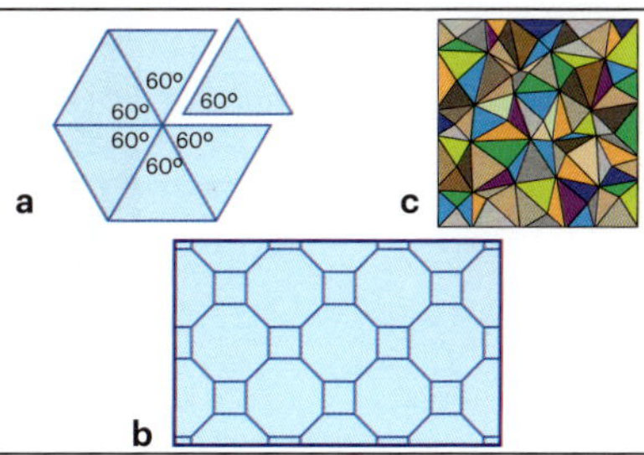
Semirregulares: están constituidos por más de un polígono regular (b).	
Irregulares: los forman otros polígonos (c).	

Apunte 4

¡Recuerda! Los ángulos tienen sentido positivo en el sentido contrario al de las agujas del reloj.

Entrénate

11. Escribe las coordenadas de los vectores del gráfico:

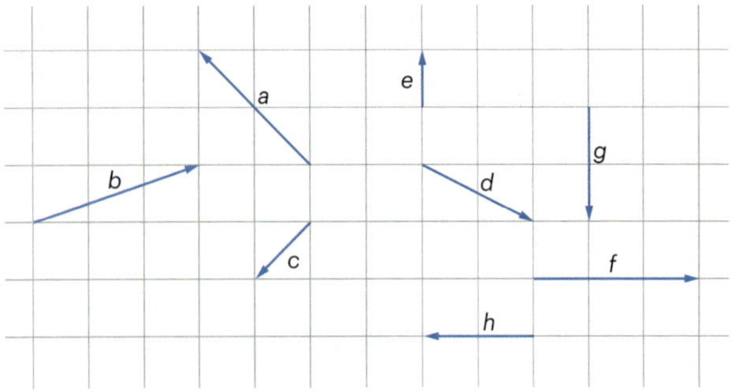

12. Representa gráficamente los vectores siguientes:

$\vec{a}=(-3, 1)$	$\vec{d}=(-1, -4)$	$\vec{g}=(5, -4)$
$\vec{b}=(2, 5)$	$\vec{e}=(-6, 0)$	$\vec{h}=(0, -1)$
$\vec{c}=(4, -3)$	$\vec{f}=(0, 3)$	$\vec{i}=(2, 0)$

13. Realiza las siguientes traslaciones según el vector que se indica en cada caso. Para ello, traslada cada vértice de la figura y luego únelos con segmentos.

a $\vec{v}=(-2, 0)$ **b** $\vec{v}=(0, 3)$ **c** $\vec{v}=(2, 2)$

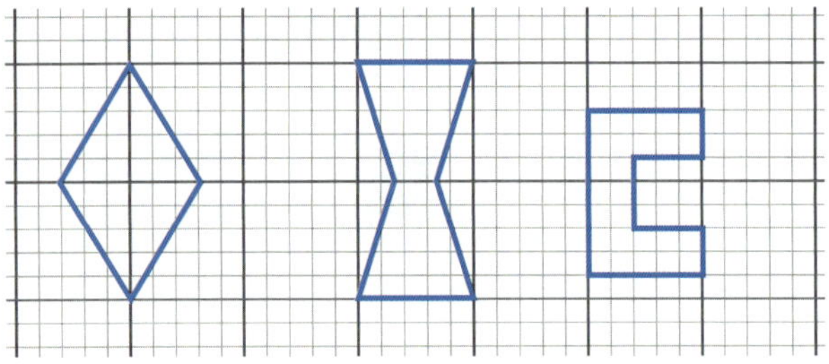

14. Aplica una nueva traslación de vector $(-\vec{v})$ a las figuras que has obtenido en cada traslación del ejercicio anterior. Para hacerlo, ten en cuenta que si $\vec{v}=(a, b)$, $-\vec{v}=(-a, -b)$. El vector $(-\vec{v})$ es el opuesto de $\vec{v}$.

15. Sin hacer la traslación gráficamente, calcula las coordenadas de los transformados de los siguientes puntos mediante el vector $\vec{v}=(-3, 5)$:

A (−4, 6)	*C* (−1, −5)	*E* (8, −3)
B (9, 2)	*D* (0, 7)	*F* (5, 0)

16. Al aplicar al siguiente segmento un giro de centro *O*, se han olvidado de anotar el ángulo de giro. Hállalo (recuerda el sentido positivo de los ángulos).

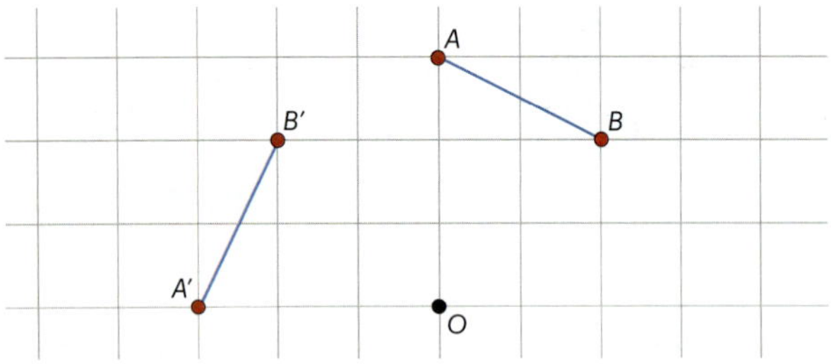

17. Transforma cada figura mediante un giro de centro O y el ángulo que se indica en cada caso:

a $\alpha = -90°$

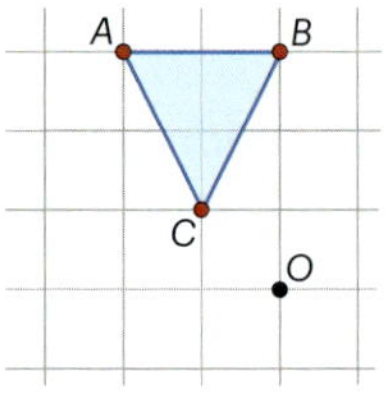

b $\alpha = 180°$

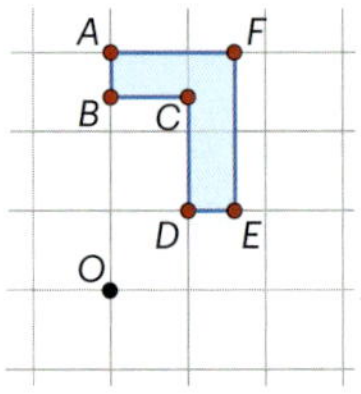

c $\alpha = 100°$

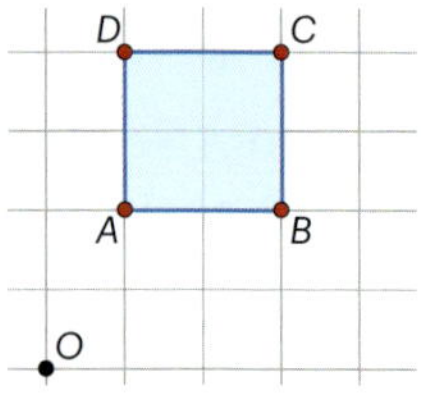

18. a Representa en los ejes cartesianos estos puntos:

A (5, 2) *B* (4, −6) *C* (−2, 3) *D* (−1, −2)

b Halla sus simétricos respecto del eje de ordenadas.
c Escribe las coordenadas de sus simétricos.
d ¿Qué relación tienen las coordenadas de los puntos iniciales y las de sus transformados?
e Teniendo en cuenta la respuesta anterior, y sin realizar la simetría, responde: ¿cuáles son las coordenadas del punto *E′*, simétrico de *E* (3, −1) respecto del eje *Y*?

19. a Representa en los ejes de coordenadas:

A (−3, 6) *B* (5, 4) *C* (7, 4) *D* (−2, −3)

b Obtén sus simétricos respecto del eje de abscisas.
c ¿Cuáles son las coordenadas de esos simétricos?
d Escribe la relación entre las coordenadas de los puntos iniciales y las de sus transformados.
e Teniendo en cuenta la respuesta anterior, escribe las coordenadas del simétrico de *F* (1, 2) respecto del eje *X*.

20. Repite los apartados del ejercicio anterior para los puntos siguientes y sus simétricos respecto del origen de coordenadas:

A (6, −4) *B* (−1, −2) *C* (−4, 5) *D* (3, 2)

21. Sean los puntos *A* (4, 0), *B* (0, −2), *C* (−3, 0) y *D* (0, 5). Escribe las coordenadas de sus simétricos respecto de:

a El eje de abscisas.
b El origen de coordenadas.
c El eje de ordenadas.

22. Clasifica los siguientes mosaicos según el tipo y el número de figuras diferentes que los forman:

a

b

c

Banco digital

Mates en contexto

3 CM CL CA Profesional **Obras en casa**

Los padres de Álex van a arreglar la casa en la que vivían sus abuelos. Pondrán nuevas losetas en el suelo del salón, y arreglarán el baño y la cocina.

Después de visitar varias tiendas de cerámica, se han decidido por las siguientes opciones.

Cenefa para el baño.

Enlosado para el suelo del salón.

Baldosas para el suelo de la cocina.

Problemas

1. ¿Qué nombre reciben en matemáticas la cenefa y los enlosados?

2. **a** ¿Cuál es la figura principal de la cenefa del baño?
   b Explica los movimientos que se le aplican para obtener el diseño final.
   c Imagina que en la zona triangular inferior añades un círculo. Define el movimiento que habría que hacer para que estuviera en todas y cada una de las zonas posteriores que son como ella.

3. Al padre de Álex le gustan las cenefas más anchas. Se le ha ocurrido que podría hacer una simetría horizontal a la que han visto. Dibuja el resultado de ese movimiento para saber cómo quedaría.

4. Razona de qué tipo es el recubrimiento de los suelos, según las figuras geométricas que los forman.

5. Dibuja en tu cuaderno una baldosa del suelo de la cocina. Después, transfórmala mediante un giro de 90º cuyo centro sea el centro de la figura.

6. Ahora, aplica a la baldosa:
   a Un giro de 180º con el centro de la figura.
   b Una simetría cuyo centro sea el de la figura.
   c ¿Cómo son las figuras que obtienes con los movimientos anteriores?

Matematiza: 1, 3, 4 **Argumenta: 2, 6**

4 CM CL CA Científico **Simetría en la naturaleza**

La semana pasada, la clase de Carmen y Pablo visitó el museo de ciencias naturales y el jardín botánico de su ciudad. Lo sorprendente es que se trataba de una salida organizada por el departamento de Matemáticas. Iban a trabajar los movimientos directos en el plano.

Tuvieron que fotografiar y tomar notas de todo aquello en lo que observaran alguna traslación, giro o simetría. Después, por parejas, prepararon una presentación para exponerla a sus compañeros y compañeras de clase.

Estas son algunas de las fotos de Carmen y Pablo:

Problemas

1. **a** Identifica alguna traslación en las fotos de Pablo y Carmen.
   b Escribe las coordenadas del vector que la define.

2. **a** Indica en qué imagen hay un giro.
   b ¿Cuál es su centro y su ángulo?

3. **a** En algunas fotos hay simetrías. ¿En cuáles? ¿De qué tipo son?
   b Identifica los elementos (eje o centro) que las definen.

4. Observa las siguientes imágenes:

   a ¿Sabrías cómo son el pez y el ave por el lado que no ves?
   b ¿Cuántas aletas ves en el pez? ¿Cuántas tiene?
   c ¿Cuántas alas ves en el ave? ¿Cuántas tiene?
   d De los movimientos que has estudiado, ¿cuál te parece que se da con más frecuencia en la naturaleza? ¿Por qué crees que es así?

Matematiza: 1, 2, 3 **Argumenta: 4** **Simboliza: 4**

3 De viaje

¿Puedo fotografiar funciones?
¿Qué formas tienen las funciones?

CM CL CA CS

Personal · Profesional

Aprende a...

Obtener la expresión analítica de la función lineal asociada a un enunciado y representarla gráficamente.
Identificar y describir situaciones de la vida cotidiana que se puedan modelizar mediante funciones cuadráticas.

Ítem 1. La carretera recta más larga

A día de hoy, la carretera que tiene el tramo recto más largo del mundo se encuentra en Arabia Saudí. Es un tramo de autopista de 263 km que une las ciudades de Haradh y Al Batah. Un árido desierto rodea esta carretera; por eso, lo único que se puede ver mientras se circula por ella es arena y, con mucha suerte, algún camello.

Ítem 2. Otras carreteras «muy rectas»

En el mundo existen otras carreteras con larguísimas rectas. El país con más tramos rectos en sus carreteras es Estados Unidos.

Carretera	Kilómetros	País
Autopista 1	146	Australia
Hardesty-Slapout	104	Estados Unidos
Boise City-Guymon	70	Estados Unidos

En España, la carretera con más kilómetros de línea recta está en Castilla-La Mancha, entre El Provencio (Cuenca) y Minaya (Albacete). Tiene tan solo 23 km de línea recta.

Ítem 3. Coordenadas geográficas

Para identificar los lugares de la superficie de la Tierra se utilizan las coordenadas geográficas: la latitud y la longitud. La **latitud** es la distancia angular desde un punto de la superficie terrestre al ecuador. Se mide sobre el meridiano del punto y toma valores comprendidos entre 0° y 90°, con indicación hacia el norte o hacia el sur. La **longitud** es la distancia angular desde el punto al meridiano de Greenwich. Se mide sobre el paralelo del lugar y toma valores comprendidos entre 0° y 180°, con indicación hacia el este o hacia el oeste.

Construye con lo que sabes

Representa
Matematiza

1 Dibuja en tu cuaderno los ejes cartesianos. Sitúa en el eje de abscisas la longitud de un lugar y en el de ordenadas, la latitud.

a Ubica en él las ciudades de Haradh y Al Batah. Sus coordenadas geográficas aproximadas son: Haradh (24° N, 40° E) y Al Batah (51° N, 24° E). Recuerda que N y E equivalen a signos positivos en las coordenadas y S y O, a signos negativos.
b Dibuja la recta que pasa por esos dos puntos. ¿A qué altura corta al eje de ordenadas? Llama n a ese valor.
c Resta a las coordenadas del punto que está más a la derecha, las coordenadas del punto que está más a la izquierda. Escribe la razón entre el resultado que obtienes con las ordenadas y el que obtienes con las abscisas. Llama m a esa razón.
d En la fórmula $y = mx + n$, sustituye m y n por los valores de los apartados anteriores. Esa es la ecuación de la recta que pasa por los puntos que representan las ciudades de Haradh y Al Batah en los ejes considerados.

Representa
Matematiza

2 **a** Cambia los ejes de coordenadas anteriores con origen en la ciudad de Al Batah. ¿Cuáles son ahora las coordenadas de las ciudades?
b Repite los pasos del ejercicio anterior para obtener la ecuación de la recta que pasa por ellas. ¿Qué tiene en común con la recta anterior? ¿En qué se diferencian?

Matematiza

3 Busca las coordenadas de Hardesty y Slapout, y las de El Provencio y Minaya. Luego, repite el ejercicio 1 para las dos primeras ciudades y para las dos segundas.

Ítem 4. Puentes colgantes

A Iván y Alba les gusta mucho viajar. Cada año hacen varios viajes a países europeos durante los fines de semana o aprovechado los puentes. Y en las vacaciones de verano visitan otros lugares del mundo.

Revisando algunas fotos con sus amigos, han recordado su viaje a Lisboa, donde visitaron el Puente 25 de Abril.

Es un puente colgante que atraviesa el río Tajo en Lisboa. Tiene 2,27 km de longitud y una altura máxima de 70 m sobre el río. Está formado por 14 vanos; el central es el más largo: mide 1013 m. A los lados hay dos mástiles de 150 m de altura sobre el nivel del agua.

Ítem 5. Fuentes famosas

Tienen varias fotos de fuentes famosas: las del Palacio de Versalles, en Francia, y las de Montjuic y la Alhambra, en España.

Ítem 6. Parábola

Se puede definir la parábola como una curva formada por dos ramas simétricas respecto de un eje.

Construye con lo que sabes

Simboliza (4) Teniendo en cuenta la definición de parábola del ítem 3, indica dónde se encuentran esas curvas en las fotografías de los ítems 1 y 2. Dibújalas en tu cuaderno.

Matematiza (5) ¿Tienen algún máximo o mínimo esas parábolas? Si la respuesta es afirmativa, márcalos con un punto en tu dibujo y nómbralos con la letra V.

(6) Sitúa el vano central del puente colgante de Lisboa en los ejes de coordenadas siguiendo las instrucciones. Toma estas unidades para los ejes: 150 para *x* y 15 para *y*.

1.º Coloca el mástil izquierdo en el eje vertical. ¿Cuáles son las coordenadas de su base? ¿Y las de su punto más alto?
2.º ¿En qué punto hay que colocar la base del mástil derecho? ¿Y su punto más alto? Dibújalo.
3.º Añade el puente teniendo en cuenta que el eje de abscisas es el nivel del río.
4.º La curva que une los dos puntos superiores de los mástiles toca al puente en el centro. ¿Cuáles son las coordenadas de este punto?

Simboliza (7) Teniendo en cuenta los tres puntos por los que pasa la gráfica y que la fórmula de esta función es $y = ax^2 + bx + c$, calcula *a*, *b* y *c*.

Lo que has construido

Representas **rectas** y obtienes la **ecuación de una recta** si conoces dos puntos.

Hallas la **pendiente** y la **ordenada en el origen** de una recta.

Representas **funciones cuadráticas,** y reconoces su fórmula y su gráfica.

Obtienes la **fórmula de una función cuadrática** a partir de tres puntos.

Identificas y calculas el vértice de una **parábola** distinguiendo si es el máximo o el mínimo de la función.

8. Función lineal

La **fórmula** de una función lineal es $y = mx$, donde m es un número real. A m se le denomina **pendiente** e indica la variación de la ordenada cuando la abscisa aumenta una unidad. Su gráfica es una recta que pasa por el origen de coordenadas. Por tanto, para obtenerla, basta con calcular otro punto de la función.

Apunte 5

En las funciones lineales y afines:

- Si $m > 0$, la función es creciente.
- Si $m < 0$, la función es decreciente.

9. Función afín

La **fórmula** de una función afín es $y = mx + n$, donde m y n son números reales. A m se le denomina **pendiente** y a n, **ordenada en el origen.** Su gráfica es una recta que pasa por el punto $(0, n)$.

Ejemplos

9. Son funciones lineales $y = 6x$ e $y = -4x$.

La pendiente de la primera es $m = 6$ y la pendiente de la segunda es $m = -4$.

Un punto de la primera función es $(1, 6)$ y un punto de la segunda es $(1, -4)$. Como las dos pasan por el punto $(0, 0)$, sus gráficas son:

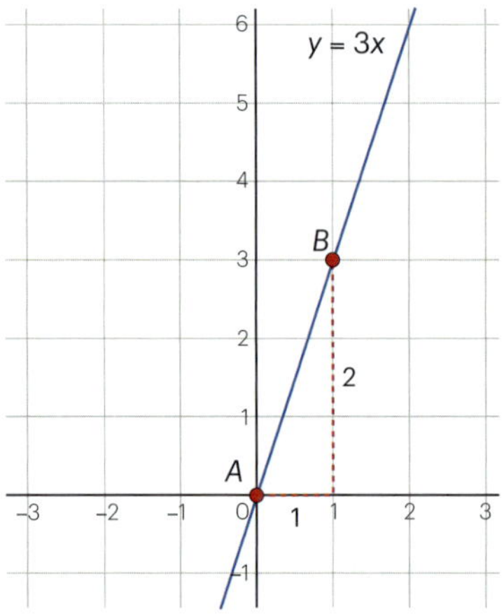

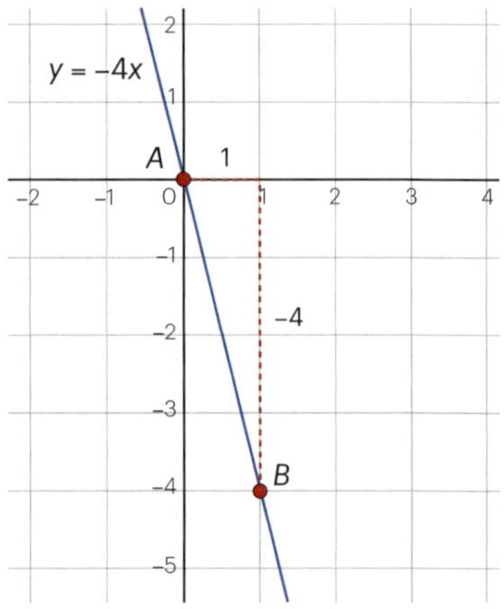

10. Son funciones afines $y = -2x + 1$ e $y = 3x - 2$.

La pendiente de la primera función es -2 y pasa por el punto $(0, 1)$. La pendiente de la segunda función es 3 y pasa por el punto $(0, -2)$.

Nota

Observa que, en el ejemplo 9, la línea roja discontinua representa la pendiente. Al aumentar una unidad la abscisa, la ordenada crece tres unidades en la primera función y disminuye cuatro en la segunda.

Apunte 6

Para obtener la función a partir de su gráfica, se eligen dos puntos de esta y se hace lo mismo que se explica en el ejemplo 11.

9.1 Obtención de la fórmula de una función afín si se conocen dos puntos

Los pasos que hay que seguir para hallar la función cuya gráfica pasa por $A(x_A, y_A)$ y $B(x_B, y_B)$ son:

1.º Calculamos la variación de la abscisa entre A y B, y la variación de la ordenada: $x_B - x_A$, $y_B - y_A$.

2.º Dividimos la variación de y entre la variación de x para obtener el cambio de la ordenada cuando la abscisa aumenta una unidad, esto es, la pendiente: $m = \dfrac{y_B - y_A}{x_B - x_A}$

3.º Sustituimos el valor obtenido de la pendiente en la fórmula de la función, $y = mx + n$. Para calcular la ordenada en el origen, sustituimos las coordenadas de uno de los puntos en la ecuación y despejamos n.

Ejemplo

11. Halla la función afín cuya gráfica pasa por los puntos $A(3, -4)$ y $B(1, 6)$.

La pendiente es

$$m = \frac{y_B - y_A}{x_B - x_A} = \frac{6-(-4)}{1-3} = \frac{10}{-2} = -5.$$

La ecuación queda expresada como $y = -5x + n$.

Sustituyendo en ella las coordenadas de B, resulta $6 = -5 \cdot 1 + n \rightarrow n = 11$.

Por tanto, la función que buscamos es $y = -5x + 11$.

10. Función cuadrática

La **fórmula** de una función cuadrática es un polinomio de segundo grado:

$y = ax^2 + bx + c$, donde a, b y c son números reales (apunte 5).

Apunte 7

El coeficiente de x^2 nunca puede ser 0.

Ejemplo

12. Las siguientes funciones son cuadráticas:

$y = 4x^2 + 3x - 2$. Los valores de a, b y c son $a = 4$, $b = 3$ y $c = -2$.

$y = -x^2 - 6x$. Los valores de a, b y c son $a = -1$, $b = -6$ y $c = 0$.

Su **gráfica** es una **parábola.**

- Si $a > 0$, su vértice es un mínimo.
- Si $a < 0$, su vértice es un máximo.

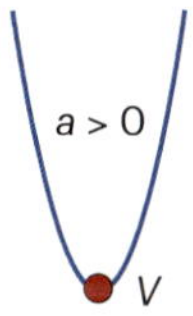

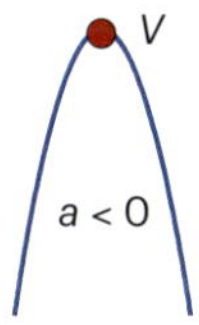

Abertura de una parábola

Si $|a| > 0$, las ramas de la parábola están más cerca (cerradas).

Si $|a| < 0$, las ramas de la parábola están más alejadas (abiertas).

REPRESENTACIÓN DE LA PARÁBOLA

Para representar una parábola se necesitan tres puntos: el **vértice** y los **dos puntos de corte de la función con el eje de abscisas** (apunte 6).

- Si denominamos V al vértice, sus coordenadas serán (x_V, y_v):
  - La primera coordenada se obtiene aplicando la fórmula: $x_V = \dfrac{-b}{2a}$.
  - La segunda se halla sustituyendo el valor obtenido de x_V en la fórmula de la función y realizando las operaciones que resultan.
- Para hallar los puntos de corte de la función con el eje de abscisas se resuelve el sistema formado por sus ecuaciones. En este caso:

  $$\left.\begin{array}{l} y = ax^2 + bx + c \\ y = 0 \end{array}\right\}$$

  Si se resuelve por sustitución, cambiando la y de la primera ecuación por 0 (que es su valor en la segunda), se obtiene una ecuación de segundo grado:

  $$ax^2 + bx + c = 0$$

  Sus soluciones, x_1 y x_2, proporcionan las primeras coordenadas de esos puntos de corte, que serán $(x_1, 0)$ y $(x_2, 0)$.

Apunte 8

Si la parábola no corta al eje de abscisas, una vez que has hallado el vértice, debes elegir dos puntos simétricos respecto de él y hallar sus coordenadas.

El **eje de simetría** de la parábola es la recta paralela al eje ***OY*** que pasa por su vértice. Su ecuación es $x = \dfrac{-b}{2a}$. En el caso anterior, $x = 1$.

Ejemplo

13. Representa la función $y = -x^2 + 2x + 3$ calculando previamente su vértice y sus puntos de corte con el eje de abscisas.

Vértice: $V = (x_V, y_v) \rightarrow x_V = \dfrac{-2}{2(-1)} = 1 \rightarrow y_v = -1^2 + 2 \cdot 1 + 3 = 4 \rightarrow V = (1, 4)$

Cortes con el eje de abscisas: $\left.\begin{array}{l} y = -x^2 + 2x + 3 \\ y = 0 \end{array}\right\} \rightarrow -x^2 + 2x + 3 = 0 \rightarrow$

$\rightarrow x_1 = -1, x_2 = 3$. Por tanto, son $(-1, 0)$ y $(3, 0)$.

La gráfica se representa en la figura 6.

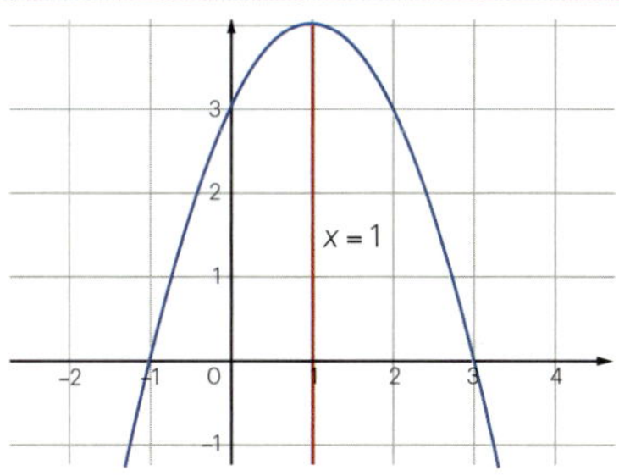

Fig. 6. Representación gráfica de $y = -x^2 + 2x + 3$.

Entrénate

23. Clasifica las siguientes funciones en lineales, afines y cuadráticas:

a $y = 2x - 5$
b $y = x^2 + 5x$
c $y = -x^2$
d $y = \frac{6}{x}$
e $y = 3 - 2x^2$
f $y = x^3 + x^2 - x - 1$

24. Indica la pendiente y la ordenada en el origen de estas funciones:

a $y = 3 - x$
b $y = 5x + 9$
c $y = 7x - 2$
d $y = -2x + 3$

25. ¿Cuáles de las siguientes funciones pasan por el origen de coordenadas?

a $y = 4x + 3$
b $y = -x$
c $y = 6x$
d $y = x - 2$

26. Relaciona cada fórmula de la función con la gráfica que le corresponda:

1 $y = -x$
2 $y = -x + 2$
3 $y = x + 2$
4 $y = x$

a
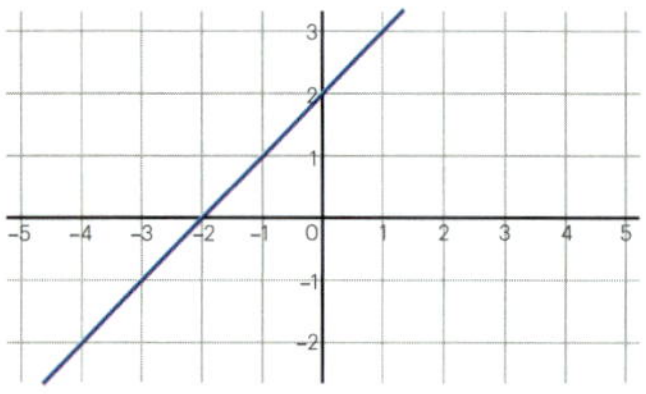

b
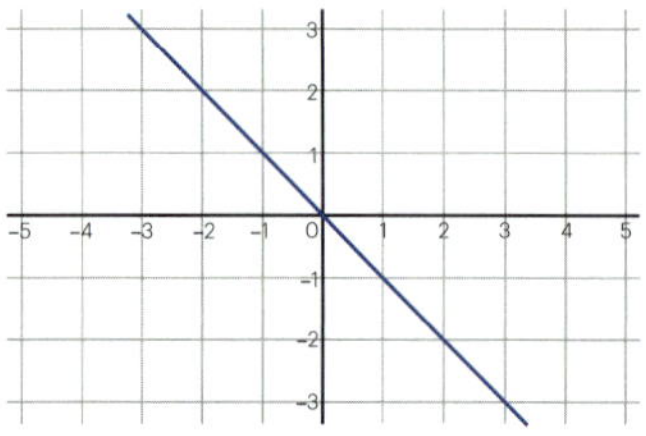

c
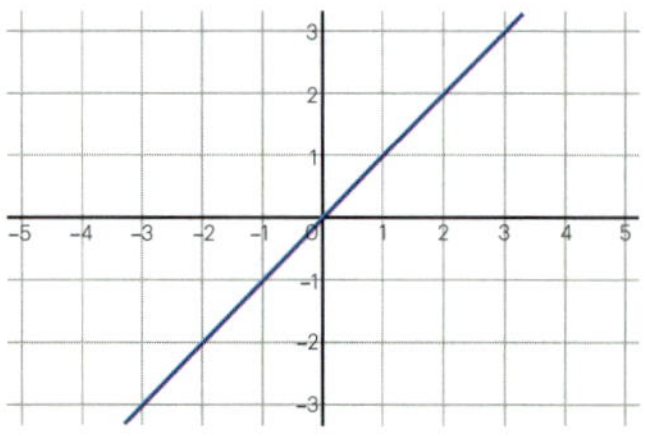

d
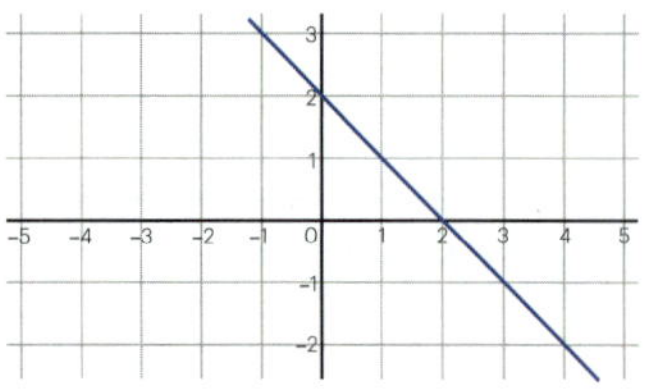

27. Escribe la fórmula de una función cuya gráfica sea una recta y que, además, cumpla las condiciones que se piden en cada apartado:

a Es decreciente y pasa por el origen de coordenadas.
b Su pendiente es negativa y corta al eje de ordenadas en 5.
c Su pendiente es positiva y no pasa por el origen de coordenadas.

28. Halla la ecuación de la función afín que pasa por los puntos $A(1, 8)$ y $B(-2, -4)$.

29. Sin representar las funciones, indica en cuáles el vértice es un máximo y en cuáles, un mínimo:

a $y = -x^2 - 5$
b $y = 6x^2 - 2x - 1$
c $y = -2x^2 + 6x$
d $y = 3 + x^2$
e $y = 2 - 3x - x^2$
f $y = 3 - 4x + x^2$

30. Calcula el vértice de las parábolas:

a $y = x^2 - 2x + 1$
b $y = -2x^2 - 3x + 2$
c $y = x^2 - 4$
d $y = x^2 + 6x + 5$
e $y = 3x^2 - 6x$
f $y = 6x^2 - 2x - 1$

31. Escribe el eje de simetría de cada una de las funciones anteriores.

32. Halla los puntos de corte de las parábolas con el eje de abscisas:

a $y = -x^2 + 9$
b $y = x^2 + 5x + 6$
c $y = 7 - x^2$
d $y = 3x^2 + 4x$
e $y = x^2 + 2x + 3$
f $y = 2x^2 - x - 3$

33. Representa gráficamente las siguientes funciones calculando primero los puntos necesarios para hacerlo:

a $y = 2x^2 + 8x$
b $y = 8 - 2x - x^2$
c $y = 3x^2 + 1$
d $y = x^2 - 1$
e $y = -2x^2 - x + 1$
f $y = -4x^2 - 8x - 8$

34. Halla la función cuadrática que pasa por los puntos:

a (1, 0), (–1, 0) y (0, 1)
b (0, 0), (1, 3) y (–1, 3)
c (1, 0), (5, 0) y (3, 4)
d (1, 2), (–1, –3) y (2, 0)

35. El eje de simetría de una parábola es $x = -1$ y uno de los puntos de corte con el eje de abscisas es (2, 0).

a ¿Cuál es el otro punto de corte con el eje X?
b Halla la ecuación de la parábola, sabiendo que corta al eje Y a la altura $\frac{2}{3}$.

Banco digital

Mates en contexto

5 CM CL CA Profesional Juguemos al golf

Durante las jornadas culturales del centro escolar donde estudia Ángela, un profesor aficionado al golf dio una charla sobre este juego. Al terminar, hizo una demostración práctica para explicar la forma de colocarse y de coger el palo, el modo de golpear la bola, etc. Después, invitó a todos los participantes a realizar un golpe, para que comprobaran que hay que pensar un poco antes de lanzar y que la técnica es importante.

Colocaron tres hoyos: 1, 2 y 3. El 1 estaba a 2 m del punto de lanzamiento; el 2, a 100 m y el 3, a 150 m, con un árbol de 10 m de altura a 60 m de este tercer hoyo.

Problemas

1. Para que la bola entrara en el primer agujero, el profesor hizo un lanzamiento horizontal a ras del suelo. Si colocas los ejes de coordenadas con origen en el punto de lanzamiento, de modo que el eje de abscisas pase por el hoyo:
   - **a** ¿Cuáles son las coordenadas del hoyo 1?
   - **b** Obtén la ecuación de la trayectoria recta que siguió la bola.
   - **c** Razona si para que la bola entre en el agujero es suficiente que siga esa trayectoria.
2. Para alcanzar el hoyo 2, realizó un golpe tal que la bola siguió la trayectoria dada por la función $y = x - 0{,}006\,125x^2$. En este caso, el eje de abscisas pasaría por el hoyo 2.
   - **a** ¿Qué forma tiene la gráfica de la trayectoria?
   - **b** ¿Entró la bola en el agujero con un único lanzamiento? Si la respuesta es negativa, indica la distancia del hoyo a la que tocó el suelo.
   - **c** ¿Cuál fue la máxima altura que alcanzó la bola?
3. En el hoyo 3, al haber un árbol, la trayectoria de la bola fue distinta: $y = 1{,}732x - 0{,}01225x^2$.
   - **a** ¿La altura máxima que alcanzó la bola en este golpe fue mayor o menor que en el golpe anterior?
   - **b** ¿Consiguió salvar el árbol, chocó con él o cayó antes de llegar al árbol?
   - **c** ¿A qué distancia del hoyo cayó la bola?
   - **d** Representa la situación en unos ejes de coordenadas adecuados.

Matematiza: 1, 2, 3 | **Argumenta: 1, 2, 3** | **Simboliza: 3**

6 CM CL CS Social Profesional Llamadas a los números 900

Algunas empresas, servicios técnicos o servicios de atención al cliente utilizan números de teléfono que empiezan por 902. Estas llamadas no son gratuitas; es más, en algunas ocasiones suelen resultar muy caras. Llamar a este tipo de números cuesta 0,56 € por minuto, si la llamada se hace desde un teléfono fijo, y hasta 2,82 € por minuto si se usa el teléfono móvil.

Otros números también suponen un elevado coste por llamada. Los que empiezan por 905 se reservan para votar en los concursos televisivos y su precio varía según sea el cuarto número que se marque. Y, por supuesto, también es distinto si se llama desde un teléfono fijo o móvil.

Algunos teléfonos 905	9051	9052	9054	9057
Precio. Teléfono fijo (€/min)	0,30	0,60	1,20	0,60
Precio. Teléfono móvil (€/min)	0,75	1,05	1,65	1,05

Problemas

1. Construye una tabla de valores para el precio de las llamadas que se hacen a los teléfonos que comienzan por 902, realizadas desde un teléfono fijo, y otra tabla para las llamadas que se hacen desde un teléfono móvil.
2. Representa los valores de las tablas anteriores en los mismos ejes de coordenadas. ¿Qué tipo de funciones obtienes?
3. Calcula la ecuación de cada una de las funciones que has representado en el problema 2.
4. Haz una tabla de valores para el precio de las llamadas que se hacen a los números 9051, 9051, 9054 y 9057 cuando se realizan desde un teléfono fijo.
5. Representa las tablas de valores del problema anterior en los mismos ejes de coordenadas. ¿En algún caso cuestan lo mismo? ¿Cuál es la llamada más cara? ¿Y la más barata?
6. Repite los ejercicios 4 y 5 para las llamadas hechas desde un teléfono móvil.

Matematiza: 1, 3 | **Representa: 2, 5, 6** | **Argumenta: 5**

ECUACIONES Y SISTEMAS

Ecuaciones

Resolver una ecuación de primer grado es averiguar el valor de la incógnita que hace verdadera la igualdad. Seguimos estos pasos:

1.º Operamos con los paréntesis.
2.º Eliminamos denominadores, si los hubiera, utilizando el mínimo común múltiplo.
3.º Agrupamos los términos que tienen x en un miembro y los que no la tienen en el otro.
4.º Reducimos los términos semejantes, es decir, operamos con ambos miembros para obtener una expresión del tipo $ax = b$.
5.º Despejamos la incógnita.

Sistemas

Un sistema lineal de dos ecuaciones con dos incógnitas tiene la forma $\begin{cases} ax+by=c \\ a'x+b'y=c' \end{cases}$.

La solución del sistema es un par (x_0, y_0) tal que si $x = x_0$ e $y = y_0$, entonces se cumplen ambas ecuaciones.

Realizamos las operaciones necesarias para dejar el sistema de la forma anterior. Luego, aplicamos uno de los métodos de resolución de sistemas:

- **Sustitución**

1.º Despejamos una de las incógnitas en función de la otra en una de las ecuaciones.
2.º Sustituimos la incógnita despejada en la otra ecuación.
3.º Resolvemos la ecuación resultante.
4.º Calculamos el valor de la otra incógnita con la solución calculada.

- **Igualación**

1.º Despejamos la misma incógnita en ambas ecuaciones.
2.º Igualamos las expresiones obtenidas.
3.º Resolvemos la ecuación.
4.º Calculamos el valor de la otra incógnita en una de las expresiones despejadas.

- **Reducción**

1.º Elegimos una incógnita e igualamos sus coeficientes calculando ecuaciones equivalentes.
2.º Sumamos o restamos las dos ecuaciones del sistema para eliminar la variable y obtener, así, una ecuación con una incógnita.
3.º Resolvemos la ecuación.
4.º Calculamos el valor de la otra incógnita sustituyendo en una de las ecuaciones del sistema.

GEOMETRÍA

Movimientos en el plano

Un **movimiento** es una transformación geométrica que conserva los ángulos y las distancias, es decir, su forma y su tamaño.

Pueden ser de dos tipos:

Directos: mantienen la orientación.	**Inversos:** no mantienen la orientación.
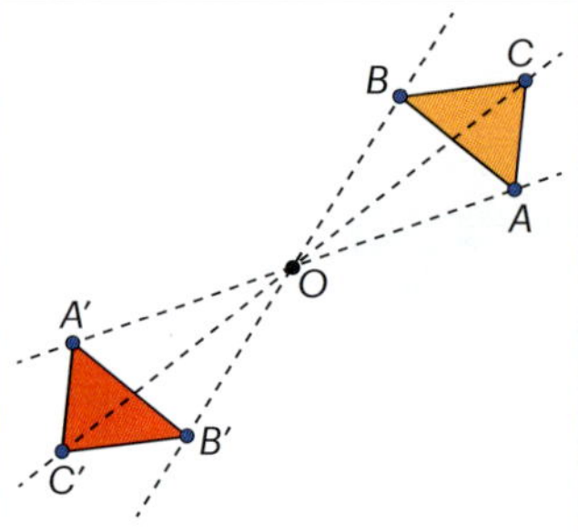	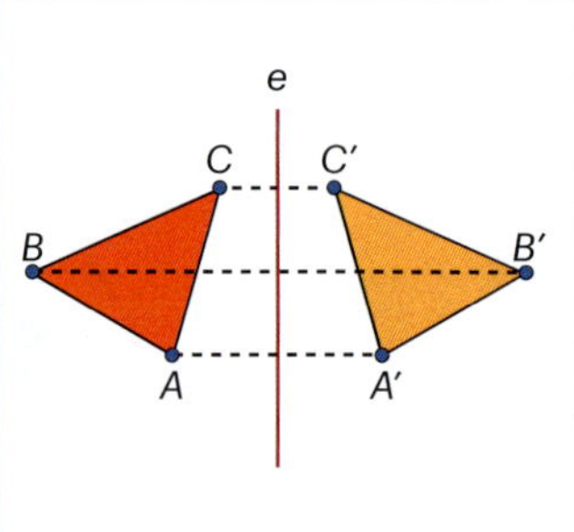

Los **elementos invariantes** de un movimiento son aquellos cuyos transformados son ellos mismos.

Vectores

Un **vector** es un segmento orientado. Los puntos que lo delimitan se llaman **origen** y **extremo.** Se escribe $\overrightarrow{AB}$ o $\vec{v}$. Gráficamente se representa por una flecha.

Un vector está determinado por tres **características:**

- **Módulo.** Distancia de origen a extremo del vector.
- **Dirección.** Recta que lo contiene o cualquier paralela a ella.
- **Sentido.** Forma de recorrer la recta al desplazarse del origen al extremo del mismo.

Un vector se puede representar en los ejes de coordenadas. Para referirnos a él, indicaremos con números el desplazamiento horizontal y vertical que hay que hacer para ir del origen al extremo. A esos números se les denomina **coordenadas del vector.** Se escribe $\vec{v} = (a, b)$.

Traslaciones

Son movimientos directos del plano determinados por un vector $\vec{v}$. Transforman cualquier punto A en otro A, de modo que el vector que los une, $\overrightarrow{AA'}$, es $\vec{v}$.

Giros

Son movimientos directos del plano determinados por un punto y un ángulo. El punto se llama **centro de giro** y se representa mediante O; el ángulo es α.

Simetrías

Son movimientos inversos. Pueden ser de dos tipos:

- **Simetría axial** respecto de una recta que se llama **eje.** Este se representa mediante ***e*** y es la mediatriz entre un punto A y su transformado, A'.
- **Simetría central** respecto de un punto llamado **centro.** Se representa con O y es el punto medio entre cualquier punto A y su transformado, A'.

Frisos

Un friso es una región del plano limitada por dos rectas paralelas que se forma al aplicar movimientos a una o varias figuras. Esos movimientos pueden ser traslaciones, giros de 180º, simetrías axiales horizontales o verticales, de manera individual o combinándolas.

Mosaicos

Un mosaico es un recubrimiento del plano con figuras planas llamadas **teselas.**

Los mosaicos pueden ser de tres tipos:

- **Regulares,** formados por un solo polígono regular.
- **Semirregulares,** constituidos por más de un polígono regular.
- **Irregulares,** formados por otros polígonos.

FUNCIONES

Función lineal

La **fórmula** de una función lineal es $y = mx$, donde m es un número real. A m se le denomina **pendiente** e indica la variación de la ordenada cuando la abscisa aumenta una unidad.

Su gráfica es una recta que pasa por el origen de coordenadas. Por tanto, para obtenerla, basta con calcular otro punto de la función.

Función afín

La **fórmula** de una función afín es $y = mx + n$, donde m y n son números reales. A m se le denomina **pendiente** y a n, **ordenada en el origen.** Su gráfica es una recta que pasa por el punto $(0, n)$.

Tanto en las funciones lineales y como en las funciones afines:

- Si $m > 0$, la función es creciente.
- Si $m < 0$, la función es decreciente.

Obtención de la fórmula de una función afín si se conocen dos puntos

Los pasos para hallar la función cuya gráfica pasa por $A(x_A, y_A)$ y $B(x_B, y_B)$ son:

1º Calculamos la variación de la abscisa entre A y B, y la variación de la ordenada: $x_B - x_A$, $y_B - y_A$.

2º Dividimos la variación de y entre la variación de x para obtener el cambio de la ordenada cuando la abscisa aumenta una unidad, esto es, la pendiente:

$$m = \frac{y_B - y_A}{x_B - x_A}$$

3º Sustituimos el valor obtenido de la pendiente en la fórmula de la función, $y = mx + n$. Para calcular la ordenada en el origen, sustituimos las coordenadas de uno de los puntos en la ecuación y despejamos n.

Función cuadrática

La **fórmula** de una función cuadrática es un polinomio de segundo grado:

$$y = ax^2 + bx + c$$

En él, a, b y c son números reales y $a \neq 0$.

Su **gráfica** es una **parábola.**

- Si $a > 0$, su vértice es un mínimo.
- Si $a < 0$, su vértice es un máximo.
- Las coordenadas del vértice son:

$$V = \left(\frac{-b}{2a}, a\left(\frac{-b}{2a}\right)^2 + b\left(\frac{-b}{2a}\right) + c \right)$$

- Punto de corte con el eje de ordenadas: $(0, c)$.
- Puntos de corte con el eje de abscisas, resolviendo: $ax^2 + bx + c = 0$.

Puede haber dos puntos de corte, uno o ninguno. Si los hay, tendrán la forma $(x_1, 0)$, siendo x_1 la solución de la ecuación de segundo grado anterior.

Entrénate +

Ecuaciones y sistemas

36. Resuelve estas ecuaciones:

a $2\dfrac{x-3}{5}+x=3x-7$

b $\dfrac{1-x}{2}+\dfrac{x}{4}-\dfrac{5x}{3}=-11$

c $3-2x=\dfrac{3\left(x+3\right)}{9}$

d $x-2(3-2x)=3(x+1)-3$

37. Resuelve los siguientes sistemas:

a $\begin{cases}3x+5y=15\\2x-3y=-9\end{cases}$ **d** $\begin{cases}2(x+1)-3y=-9\\3(x-y)+3x=-3\end{cases}$

b $\begin{cases}4x=3y+5\\6y=10+8x\end{cases}$ **e** $\begin{cases}x+2(1-y)=x\\2y+6=1-x\end{cases}$

c $\begin{cases}3x-3=4+4y\\4x=5y+9\end{cases}$ **f** $\begin{cases}6x=4y\\x-y=-2\end{cases}$

38. Tres hermanos reciben una herencia de un familiar. El mayor recibe la mitad del total de la herencia, el mediano recibe un tercio y el pequeño recibe 1000 €, que es el resto de la herencia. Calcula la cantidad total de la herencia y cuánto dinero recibió cada hermano.

39. El perímetro de un triángulo isósceles es de 19 cm. La longitud de cada uno de sus lados iguales excede en 2 cm al doble de la longitud del lado desigual. ¿Cuánto miden los lados del triángulo?

Banco digital

Movimientos en el plano

40. Dibuja el vector de traslación en cada caso; luego, escribe sus coordenadas:

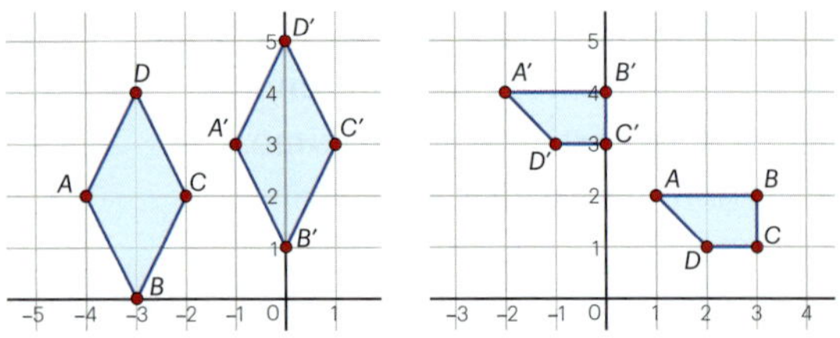

41. **a** Obtén la figura transformada de la siguiente mediante un giro de centro C y ángulo –180º.
b ¿A qué ángulo positivo equivale el del giro anterior?

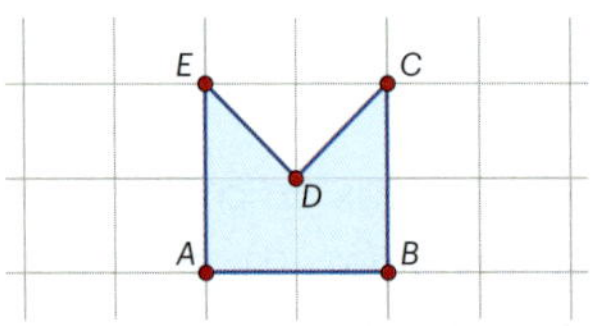

42. Construye el simétrico de cada polígono respecto al eje que se indica en cada caso:

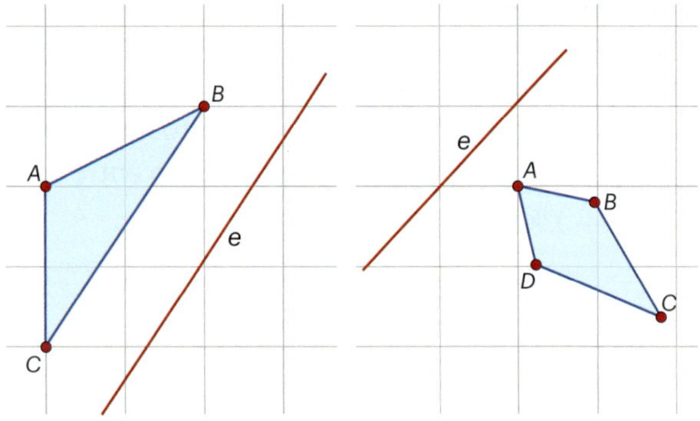

Banco digital

Funciones cuadráticas

43. Calcula la fórmula de la función afín que pasa por los puntos $A(-5, 7)$ y $B(4, 0)$.

44. Halla la fórmula de la función afín que pasa por el punto (3, –3).

45. Representa las siguientes funciones calculando previamente los puntos que las determinan:

a $y = 2x^2 + 4x + 5$ **c** $y = x^2 + 4x - 12$
b $y = -4x^2$ **d** $y = 6 - 7x - 3x^2$

46. Relaciona cada gráfica con la función que le corresponda:

1 $y = 2x$
2 $y = -2x^2 + 4x$
3 $y = 2x + 2$
4 $y = 2x^2 + 4x$

a
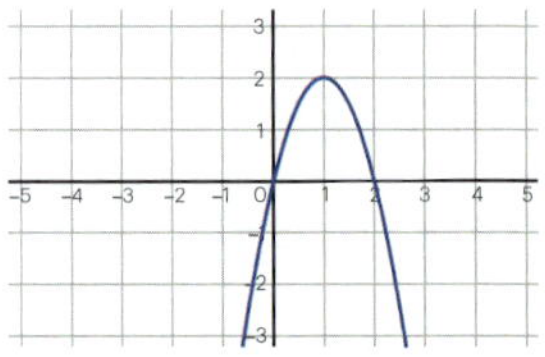

b
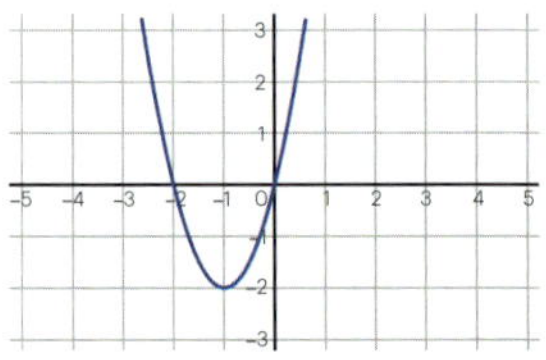

c
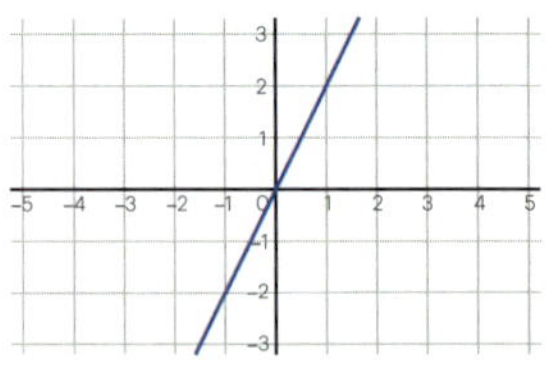

d
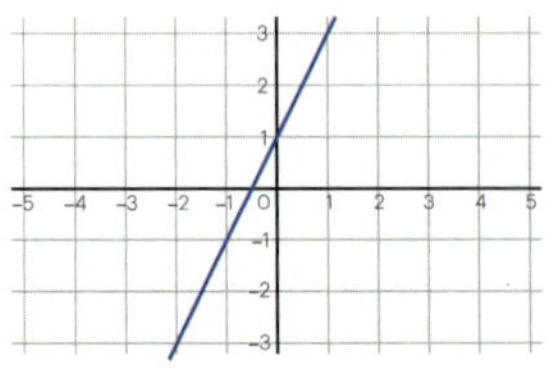

Mates en contexto

7 CM CL Profesional La granja

En la granja La Esgaravita tienen distintos tipos de animales. Por un lado, hay vacas, cabras y ovejas, de las que obtienen leche para hacer queso; por otro lado, cuentan con cerdos y gallinas, y en los establos tienen caballos y burros.

Problemas

1. Los cerdos y las gallinas están en el mismo corral. Si se sabe que en ese corral hay un total de 20 cabezas de animales y 50 patas, averigua el número total de animales de cada tipo del corral.
2. De los animales que dan leche, un tercio corresponde a las vacas, dos quintas partes a las ovejas y el resto son 10 cabras. Plantea la ecuación que determine el total de animales que dan leche y resuélvela.
3. Para alimentar a los animales de los establos se necesitan 220 kg de forraje diarios. Si sabemos que hay un burro por cada tres caballos y que los caballos comen 15 kg de forraje, mientras que los burros consumen las dos terceras partes de lo que come un caballo:
   - **a** Plantea la ecuación que relacione el número de caballos y el de burros.
   - **b** Plantea la ecuación del total de forraje consumido por los animales.
   - **c** Resuelve el sistema formado por las dos ecuaciones anteriores para calcular el número de caballos y de burros.
4. Una semana han vendido cinco quesos de oveja y dos de cabra, por lo que han recibido 220 €; la semana siguiente han vendido cuatro quesos de oveja y cinco de cabra, por lo que han recibido 295 €. ¿Cuánto cuesta cada tipo de queso?

Matematiza y simboliza

8 CM CL Social Profesional Cooperativa de aceites

Una cooperativa de aceite ha mezclado dos tipos de aceites de oliva de distinta acidez: el primero de 2,90 €/L y el segundo de 2,50 €/L, con el fin de obtener un total de 1000 L, a 2,75 €/L.

Problemas

1. Si llamamos x a la cantidad de litros del primer aceite que se han usado para realizar la mezcla, ¿qué expresión algebraica nos da a conocer el número de litros del segundo tipo de aceite que se han utilizado?
2. Con la notación del apartado anterior, calcula la expresión del dinero recaudado si solo se vendiese el aceite del primer tipo.
3. Haz lo mismo que en el problema 2, pero, ahora, aplicado al segundo tipo de aceite.
4. Halla la expresión del total de dinero que se recaudaría si se vendiesen por separado los dos tipos de aceite usando los resultados de los problemas 2 y 3.
5. Calcula ahora el dinero que se recaudaría si se vendiesen los 1000 L de la mezcla de aceites.
6. Como el dinero recaudado debe ser el mismo si se venden los aceites por separado o mezclados, usa los resultados de los problemas 4 y 5 para determinar cuántos litros de cada tipo de aceite había en la mezcla.
7. Haz de nuevo los problemas 2, 3, 4 y 5, pero esta vez llamaremos x a la cantidad de aceite del primer tipo e y a la cantidad de aceite del segundo tipo.
8. ¿Se obtienen los mismos resultados en los problemas 6 y 7?

Simboliza: 1, 2, 3, 7 **Matematiza: 4, 5, 6, 7**

Argumenta: 8

9 CD CL CC Profesional Un artista de los mosaicos: Escher

El artista holandés Maurits Cornelis Escher (1898-1972) destacó por sus grabados imposibles, mosaicos y dibujos de mundos imaginarios.

Visitó Granada en 1922 y un mosaico llamó su atención: el mosaico en forma de avión que se encuentra en una de las columnas que rodean el Patio de los Leones.

Mosaico del avión.

Mosaico de la pajarita.

Empezó a trabajar y a estudiar el recubrimiento del plano, haciendo sus propias creaciones.

Problemas

1. Observa los mosaicos de la Alhambra.
   - **a** ¿El plano se recubre con una única figura en los dos casos?
   - **b** Si solo es posible formar un mosaico regular con tres polígonos regulares, ¿con cuál de ellos se formaría la pajarita? ¿Y el avión?
2. Construye la pajarita. Para ello, da los siguientes pasos:

1.º Dibuja un triángulo equilátero de 8 cm de lado y vértices *A*, *B*, *C*, marcando el punto medio de cada lado: *D*, *E*, *F*.	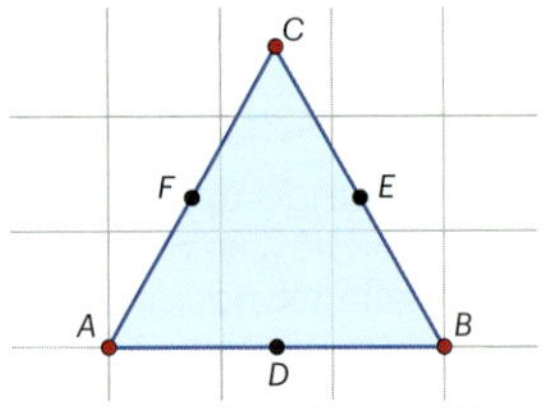
2.º Con centro en *D*, dibuja el arco *DE*.	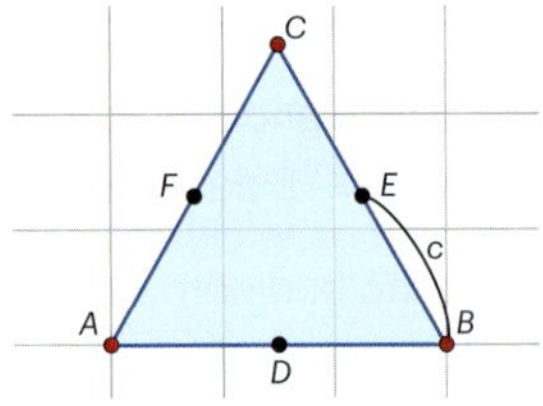
3.º Aplica al arco *DE* un giro de centro *E* y un ángulo de 180º.	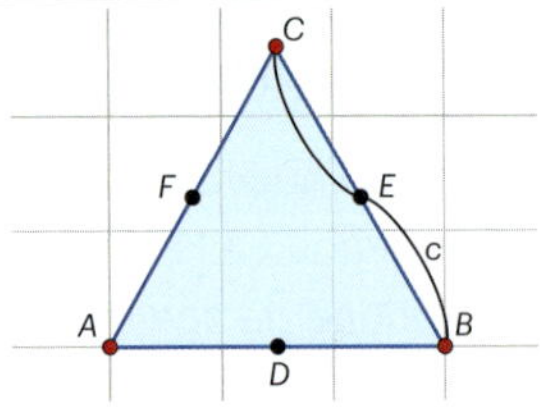
4.º Repite los pasos tercero y quinto con el resto de los puntos medios.	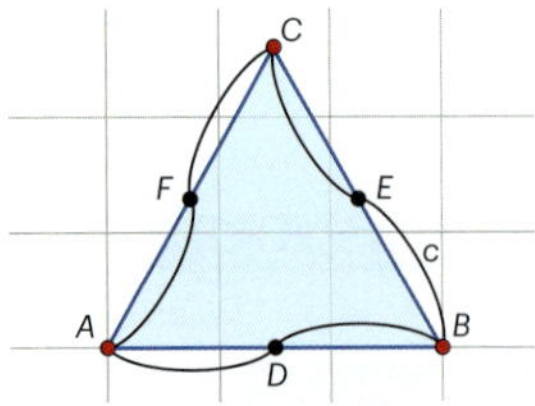

3. Calcula el área del triángulo equilátero que has dibujado.
4.
   - **a** Razona la relación que existe entre el área del triángulo y el de la pajarita.
   - **b** ¿Cuál es, por tanto, el área de la pajarita?
   - **c** ¿Existe la misma relación entre los perímetros de las dos figuras? Explica tu respuesta sin hacer los cálculos.
5. Construye tu propio mosaico con la pajarita. ¿Qué movimiento debes aplicar a la figura para conseguir el recubrimiento del plano? Defínelo citando sus características.
6. Observa una de las formas de obtener el avión y explica cómo se ha construido.

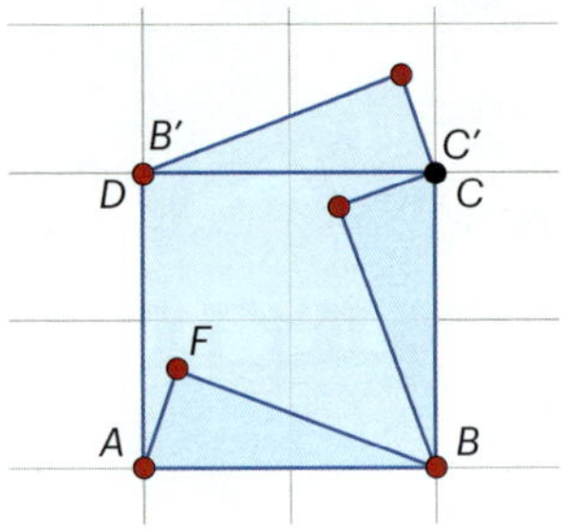

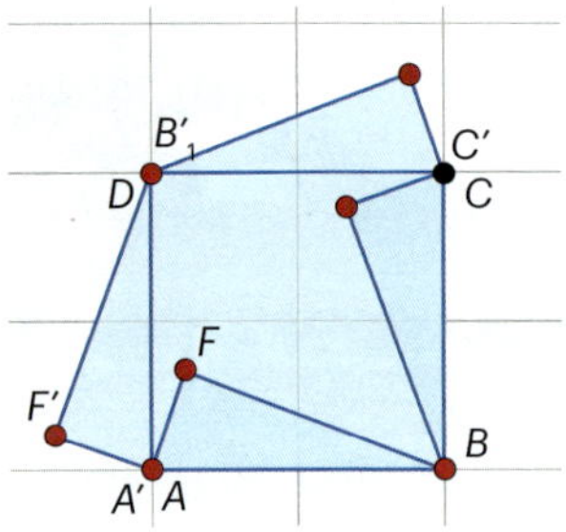

Argumenta: 1, 4, 5, 6 **Matematiza: 2, 3, 6**

10 CD CL CC CA Profesional Mosaicos nazaríes

La dinastía nazarí fue la última dinastía musulmana, que dominó el reino de Granada desde 1238 hasta su caída, en 1492. Durante su reinado, especialmente en la última época, se construyeron edificios emblemáticos, como el Palacio de la Alhambra (conocido como Castillo Rojo). En él se encuentran la mayoría de los mosaicos nazaríes.

En el contexto anterior ya has visto alguno de estos mosaicos. Aquí se muestra otro muy interesante: el hueso nazarí.

Problemas

1. Mira atentamente el mosaico. ¿Cuántas figuras diferentes lo forman? ¿Cuál es la figura principal?
2. ¿Qué movimiento se aplica a la figura principal para recubrir el plano?
3. Partiendo de la figura principal, construye un cuadrado.
4. ¿Qué figuras mueves? ¿Qué tipo de movimientos aplicas? Defínelos.
5. Explica la relación entre el área del cuadrado y del hueso nazarí, y entre sus perímetros.

Argumenta: 1, 3 **Matematiza: 2, 4, 5**

11 CM CL CA Personal Una medida, infinitos rectángulos

Hoy, en la clase de Matemáticas, el profesor ha hecho una pregunta: ¿cuántos rectángulos de 8 m^2 de área se pueden formar?

Para obtener las respuestas de una manera práctica, ha organizado la clase en grupos y ha pedido a los estudiantes que utilicen una hoja de papel cuadriculado. En ella deben dibujar rectángulos que tengan 8 cuadritos. Así, traslada el problema a una situación en la que cada cuadrito es la unidad de medida, en lugar del metro cuadrado, con lo que es más fácil encontrar la solución.

Problemas

1. Imagina que realizas la tarea indicada en el enunciado y completa la tabla siguiente:

Base (m)				
Altura (m)				

2. ¿Cuántos rectángulos diferentes has obtenido? ¿Cuántos conseguís entre todos los compañeros y compañeras de clase?

3. **a** ¿Podrías encontrar un cuadrado que cumpla esa condición? ¿Por qué?
   b ¿Tu respuesta sería la misma si buscaras rectángulos 9 m^2 de área?

4. Llama *x* a la medida de la base e *y* a la medida de la altura. Obtén una fórmula que las relacione. ¿Qué tipo de función es?

5. Haz su representación gráfica. ¿Qué nombre recibe?

6. ¿Cuál es el dominio y el recorrido de la función? (Recuerda que, en este caso, representan *x* e *y*.)

7. ¿Corta la función a los ejes de coordenadas? Razona tu respuesta.

8. Elige un punto de la gráfica que también esté en la tabla de valores del problema 1. Desde él, traza paralelas a los ejes hasta que los corte. ¿Qué figura forman los ejes y las paralelas?

9. Haz lo mismo con los otros puntos y vuelve a observar la figura que se forma.

10. ¿Qué significado tiene cada una de esas figuras con la pregunta inicial del enunciado?

11. Responde de nuevo a estas cuestiones:
    a ¿Hay algún cuadrado cuya área mida 8 m^2?
    b ¿Cuántos rectángulos de 8 m^2 de superficie se pueden formar?

Matematiza: 1, 6, 11 **Argumenta: 2, 3, 7, 10**

Simboliza: 4 **Representa: 5, 8, 9**

12 CM CL Profesional Beneficios y costes

El vendedor de una tienda de frutas y verduras ecológicas ha decidido preparar batidos naturales para aumentar sus beneficios.

Para empezar, ha preparado uno al que ha llamado *Sorpresa*. Ha calculado que los costes diarios (en euros) para preparar *x* batidos se expresan mediante la función:

$$C(x) = x^2 + 6x + 20$$

En ella, *x* es el número de batidos que debe preparar.

Por otro lado, venderá cada uno a un precio (en euros):

$$P(x) = 50 - x$$

Problemas

1. Teniendo en cuenta el precio de cada batido que venda, escribe la función que exprese la cantidad que obtendría por vender *x* batidos en un día.

2. Halla la función que indica el beneficio que conseguiría cada día con la venta de esos *x* batidos.

3. ¿Con cuántos batidos vendidos al día el beneficio es nulo?

4. ¿Con cuántos batidos obtiene el máximo beneficio? ¿A cuántos euros corresponde esa cantidad?

5. Representa la función. ¿Es continua?

6. ¿Cuántos batidos tiene que vender diariamente, como mínimo, para obtener beneficios?

7. ¿Qué sucede si vende más batidos de la cantidad que le da el beneficio máximo?

8. ¿Podría darse el caso de que el beneficio sea negativo? Si fuera así, ¿qué debería hacer?

Matematiza: 1, 2, 5 **Argumenta: 3, 4, 6, 7**

1. Halla la solución de la siguiente ecuación:

$$2(3+2x)-\frac{6x+5}{4}=\frac{3x-7}{2}$$

2. Un programa de televisión dedica las $\frac{3}{4}$ partes del tiempo a reportajes y entrevistas. La tercera parte del tiempo restante es para publicidad y los 30 minutos que quedan, para actuaciones musicales. ¿Cuánto tiempo dedica a publicidad?

3. Resuelve el siguiente sistema de ecuaciones:

$$\begin{cases} 2x+3y=5 \\ 3x-2y=14 \end{cases}$$

4. Representa gráficamente la función:

$$y = x^2 - 5x + 6$$

Para ello, calcula antes el vértice y los puntos de corte con los ejes.

5. Encuentra la ecuación afín que pasa por los puntos (–1, –4) y (1, 2).

6.

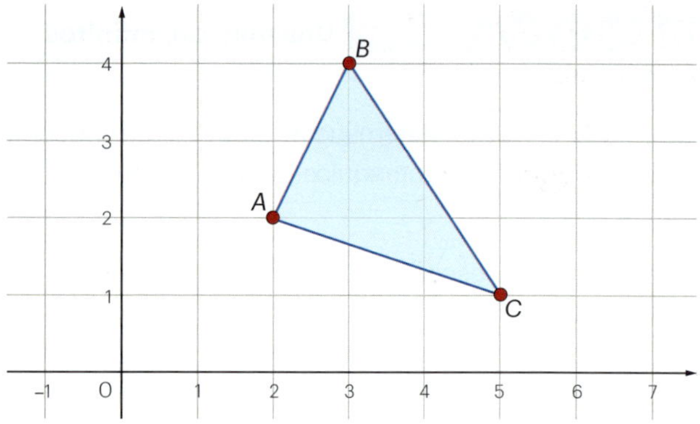

a Escribe las coordenadas de los vértices del triángulo.

b Escribe las coordenadas de los siguientes vectores: $\overrightarrow{AB}$, $\overrightarrow{BA}$, $\overrightarrow{AC}$, $\overrightarrow{CA}$, $\overrightarrow{BC}$ y $\overrightarrow{CB}$.

c Señala en los ejes de coordenadas el punto D (–2, 1) y trasládalo según el vector $\overrightarrow{CB}$.

d Transforma el triángulo en otro mediante un giro de centro en el origen y un ángulo $\alpha = 45°$.

e Calcula el triángulo simétrico respecto del eje de ordenadas y escribe las coordenadas de los puntos que representan ese triángulo.

f Ahora, realiza la simetría del triángulo del dibujo respecto del eje de abscisas y escribe las nuevas coordenadas.

	4 puntos	3 puntos	2 puntos	1 punto
1. Ecuaciones. Resolución.	Resuelvo correctamente ecuaciones de primer grado.	Resuelvo correctamente ecuaciones de primer grado, aunque cometo algún fallo al despejar la incógnita.	Me confundo con el signo, pero elimino correctamente denominadores al resolver una ecuación de primer grado.	No elimino correctamente denominadores al resolver una ecuación de primer grado.
2. Ecuaciones. Planteamiento	Planteo y resuelvo correctamente un problema utilizando ecuaciones.	Resuelvo correctamente el problema, aunque no utilizo ecuaciones.	Planteo correctamente la ecuación para resolver el problema, pero me equivoco al resolverla.	No planteo ni resuelvo el problema.
3. Sistemas de ecuaciones	Resuelvo correctamente el sistema de ecuaciones.	Elimino correctamente denominadores, pero me equivoco al calcular alguna de las soluciones del sistema.	Elimino correctamente denominadores, pero me equivoco al calcular ambas soluciones del sistema.	No elimino correctamente denominadores y no resuelvo el sistema.
4. Funciones. Parábolas	Represento y calculo correctamente los elementos de la parábola.	Realizo una tabla de valores y, aunque represento correctamente la parábola, me confundo en alguno de sus elementos.	Calculo correctamente los elementos de una parábola, pero me confundo en la representación.	No represento la parábola y no calculo sus elementos.
5. Funciones afines	Obtengo correctamente la fórmula de la función afín que pasa por dos puntos.	Sé obtener la fórmula de la función afín que pasa por dos puntos, pero me equivoco en los cálculos.	Conozco la fórmula para calcular la ecuación de la recta afín, pero no sé operar con ella para obtenerla.	No sé obtener la fórmula de una ecuación afín que pasa por dos puntos.
6. Movimientos en el plano	Realizo correctamente cada uno de los apartados de la pregunta.	Realizo correctamente más de la mitad de los apartados de la pregunta.	Realizo correctamente menos de la mitad de los apartados de la pregunta.	No resuelvo correctamente ninguno de los apartados de la pregunta.

PROYECTO 2

¿CÓMO ÉRAMOS Y CÓMO SEREMOS?

¿Cómo puedo predecir cómo seré el próximo curso?

5 sesiones

Pon en marcha tus capacidades

Resolución de problemas

Herramientas digitales

Pensamiento crítico

PRESENTACIÓN DEL PROYECTO

No existe una bola de cristal que nos permita ver el futuro, pero existe la posibilidad de conjeturar lo que sucederá a partir de lo que ha sucedido antes. ¿Puedes usar las matemáticas para saber cómo podrías ser el año próximo? ¿Serás más alto? ¿Dedicarás más horas al estudio? ¿Qué otros aspectos pueden cambiar? ¿Es fiable la estadística?

Con este proyecto:

- Estudiarás conceptos básicos de estadística y probabilidad.
- Aplicarás cálculos de porcentaje.
- Usarás tablas y gráficos.
- Realizarás un dosier estadístico.

¡Puedes predecir tu futuro!

¿QUÉ DEBES SABER PARA TENER ÉXITO EN ESTE PROYECTO?

Para hacer un buen proyecto tienes que manejar herramientas y conceptos matemáticos que ya conoces, y otros nuevos que aprenderás durante el proceso:

- Manejar los diferentes tipos de variables estadísticas y conocer su tratamiento.
- Diseñar una encuesta y hacer un buen estudio de campo.
- Calcular parámetros de centralización y dispersión.
- Hacer cálculos de probabilidad y porcentaje.
- Trabajar con tablas y funciones.

PRODUCTO FINAL

El producto final será un dosier que recopile tu estudio estadístico y las conclusiones a las que llegues.

Tienes que trabajar a fondo los siguientes conocimientos y destrezas:

- Realización de un estudio estadístico.
- Manejo de programas de gestión de hojas de cálculo para tratar y representar los datos.
- Uso de programas de edición de textos y gráficos para componer un buen dosier.

Seguro que, durante tu estudio, encuentras otros datos interesantes u otras herramientas. ¡No dudes en incorporarlos al proyecto!

¿Qué aprenderé?

Resolución de problemas

Ante el problema de predecir cómo podrían cambiar algunos aspectos que te caracterizan, usarás las matemáticas.

Herramientas digitales

Emplearás programas de gestión de hojas de cálculo para analizar y representar automáticamente los datos estadísticos, ahorrándote tediosos cálculos manuales.

Pensamiento crítico

En los medios de comunicación se usan extensamente los gráficos estadísticos. ¿Hasta qué punto son fiables para mostrar la realidad?

Proyecto 2 | ¿Cómo éramos y cómo seremos?

¿QUÉ HAREMOS?

En grupos de 5

Sesión 1 **Definir el estudio y diseñar la encuesta.**	¿Cómo éramos cuando empezamos la ESO? ¿Y cómo somos ahora? Si analizamos cómo son los estudiantes de 1.º y 2.º de ESO y cómo son los de 4.º, ¿podremos usar estos datos para conocer nuestra evolución y predecir nuestro futuro? Por grupos, pensamos en las variables que podemos analizar y lo acordamos con el resto de la clase. Elaboramos un modelo de encuesta, teniendo en cuenta la protección de los datos personales.
Sesiones 2 y 3 **Vaciar y tratar los datos de las encuestas.**	Individualmente, dedicamos un tiempo a aprender el uso de las hojas de cálculo, así como las fórmulas para calcular parámetros y obtener gráficos. Por grupos, vaciamos los resultados de las encuestas en hojas de cálculo. Nos ponemos de acuerdo con el profesor o la profesora sobre la manera de analizar y representar los datos, y de plasmar el resultado de nuestro estudio en el dosier. El docente propone una rúbrica.
Sesión 4 **Analizar los datos y extraer conclusiones.**	Una vez que tenemos los datos y los gráficos, nos preguntamos cómo evolucionamos con el paso del tiempo. ¿Cómo podría ser el año que viene? ¿Con qué grado de probabilidad? ¿Podemos extraer una función matemática que exprese esta variación? Escribimos nuestras conclusiones y las ponemos en común en el grupo.
Sesión 5 **Ejecutar y entregar el dosier.**	Organizamos un dosier con aspecto profesional. Por grupos, presentamos nuestro estudio. Debatimos sobre los resultados.

¿CÓMO ÉRAMOS Y CÓMO SEREMOS?

Un buen dosier tiene que contener los datos de las encuestas, los gráficos comentados y las conclusiones sobre cada miembro del equipo. Hay que exponerlo y valorar la estadística como herramienta para representar la realidad y hacer predicciones.

¿QUÉ EVALUAREMOS?

Para evaluar este proyecto, debéis acordar una rúbrica de evaluación durante la sesión 3 con el resto de los grupos y con el profesor o profesora.

Esta rúbrica valorará, como mínimo, estos aspectos:

- Una buena elección de los parámetros de la encuesta.
- La destreza adquirida en el uso de las hojas de cálculo.
- Un adecuado análisis de los datos y su uso para responder a la pregunta inicial.
- Una buena presentación del dosier, con los aspectos formales que se acuerden.
- Una reflexión sobre la estadística como herramienta para mostrar la realidad.

La tarea se evaluará a nivel individual y de grupo. Podrás autoevaluarte y evaluar a los otros grupos. Es interesante guardar los estudios y rescatarlos el curso siguiente, para comprobar si el análisis estaba bien orientado.

No existe una bola de cristal que nos permita ver el futuro, aunque existe la posibilidad de conjeturar lo que sucederá a partir de lo que ha ido sucediendo antes, mediante la estadística y la probabilidad.»

4 Historias matemáticas

1. ¿Se puede operar con números desconocidos? ¿Para qué sirve?

2. ¿Existen las figuras perfectas? ¿Qué tiene que ver Platón con la geometría?

3. ¿Cuándo surgieron los sistemas de ecuaciones? ¿Los monomios sirven para algo?

BLOQUES DE CONTENIDOS	Situación 1	Situación 2	Situación 3
NÚMEROS Y ÁLGEBRA			
Monomios. Operaciones elementales con monomios.	●		●
Polinomios. Transformación de expresiones algebraicas. Operaciones elementales con polinomios.	●		
Igualdades notables.	●		
Sistemas de ecuaciones lineales. Resolución de sistemas de ecuaciones. Resolución de problemas mediante el uso de sistemas.			●
GEOMETRÍA Y MEDIDA			
Poliedros, poliedros regulares. Vértices, aristas y caras. Teorema de Euler.		●	
Planos de simetría en los poliedros.		●	

1 ¿Qué es una raíz?

¿Se puede operar con números desconocidos? ¿Para qué sirve?

CM CL CA Personal

Aprende a...

Operar con polinomios y utilizarlos en casos de la vida cotidiana.

Conocer, usar y aplicar a contextos adecuados las identidades notables.

Resolver ecuaciones de segundo grado y comprobar las soluciones.

Ítem 1. Problemas de la vida real

Los mesopotámicos y egipcios practicaban el álgebra para resolver problemas prácticos de herencias, repartos, cálculo de superficies, etc.

Lo hacían usando el lenguaje natural: «Si saco la tercera parte del trigo que hay en un montón y cinco medidas más, quedará medio montón. ¿Cuántas medidas tiene ese montón?».

Para resolver problemas más complejos, con frecuencia se recurre a una estrategia que consiste en dividir el problema en secciones más sencillas de resolver, reuniendo luego los resultados para encontrar la solución más completa. Las expresiones algebraicas más sencillas se llaman **monomios** y la suma o resta de monomios forma los **polinomios.**

Ítem 2. Propiedades de las potencias

$$a^n \cdot a^m = a^{n+m} \qquad \frac{a^n}{a^m} = a^{n-m} \qquad (a^n)^m = a^{n \cdot m}$$

Ítem 3. División de polinomios

$$\begin{array}{rrrr|l}
3x^3 & -2x^2 & -5x & -9 & x-2 \\ \cline{5-5}
-3x^3 & +6x^2 & & & 3x^2 \quad +4x \quad +3 \\ \cline{1-2}
 & 4x^2 & -5x & & \\
 & -4x^2 & +8x & & \\ \cline{2-3}
 & & 3x & -9 & \\
 & & -3x & +6 & \\ \cline{3-4}
 & & & -3 &
\end{array}$$

$3x^3 - 2x^2 - 5x - 9 = (x - 2)(3x^2 + 4x + 3) + (-3)$

Observa que, si el resto de la división es cero, el polinomio queda escrito como producto de otros dos.

Construye con lo que sabes

Simboliza

1. Lee el problema presentado en el ítem 1 e indica cuál es la incógnita. Plantea la ecuación que resuelve el problema y calcula el valor de la incógnita.

2. Dibuja en tu cuaderno un cuadrado de lado x cm. ¿Cuánto vale su perímetro? ¿Y su área? La expresión algebraica que resulta, ¿es un monomio o un polinomio?

3. ¿Cuánto valen el perímetro y el área de cinco cuadrados que tengan las mismas dimensiones que el cuadrado del ejercicio anterior?

Argumenta

4. ¿Podrías sumar la expresión algebraica que representa el perímetro del área del ejercicio 3? Justifica tu respuesta.

Matematiza

5. Fíjate en el ítem 2 y multiplica las dos expresiones algebraicas que has obtenido en el ejercicio 3. ¿De qué grado es el resultado de esa multiplicación?

6. Si el cuadrado tiene 4 cm de lado, ¿qué valor tienen su área y su perímetro? Calcula el valor numérico para la expresión algebraica que has obtenido en el ejercicio 5.

7. Opera con las siguientes expresiones para plantearlas como sumas de monomios:

a $x(x + 1) - 2$ **b** $(x^2 + 1)x + 3$ **c** $(x - 1) \cdot (x + 5)$ **d** $5x + 3x(x - 5) + 7$

Simboliza

8. Escribe la expresión algebraica que representa el área de un cuadrado cuyo lado mide 5 cm menos que el área del cuadrado del ejercicio 2. ¿La expresión algebraica que has calculado es un monomio o un polinomio? Justifica tu respuesta.

Matematiza

9. Expresa como suma de monomios:

a $(x + 1)^2$ **b** $(x^2 - 3)^2$ **c** $(3x - 3)^2$ **d** $(2x^2 + 2)^2$

10. Indica el grado de los polinomios del ejercicio 7 y calcula su valor numérico para $x = -2$.

Ítem 4. Raíz de un polinomio

Dado un polinomio $P(x)$, decimos que el valor a es su raíz si el valor numérico de $P(x)$ para $x = a$ es 0, es decir, si $P(a) = 0$.

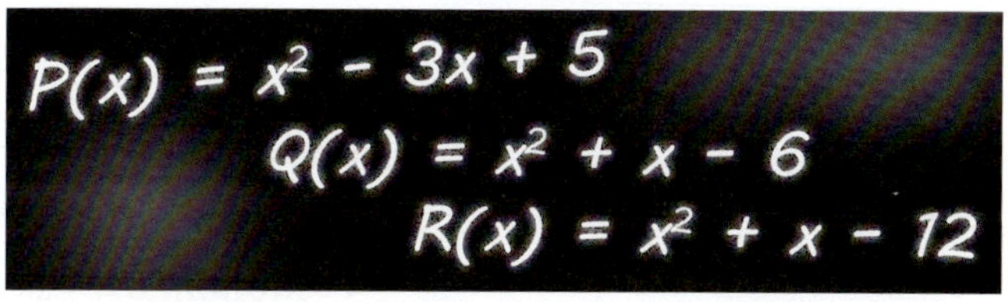

Construye con lo que sabes

Matematiza

11 Observa el ítem 3 y divide los polinomios del ejercicio 7 entre $x - 1$.

12 Busca información sobre la regla de Ruffini. ¿Crees que te puede ayudar para hacer las divisiones del ejercicio anterior? Comenta con tus compañeros y compañeras el resultado de tus averiguaciones y, en caso de que sea posible, haz las divisiones anteriores usando esa regla.

13 Calcula el valor numérico de cada uno de los polinomios del ejercicio 7 para $x = 1$. ¿Qué valores obtienes? ¿Esos valores coinciden con el resto de la división del ejercicio 12?

Argumenta

14 Lee el ítem 4. ¿Qué polinomios del ejercicio anterior puedes afirmar que tienen como raíz $x = 1$?

Matematiza

15 Calcula el valor numérico de los siguientes polinomios para $x = 3$ e indica para cuáles de ellos es raíz. Luego, haz la división de cada polinomio entre $(x - 3)$ y comprueba si el valor numérico coincide con el resto de las divisiones:

a $P(x) = x^2 - 3x + 5$
b $Q(x) = x^2 + x - 6$
c $R(x) = x^2 + x - 12$
d $S(x) = x^2 + x - 7$

Comunica

16 Observa el término independiente de cada uno de los polinomios del ejercicio 15 y busca la relación entre el hecho de que sea raíz del polinomio y ese término independiente. Comenta con tus compañeros y compañeras las ideas que se te vayan ocurriendo.

Matematiza

17 Para cada uno de estos polinomios:

I $P(x) = x^2 - 5x - 6$
II $Q(x) = x^2 + 5x + 6$
III $R(x) = x^2 - 7x + 10$
IV $S(x) = x^2 + x - 12$

a Haz una lista con los divisores del término independiente. No te olvides de los negativos.
b Calcula el valor numérico para cada uno de los divisores de la lista que has elaborado.
c Indica qué divisores son raíces y comprueba de otra manera que, efectivamente, lo son.

18 Usa la regla de Ruffini para dividir el polinomio $P(x) = x^3 + 4x^2 - x - 4$ entre:

a $(x - 1)$ **b** $(x + 1)$ **c** $(x - 2)$ **d** $(x + 2)$ **e** $(x - 4)$ **f** $(x + 4)$

19 Dado el polinomio $P(x) = (x - 1) \cdot (x + 1) \cdot (x - 2) \cdot (2x - 3)$:

a Escríbelo como suma de monomios.
b Realiza la división de $P(x)$ entre $(x^2 - 2x + 1)$.
c Calcula el valor numérico para $x = 3$ sin sustituir el valor en el polinomio y sin hacer las operaciones.

Lo que has construido

Comprendes la **diferencia existente entre monomio y polinomio.**

Realizas cualquier **operación con polinomios.**

Aprendes la **regla de Ruffini** para dividir entre polinomios de la forma $(x - a)$.

Calculas el **valor numérico de un polinomio** para $x = a$ y lo relacionas con el resto de la división de ese polinomio entre $(x - a)$.

Entiendes el concepto de **raíz de un polinomio.**

Evolución del lenguaje algebraico

1.º Los **mesopotámicos** y los **egipcios** recurrieron al álgebra para resolver problemas prácticos utilizando el lenguaje natural.

2.º En el siglo III, **Diofanto de Alejandría** mejoró la notación simbólica y se desarrollaron técnicas para resolver ecuaciones.

3.º **Al-Jwarizmi** dio un gran impulso al álgebra, llamando a la incógnita «la cosa».

4.º El álgebra tiene la forma que hoy conocemos gracias a los estudios de **Vieta** y **Descartes**.

1. Expresiones algebraicas

Una expresión algebraica es una combinación de letras (variables) y números ligados por los signos de las operaciones. Los tipos principales son:

- **Monomios.** Las únicas operaciones que aparecen entre las variables son el producto y la potencia de exponente natural. Ejemplo: $3 \cdot x \cdot y^3$, que escribimos $3xy^3$.
- **Polinomios.** Están formados por sumas y restas de monomios. Ejemplo: $3xy^3 + 5x^2$.
- **Identidades.** Contienen el símbolo de igualdad (=) y uno de los miembros se obtiene haciendo operaciones en el otro. Ejemplo: $6(3x - 2) = 18x - 12$.
- **Ecuaciones.** Contienen el símbolo de igualdad (=), las letras se llaman incógnitas y la igualdad solo es cierta para algún valor en concreto de la incógnita. Ejemplo: $6(3x - 2) = 6 \rightarrow 18x - 12 = 6 \rightarrow 18x = 18 \rightarrow x = 1$.

2. Características de los polinomios

Apunte 1

Si el **término independiente** es 0, entonces una de las raíces es el 0. Saca factor común y tendrás un nuevo término independiente.

- El **grado** de un polinomio es el mayor de los grados de sus monomios.
- El **valor numérico** de un polinomio resulta al sustituir las letras por números y realizar las operaciones.
- Decimos que un número es **raíz** de un polinomio si, al calcular el valor numérico de ese polinomio para ese número, el resultado es 0.
- Si queremos hallar las **raíces de un polinomio,** tenemos que resolver la ecuación resultante de igualarlo a 0. Las raíces enteras de un polinomio se encuentran entre los **divisores del término independiente** (apunte 1).

Ejemplo

1. $3xy^3 + 5x^2y^3 \rightarrow 3xy^3$ (grado 1 + 3 = 4), $5x^2y^3$ (grado 2 + 3 = 5). Grado = 5.

2. Para hallar el valor numérico de $P(x) = x^2 - 5x + 6$ para $x = 3$, escribimos: $P(3) = 3^2 - 5 \cdot 3 + 6 = 9 - 15 + 6 = 0$. Entonces, 3 es raíz del polinomio.

2.1 Operaciones con polinomios

Apunte 2

¡Recuerda!

Dos **monomios** son **semejantes** si tienen las mismas letras con los mismos exponentes. Así, $3x^2yz^3$ es semejante a $4yz^3x^2$, pero no es semejante a xyz^3.

Apunte 3

El **opuesto de un polinomio** es otro que resulta tras cambiar el signo de todos sus términos. Así, el opuesto de $P(x) = 2x^3 - 3x + 1$ es: $-P(x) = -(2x^3 - 3x + 1) = -2x^3 + 3x - 1$.

- **Suma.** Se agrupan los monomios semejantes y se suman sus coeficientes (apunte 2).
- **Resta.** Se suma al minuendo el opuesto del sustraendo (apunte 3).
- **Producto.** Se multiplica cada monomio de uno de los factores por todos y cada uno de los monomios del otro factor. Después, se suman los monomios semejantes que se hayan obtenido.
- **Productos notables.** $(a \pm b)^2 = (a \pm b) \cdot (a \pm b) = a^2 \pm 2ab + b^2$
  $(a + a) \cdot (a - \mathrm{b}) = a^2 - b^2$

Ejemplo

3. Sean los polinomios $A(x) = x^3 - 5x^2$ y $B(x) = 4x^2 - 2$.

$A(x) \cdot B(x) = (x^3 - 5x^2) \cdot (4x^2 - 2) = 4x^5 - 2x^3 - 20x^4 + 10x^2$

$(A(x))^2 = (x^3 - 5x^2)^2 = (x^3)^2 - 2x^3 5x^2 + (5x^2)^2 = x^6 - 10x^5 + 25x^4$

- **Cociente de dos polinomios.** Dividir un polinomio $D(x)$ entre otro $d(x)$ consiste en encontrar dos polinomios $C(x)$ y $R(x)$ tales que: $D(x) = C(x) \cdot d(x) + R(x)$ y grado $(R(x)) <$ grado $(C(x))$.

  Si $R(x)$ es 0, entonces $D(x)$ es divisible entre $d(x)$ y es múltiplo suyo.

Profesora en casa. División de polinomios.

Ejemplo

4. Para dividir $Q(x) = 3x^3 + x^2 - 4$ entre $P(x) = x^2 + 2$, seguimos estos pasos:

1. Escribimos los polinomios ordenados de mayor a menor grado y, si el dividendo es incompleto, se deja un espacio en aquellos términos que no estén.
2. Dividimos los términos de mayor grado del dividendo y el divisor: $3x^3 : x^2 = 3x$.
3. Multiplicamos lo que hayamos obtenido en el paso segundo por el cociente y lo restamos al dividendo:

$$\begin{array}{l|l} 3x^3 + x^2 \quad -4 & x^2+2 \\ \cline{2-2} 3x^3 \quad +6x & 3x \\ \hline \quad x^2 - 6x - 4 & \end{array}$$

4. Repetimos el proceso hasta que el grado del resto sea inferior al grado del divisor:

$$\begin{array}{l|l} 3x^3 + x^2 \quad -4 & x^2+2 \\ \cline{2-2} 3x^3 \quad +6x & 3x+1 \\ \hline \quad x^2 - 6x - 4 & \\ \quad x^2 \quad +2 & \\ \hline \quad -6x - 6 & \end{array}$$

$C(x) = 3x + 1 \quad R(x) = -6x - 6$

Observa:

$(x^2 + 2) \cdot (3x + 1) + (-6x - 6) =$
$= 3x^3 + x^2 + 6x + 2 - 6x - 6 =$
$= 3x^3 + x^2 - 4$

- **Cociente de un polinomio entre otro de la forma $(x \pm a)$.** La división se puede hacer de la manera tradicional, pero en este caso existe un modo abreviado, a través de la aplicación de la **regla de Ruffini.**

Ejemplo

5. Para dividir $P(x) = x^4 - 7x^2 + x - 3$ entre $(x - 3)$ seguimos estos pasos:

1. Colocamos los coeficientes del polinomio dividendo ordenados por el grado y el término independiente del divisor cambiado de signo.

$$\begin{array}{r|rrrrr} & 1 & 0 & -7 & 1 & -3 \\ 3 & & & & & \\ \hline & & & & & \end{array}$$

2. Bajamos el primer coeficiente y lo multiplicamos por el divisor; colocamos el resultado debajo del siguiente coeficiente y sumamos.

$$\begin{array}{r|rrrrr} & 1 & 0 & -7 & 1 & -3 \\ 3 & & 3 & & & \\ \hline & 1 & 3 & & & \end{array}$$

3. Repetimos el proceso del paso anterior hasta finalizar.

$$\begin{array}{r|rrrrr} & 1 & 0 & -7 & 1 & -3 \\ 3 & & 3 & 9 & 6 & 21 \\ \hline & 1 & 3 & 2 & 7 & 18 \end{array}$$

4. El resto es el último número y los coeficientes del cociente (que tiene un grado menos que el dividendo) son los números anteriores.

Resto: 18
$C(x) = x^3 + 3x^2 + 2x + 7$
$P(x) = C(x) \cdot (x - 3) + 18$

Apunte 4

Observa que el **valor numérico del polinomio** para $x = a$, es decir, $P(a)$, coincide con el resto de la división de $P(x)$ entre $(x - a)$.

Así, si los coeficientes de $P(x)$ suman 0, entonces $x = 1$ es raíz.

Entrénate

1. Encuentra el valor numérico de los siguientes polinomios para $x = 2$ y para $x = -1$:

a $P(x) = x^4 - 5x^3 + 3x^2 - 7x + 10$
b $P(x) = 2x^7 - 3x^5 + 6x^4 - 5x^2 + 4x + 1$

2. Dados los siguientes polinomios, calcula y simplifica todo lo que puedas:

$P(x) = 2x^3 - 4x^2 + 2x - 3$
$Q(x) = -x^4 - x^3 + 6x$
$R(x) = 2x^3 - x$

a $Q(x) + P(x$
b $Q(x) \cdot R(x)$
c $Q(x) - [P(x) - R(x)]$
d $3Q(x) - 2P(x)$
e $2x \cdot Q(x) - R(x)$
f $[R(x)]^2 + P(x)^2$

3. Copia y completa la tabla en tu cuaderno:

Expresión	Significa	Operaciones	Identidad notable
$(x+3)^2$	$(x+3)\cdot(x+3)$	$x^2 + 3x + 3x + 9 = x^2 + 6x + 9$	$x^2 + 2\cdot 3\cdot x + 3^2 = x^2 + 6x + 9$
$(2x - 5y)^2$			
$(3x^2 + y)^2$			
$(-2x^2 - 5)^2$			

4. Aplica las identidades notables para calcular:

a $(x + 5)^2$
b $(x^3 + 2)^2$
c $(3x - 2)^2$
d $(5c^4 + 2c^3)^2$
e $(8x^2 + 5)\cdot(8x^2 - 5)$
f $(5x^2 - 2x)\cdot(5x^2 + 2x)$

5. Completa el término que falta en las siguientes identidades:

a $(4x - 1)^2 = 16x^2 - \ldots\ldots + 1$
b $(5x^2 + 6)^2 = 25x^4 + 60x^2 + \ldots\ldots$
c $(2x^3 - 5)^2 = \ldots\ldots - 20x^3 + 25$
d $(3x^2 + 4x)^2 = 9x^4 + \ldots\ldots + 16x^2$
e $(9 - 7x)\cdot(9 + 7x) = \ldots\ldots - 49x^2$

6. Opera y simplifica:

a $(5 - x^2)^2 - 4(2x + 3)^2$
b $(x^2 + 2)^2 - 2(3x - 4)^2$

7. Extrae factor común de las siguientes expresiones algebraicas:

a $3x - 4x + 5x - x + 8x^2$
b $5a^2 - 7a^3 + 2a^2b - a^2b^2$
c $2a^2 + 4a^2b - 6ab$
d $4x^3y^2 - 8xy^3 + 14x^3y^4 - 18x^2y^2$

8. Divide por Ruffini estos polinomios:

a $(x^3 - 7x^2 + 2x - 3):(x - 1)$

b $(3x^3 - 4x^2 + 5x - 4):(x - 2)$

c $(-2x - 4x^2 + x^4 + 6):(x + 2)$

d $(x^5 - 1):(x - 1)$

Banco digital

9. Escribe los polinomios cociente, $C(x)$, y el resto, R, del ejercicio anterior. Haz para cada apartado la prueba de la división. Por ejemplo, para el apartado *a* se debe cumplir:

$$x^3 - 7x^2 + 2x - 3 = C(x)\cdot(x - 1) + R$$

10. Calcula el valor numérico de los polinomios del ejercicio 8 para los valores que se especifican:

a $P(x) = x^3 - 7x^2 + 2x - 3$ para $x = 1$.
b $P(x) = 2x^3 + 5x^2 + 3x - 2$ para $x = -1$.
c $P(x) = 3x^3 - 4x^2 + 5x - 4$ para $x = 2$.
d $P(x) = -2x - 4x^2 + x^4 + 6$ para $x = -2$.

Compara en cada caso el valor numérico con el resto de la división. ¿Qué observas?

11. Para cada polinomio, escribe todas las posibles raíces y comprueba si lo son o no de dos formas diferentes: una con el resto de la división y otra con el valor numérico del polinomio.

a $P(x) = x^4 + 3x^3 + x^2 - 3x - 2$
b $P(x) = x^4 + x^3 - 4x^2 - 4x$
c $P(x) = x^4 - 10x^2 + 9$

12. ¿Cuál debe ser el valor de m para que el resto de la división de $P(x) = 2x^3 - mx^2 - 9$ entre $x - 3$ sea 0? Calcula m de dos formas diferentes.

13. Divide los siguientes polinomios:

a $(x^3 - 2x^2 - 5x + 6):(x^2 - 2x + 1)$
b $(2x^3 - 4x^2 + 2x - 3):(x^2 + 4)$
c $(x^4 + 5x^3 + 5x^2 - 5x - 6):(x - 1)$
d $(2x^6 - 6x^4 - 4x^3):(x + 3)$

14. Indica si estas igualdades son ciertas o falsas:

a $(x + y)^2 = x^2 + y^2$
b $(3x^3 - 2)^2 = 9x^6 - 4$
c $(2x^2 + 5)\cdot(2x^2 - 5) = 4x^4 - 25$

15. Escribe la expresión algebraica que determina el área y el perímetro de las siguientes figuras:

a Un rectángulo que tiene como lados $x + 5$ y $x - 5$.
b Un trapecio rectángulo que tiene una base mayor x, una base menor $x - 2$ y una altura 6.
c Un hexágono regular de lado x y apotema $\frac{\sqrt{3}x}{2}$.

16. Calcula el área y el perímetro de las figuras del ejercicio anterior en el caso de que $x = 10$ cm.

Mates en contexto

1 CM CL Social La ecuación de segundo grado

Con la destrucción de la biblioteca de Alejandría, las matemáticas no avanzaron en Europa hasta el Renacimiento. Mientras tanto, en la India y los países árabes siguieron evolucionando. El matemático y astrónomo indio Brahmagupta (598-670 d. C.) fue el primero en referirse explícitamente a los números negativos como solución de las ecuaciones: números negativos para las deudas y positivos para las fortunas.

En el siglo VII, este matemático escribió el libro *Brahma-Siddhärta*, en el que se ocupaba de la resolución de ecuaciones de primer y segundo grado. El siguiente problema aparece en él:

«Dos ascetas vivían en la cima de un acantilado de 100 metros de altura.

La base del acantilado se encontraba a 200 metros de una villa cercana a la cual ambos querían ir.

El primer asceta bajó del acantilado con una cuerda y desde allí caminó hasta la villa. El otro, que era mago, se elevó verticalmente una altura x y desde ella voló en línea recta hasta la villa. Calcula la altura a la que se elevó este si ambos ascetas recorrieron la misma distancia».

Problemas

1. Busca en un diccionario el significado de la palabra *asceta*.
2. Representa en un dibujo la situación que plantea el enunciado del problema.
3. Si unes el punto hasta donde se elevó el mago, la base del acantilado y la villa, ¿qué figura geométrica obtienes? ¿Cómo se llaman sus lados? ¿Conoces algún teorema importante sobre esta figura?
4. Escribe en esa figura los datos que te facilita el problema.
5. ¿No tienes datos sobre algún lado de la figura? ¿Se te ocurre cómo escribirlos en función de los otros lados?
6. Calcula la distancia que recorre el primer asceta.
7. Halla la distancia que recorre el mago.
8. Plantea una ecuación y deja sola la raíz en uno de los términos. Para resolverla, eleva ambos miembros al cuadrado; así conseguirás quitar la raíz.
9. ¿A qué altura se elevó el mago?

Comunica: 1 **Representa: 2**

Matematiza: 3, 5, 6, 7, 9 **Simboliza: 4, 8**

2 CM CL Personal El atajo de las raíces

Gerolamo Cardano (1501-1576) aprendió matemáticas de su padre, Fazio Cardano, a quien Leonardo da Vinci consultaba sobre temas de geometría.

Se enfrentó con otro matemático eminente, Niccolò Fontana (apodado Tartaglia), por la resolución de la ecuación de tercer grado. En su obra más importante, *Ars magna*, expresa diversos teoremas que relacionan raíces y coeficientes, así como la divisibilidad de un polinomio por factores $(x - a)$, en el que a es raíz de ese polinomio.

¿Qué relación guardan los coeficientes de la ecuación de segundo grado con sus raíces?

Las soluciones, x_1 y x_2, de una ecuación de segundo grado ($ax^2 + bx + c = 0$ con $a \neq 0$) se calculan mediante estas fórmulas:

$$x_1 = \frac{-b+\sqrt{b^2-4ac}}{2a} \text{ y } x_2 = \frac{-b-\sqrt{b^2-4ac}}{2a}$$

Problemas

1. Suma las dos soluciones, esto es, calcula $x_1 + x_2$. ¿Qué has obtenido?
2. Multiplica ahora ambas raíces, es decir, x_1x_2. Fíjate en el hecho de que en el numerador tienes una diferencia de cuadrados. ¿A qué resultado llegas?
3. Debatid en clase sobre los resultados que habéis obtenido, investigad sobre el nombre de esta relación y pensad si esto puede resultar útil en el cálculo de raíces cuando el coeficiente principal, a, es 1.
4. Copia y completa en tu cuaderno la siguiente tabla, y analiza los resultados:

Ecuación	Raíces	$x_1 + x_2$	$x_1 x_2$
$x^2 - 3x + 2 = 0$			
$x^2 + x - 6 = 0$			
$x^2 - 8x + 15 = 0$			
$x^2 - 9x + 14 = 0$			
$x^2 - 6x - 16 = 0$			

5. Calcula de una manera rápida la solución de las siguientes ecuaciones usando lo observado en el ejercicio 4:

   a Las raíces de $x^2 + 7x + 12 = 0$ son dos números que multiplicados dan 12 y sumados dan –7.

   b $x^2 - 9x + 24 = 0$

   c $x^2 - 14x + 48 = 0$

   d $x^2 - 2x - 35 = 0$

   e $x^2 - 2x - 24 = 0$

Matematiza: 1, 2, 4, 5 **Comunica: 3**

2 Figuras perfectas

¿Existen las figuras perfectas?

¿Qué tiene que ver Platón con la geometría?

CM CL CA CS **Historia**

Aprende a...

Identificar los principales poliedros y cuerpos platónicos.

Identificar planos de simetría en figuras planas, en poliedros y en la naturaleza, en el arte y en construcciones humanas.

Ítem 1. Los griegos y la geometría

Los antiguos griegos estudiaron que la división de un espacio de tierra mediante líneas rectas da lugar a las figuras que denominamos polígonos. De todas esas figuras, sentían fascinación por las regulares (o perfectas), que eran aquellas cuyos lados medían lo mismo y cuyos ángulos eran iguales.

Después de dominar estos elementos en dos dimensiones (los polígonos), empezaron a investigar los cuerpos tridimensionales que estaban formados por diversas caras poligonales. Debido a esta forma de entenderlas, estas figuras tridimensionales se llaman poliedros (varias caras).

Ítem 2. Poliedros

Ítem 3. Fórmula de Euler

En el siglo XVIII, Leonhard Euler divulgó una fórmula que relaciona el número de caras, vértices y aristas de un poliedro:

$$C + V = A + 2$$

Esta fórmula solo es válida para poliedros convexos.

Construye con lo que sabes

Argumenta

(1) Observa los siguientes polígonos. ¿Cuáles son regulares? Los que no son regulares, ¿por qué no lo son?

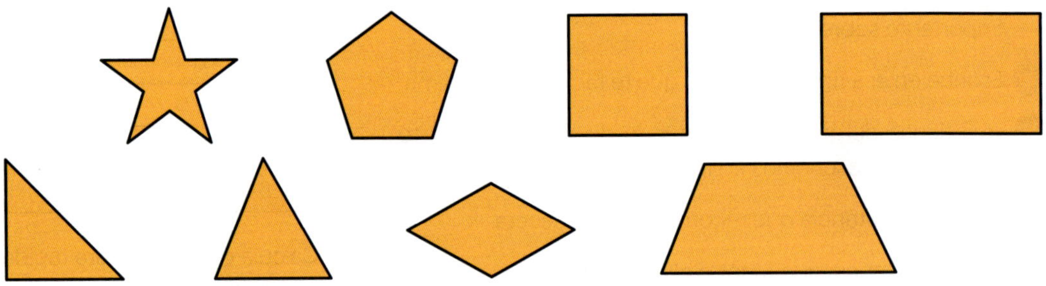

(2) Dados los poliedros del ítem 2, responde a las siguientes preguntas:

a ¿Qué forma tienen sus caras? (Un poliedro puede tener caras con distintas formas.)

b ¿Cuántas caras concurren en cada vértice? ¿En todos los vértices concurre el mismo número de caras?

c ¿Cuántas caras, aristas y vértices hay en cada poliedro?

d ¿Se cumple la fórmula de Euler en todos ellos?

e ¿Qué diferencias observas entre los poliedros que cumplen la formula anterior y los que no la cumplen?

Ítem 4. Los griegos y la perfección

La antigua Grecia fue la cuna de la filosofía y las matemáticas; ambas estaban muy ligadas a las creencias religiosas. Por eso, la mayoría de los filósofos se ocupaban de cuestiones religiosas y los matemáticos se vinculaban a diversas corrientes religiosas atendiendo al carácter divino de los números.

Uno de los asuntos que interesó a los estudiosos de las tres ramas (filosofía, matemáticas y religión) fue el concepto de perfección. En el ámbito matemático se habían encontrado figuras «perfectas» en dos dimensiones: los polígonos regulares, que tienen todos sus lados iguales. Hay infinidad de polígonos regulares; por eso, cuando buscaron estas figuras perfectas en tres dimensiones y descubrieron que no eran infinitas, quedaron asombrados. De hecho, solo existen cinco figuras «perfectas» en tres dimensiones.

Construye con lo que sabes

Argumenta

3. Identifica cada poliedro con su desarrollo plano.

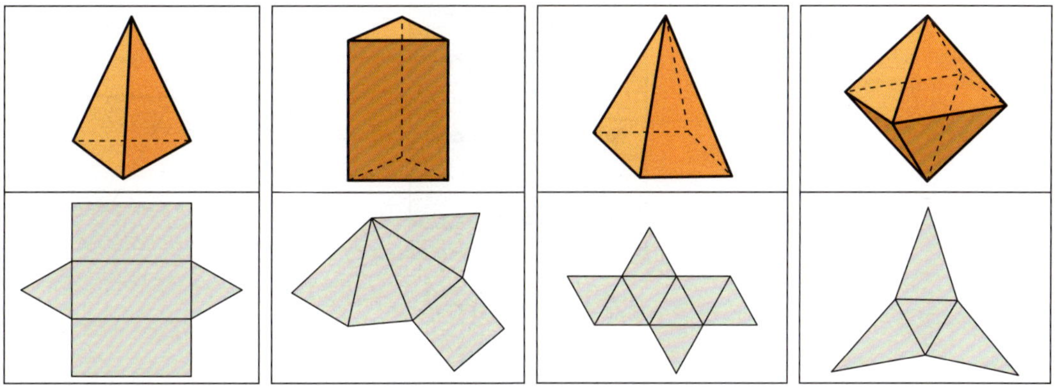

Representa

4. Dibuja en tu cuaderno el desarrollo plano de estos poliedros.

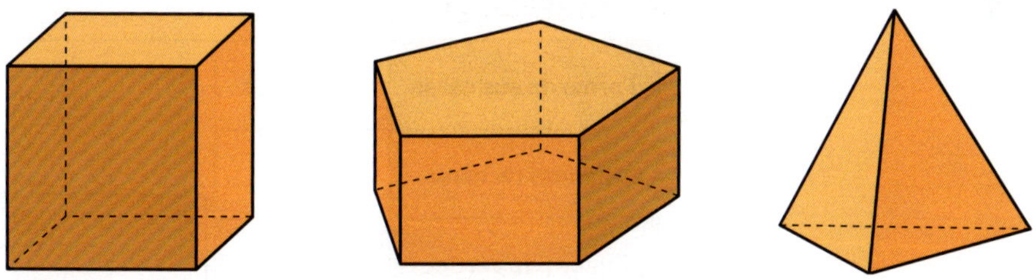

5. Dibuja en tu cuaderno el poliedro al que darían lugar estos desarrollos.

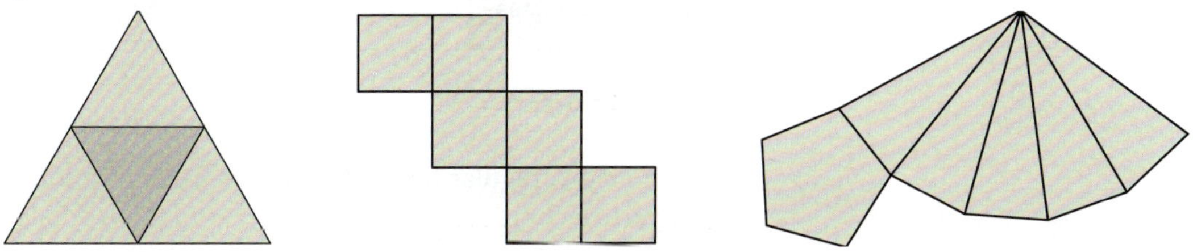

Comunica

6. Investiga por qué solo existen cinco poliedros regulares.

Lo que has construido

Identificas **polígonos regulares.**

Identificas los **poliedros** y sabes extraer información de ellos.

Verificas si los poliedros cumplen la **fórmula de Euler.**

Relacionas los poliedros con su **representación en el plano.**

3. Poliedros regulares

Platón (427-347 a. C.)

Fue un filósofo griego seguidor de Sócrates y maestro de Aristóteles.

En 387 a. C. fundó la **Academia**, escuela filosófica que continuó su marcha a lo largo de más de novecientos años y a la que Aristóteles acudió desde Estagira para estudiar filosofía, hacia el año 367.

A la entrada de la Academia había una inscripción en la que ponía: «Aquí no entra nadie que no sepa geometría».

Un poliedro regular debe cumplir dos condiciones:

- Que sus caras sean polígonos regulares (sus lados y sus ángulos deben ser iguales).
- Que en cada vértice concurra el mismo número de caras.

Solamente existen cinco poliedros regulares, que reciben el nombre de **sólidos platónicos.** Son el tetraedro, el hexaedro, el octaedro, el dodecaedro y el icosaedro.

3.1 Tetraedro

Es el poliedro regular formado por cuatro caras que son triángulos equiláteros. En cada vértice concurren tres caras. El tetraedro es una **pirámide de base triangular.**

Forma de sus caras	Triángulos rectángulos
Número de caras	4
Número de vértices	4
Número de aristas	6

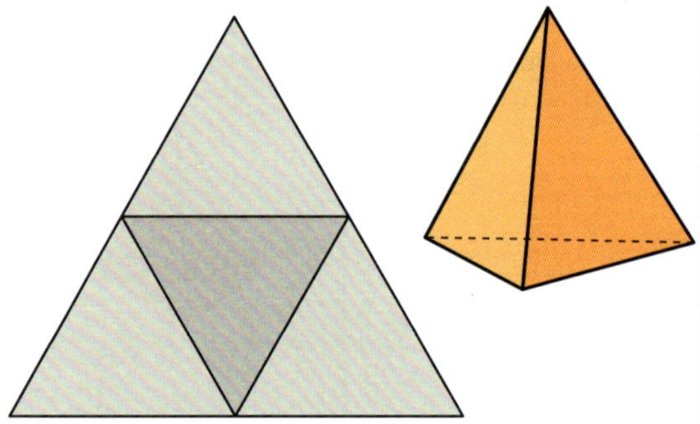

3.2 Hexaedro

Es el poliedro regular formado por seis caras que son cuadrados. En cada vértice concurren tres caras. El hexaedro es un **prisma rectangular;** también se conoce como **cubo.**

Forma de sus caras	Cuadrados
Número de caras	6
Número de vértices	8
Número de aristas	12

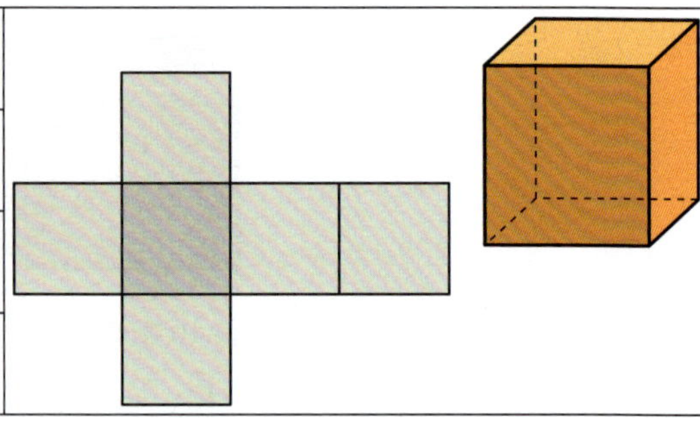

3.3 Octaedro

Es el poliedro regular formado por seis caras que son triángulos equiláteros. En cada vértice concurren cuatro caras.

Forma de sus caras	Triángulos rectángulos
Número de caras	8
Número de vértices	6
Número de aristas	12

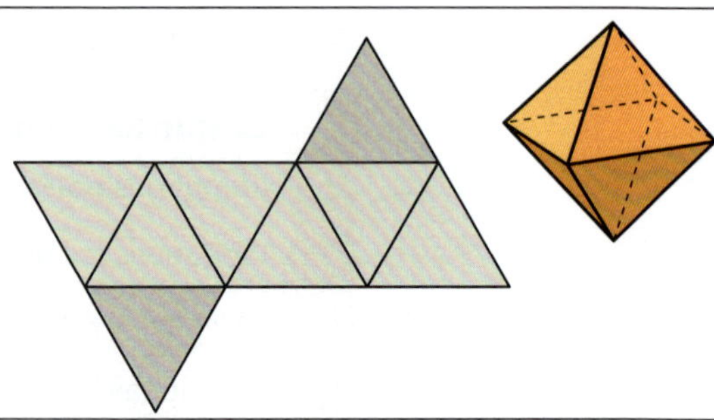

3.4 Dodecaedro

Es el poliedro regular formado por doce caras que son pentágonos regulares. En cada vértice concurren tres caras.

Forma de sus caras	Pentágonos regulares	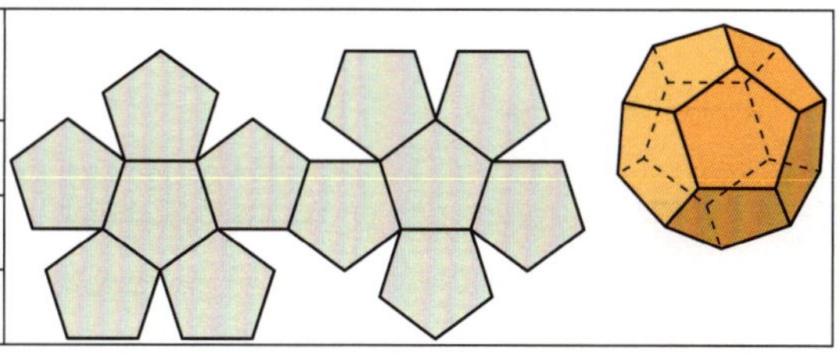
Número de caras	12	
Número de vértices	20	
Número de aristas	30	

3.5 Icosaedro

Es el poliedro regular formado por veinte caras que son triángulos equiláteros. En cada vértice concurren cinco caras.

Forma de sus caras	Triángulos rectángulos	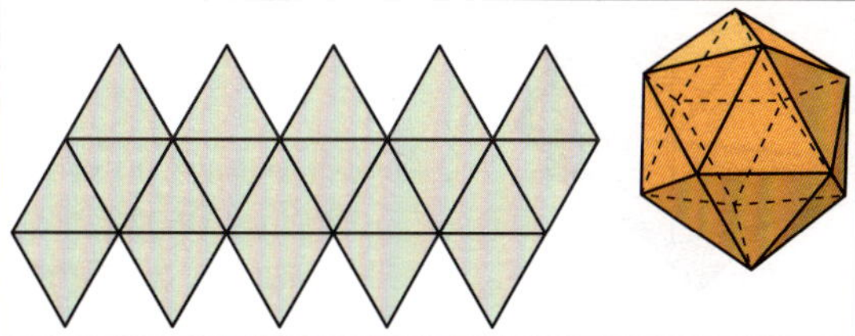
Número de caras	20	
Número de vértices	12	
Número de aristas	30	

4. Fórmula de Euler

En cualquier poliedro convexo se cumple siempre la relación descubierta por Leonhard Euler: el número de caras más el número de vértices es igual al número de aristas más 2. Se suele representar de la siguiente forma:

$$C + V = A + 2$$

En la fórmula, C representa el número de caras, V es el número de vértices y A es el número de aristas.

Nota

Un poliedro convexo es aquel que se encuentra en el mismo semiespacio respecto al plano de cada una de sus caras; es decir, si prolongamos cualquiera de las caras del poliedro, estas no lo cortan. Se puede definir de otro modo: en un poliedro convexo, la línea recta que une dos puntos del espacio interior de este cuerpo nunca sale del poliedro.

Ejemplo

6. Verificar que los poliedros regulares, al ser poliedros convexos, cumplen la fórmula de Euler:

- Tetraedro: $C = 4$, $V = 4$, $A = 6 \rightarrow 4 + 4 = 6 + 2 \rightarrow 8 = 8$
- Hexaedro: $C = 6$, $V = 8$, $A = 12 \rightarrow 6 + 8 = 12 + 2 \rightarrow 14 = 14$
- Octaedro: $C = 8$, $V = 6$, $A = 12 \rightarrow 8 + 6 = 12 + 2 \rightarrow 14 = 14$
- Dodecaedro: $C = 12$, $V = 20$, $A = 30 \rightarrow 12 + 20 = 30 + 2 \rightarrow 32 = 32$
- Icosaedro: $C = 4$, $V = 4$, $A = 6 \rightarrow 4 + 4 = 6 + 2 \rightarrow 8 = 8$

5. Poliedros duales

Al unir los puntos medios de las caras de un poliedro mediante aristas, se obtiene otro poliedro denominado poliedro dual.

Así, el dual de un tetraedro vuelve a ser otro tetraedro, el dual de un hexaedro es un octaedro, el dual de un octaedro es un hexaedro, el dual de un dodecaedro es un icosaedro y el dual de un icosaedro es un dodecaedro.

Entrénate

17. Fíjate en los siguientes poliedros, identifica los regulares y escribe sus nombres. Indica cuáles no son regulares y explica el motivo:

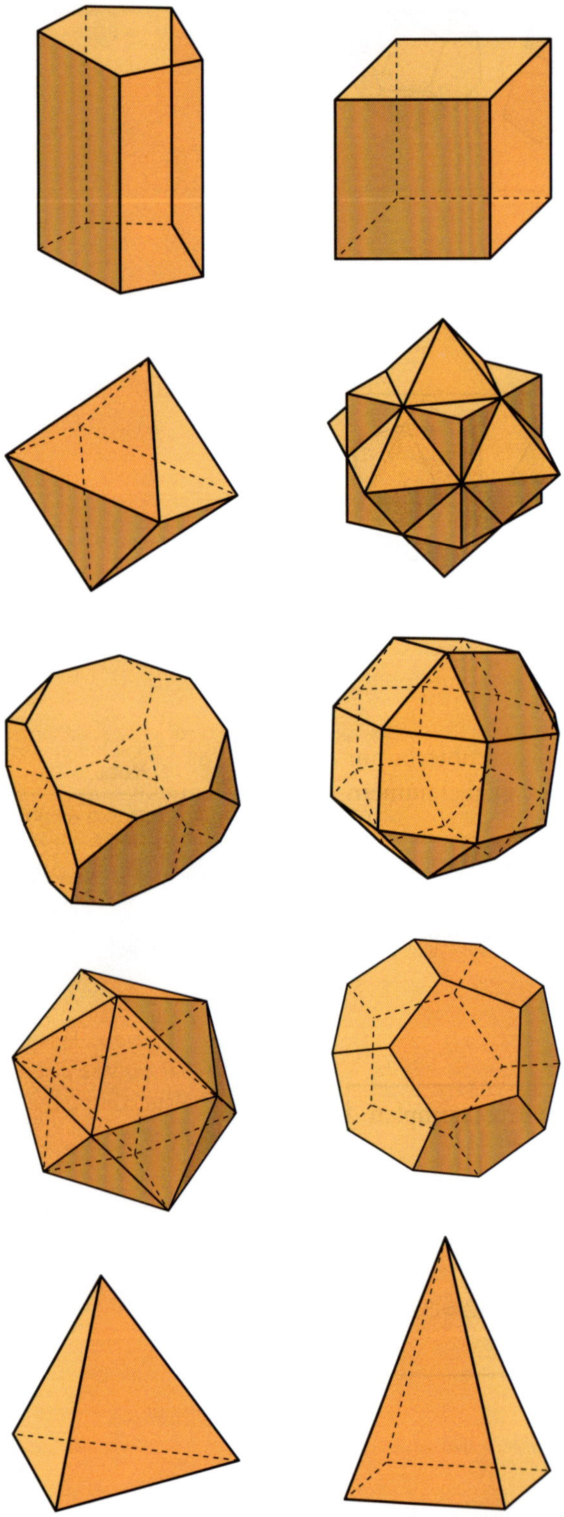

18. Utilizando el teorema de Pitágoras, halla la diagonal de una de las caras de un hexaedro de lado 1. Una vez conocida esa longitud, úsala para calcular la diagonal interior del hexaedro.

19. Di cuáles de estos desarrollos planos no corresponden a un hexaedro. Puedes copiarlos en una hoja, recortarlos y comprobar si puedes montar hexaedros con ellos.

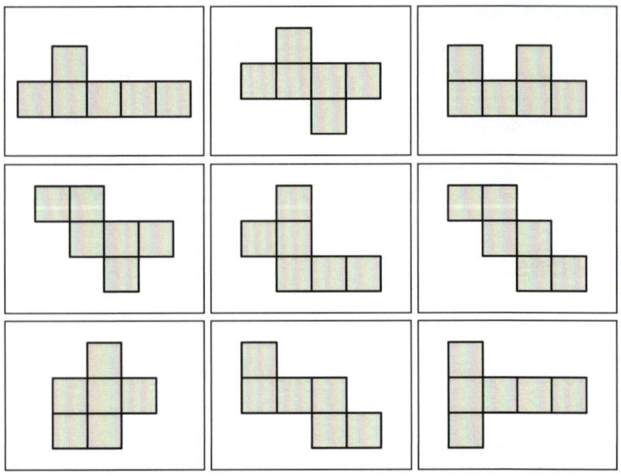

20. Por parejas, intentad encontrar la mayor cantidad posible de desarrollos planos del hexaedro. Procurad no repetir un desarrollo, pero girado. Después, poned en común en clase los desarrollos que habéis encontrado para comprobar si entre todos habéis sido capaces de encontrar los 11 desarrollos distintos de un hexaedro.

21. Con los desarrollos planos anteriores que sí formen un hexaedro, juega con un compañero o compañera: coged una hoja cuadriculada y dibujad un cuadrado de 12 x 12 cuadraditos. Empezad cada uno por una esquina y dibujad un desarrollo plano del hexaedro por turnos, de tal modo que cada desarrollo esté pegado a otro vuestro y los desarrollos no se superpongan. Competid para ver quién es capaz de dibujar más desarrollos sin que el otro le quite espacio para rellenar.

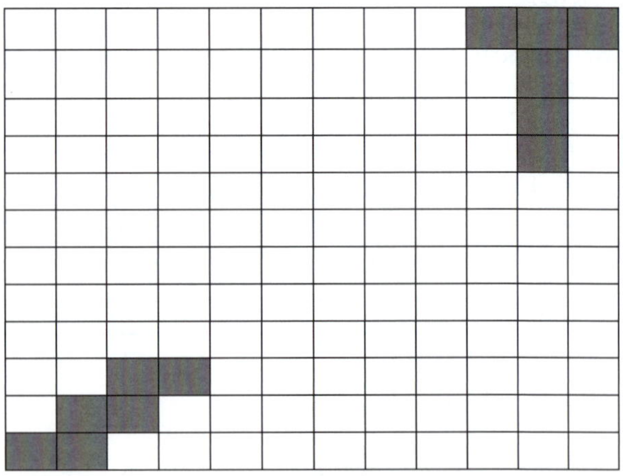

Banco digital

Profesor en casa. Ejemplo del juego de desarrollos de un cubo.

Mates en contexto

3 CM CL Personal Las joyas

Marta acaba de estudiar en clase los poliedros regulares y le han parecido muy interesantes. Como sus padres tienen una joyería, les ha pedido si pueden diseñar colgantes que tengan las formas de los distintos poliedros regulares. Los padres se han dado cuenta de que, efectivamente, con poliedros se pueden crear joyas muy bonitas, a excepción del hexaedro, por lo que han decidido ponerse manos a la obra y diseñarlas. Tienen que decidir si las joyas serán solo el contorno de los poliedros, si serán sólidas (aunque huecas) o figuras macizas.

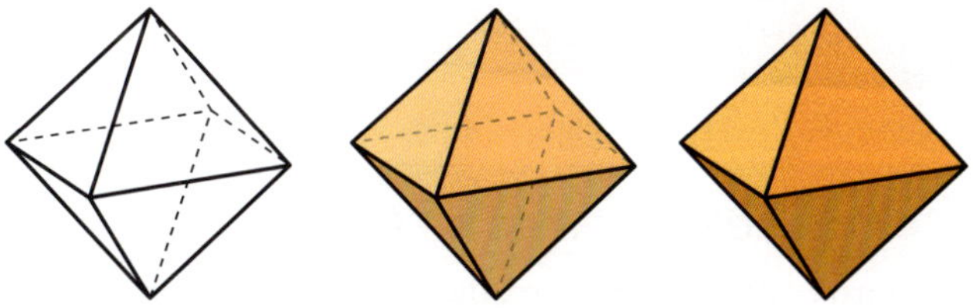

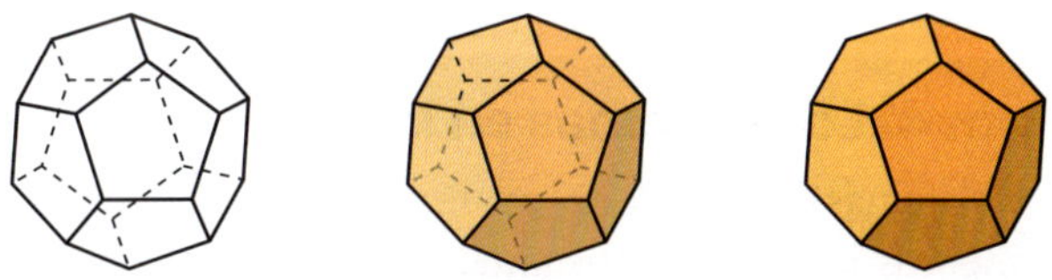

Problemas

1. Si se deciden por la primera opción, ¿qué parte geométrica constituirá las diversas varillas que formen la figura?
2. Toman la decisión de hacer las figuras de tal modo que las aristas sean varillas de oro de 1 cm de longitud. Calcula la longitud total de las varillas de oro que tienen que usar para cada uno de los poliedros regulares.
3. Si cada varilla de oro de 1 cm de longitud cuesta 2 €, ¿cuánto costará el material de cada joya?
4. Si, además, quieren poner unas pequeñas piedras preciosas en los vértices, ¿cuántas necesitarán para cada tipo de joya?
5. Si cada pequeña piedra preciosa cuesta 3 €, ¿cuánto costará el material total de cada joya, incluyendo las varillas de oro y las piedras preciosas?
6. ¿Qué joya resultará más barata?
7. Si quieren obtener un beneficio del 20 % en la venta de cada joya, ¿a qué precio deberían venderlas?

Con el fin de calcular el material que necesitan para poner en práctica las opciones segunda y tercera, utilizan los datos de la siguiente tabla, donde *a* representa la longitud de la arista:

Figura	Área	Volumen
Tetraedro	$\sqrt{3}\cdot a^2$	$\frac{\sqrt{2}}{12}\cdot a^3$
Octaedro	$2\sqrt{3}\cdot a^2$	$\frac{\sqrt{2}}{3}\cdot a^3$
Dodecaedro	$20{,}65\cdot a^2$	$7{,}66\cdot a^3$
Icosaedro	$5\sqrt{3}\cdot a^2$	$2{,}18\cdot a^3$

8. Usa los datos de la tabla y calcula la superficie de cada figura, teniendo en cuenta que las aristas tienen 1 cm de longitud.
9. Si cada cm^2 de oro cuesta 2,5 €, determina cuánto dinero costaría fabricar cada joya si eligieran la segunda opción, es decir, la de las figuras sólidas pero huecas (sin tener en cuenta las aristas).
10. ¿Y cuánto costaría cada pieza si colocaran en cada vértice una piedra preciosa que cuesta 3 € cada una?
11. Con este diseño, ¿cuál sería la pieza más cara?
12. Si quieren obtener un 20 % de beneficios, ¿a cuánto deben vender cada joya?
13. A la hora de hacer los cálculos anteriores, los padres de Marta no han tenido en cuenta que la unión entre las caras de las figuras les cuesta 0,5 €. Calcula cuánto costaría cada pieza y a qué precio tendrían que venderla, teniendo en cuenta este dato.
14. Si, en vez de diseñar todas las figuras con la misma longitud de arista, hiciesen el diseño de tal modo que las caras de cada figura midiesen 1 cm^2, ¿cuánto les costaría cada joya? (Ten en cuenta el coste de las piedras preciosas en los vértices y el coste de la unión de las caras.)
15. Utiliza los datos de la tabla del problema 7 para determinar el volumen de las joyas si la longitud de las aristas es de 1 cm.
16. Si optan por el tercer diseño, es decir, por hacer las piezas macizas, ¿cuánto les costará fabricar cada pieza, si el cm^3 de oro cuesta 7 €?
17. Calcula el coste de fabricación de este modelo si pusiesen una piedra preciosa de 3 € en cada vértice.
18. ¿A qué precio tendrían que vender cada joya para obtener un beneficio del 20 % en este caso?

Argumenta: 1, 4, 6, 11

Matematiza: 2, 3, 5, 7, 8, 9, 10, 12, 13, 14, 15, 16, 17, 18

3 Sistemas históricos

¿Cuándo surgieron los sistemas de ecuaciones? ¿Los monomios sirven para algo?

CM CL CA CC Social Científico

Aprende a...

Hacer operaciones con polinomios y usarlos.

Formular algebraicamente una situación de la vida cotidiana mediante sistemas de ecuaciones, resolverlos e interpretar el resultado obtenido.

Ítem 1. Los primeros sistemas de ecuaciones

Los babilonios resolvieron los sistemas de ecuaciones lineales. Para referirse a las incógnitas, empleaban palabras como *longitud, anchura, área* o *volumen*, a pesar de que no tenían relación con problemas de medida.

Un ejemplo procedente de una tablilla babilónica, de hace casi 4000 años, plantea la resolución de un sistema de ecuaciones en los siguientes términos:

1/4 anchura + longitud = 7 manos

longitud + anchura = 10 manos

También resolvieron sistemas de ecuaciones en los que alguna de las ecuaciones era cuadrática.

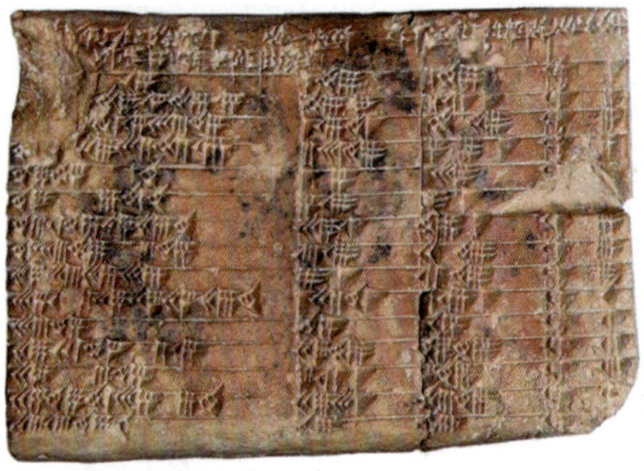

Los babilonios usaban tablillas de barro o arcilla en las que grababan mediante escritura cuneiforme sus conocimientos sobre matemáticas (fracciones, álgebra, ecuaciones...).

Ítem 2. Los sistemas en Grecia

Los griegos también resolvieron algunos sistemas de ecuaciones, si bien ellos se sirvieron de métodos geométricos.

Thymaridas (400 a. C.) encontró una fórmula para resolver un determinado sistema de *n* ecuaciones con *n* incógnitas.

Ítem 3. Los sistemas en China

El libro *El arte matemático*, de autor chino desconocido (siglo III a. C.), contiene algunos problemas en los que se resuelven ecuaciones. En uno de ellos se da solución a un sistema de tres ecuaciones lineales.

Ítem 4. Los sistemas en la India

Los sistemas de ecuaciones aparecen también en los documentos indios. No obstante, no se llegan a obtener métodos generales de resolución, sino que se solucionan tipos especiales de ecuaciones.

Construye con lo que sabes

Simboliza

1 Si llamamos x a la anchura, y a la longitud y z a manos, ¿cómo quedaría escrita la primera ecuación del ítem 1 en notación actual? ¿Y la segunda ecuación?

Argumenta

2 ¿Podemos sumar los términos del miembro de la izquierda de la primera ecuación? Razona tu respuesta.

Matematiza

3 Multiplica por 4 los dos miembros de la primera ecuación (para que no haya denominadores). ¿Cómo queda?

4 Si damos a manos el valor 5 (es decir, $z = 5$), ¿cómo quedarían las dos ecuaciones?

5 Comprueba que, en el caso de la actividad anterior, una solución es anchura = 20 ($x = 20$), longitud = 30 ($y = 30$).

6 Escribe las ecuaciones, pero ahora, da a manos el valor 1 ($z = 1$).

Plantea

7 Vamos a resolver este sistema de dos ecuaciones con dos incógnitas:

a Resta a la primera ecuación la segunda. ¿Qué te queda?

b Despeja y en la ecuación que has obtenido antes. Para hacerlo, divide los dos miembros entre 3.

c ¿Cuál es el valor de y?

d Sustituye este valor en la segunda ecuación y despeja x. Para lograrlo, resta a ambos miembros de la ecuación el valor de y que has obtenido. ¿Cuánto vale x?

Ítem 5. Alcuino de York

Alcuino de York (735-804) nació en la actual Inglaterra. Estudió en la escuela benedictina de York, en la que enseñó y que llegó a dirigir. Hacia el año 782 se trasladó a la escuela palatina en Aquisgrán por invitación de Carlomagno y en ella permaneció hasta el año 796. Tras este último período, se retiró a la abadía de San Martín de Tours, donde murió.

Su obra matemática más importante se titula *Propositiones ad acuendos iuvenes*. Se trata de una colección de 53 problemas de diverso carácter: aritméticos, geométricos... e incluso aparecen ejemplos de lo que hoy llamaríamos «matemática recreativa».

Ítem 6. Modio

El modio es una medida romana de capacidad equivalente a 8,75 kg actuales. Se usó en Europa durante toda la Edad Media.

Ítem 7. Problema 33 (Alcuino de York)

Cierto señor feudal disponía de 30 sirvientes entre los que ordenó repartir 30 modios de maíz. Mandó que los hombres recibieran tres modios; las mujeres, dos y los niños, medio modio. ¿Cuántos hombres, cuántas mujeres y cuántos niños había?

Construye con lo que sabes

Argumenta

8 ¿Cuántas incógnitas (lo que no conocemos) hay en el enunciado del ítem 7?

9 ¿Cuántas ecuaciones se pueden obtener de ese enunciado?

10 ¿Existe el mismo número de ecuaciones que de incógnitas?

Simboliza

11 Llamamos x al número de niños, y al número de mujeres y z al número de hombres. Escribe el sistema que plantea Alcuino de York en su problema 33.

Matematiza

12 Resolver ese sistema no es fácil. Por eso, vamos a simplificarlo eliminando a todos los hombres. ¿Cómo quedaría el sistema?

13 Resuelve el sistema siguiendo los pasos de la situación anterior (recuerda que, en primer lugar, debes quitar los denominadores).

14 Comprueba el resultado, es decir, que los datos obtenidos se ajustan al enunciado.

15 ¿Cuántos kilos recibe cada mujer? ¿Y cada niño?

16 En el problema original, el número de hombres de la solución es 3. Plantea ahora el sistema del problema original, pero teniendo en cuenta este dato.

17 Resuelve el sistema que has obtenido en el apartado anterior dando el resultado (lo que recibe cada uno) en kilos.

Lo que has construido

Transformas enunciados a su **forma algebraica.**

Operas con **sistemas de ecuaciones.**

Resuelves **sistemas de ecuaciones.**

Compruebas las soluciones de un sistema de ecuaciones.

6. Monomios

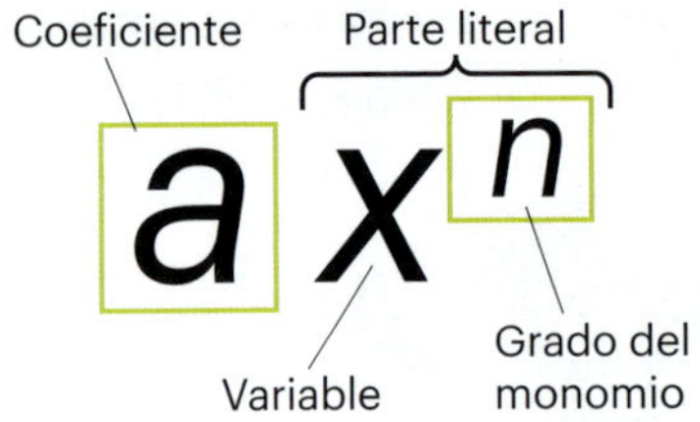

Un monomio es una expresión algebraica que tiene la forma: $a \cdot x^n$, donde a es un número cualquiera y n es un número natural. La variable del monomio es x.

El término a es el **coeficiente** y el exponente al que está elevada la variable, ***n*,** se llama **grado** del monomio.

Se denomina **parte literal** de un monomio al propio monomio sin el coeficiente, es decir, x^n.

Dos monomios son **semejantes** si tienen la misma parte literal.

7. Operaciones con monomios

- **Suma y resta de monomios.** Solamente se pueden sumar o restar monomios semejantes. La suma o la resta de dos monomios da como resultado otro monomio que tiene la misma parte literal y cuyo coeficiente es la suma o la resta de los coeficientes.

$$ax^n + bx^n = (a + b)x^n$$

Apunte 5

Si tenemos $ax^n + bx^n$ y sacamos factor común, x^n, obtenemos:

$(a + b)x^n$

- **Producto de un número por un monomio.** El producto de un número cualquiera por un monomio da como resultado otro monomio que tiene la misma parte literal y como coeficiente, el producto del coeficiente del monomio por ese número.

$$k \cdot ax^n = (k \cdot a)x^n$$

- **Producto de monomios.** El producto de dos monomios da como resultado otro monomio que tiene como coeficiente el producto de los coeficientes; como grado, la suma de los grados de los monomios, y la misma variable.

$$ax^m \cdot bx^n = (a \cdot b)x^{m+n}$$

- **Cociente de monomios.** El cociente de dos monomios da como resultado otro monomio que tiene como grado la diferencia de los grados y como coeficiente, el cociente de los coeficientes.

$$ax^m : bx^n = (a : b)x^{m-n}$$

Apunte 6

¡Recuerda!

$A^m \cdot A^n = A^{m+n}$

$A^m : A^n = A^{m-n}$

$(A^n)^m = A^{m \cdot n}$

- **Potencia de un monomio.** La potencia de un monomio da como resultado otro monomio que tiene como grado el producto del grado del monomio por el exponente y como coeficiente, el coeficiente elevado al exponente.

$$\left(ax^n\right)^m = a^m x^{n \cdot m}$$

Ejemplos

6. En el monomio $5x^3$, el coeficiente es 5 y el grado es 3.

7. Dados los monomios $5x^2$, $5x^4$ y $7x^2$, son semejantes el primero y tercero, ya que tienen la misma parte literal (x^2).

8. **a** $8x^3 + 5x^3 = (8 + 5)x^3 = 13x^3$ **b** $6x^5 - 9x^5 = (6 - 9)x^5 = -3x^5$

9. **a** $7x^4 \cdot 6x^5 = (7 \cdot 6)x^{4+5} = 42x^9$ **b** $\dfrac{21x^8}{7x^6} = \dfrac{21}{7}x^{8-6} = 3x^2$

10. $\left(2x^4\right)^3 = 2^3 x^{4 \cdot 3} = 8x^{12}$

8. Sistemas de ecuaciones

Un sistema lineal de dos ecuaciones con dos incógnitas es el conjunto formado por dos ecuaciones lineales. Lo escribimos mediante la expresión:

$$\begin{cases} ax+bx=m \\ cx+dy=n \end{cases}$$

En ella, los números m y n son los **términos independientes.**

Se llama **solución** de un sistema de dos ecuaciones con dos incógnitas a todo par de números x_1 e y_1 tales que, sustituyendo x por x_1 e y por y_1, se verifican las dos ecuaciones a la vez.

Ejemplo

11. El sistema $\begin{cases} x+y=8 \\ 2x-y=7 \end{cases}$ tiene por solución $\begin{cases} x=5 \\ y=3 \end{cases}$, ya que $\begin{cases} 5+3=8 \\ 2\cdot 5-3=7 \end{cases}$.

Apunte 7

Si un sistema no está escrito de la forma general, hay que convertirlo mediante las operaciones de equivalencia de ecuaciones.

9. Sistemas equivalentes

Dos sistemas son equivalentes cuando tienen las mismas soluciones. Los principales criterios de equivalencia de sistemas son:

1. Sumar o restar el mismo número o expresión a los dos miembros de una ecuación del sistema.
2. Multiplicar o dividir los dos miembros de las ecuaciones por o entre un mismo número (distinto de 0).
3. Sumar o restar a una ecuación del sistema la otra ecuación.

Apunte 8

Carl Friedrich Gauss (1777-1855) fue un matemático alemán conocido como el Príncipe de las matemáticas. Es responsable de una gran cantidad de descubrimientos matemáticos; entre ellos, estableció un modo para resolver sistemas de *n* ecuaciones con *n* incógnitas usando el método de reducción: es el método de Gauss.

10. Método de reducción

Este método es el más utilizado y el que resulta más útil para resolver sistemas de ecuaciones (sobre todo, si tienen más de dos incógnitas). Consiste en aplicar los criterios de equivalencia segundo y tercero; de este modo, se logra que la segunda ecuación del sistema tenga una incógnita con coeficiente 0. Los pasos que hay que seguir son:

1.º Se igualan los coeficientes de una de las incógnitas de ambas ecuaciones multiplicando cada una por el valor correspondiente.
2.º Se suman o restan las dos ecuaciones del sistema.
3.º Se resuelve la ecuación de una incógnita que se ha obtenido.
4.º Se calcula el valor de la otra incógnita.

Ejemplo

12. Dado el sistema $\begin{cases} 4x+3y=11 \\ 5x-2y=8 \end{cases}$, para resolverlo por el método de reducción, comenzamos multiplicando la primera ecuación por 2 y la segunda, por 3 (coeficientes de y): $\begin{cases} 4x+3y=11 \xrightarrow{\times 2} 8x+6y=22 \\ 5x-2y=8 \xrightarrow{\times 3} 15x-6y=24 \end{cases}$.

Sumamos la primera ecuación a la segunda: $\begin{cases} 8x+6y=22 \\ 23x=46 \end{cases}$.

Resolvemos la segunda ecuación: $23x=46 \Rightarrow x=\dfrac{46}{23} \Rightarrow x=2$.

Sustituimos este valor en la primera ecuación y calculamos la otra incógnita:

$8x+6y=22 \xrightarrow{x=2} 8\cdot 2+6y=22 \Rightarrow 16+6y=22 \Rightarrow 6y=6 \Rightarrow y=1$.

Entrénate

22. Empareja los pares de monomios semejantes:

$4x^3$	$6x$	$2x^2$	$5x^5$
$-7x^7$	x^8	$2x^8$	$6x^6$
x^4	$3x^3$	$7x^2$	$-x^4$
$5x^7$	$-6x^6$	$-7x^5$	x

23. Realiza estas sumas y restas de monomios:

a $2x + 6x$
b $11x^3 + 4x^3$
c $x^5 + x^5$
d $9x^2 + 13x^2$
e $5x^3 - 3x^3$
f $6x - 8x$
g $7x^4 - x^4$
h $17x^6 - 9x^6$

24. Resuelve las siguientes operaciones con monomios:

a $2x + 6x - 5x$
b $3x^3 - 7x^3 + x^3$
c $x^6 + 4x^6 - 7x^6 - 2x^6$
d $7x^2 - 5x^2 - 9x^2 + x^2$

25. Haz las siguientes multiplicaciones de números por monomios:

a $3 \cdot 6x$
b $5 \cdot 2x^3$
c $-7 \cdot 8x^9$
d $6 \cdot 4x^2$

26. Realiza estos productos y divisiones de monomios:

a $4x^3 \cdot 5x^2$
b $7x^4 \cdot x^3$
c $9x^2 \cdot (-7)x^6$
d $x^7 \cdot x^5$
e $12x^3 : 3x$
f $32x^3 : 8x^7$
g $21x^4 : 7x^4$
h $48x^5 : (-6)x^2$

27. Resuelve las siguientes operaciones con monomios:

a $\frac{24x^5}{6x^3} \cdot 9x^8 =$
b $\frac{12x^7 \cdot 5x^6}{3x^9} =$
c $\frac{72x^3}{8x^7} \cdot 6x^5 =$
d $\frac{12x^{13}}{8x^6 \cdot 9x^7} =$

28. Calcula estas potencias de monomios:

a $\left(4x^3\right)^2$
b $\left(2x^4\right)^6$
c $\left(7x^5\right)^3$
d $\left(-2x^5\right)^4$

Banco digital

29. Busca tres soluciones distintas de cada ecuación:

a $x + y = 9$
b $2x + y = 9$
c $3x - y = 6$
d $3y - x = 2$
e $3x + 10 = 2y$
f $5x - y = 4$

30. Completa las siguientes tablas con las soluciones de la ecuación lineal dada:

$x + y = 7$	x	0		−1	−3		4
	y		2			0	

$2x - y = 5$	x		−1	2	3		
	y	−3				−7	7

31. Resuelve los sistemas por el método de reducción:

a $\begin{cases} x + 2y = 2 \\ 2x - y = 4 \end{cases}$

b $\begin{cases} x + 2y = 13 \\ 9x - 4y = 51 \end{cases}$

c $\begin{cases} x + 3y = 2 \\ 2x + 5y = 3 \end{cases}$

d $\begin{cases} 3x + y = 6 \\ x + 3y = -6 \end{cases}$

e $\begin{cases} x - y = 0 \\ y - 2x = -5 \end{cases}$

f $\begin{cases} x - y = 4 \\ 4y - x = 14 \end{cases}$

g $\begin{cases} 5x - 2y = 4 \\ 4x - 3y = 13 \end{cases}$

h $\begin{cases} 3x - 4y = 5 \\ 3y - 4x = -1 \end{cases}$

32. Calcula dos números, sabiendo que su suma es 10 y su diferencia es 6.

33. Por la compra de 5 kg de naranjas y 4 kg de manzanas me han cobrado 9 €. Mi vecina, por la compra de 2 kg de naranjas y 2 kg de manzanas ha pagado 4,10 €. ¿Cuál es el precio de las naranjas y de las manzanas?

34. En un corral, entre gallinas y conejos, hay 35 cabezas y 110 patas. ¿Cuántas gallinas y conejos hay en el corral?

35. Un bodeguero envasa 550 litros de vino en garrafas de 10 litros y de 5 litros. Si ha utilizado 70 garrafas para envasar el vino, ¿cuántas garrafas de cada tipo ha usado?

36. Si Pedro le da 1 € a María, ambos tendrían la misma cantidad de dinero. Si María se lo da a Pedro, entonces Pedro tendría el triple de dinero que María. ¿Cuánto dinero tiene cada uno?

Banco digital

Mates en contexto

4 CM CL CA Social Profesional **Comercio justo**

El comercio justo es un sistema comercial solidario y alternativo al convencional que pretende fomentar el desarrollo de los pueblos y combatir la pobreza. Se basa en estos principios:

- Condiciones laborales y salarios adecuados.
- Evitar la explotación laboral infantil.
- La igualdad entre hombres y mujeres.
- El respeto al medio ambiente.

En una tienda de comercio justo se venden dos tipos de marcas de café: una de Ecuador y otra de Colombia. El paquete de café ecuatoriano de 250 g cuesta 1,40 € y el colombiano, 1,80 €. Se quiere hacer una mezcla con los dos tipos de café para vender a 1,50 € el paquete y se pretende fabricar 120 paquetes de la mezcla.

Problemas

1. Si llamamos x al número de paquetes de café de Ecuador e y al número de paquetes de café de Colombia, ¿cómo expresaríamos que nos hacen falta 120 paquetes entre ambos tipos de cafés?
2. ¿Cuánto costarán, en total, los 120 paquetes, a un precio de 1,50 €?
3. Expresa algebraicamente el precio de todos los paquetes de café de Ecuador.
4. Escribe de forma algebraica el precio de los paquetes de café de Colombia.
5. ¿Cuánto suman los precios de todos los paquetes de los dos tipos de café?
6. Resuelve el sistema que has obtenido con los problemas 1 y 4.
7. ¿Cuántos paquetes de cada tipo hay que mezclar para obtener el precio que se pretende?

Nacho quiere emplear 50 € en comprar café de Ecuador y Colombia, pero desea adquirir el doble de café colombiano que de café de Ecuador.

8. ¿Cómo expresarías algebraicamente esta última condición? Recuerda que estamos llamando x al número de paquetes de café ecuatoriano e y al número de paquetes de café de Colombia.
9. Escribe algebraicamente cuánto dinero se va a gastar en café de Ecuador y cuánto, en café de Colombia.
10. Con los resultados de los dos problemas anteriores, plantea el sistema necesario para solucionar el problema.
11. Resuelve el sistema por el método de reducción.
12. ¿Cuántos paquetes de cada clase tiene que comprar?
13. ¿Habría otra forma de resolver el sistema, más corta que el método de reducción? Razona tu respuesta.

La semana pasada hubo un pequeño problema en la tienda de comercio justo. Elisenda, una de las responsables de la tienda, mezcló 70 paquetes de café de Kenia con 40 paquetes de café de Santo Domingo para obtener una café que había que vender a 1,50 € el paquete. Después, mezcló 50 paquetes de café de Kenia con 80 paquetes de café dominicano para obtener una mezcla que costase 2,50 € el paquete. Desgraciadamente, hubo un problema informático y no sabe cuánto cuesta cada paquete de café de Kenia y de Santo Domingo. ¿Podrías ayudarla?

Para hacerlo, vamos a llamar x al precio de café de Kenia e y al precio del café de Santo Domingo.

14. ¿Cuántos paquetes ha hecho, al final, con la primera mezcla?
15. ¿Cuánto costarán todos ellos juntos?
16. Expresa lo que cuestan los paquetes kenianos mezclados.
17. ¿Cuál es la expresión algebraica que representa el precio de todos los paquetes de Santo Domingo mezclados?
18. Escribe la ecuación que relaciona estos dos precios con el precio de la mezcla final.
19. Realiza los ejercicios 14 al 18 considerando la segunda mezcla de cafés.
20. Escribe el sistema de ecuaciones que has obtenido con estos ejercicios y resuélvelo.
21. ¿Cuánto cuesta cada paquete original de Kenia? ¿Y de Santo Domingo?

Simboliza: 1, 3, 4, 6, 8, 9, 16, 17, 19

Matematiza: 2, 5, 11, 14, 15, 19

Argumenta: 7, 12, 13, 21

Plantea: 10, 18, 19, 20

ÁLGEBRA

Expresiones algebraicas

Son combinaciones de letras (variables) y números ligados por los signos de las operaciones. Los tipos principales son:

- **Monomios.** Las únicas operaciones que aparecen entre las variables son el producto y la potencia de exponente natural.
- **Polinomios.** Están formados por sumas y restas de monomios.
- **Identidades.** Contienen el símbolo de igualdad (=) y uno de los miembros se obtiene haciendo operaciones en el otro.
- **Ecuaciones.** Contienen el símbolo de igualdad (=), las letras se llaman incógnitas y la igualdad solo es cierta para algún valor en concreto de la incógnita.

Monomios

Un monomio es una expresión algebraica que tiene la forma: $a \cdot x^n$, donde a es un número cualquiera y n es un número natural. La variable del monomio es x.
El término a es el **coeficiente** y el exponente al que está elevada la variable, ***n***, se llama **grado** del monomio.
Se denomina **parte literal** de un monomio al propio monomio sin el coeficiente, es decir, x^n.
Dos monomios son **semejantes** si tienen la misma parte literal.

Operaciones con monomios

- **Suma y resta.** Solamente se pueden sumar o restar monomios semejantes: $ax^n + bx^n = (a + b) \cdot x^n$.
- **Producto de un número por un monomio:** $k \cdot ax^n = (k \cdot a)x^n$.
- **Producto de monomios:** $ax^m \cdot bx^n = (a \cdot b)x^{m+n}$.
- **Cociente de monomios:** $ax^m : bx^n = (a : b)x^{m-n}$.
- **Potencia de un monomio:** $\left(ax^n\right)^m = a^m x^{n \cdot m}$.

Polinomios

El **grado** de un polinomio es el mayor de los grados de los monomios que lo forman.

El **valor numérico** de un polinomio es el resultado de sustituir las letras por números y realizar las operaciones.

Un número es **raíz** de un polinomio si, al calcular el valor numérico de ese polinomio para ese número, el resultado es 0.

Para calcular las **raíces de un polinomio** hay que resolver la ecuación resultante de igualarlo a 0. Las raíces enteras de un polinomio se encuentran entre los **divisores del término independiente.**

Operaciones con polinomios

- **Suma.** Se agrupan los monomios semejantes y se suman sus coeficientes.
- **Resta.** Se suma al minuendo el opuesto del sustraendo.
- **Producto.** Se multiplica cada monomio de uno de los factores por todos y cada uno de los monomios del otro factor. Después, se suman los monomios semejantes que se han obtenido.
- **Cociente de dos polinomios.** Dividir un polinomio $D(x)$ entre otro $d(x)$ consiste en encontrar dos polinomios $C(x)$ y $R(x)$ tales que: $D(x) = C(x) \cdot d(x) + R(x)$ y grado $(R(x)) <$ grado $(C(x))$. Si $R(x)$ es 0, entonces $D(x)$ es divisible entre $d(x)$ y es múltiplo suyo.

  Para hallar el cociente de dos polinomios, seguiremos estos pasos:

  1.º Escribimos los polinomios ordenados de mayor a menor grado y, si el dividendo es incompleto, se deja un espacio en aquellos términos que no estén.
  2.º Dividimos los términos de mayor grado del dividendo y el divisor.
  3.º Multiplicamos lo que hayamos obtenido en el paso segundo por el cociente y lo restamos al dividendo.
  4.º Repetimos el proceso hasta que el grado del resto sea inferior al grado del divisor.

- **Cociente de un polinomio entre otro de la forma ($x \pm a$).** Se obtiene siguiendo estos pasos:

  1.º Se colocan todos los coeficientes del polinomio dividendo ordenados por el grado y el término independiente del divisor cambiado de signo.
  2.º Se baja el primer coeficiente y se multiplica entre el divisor; el resultado se coloca debajo del siguiente coeficiente y se suma.
  3.º Se repite el proceso del paso anterior hasta finalizar.
  4.º El resto es el último número y los números anteriores son los coeficientes del cociente, que tiene un grado menos que el dividendo.

Productos notables

$(a \pm b)^2 = (a \pm b) \cdot (a \pm b) = a^2 \pm 2ab + b^2$
$(a + a) \cdot (a - \mathrm{b}) = a^2 - b^2$

Sistemas de ecuaciones

Un sistema lineal de dos ecuaciones con dos incógnitas es el conjunto formado por dos ecuaciones lineales. Se escribe mediante la expresión: $\begin{cases} ax+bx=m \\ cx+dy=n \end{cases}$.

En ella, los números m y n son los **términos independientes.**

Se llama **solución** de un sistema de dos ecuaciones con dos incógnitas a todo par de números x_1 e y_1 tales que, sustituyendo x por x_1 e y por y_1, se verifican las dos ecuaciones a la vez.

- **Sistemas equivalentes.** Dos sistemas son equivalentes cuando tienen las mismas soluciones. Los principales criterios de equivalencia de sistemas son:

1. Sumar o restar el mismo número o expresión a los dos miembros de una ecuación del sistema.
2. Multiplicar o dividir los dos miembros de las ecuaciones por o entre un mismo número (distinto de 0).
3. Sumar o restar a una ecuación del sistema la otra ecuación.

- **Método de reducción.** Este método es el más utilizado y el que resulta más útil para resolver sistemas de ecuaciones (sobre todo, si tienen más de dos incógnitas). Consiste en aplicar los criterios de equivalencia segundo y tercero; de este modo, se logra que la segunda ecuación del sistema tenga una incógnita con coeficiente 0. Los pasos que hay que seguir son:

1.º Se igualan los coeficientes de una de las incógnitas de ambas ecuaciones multiplicando cada una por el valor correspondiente.
2.º Se suman o restan las dos ecuaciones del sistema.
3.º Se resuelve la ecuación de una incógnita que se ha obtenido.
4.º Se calcula el valor de la otra incógnita.

GEOMETRÍA

Poliedros regulares

Un poliedro regular debe cumplir dos condiciones:

- Que sus caras sean polígonos regulares (lados y ángulos iguales).
- Que en cada vértice concurra el mismo número de caras.

Solamente existen cinco poliedros regulares, que reciben el nombre de **sólidos platónicos.** Son:

- **Tetraedro.** Es el poliedro regular formado por cuatro caras que son triángulos equiláteros. En cada vértice concurren tres caras. Es una pirámide de base triangular.
- **Hexaedro.** Es el poliedro regular formado por seis caras que son cuadrados. En cada vértice concurren tres caras. Es un prisma rectangular.
- **Octaedro.** Es el poliedro regular formado por ocho caras que son triángulos equiláteros. En cada vértice concurren cuatro caras.
- **Dodecaedro.** Es el poliedro regular formado por doce caras que son pentágonos regulares. En cada vértice concurren tres caras.
- **Icosaedro.** Es el poliedro regular formado por veinte caras que son triángulos equiláteros. En cada vértice concurren cinco caras.

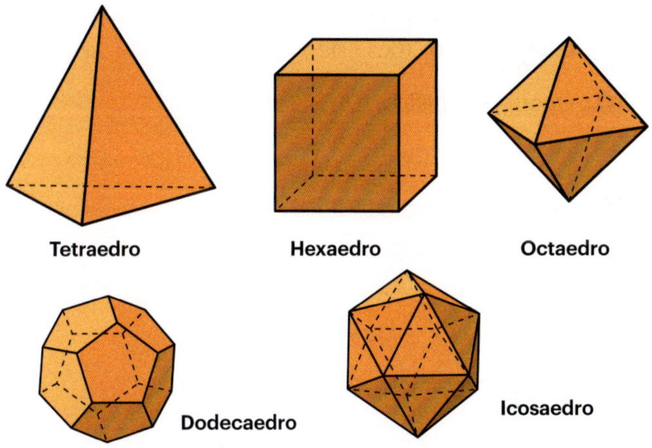

Fórmula de Euler

En cualquier poliedro convexo se cumple siempre la relación descubierta por Leonhard Euler: el número de caras más el número de vértices es igual al número de aristas más 2. Se representa así:

$$C + V = A + 2$$

Poliedros duales

Al unir los puntos medios de las caras de un poliedro mediante aristas, se obtiene otro poliedro denominado poliedro dual.

Así, el dual de un tetraedro vuelve a ser otro tetraedro, el dual de un hexaedro es un octaedro, el dual de un octaedro es un hexaedro, el dual de un dodecaedro es un icosaedro y el dual de un icosaedro es un dodecaedro.

Entrénate +

Álgebra

37. Encuentra el valor numérico de los siguientes polinomios para $x = 1$ y para $x = -2$:

a $P(x) = -x^4 - 2x^3 - x^2 + 7x + 1$
b $P(x) = 3x^6 - x^5 + 2x^4 - 2x^2 - 5x + 6$

38. Dados los siguientes polinomios, calcula y simplifica todo lo que puedas:

$P(x) = -x^5 - 2x^3 + 3x^2 - 4x + 1$
$Q(x) = x^4 - 2x^3 - 5x^2 + x$
$R(x) = -x^5 + 2x^4$

a $P(x) - [R(x) - Q(x)]$
b $Q(x) \cdot R(x)$
c $-2Q(x) + 3P(x)$
d $x \cdot P(x) - [R(x)]^2$

39. Aplica las identidades notables para calcular:

a $(x - 2)^2$
b $(x^4 - 1)^2$
c $(2x - 1)^2$
d $(6c^4 + 4c^3)^2$
e $(3x^2 + 2) \cdot (3x^2 - 2)$
f $(2x^2 - 4x) \cdot (2x^2 + 4x)$

40. Opera y simplifica:

a $(3 - 2x^3)^2 - 2(3x + 1)^2$
b $(x^2 - 2)^2 - 2(-2x - 3)^2$

41. Extrae factor común de las siguientes expresiones algebraicas:

a $-x^3 - 2x^2 + 5x - x^4 + 3x^2$
b $3x^3y^2 - 6xy^3 + 12x^3y^4 - 18x^2y^2$

42. Divide por Ruffini estos polinomios:

a $(-x^3 + 2x^2 + x - 1) : (x + 1)$
b $(-3x + 5x^2 - x^4 + 2) : (x + 2)$
c $(x^4 - 16) : (x - 1)$

43. ¿Cuál de los siguientes polinomios tiene como raíces $x = 2$ o $x = 1$?

a $P(x) = x^4 - 2x^3 + x^2 - 3x + 3$
b $P(x) = x^4 - 2x^3 + x^2 - x - 2$
c $P(x) = (x - 2) \cdot (x + 1) \cdot (x - 3)^2$
d $P(x) = x^4 + x^3 - 2x^2 - x + 1$

44. Divide los siguientes polinomios:

a $(3x^4 - x^2 + 2x - 3) : (x^2 - x + 1)$
b $(5x^4 - 2) : (x^3 + 2)$
c $(-3x^3 + x - 3) : (x^2 - 3)$

45. Calcula el valor numérico de estas expresiones:

a $\dfrac{x^2 + y^3}{2x}$ para $x = 2$, $y = -1$

b $\dfrac{-x^2 - 3y + 5}{x^2 - 3y}$ para $x = -1$, $y = 2$

Banco digital

Geometría

46. Completa la siguiente tabla:

Poliedro regular	Forma de las caras	C	V	A	Poliedro dual
octaedro					
	pentágono				
					dodecaedro
		6			
			4		

47. Comprueba si los siguientes poliedros cumplen la fórmula de Euler:

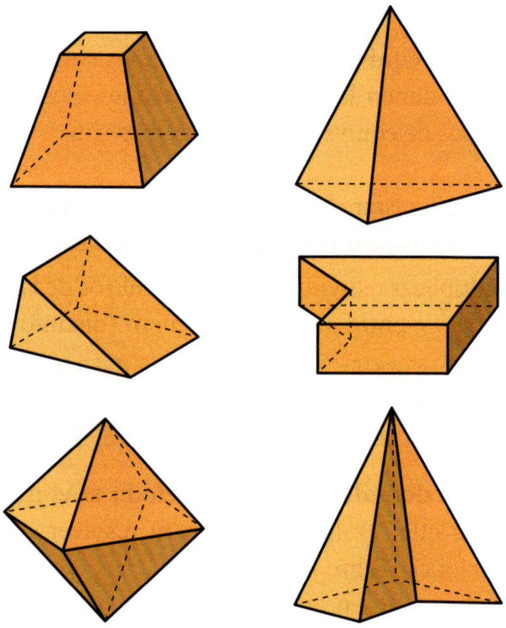

Banco digital

Números

48. Realiza las siguientes operaciones con monomios:

a $7x + 9x$
b $12x^2 + 16x^2$
c $7x^3 - x^3$
d $9x^4 - 13x^4$
e $9x^3 \cdot 8x^5$
f $12x^6 \cdot 15x^4$
g $72x^5 : 6x^2$
h $80x^3 : 10x^{10}$

49. Resuelve estos sistemas por el método de reducción:

a $\begin{cases} x + y = 7 \\ x - y = 3 \end{cases}$

b $\begin{cases} 3x - 2y = 1 \\ 9x + 4y = 13 \end{cases}$

c $\begin{cases} x + 3y = 2 \\ 3x + y = 14 \end{cases}$

d $\begin{cases} 2x + 3y = 6 \\ 5x - 2y = -4 \end{cases}$

Banco digital

Mates en contexto

5 CM CL CC Social **Sentido geométrico del álgebra**

En el siglo VI a. C, a los griegos les resultaba difícil el tratamiento aritmético de magnitudes, áreas y volúmenes. Por ello, recurrían a las figuras geométricas para representar magnitudes y operaban mediante construcciones geométricas. Seguían estas pautas:

- Los números fueron sustituidos por segmentos de recta.
- La suma de dos números era igual a la prolongación de un segmento de igual longitud que la de otro.
- La resta consistía en recortar a un primer segmento la longitud de un segundo segmento.
- La división se indicaba a través de la razón de los segmentos que la representaban.
- El producto de dos números se convirtió en el área del rectángulo cuyos lados tenían como longitudes esos dos números.
- El producto de tres segmentos era un volumen.

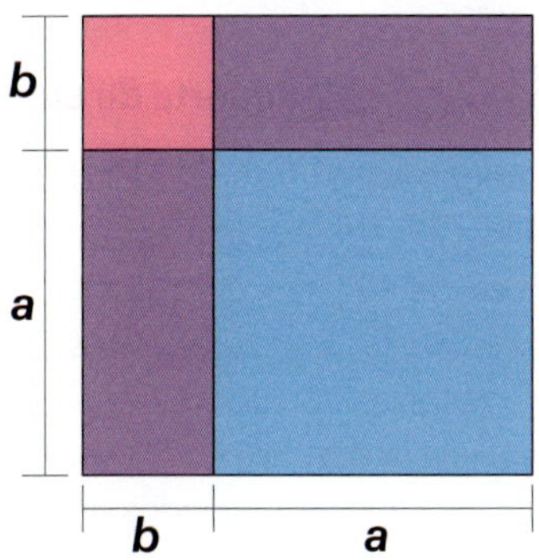

Problemas

1. Dibuja un segmento en tu cuaderno. A continuación, haz en él una marca al azar: lo habrás dividido en dos. Llama *a* y *b* a esos dos nuevos segmentos.

2. Forma un cuadrado con el segmento grande. ¿Cuál es el área de ese cuadrado en función de *a* y *b*?

3. Con la medida de *a* y *b*, traza paralelas tal y como muestra el dibujo anterior; calcula la suma de las áreas de los cuadrados y los rectángulos interiores. Opera todo lo que puedas.

4. Geométricamente, las áreas de los ejercicios 2 y 3 deben coincidir. Escribe la igualdad. ¿Te resulta familiar esta igualdad?

5. Formad grupos y pensad en la manera de demostrar geométricamente que $(a - b) \cdot (a + b) = a^2 - b^2$.

Representa: 1 **Simboliza: 2, 4**

Matematiza: 3 **Comunica: 5**

6 CM CL CA Social **Mensajes secretos**

La finalidad de la criptografía es hacer posible el intercambio de información secreta entre dos o más personas.

La criptografía se basa en varias áreas complejas de las matemáticas y tiene mucha relación con el resto de la división de polinomios.

Uno de los cifrados más conocidos es el código de Julio César. Es un tipo de cifrado por sustitución en el que una letra del texto original se reemplaza por otra que se desplaza un número fijo de posiciones en el alfabeto.

Javi y Conchi han decidido crear un código secreto, de tal manera que en cada mensaje se envían una división de polinomios. El resto de esa división establece el número fijo de posiciones que utilizan en el código de César. Por ejemplo:

	a	b	c	d	e	...	v	w	x	y	z
+3	↓	↓	↓	↓	↓		↓	↓	↓	↓	↓
	d	e	f	g	h	...	y	z	a	b	c

	a	b	c	d	e	...	v	w	x	y	z
−4	↓	↓	↓	↓	↓		↓	↓	↓	↓	↓
	w	x	y	z	a	...	r	s	t	u	v

Problemas

1. Javi quiere decirle a Conchi: «Esta tarde vamos al cine». Le envía la siguiente división:

   $(x^5 - 2x^3 + 3x^2 - 12x - 3) : (x - 2)$

   ¿Qué le escribirá?

2. Conchi quiere responder: «Acepto ir al cine si me invitas a cenar». La división que le quiere enviar es: $(x^4 - x^3 + 2x^2 - mx - 3) : (x + 1)$ y con resto 7, pero le falta un número. ¿Puedes echarle una mano?

3. Javi le envía la división $(x^2 - 5x + 6) : (x - m)$ en la que el resto es 12. ¿Cuánto vale m? Quiere decirle: «Ok, perfecto». Escribe el mensaje encriptado.

4. Conchi le escribe: «HÑLJH ELHP HÑ UHVWDXUDPWH» y le envía la división $(2x^5 - x^4 + 3x^2 - 4x + 3) : (x - 1)$. ¿Qué dice en el mensaje?

5. Formad grupos de dos estudiantes e intercambiad mensajes usando este sistema.

Matematiza: 1, 2, 3, 4 **Comunica: 5**

7 CM CL Profesional Las pepitas de oro

Dos amigos mineros van a explorar una cueva y encuentran que está llena de pepitas de oro. Las pepitas son de muchos tamaños y tienen formas muy definidas: unas son tetraedros, otras son hexaedros y otras son octaedros.

Como son muy amigos y no quieren pelearse por el reparto del botín, deciden que lo mejor es dividir cada pepita que encuentren por la mitad; de este modo, el reparto será equitativo.

Problemas

1. ¿De qué maneras pueden dividir las pepitas con forma de hexaedro para obtener dos trozos idénticos? ¿Hay más de una forma de hacerlo?
2. ¿De qué modos pueden dividir las pepitas que tienen forma de tetraedro para obtener dos trozos idénticos? ¿Hay más de una manera de hacerlo?
3. ¿Cómo pueden dividir las pepitas con forma de octaedro para obtener dos trozos idénticos? ¿Hay más de un modo de hacerlo?
4. ¿Se te ocurre otro procedimiento diferente de repartir las pepitas? ¿Cuál?

Argumenta: 1, 2, 3, 4

8 CM CL Social La pirámide de hexaedros

En una empresa de juguetes quieren diseñar una pirámide formada por cubos (hexaedros) cada vez más pequeños puestos uno encima de otro. Estos hexaedros tendrán solo cinco de las seis caras para que sea posible recogerlos de una forma compacta metiendo uno dentro de otro. Cada cara del hexaedro tiene un grosor de 3 mm y el hexaedro más grande tiene una cara de 5 cm. Además, para evitar que los niños más pequeños se traguen las piezas, el lado de la pieza más pequeña mide 20 mm.

Problemas

1. Dibuja el desarrollo plano de un hexaedro de este juego, teniendo en cuenta que le falta una cara.
2. ¿Cuánto debe medir el lado del segundo hexaedro más grande para que este quepa en el anterior?
3. ¿Cuántos hexaedros podremos obtener? ¿Cuánto medirá cada lado?
4. Con los datos del apartado anterior, calcula la altura que tendrá la pirámide si se colocan todos los hexaedros uno encima de otro.
5. Calcula la superficie total de las piezas del juguete.
6. Determina el volumen que ocupa el juego cuando está recogido.
7. Halla el volumen que ocupa la pirámide cuando está montada por entero.

Representa: 1 | Argumenta: 2, 3 | Matematiza: 4, 5, 6, 7

9 CM CL CS Profesional Puerta de Europa

La Puerta de Europa está constituida por dos rascacielos inclinados de oficinas, ubicados en la plaza de Castilla de Madrid. Tienen una altura de 114 m y 26 plantas, cuya área es de 1170 m^2 cada una. Son las segundas torres gemelas más altas de España, tras las torres de Santa Cruz en Tenerife. Están inclinadas la una hacia la otra 14,3º con respecto a la vertical y son los primeros rascacielos inclinados del mundo.

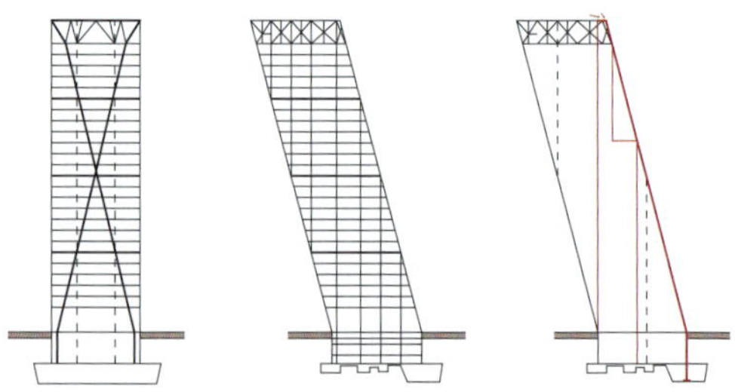

Problemas

1. Suponiendo que la planta del edificio es cuadrada, ¿cuánto medirá su lado?
2. En el techo de cada torre hay un helipuerto de 20 m x 20 m. Si está en el centro del techo, ¿qué distancia hay entre el borde del helipuerto y el borde del edificio?
3. ¿Cuál es la altura de cada piso?
4. Dibuja el desarrollo plano de estos prismas, teniendo en cuenta que algunas caras laterales no son rectángulos.
5. ¿Tiene planos de simetría? Argumenta tu respuesta.

Matematiza: 1, 2, 3, 7 | Representa: 4 | Argumenta: 5

10 CM CL Personal Un problema de edades

La familia Calabuig está sentada a la mesa cenando cuando Ramón, el padre, hace la siguiente pregunta: «¿Habéis observado que, dentro de 10 años, la edad de Fina será el doble de tu edad, Pilar»? (Fina es la madre y Pilar es la hija). «Sí –le responde Fede, el hijo–. Además, dentro de 25 años, Pilar tendrá la edad que tiene ahora mamá».

Problemas

1. Si llamamos x a la edad de Fina en la actualidad, ¿qué edad tendrá dentro de 10 años?
2. Si llamamos y a la edad de Pilar ahora, ¿qué edad tendrá dentro de 10 años? ¿Y dentro de 25 años?
3. Ayudándote de lo que has obtenido en los dos ejercicios anteriores, expresa algebraicamente que dentro de 10 años Fina tendrá el doble de años que su hija Pilar.
4. Expresa de manera algebraica que la edad de Pilar, dentro de 25 años, coincidirá con la actual edad de Fina.
5. Escribe el sistema que has obtenido en los problemas 3 y 4, y resuélvelo.
6. ¿Qué edad tienen actualmente Fina y Pilar?
7. Comprueba que, dentro de 10 y 25 años, se cumplirá el enunciado del problema.

En la misma conversación, Ramón afirma que, dentro de 10 años, él también tendrá el doble de la edad de su hijo Fede; este comenta que, hace ocho años, su padre tenía cuatro veces su edad.

8. Si llamamos x a la edad actual de Ramón e y a la edad actual de Fede, ¿qué edad tendrán ambos dentro de 10 años? ¿Qué edad tuvieron hace ocho años?
9. Ayudándote de lo que has obtenido en el ejercicio anterior, expresa algebraicamente que hace nueve años la edad de Ramón era cuatro veces superior a la de Fede.
10. Con estos nuevos datos, escribe el sistema que necesitas para conocer las edades del padre y del hijo, y resuélvelo. ¿Qué edad tienen ahora Ramón y Fede?
11. Comprueba que se cumple el enunciado del problema hacía ocho años y dentro de 10 años.

Simboliza: 1, 2, 8 **Plantea: 3, 4, 9**

Argumenta: 6 **Matematiza: 5, 7, 10, 11**

11 CM CL Social En el *parking*

Mercedes ha ido a aparcar su coche nuevo a un *parking* público. No se ha fijado muy bien en el número identificativo de la plaza en la que lo ha dejado, pero sabe que es un número de dos cifras que suman 10. También sabe que, si se le resta el número que resulta de invertir sus dos cifras, el resultado es 54. ¿Cuál es el número de la plaza en la que Mercedes ha aparcado su coche?

Problemas

1. Si llamamos x a la cifra de las decenas e y a la cifra de las unidades, ¿cómo escribiríamos el número? ¿Y el resultante de invertir las dos cifras?
2. ¿De qué modo expresaríamos que las dos cifras de ese número suman 10?

Podemos descomponer un número de dos cifras como decenas y unidades. Así, el número 59 se descompone en $5 \cdot 10 + 9$.

3. Descompón el número del aparcamiento en decenas y unidades. Haz lo mismo con el número invertido.
4. Resta al primero el segundo de estos números. ¿Cuál es la expresión algebraica que consigues?
5. ¿A qué será igual la diferencia que has obtenido en el problema anterior?
6. Con todo este proceso, has llegado a expresar un sistema de dos ecuaciones con dos incógnitas. Resuélvelo. ¿En qué número ha aparcado Mercedes su coche?

El encargado del *parking* le dice que, en ese momento, hay aparcados 100 vehículos y que hay 336 ruedas en total.

7. Llama x al número de coches e y al número de motos, y expresa algebraicamente que hay 100 vehículos aparcados.
8. ¿Cuántas ruedas de coches hay? ¿Y de motos? ¿Cuántas ruedas hay en total?
9. Resuelve el sistema que has obtenido con estos datos.
10. ¿Cuántos coches y motos hay en el *parking*?
11. Comprueba que el resultado es el correcto.

Simboliza: 1, 2, 3, 7, 8 **Matematiza: 4, 6, 9, 11**

Argumenta: 5, 10

1. Clasifica en identidades y ecuaciones las siguientes igualdades:

a $3x + 9y^2 = 3(x + 3y^2)$

b $2x + 4 = 2(x + 2)$

c $(a + b) \cdot (a - b) = a^2 - 2ab$

d $a\,(b + c) = ab + ac$

e $(x + 3)^2 = x^2 + 9$

f $7 + a = 2$

2. Halla el valor numérico de los siguientes polinomios para los valores que se indican:

a $P(x) = -x^3 + 2x + 6$ para $x = -1$ y para $x = 3$.

b $P(x) = x^5 + 3x^4 - 2x - 1$ para $x = -2$ y para $x = 1$.

3. Divide los polinomios:

a $(x^4 + 2x^3 - x^2 + 2x - 1) : (x^2 + x + 1)$

b $(x^4 + 1) : (x^2 + 1)$

4. Calcula el cociente y el resto de estas divisiones de polinomios:

a $(x^4 + 2x^3 - x^2 + 3x - 1) : (x - 2)$

b $(2x^3 + x^2 - 4) : (x - 1)$

c $(-x^5 + x^3 + 3x^2 + 5) : (x + 1)$

d $(-3x^4 + 4\,x^2 - 3x) : (x + 2)$

5. Resuelve el siguiente sistema por el método de reducción:

$$\begin{cases} 3x + 4y = 2 \\ 4x - 3y = 11 \end{cases}$$

6. Macarena lleva en su bolsillo 16 monedas. Unas son de 50 céntimos y otras, de 20 céntimos. Si tiene en total 5 €, ¿cuántas monedas tiene de cada tipo?

7. Alberto e Irene tienen 20 € entre los dos. Si Irene le da la mitad de su dinero a Alberto, este tendría el cuádruple del dinero que tiene Irene. ¿Cuánto dinero tiene cada uno?

8. El edificio más característico de Bruselas es el Atomium. Lo construyó André Waterkeyn para la Exposición Universal de 1958. Representa un átomo de hierro aumentado 165 000 millones de veces.

a ¿Qué forma poliédrica tiene?

b Teniendo en cuenta la esfera central, ¿cuáles son sus planos de simetría?

	4 puntos	3 puntos	2 puntos	1 punto
1. Identidades y ecuaciones	Identifico identidades y ecuaciones correctamente.	Identifico identidades y ecuaciones, pero cometo algún error.	Identifico solo identidades o solo ecuaciones.	No identifico ni una identidad ni una ecuación.
2. Valor numérico de un polinomio	Hallo correctamente el valor numérico de un polinomio.	Sé hallar el valor numérico de un polinomio, pero cometo errores al operar.	A veces no sustituyo bien el valor de la variable.	No sé cómo se calcula el valor numérico de un monomio.
3. División por Ruffini	Hago las divisiones por el método de Ruffini correctamente.	Coloco bien los términos para dividir por Ruffini, pero opero con errores.	A veces me confundo al colocar algún término cuando divido por Ruffini.	No sé realizar una división de polinomios por el método de Ruffini.
4. División de polinomios	Hago las divisiones de polinomios correctamente.	Hago las divisiones de polinomios correctamente, pero al operar cometo errores.	Intento dividir polinomios, pero cometo errores graves en la división.	No sé dividir polinomios.
5. Método de reducción	Aplico correctamente el método de reducción para resolver sistemas de ecuaciones y obtengo las soluciones de estos.	Aplico correctamente el método de reducción para resolver sistemas de ecuaciones, pero solo obtengo una de las dos soluciones.	Aplico correctamente el método de reducción para resolver sistemas de ecuaciones, pero me equivoco en alguna operación.	No sé resolver sistemas de ecuaciones por el método de reducción.
6. Planteamiento de sistemas de ecuaciones	Planteo correctamente cualquier sistema de ecuaciones y lo resuelvo con precisión.	Planteo correctamente sistemas de ecuaciones, pero me equivoco en alguna ecuación.	Planteo correctamente las incógnitas de un sistema de ecuaciones, pero soy incapaz de plantear ese sistema.	No sé plantear sistemas de ecuaciones.
7. Sólidos platónicos y sus planos de simetría	Reconozco los sólidos platónicos y sus planos de simetría.	Reconozco los sólidos platónicos, pero no identifico todos sus planos de simetría.	Reconozco los sólidos platónicos, pero no sus planos de simetría.	No reconozco los sólidos platónicos ni sus planos de simetría.

PDF

5 Tiempo libre y ocio

¿Agua y mates?
¿Dónde puedes subir?

¿Qué ecuaciones hay en las atracciones?

¿Cómo utilizó Cervantes las matemáticas para escribir *El Quijote*?

BLOQUES DE CONTENIDOS	Situación 1	Situación 2	Situación 3
NÚMEROS Y ÁLGEBRA			
Representación de números en la recta real.	●		
Transformación de fracciones en decimales y viceversa.	●		
Números decimales exactos y periódicos. Fracción generatriz.	●		
Operaciones con fracciones y decimales. Cálculo aproximado y redondeo.	●		
Ecuaciones de segundo grado con una incógnita. Resolución de ecuaciones de segundo grado por el método algebraico.		●	
Resolución de problemas con ecuaciones de segundo grado.		●	
Progresiones aritméticas y geométricas.			●

1 ¡A remojo!

¿Agua y mates?

¿Dónde puedes subir?

CM CL CA

Personal

Aprende a...

Analizar y comprender el enunciado de los problemas.

Emplear números racionales para resolver problemas de la vida cotidiana y analizar la coherencia de la solución.

Representar números en la recta real.

Ítem 1. Parques acuáticos

El Siam Park, en Tenerife, ha sido elegido por los viajeros durante cinco años consecutivos como el mejor parque acuático del mundo.

Un grupo de amigos ha decidido pasar el día en un parque acuático, el Aquadalia. Este parque ofrece tres tipos de atracciones, llamadas Relax, Familia y Adrenalina.

Existen tres tipos de entradas, dependiendo de la estatura:

- Hasta 110 cm de estatura.
- Entre 110 cm y 140 cm.
- A partir de 140 cm de estatura.

Ítem 2. Entradas del parque

Baldo ha comprado las entradas por internet: $\frac{1}{7}$ de ellas es para personas que miden menos de 110 cm (estas entradas valen la cuarta parte del precio de una entrada ordinaria), $\frac{2}{5}$ del resto corresponden a entradas para personas que miden entre 110 cm y 140 cm (valen la mitad de una normal) y 18 entradas son para el resto de los integrantes del grupo.

Construye con lo que sabes

Matematiza

1 Localiza todas las fracciones que aparecen en el ítem 2 y haz las siguientes tareas:

a Represéntalas sobre la recta real.
b Escríbelas como porcentajes.
c Escribe el número decimal que representa cada fracción e indica de qué tipo es.
d Ordénalas de menor a mayor.
e Súmalas todas.

2 Realiza estas operaciones:

a $\frac{4}{5}-\frac{2}{5}\cdot\left(\frac{5}{2}-1\right)$ **b** $\frac{4}{3}-\frac{2}{3}\cdot\left(\frac{6}{5}-2\right)$ **c** $1-\frac{1}{3}\cdot\left(\frac{7}{2}-3\right)$

3 Lee el ítem 2 y contesta a las siguientes preguntas:

a Si $\frac{1}{7}$ de las entradas corresponde a personas que miden menos de 110 cm, ¿qué fracción representan las restantes entradas?
b ¿Qué fracción compra Baldo para quienes miden entre 110 cm y 140 cm?
c ¿Qué fracción de entradas adquiere para los más altos del grupo?
d ¿Cuántas entradas ha comprado Baldo en total? ¿Y de cada clase?

Plantea

4 Baldo ha pagado 1010 € por todas las entradas. Si llamamos x al precio de la entrada:

a Escribe con una fracción el precio de cada entrada atendiendo a la estatura.
b Escribe, en función de x, lo que Baldo paga por todas las entradas de cada clase.
c ¿Cuál es el precio de una entrada ordinaria? ¿Y el de las demás?
d Calcula lo que han costado en total las entradas de cada tipo.

Matematiza

5 Posteriormente, Baldo se ha enterado de que, por tratarse de un grupo numeroso, las entradas podrían haberle costado menos, en total, 909 €. ¿Cuál es la rebaja que se aplica para grupos numerosos? Halla el precio por entrada con la rebaja y lo que habría pagado cada grupo.

Ítem 3. Tipos de atracciones

Atracción	Relax (capacidad: $\frac{3}{5}$)	Familia (capacidad: $\frac{1}{6}$ del resto)	Adrenalina (capacidad: 2520 personas)
1	Entre 16 y 50 años.	Mayores de 7 años.	Entre 7 y 40 años.
2	10 años o más.	Entre 3 y 15 años.	16 años o más.
3	Entre 3 y 8 años, ambos incluidos.	Todas las edades.	Mayores de 14 años.
4	De 6 a 12 años.	3 años o más.	Entre 18 y 30 años, ambos incluidos.

Ítem 4. Piscina averiada

Una de las piscinas está estropeada. Al parecer, tiene una fuga y ha perdido agua durante seis horas.

Han trabajado con rapidez para arreglarla y ponen dos mangueras para volver a llenarla cuanto antes. La manguera más ancha la llenaría en dos horas y la más estrecha, en tres horas.

Construye con lo que sabes

Matematiza

6 Lee el ítem 4 y contesta a las siguientes preguntas:

a ¿Qué fracción de la piscina llena en una hora la manguera ancha? ¿Y la estrecha?
b ¿Qué fracción llenan juntas?
c ¿Cuánto tiempo tardan en llenarla completamente?

Argumenta

7 Imagina que no han arreglado la fuga de la piscina.

a ¿Qué fracción de agua pierde la piscina por hora?
b ¿Conseguirían llenar la piscina con la fuga? ¿Cuánto tardarían?

Matematiza

8 Supón que la piscina pierde menos agua que en el supuesto anterior y que se vacía en tres horas.

a ¿Cuánto tardan las mangueras en llenarla ahora?
b ¿Qué sucede si se estropea la manguera estrecha? ¿Cuánto tiempo tardará en llenarse? ¿Y si se estropea la manguera ancha?

9 Menciona el nombre de las atracciones en las que podrían montarse personas que tuvieran 3, 7, 15, 40 y 60 años.

10 ¿Cuántas atracciones hay? Escribe el porcentaje de atracciones en las que pueden montarse las personas que se citan en el ejercicio 9.

Argumenta

11 Diego tiene 5 años y mide 105 cm. En función de las atracciones que puede usar, justifica si el descuento que se hace por la compra de su entrada es ventajoso o desventajoso. Justifica tu respuesta. Haz lo mismo en el caso de María, que tiene 10 años y mide 136 cm. Proporcionalmente, ¿qué descuento es mejor?

Plantea

12 ¿Una niño o niña de 7 años puede montar en Relax 3 y 4? ¿A partir de qué edad se pueden usar todas las atracciones de Adrenalina? ¿Entre qué edades se pueden utilizar todas las atracciones de Relax? ¿Y las de Familia? ¿Y las de Adrenalina? ¿Y todas?

13 Partiendo de la información del ítem 3, calcula el aforo del parque acuático. ¿Cuál es el aforo de las actividades de Relax? ¿Y el de las actividades de Familia?

Lo que has construido

Resuelves problemas de la vida cotidiana utilizando **fracciones.**

1. Clasificación de los números reales

Reales ($\mathbb{Q}$) = Racionales ($\mathbb{Q}$) ∪ Irracionales

- **Racionales:** se pueden escribir en forma de fracción. Esta fracción se llama **fracción generatriz.**
- **Irracionales:** tienen infinitas cifras decimales y no pueden escribirse en forma de fracción.

Racionales ($\mathbb{Q}$) = Fraccionarios ∪ Enteros ($\mathbb{Z}$)

- **Fraccionarios:** tienen cifras decimales.
- **Enteros:** no tienen cifras decimales.

Ejemplos

1. -2; $\sqrt{4}$; $\frac{4}{5}$; 0,65; 1,666... son números racionales.
2. π; e; $\sqrt{2}$; 1,010010001... son números irracionales.

Apunte 1

Un irracional muy importante es el número áureo (Φ), el número más bello del mundo.

$$\Phi = \frac{1+\sqrt{5}}{2}$$

1.1 Operaciones con racionales

Suma y resta	Producto	Cociente
$\frac{2}{4}+\frac{1}{12}-\frac{4}{3} \underset{\text{m.c.m.}(3,12,8)=12}{=} \frac{6+1-16}{12} = \frac{-9}{12}$	$\frac{3}{8}\cdot\frac{4}{9}=\frac{12}{72}=\frac{1}{6}$	$\frac{5}{3}:\frac{4}{6}=\frac{5}{3}\cdot\frac{6}{4}=\frac{30}{12}=\frac{5}{2}$

Enteros ($\mathbb{Z}$) = Enteros positivos ($\mathbb{Z}^+$) ∪ Enteros negativos ($\mathbb{Z}^-$) ∪ {0}

- **Enteros positivos:** son los naturales ($\mathbb{N}$).

Fraccionarios = Periódicos ∪ Exactos

- **Exactos:** tienen un número finito de cifras decimales.
- **Periódicos:** tienen un número infinito de cifras decimales que se repiten.

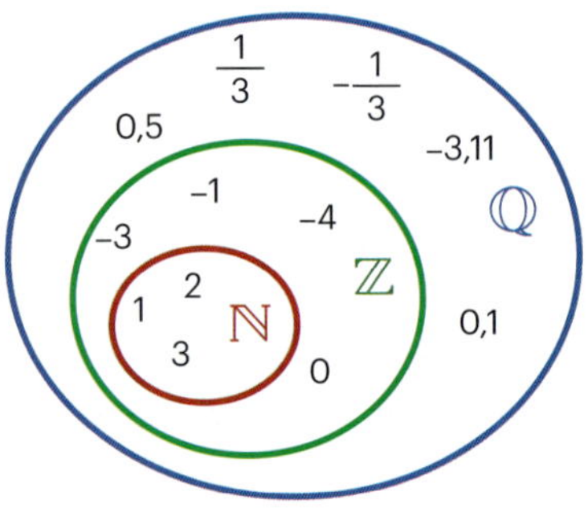

$\mathbb{N}$: números naturales
$\mathbb{Z}$: números enteros
$\mathbb{Q}$: números racionales

Fracciones generatrices		
Periódicos		Exactos
Puros El período (lo que se repite) está después de la coma. $3,\widehat{65} = \frac{365-3}{99} = \frac{362}{99}$ Parte entera: 3. Período: 65.	**Mixtos** El período no empieza después de la coma. $3,11\widehat{65} = \frac{31165-311}{9900} = \frac{30854}{9900} = \frac{15427}{4950}$ Parte entera: 3. Anteperíodo: 11. Período: 65.	$3,25 = \frac{325}{100} = \frac{13}{4}$

Clasificar un número real consiste en decir el menor conjunto de todos los anteriores al cual pertenece.

Ejemplos

3. -6 es racional, pero también es entero, luego diremos que es entero.
4. $\frac{1}{3}$ es racional, pero $1:3 = 0,3333...$, luego diremos que es periódico puro.

2. Valor absoluto

El **valor absoluto** de un número x es la distancia que hay entre ese número y el 0. Se representa mediante $|x|$. Como se trata de una distancia, este valor nunca puede ser negativo.

Observa que un número y su opuesto presentan el mismo valor absoluto; es decir, $|a| = |-a|$.

3. Aproximación decimal de un número

Los números decimales pueden llegar a tener infinitas cifras decimales; esto significa que quizá resulte imposible operar con ellos de forma exacta. Por lo tanto, utilizaremos una aproximación.

Las formas de aproximación más comunes son dos:

- **Truncar** un número a cierto orden es suprimir directamente todas las cifras decimales a partir de ese orden.
- **Redondear** un número consiste en eliminar las cifras decimales a partir de un cierto orden, teniendo en cuenta que:
  - Si la primera cifra decimal que se elimina es 4 o menor que 4, se deja el número que haya quedado.
  - Si la primera cifra decimal que se elimina es 5 o mayor que 5, se suma 1 a la última cifra que haya quedado.

Apunte 2

¡Recuerda!

- **Decimales exactos:** el denominador solo contiene los factores 2 o 5.
- **Periódicos puros:** el denominador no contiene el factor 2 ni el factor 5.
- **Periódicos mixtos:** el denominador contiene los factores 2 o 5, y otros.

4. Errores

Cuando trabajamos con una aproximación en lugar de con un número exacto, se comete un error que se puede medir de dos maneras:

- **Error absoluto:** es el valor absoluto de la diferencia entre en valor exacto y su aproximación.

$$\text{Error absoluto} = |\text{Valor exacto} - \text{Valor aproximado}|$$

- **Error relativo:** es el cociente entre el error absoluto y el valor exacto.

$$\text{Error relativo} = \frac{\text{Error absoluto}}{\text{Valor exacto}}$$

Ejemplos

5. **a** $|3| = 3$ **c** $|-3| = 3$

b $|0| = 0$ **d** $|-1{,}5| = 1{,}5$

6. Si truncamos 2,236 067 978 88… a las centésimas, queda 2,23. Sin embargo, si redondeamos a las centésimas, obtendremos 2,24, ya que la primera cifra que eliminamos es un 6; en consecuencia, sumamos 1 al 3.

7. El error absoluto que resulta al redondear 2,236 067 978 88 a las centésimas es:

$$|2{,}236\,067\,978\,88 - 2{,}24| = |-0{,}003\,932\,021\,12| = 0{,}003\,932\,021\,12$$

$$\text{Error relativo} = \frac{0{,}003\,932\,021\,12}{2{,}236\,067\,978\,88} = 0{,}001\,758\,453\,301\,5$$

El error relativo es del 0,18 %.

Apunte 3

¡Recuerda!

Unidades, Décimas, Centésimas, Milésimas, Diezmilésimas, Cienmilésimas, Millonésimas

8,497012

Nota

Los números que aproximamos suelen tener infinitas cifras decimales. Así, para calcular el error, tomaremos como valor exacto las cifras que permita la calculadora o las que nos indiquen.

Entrénate

1. Escribe dos números que estén comprendidos entre los siguientes:

a 2,3 y 2,6 **c** $3,\hat{6}$ y 3,7 **e** 1,1 y 1,2
b −0,02 y 0 **d** −3,6 y −3,5 **f** $\sqrt{3}$ y 1,73

2. Ordena los siguientes números de menor a mayor:

$\sqrt{6}$ −4,36 2,4 2,424 $2,\hat{4}$ π 3,1402

3. Indica si estos números son racionales o irracionales:

a $\frac{25}{4}$ **d** e **f** 2π **h** $\sqrt{11}$
b 1,1333... **e** $\sqrt{3}$ **g** $\sqrt{81}$ **i** Φ
c 2,303003000300003000003...

4. Señala si los resultados de las siguientes operaciones son racionales o irracionales:

a 0,018 + 2,333333
b 0,2020... + 1,0505...
c $7-\pi$
d $\frac{25}{4}$ + 1,212121 21...
e $1{,}186+\sqrt{5}$
f $7+\pi$
g $(7+\pi)+(7-\pi)$
h $\sqrt{2}\cdot\sqrt{8}$

5. Clasifica estos números decimales. Identifica sus partes y después calcula la fracción generatriz de dos formas diferentes:

a 0,36 **c** 3,111... **e** −2,155555 **g** 1,1616...
b 2,466 **d** 0,23636... **f** 2,345345... **h** 0,273636

6. Di si las afirmaciones que siguen son verdaderas o falsas. Justifica tus respuestas.

a La suma de dos números racionales es siempre un número racional.
b La suma de dos números irracionales es siempre un número irracional.
c La diferencia de un racional y un irracional es siempre un número irracional.
d El cuadrado de un número racional es siempre un número racional.
e El cuadrado de un número irracional es siempre un número irracional.
f El producto de dos irracionales es siempre irracional.

7. ¿Es posible construir un número irracional solo con dos dígitos, utilizados tantas veces como sea necesario? ¿Y con un único dígito?

8. Calcula y simplifica:

$$-\frac{1}{4}-\frac{2}{5}:3+\frac{1}{3}\left[3-\frac{4}{5}:\left(1-\frac{3}{4}\right)+2\right]$$

Banco digital

9. Realiza las siguientes operaciones. Para hacerlo, en primer lugar, expresa los decimales en forma de fracciones irreducibles:

a $3,\hat{6}-5\cdot\frac{1}{9}+1,0\hat{4}$

b $-1+0,\hat{3}-\frac{13}{9}-\frac{10}{7}\cdot 0,6\hat{2}$

10. Resuelve las siguientes operaciones simplificando en cada paso y expresa los resultados como fracciones irreducibles:

a $\dfrac{\frac{1}{3}+\frac{2}{6}}{\frac{3}{5}-\frac{1}{5}\cdot\frac{3}{2}}$ **b** $\dfrac{2-\frac{5}{4}}{5-3\cdot\frac{15}{9}-7}$

11. Copia y completa la tabla:

Número	Redondear a las centésimas	Truncar a las centésimas
2,1234		
0,0054		
1,8976		
5,9978		
4,0248		

12. Calcula los errores absolutos y relativos que resultan al redondear y truncar los decimales del ejercicio anterior.

13. Halla los siguientes valores absolutos:

a $|2-5|$ **c** $|-12-5|$
b $|20-18|$ **d** $|-4+12|$

14. Realiza las siguientes operaciones con valores absolutos:

a $-6-|-5|$ **c** $|-12|-(-5)$
b $|2-|-3\cdot 2|+18|$ **d** $||-2|-(-4)|$

15. Indica cuál de las siguientes expresiones no es igual a $\frac{4}{5}$:

a $\frac{4+4}{5+5}$ **c** $\frac{12}{15}$ **e** $\frac{4\cdot 6}{5\cdot 6}$
b $\frac{4^3}{5^3}$ **d** $\frac{4:7}{5:7}$ **f** $\frac{4+3}{5+3}$

16. Sin hacer las divisiones, explica el tipo de decimal al que dará lugar cada una de estas fracciones:

a $\frac{15}{16}$ **c** $\frac{7}{125}$ **e** $\frac{71}{30}$
b $\frac{18}{21}$ **d** $\frac{22}{39}$ **f** $\frac{13}{40}$

Mates en contexto

1 CM CL Social Del frío al calor

La tabla siguiente recoge datos históricos relativos al tiempo en Europa (temperaturas medias).

Temperatura mínima (°C)	Ene. -8,6	Feb. -8,3	Mar. -4,5	Abr. 1,5	May. 6,9	Jun. 10,4
	Jul. 11,9	Ago. 11,2	Sep. 7,5	Oct. 3,4	Nov. -0,7	Dic. -5,6
Temperatura máxima (°C)	Ene. -2,8	Feb. -1,8	Mar. 3	Abr. 10,9	May. 18,1	Jun. 21,2
	Jul. 22,5	Ago. 22	Sep. 16,8	Oct. 10,7	Nov. 3,9	Dic. -0,5

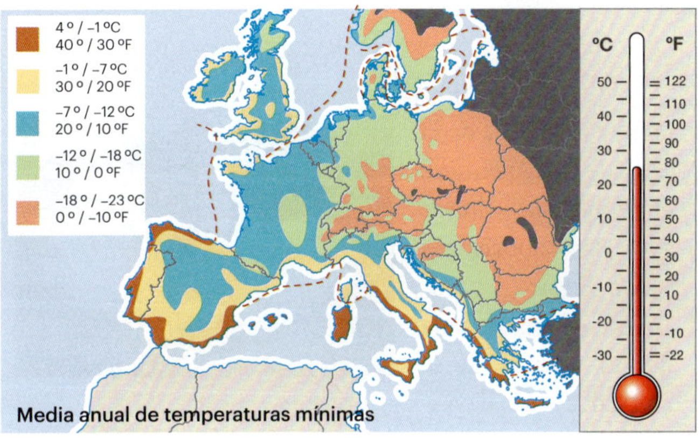

Media anual de temperaturas mínimas

Problemas

1. ¿Cuántos meses la temperatura mínima está por encima de 0 °C?
2. ¿En qué fracción del año la temperatura mínima se encuentra por encima de 0 °C? Sin hacer la división, justifica el tipo de decimal que representa.
3. Ahora, divide para comprobar tu respuesta del problema anterior.
4. Considera ocho cifras decimales del número anterior, y calcula los errores absolutos y relativos en los siguientes casos:

   a Se trunca en las milésimas. **b** Se redondea a las décimas.
5. ¿En qué mes hace más frío? ¿Y más calor?
6. Calcula la variación de temperaturas en cada mes. ¿En qué mes es mayor esa variación? ¿Y menor?
7. Determina la fracción del año en la que la variación de temperatura está por debajo de 7 °C. Sin hacer la división, di qué tipo de decimal es. Justifica tu respuesta.
8. Para ese decimal, ¿obtendremos el mismo resultado truncando que redondeando? ¿Por qué?
9. Calcula el error absoluto y el error relativo que resulta al redondear a las centésimas y tomar seis cifras decimales.
10. Transforma las temperaturas de la tabla a grados Fahrenheit y busca la equivalencia.

Matematiza: 1, 2, 3, 4, 6, 7, 9, 10 **Argumenta: 5, 8**

2 CM CL Social El juego de la cucaña

En el juego de la cucaña, también conocido como el palo ensebado, hay un palo horizontal o vertical (previamente untado con alguna sustancia resbaladiza) por el que hay que andar o trepar hasta llegar al final, usando solo los brazos y las piernas. Este juego se originó como pasatiempo en el Nápoles del siglo XVI; actualmente se practica en España, en muchos países de América Latina y en Filipinas.

En la plaza del pueblo de Orgaz (Toledo) se han colocado dos cucañas verticales, una para niños y otra para adultos.

Ambas cucañas tienen $\frac{2}{7}$ de su longitud bajo tierra; $\frac{3}{4}$ del resto llegan a una marca azul y quienes llegan a ella reciben un premio menor.

Problemas

1. La cucaña para niños mide 14 m.

   a ¿Cuántos metros tiene bajo tierra?
   b ¿Y cuántos metros hay hasta la marca azul? Calcula los metros totales que un niño debe escalar.
2. La cucaña para adultos mide 5 m desde la marca azul hasta su final.

   a ¿Qué fracción de la longitud del poste se tiene que subir?
   b ¿Qué fracción hay que subir hasta alcanzar la marca azul?
   c ¿Qué fracción del total representa desde la marca azul a la roja?
   d ¿Cuánto mide, en total, el palo de esta cucaña?
3. A la cucaña grande pueden subir las personas mayores de 10 años y a la otra, quienes tienen menos de esa edad.

   Orgaz cuenta con unos 2700 habitantes, de los cuales, $\frac{2}{3}$ tienen menos de 50 años y $\frac{3}{8}$ de estos, menos de 10 años.

   a Expresa en forma decimal las fracciones que aparecen en el enunciado. Clasifica los decimales que has obtenido y, si alguno tiene infinitas cifras decimales, redondéalo a las centésimas. Calcula el error absoluto y el error relativo considerando seis cifras decimales.
   b ¿Cuántas personas pueden subir a la cucaña pequeña? ¿Cuántas tienen entre 10 y 50 años? ¿Cuántas tienen más de 10 años?

Matematiza: 1, 2, 3

2 ¡A montar en las atracciones!

¿Qué ecuaciones hay en las atracciones?

CM CL CA CS Social

Aprende a...

Utilizar el lenguaje algebraico para expresar una propiedad o relación dada mediante un enunciado.

Formular algebraicamente una situación de la vida cotidiana a través de ecuaciones de segundo grado, resolverlas e interpretar críticamente el resultado obtenido.

Ítem 1. Un día en PortAventura

Paula y Marcos están con sus padres en PortAventura. Les ha sorprendido la tematización del parque y sus ambientes: Mediterráneo, China, Polynesia, México... Como forman una familia aventurera, se animan a probar las atracciones más fuertes del parque; mientras esperan en cada atracción, leen sus descripciones.

Ítem 2. Furius Baco

En Furius Baco, un genio prepara su nueva máquina para recolectar uvas, pero si el mono que tiene como ayudante se equivoca de palanca, convertirá el artefacto en una lanzadera descontrolada.

Esta increíble lanzadera pone a prueba a los más valientes, pues pasa de 0 a 135 km/h en tan solo 3 segundos. En su vertiginoso recorrido, se desliza casi a ras del suelo, atraviesa zanjas y túneles, e incluso roza el agua del lago de Mediterrània.

Ítem 3. Tutuki Splash

Oculta en mitad de la selva de PortAventura, en Polynesia –donde solo los aborígenes saben llegar–, se encuentra dormida una de las fuerzas de la naturaleza más devastadoras: un terrible volcán que está a punto de despertar de su largo letargo.

Los más atrevidos pueden desafiar al volcán navegando a bordo de una barcaza por unas aguas que esconden un sinfín de sorpresas.

Textos e imágenes extraídos y adaptados de PortAventura World.

Construye con lo que sabes

Argumenta

1. Furius Baco: esta atracción te lanza a gran velocidad desde el principio.

a En la descripción de esta atracción se explica que acelera de 0 a 135 km/h en solo 3 segundos. Sabemos que 135 km/h son 37,5 m/s (en unidades del SI) y que $v = a \cdot t$, donde v es la velocidad en m/s, a es la aceleración en m/s^2 y t es el tiempo en segundos. Calcula la aceleración de esta atracción.

b Con esa aceleración, y sabiendo que la atracción que parte del reposo cumple la ecuación $x = \frac{1}{2} \cdot a \cdot t^2$, donde x es la distancia en metros, determina la distancia que recorre durante la aceleración inicial de 3 segundos.

c Con esa aceleración, halla el tiempo que tardaría en alcanzar el doble de la distancia calculada en el ejercicio anterior (usa la misma fórmula del apartado anterior).

Representa

2. Tutuki Splash: montado en una barcaza grande, subes lentamente por una rampa a la parte más alta de un volcán, del que luego bajarás por otra rampa mucho más inclinada.

a La rampa de descenso forma un triángulo rectángulo isósceles. Dibuja el triángulo que se forma y calcula cuánto miden la altura y la base (es decir, los catetos), si se sabe que la rampa (hipotenusa) tiene una longitud de 19,8 m.

b La rampa de ascenso es menos inclinada que la de bajada, pero sigue formando un triángulo rectángulo (aunque ya no es isósceles). Sabiendo que la base (un cateto) mide el doble que la altura (el otro cateto) y que el área del triángulo es de 225m^2, dibuja el triángulo, y calcula la altura y la longitud de la rampa.

Ítem 4. Hurakan Condor

Al llegar a la zona de México de PortAventura, se puede contemplar una gran torre, de más de 100 metros de altura, que convierte a la atracción Hurakan Condor en la más imponente del parque. En ella, el dios Hurakan desatará toda su furia sobre los intrépidos aventureros que se atrevan a probarla.

La subida proporciona a los valientes que se atreven a subir a ella unas espectaculares vistas del parque temático y de la costa mediterránea; pero, una vez que lleguen arriba, y cuando menos se lo esperen, caerán al vacío y notarán una sensación única que solo este dios podrá detener.

Ítem 5. Shambhala

Dice una leyenda que en un valle de Asia central, entre las inexpugnables montañas del Himalaya, se encuentra una ciudad que es la cuna de la eterna juventud, un centro de felicidad, y un reino de paz y sabiduría. Esta ciudad se llama Shambhala.

Se trata de la montaña rusa más alta y con la caída más larga de PortAventura. Sus cinco *camelbacks* (elevaciones durante el recorrido) ofrecen al visitante la sensación de haber perdido el contacto con el asiento, y este querrá repetir el viaje nada más bajar.

Textos e imágenes extraídos y adaptados de PortAventura World.

Construye con lo que sabes

Representa (3) Hurakan Condor: esta atracción te eleva verticalmente para, luego, dejarte en caída libre.

a Aunque en la descripción de esta atracción se explica que la torre mide más de 100 m de altura, la caída libre es algo menor, entre el frenado y la decoración superior de la torre. Sabiendo que se cumple la ecuación $x = \frac{1}{2} \cdot g \cdot t^2$, donde x es la altura en m, g es la gravedad y t es el tiempo de caída libre en segundos, calcula la distancia de caída libre, considerando el valor aproximado g = 10 m/s^2 y teniendo en cuenta que se tarda en caer 4 segundos.

b Calcula el tiempo de caída, si de verdad fuesen 100 m de caída libre, usando la fórmula anterior.

Comunica (4) Shambhala: esta atracción está llena de *camelbacks* de distintos tamaños que te darán la sensación de flotar en el aire.

a Uno de los *camelback* cumple la ecuación $y = -0{,}2x^2 + 6x$, donde y representa la altura en metros. Calcula para qué valores de x la atracción está al nivel del suelo (la altura es 0).

b Los puntos calculados en el apartado anterior serán los puntos de comienzo y final de este *camelback*. ¿Cuál es su anchura?

c Para este *camelback,* usando la ecuación que lo define y su anchura, determinada en el apartado anterior, halla la altura máxima que alcanzará, teniendo en cuenta que se encontrará justo en medio del recorrido del *camelback*.

d Haz los apartados anteriores para el *camelback* más alto de todos, que se ajusta a la ecuación

$$y = \frac{-1}{3}x^2 + 10x$$

Lo que has construido

Plantear y resolver **ecuaciones de segundo grado.**

Plantear y resolver **ecuaciones de segundo grado incompletas.**

Hallar el **valor numérico de un polinomio.**

5. Ecuaciones de segundo grado

Apunte 4

Observa que si $a = 0$, entonces no aparecería el término de x^2, por lo que no se trataría de una ecuación de segundo grado.

Una **ecuación de segundo grado** es una igualdad que se puede expresar como $ax^2 + bx + c = 0$, donde a, b y c son números reales, $a \neq 0$ y la letra x es la incógnita cuyo valor queremos determinar (apunte 4).

Para encontrar las soluciones a una ecuación de segundo grado expresada de esta forma, aplicamos la fórmula siguiente:

$$x = \frac{-b \pm \sqrt{b^2 - 4ac}}{2a}$$

Donde el símbolo ± indica que tendremos dos posibles soluciones: una cuando aplicamos la suma y otra cuando aplicamos la resta. Por lo tanto, las dos soluciones de una ecuación de segundo grado serán:

$$x_1 = \frac{-b + \sqrt{b^2 - 4ac}}{2a} \qquad x_2 = \frac{-b - \sqrt{b^2 - 4ac}}{2a}$$

Ejemplo

8. Encuentra las soluciones de la siguiente ecuación: $2x^2 - x = 6 + 2x - x^2$.

Primero, pasamos todo a un miembro (por ejemplo, al izquierdo) para quedarnos con la forma $ax^2 + bx + c = 0$:

$2x^2 - x - 6 - 2x + x^2 = 0 \quad \rightarrow \quad 3x^2 - 3x - 6 = 0$

Luego, identificamos los números que corresponden a los coeficientes a, b y c:

$a = 3,\ b = -3,\ c = -6$

Finalmente, aplicamos la fórmula de las ecuaciones de segundo grado con estos datos:

$$x = \frac{-(-3) \pm \sqrt{(-3)^2 - 4 \cdot 3 \cdot (-6)}}{2 \cdot 3} = \frac{3 \pm \sqrt{9 + 72}}{6} = \frac{3 \pm 9}{6}$$

Ya tenemos las soluciones: $x_1 = \frac{3+9}{6} = 2$ y $x_2 = \frac{3-9}{6} = -1$.

6. Ecuaciones de segundo grado incompletas

Apunte 5

Recuerda que las ecuaciones incompletas también se pueden resolver con la fórmula general.

Profesor en casa.
Ecuaciones de segundo grado incompletas.

Cuando tenemos una ecuación de segundo grado de la forma $ax^2 + bx + c = 0$ y tenemos que, o bien $b = 0$, o bien $c = 0$, decimos que estamos ante una **ecuación de segundo grado incompleta** (apunte 5).

Estas ecuaciones se pueden resolver mediante la fórmula de las ecuaciones de segundo grado, pero hay otros modos de encontrar las soluciones más rápidamente:

- Si $\boldsymbol{b = 0}$, entonces nuestra ecuación se podrá expresar como $\boldsymbol{ax^2 + c = 0}$, por lo que, si despejamos, nos quedará $x^2 = \frac{-c}{a}$. Aplicando raíces cuadradas, tendremos que $x = \pm\sqrt{\frac{-c}{a}}$, por lo que nuestras soluciones serán:

$$x_1 = \sqrt{\frac{-c}{a}} \qquad x_2 = -\sqrt{\frac{-c}{a}}$$

- Si $c = 0$, entonces nuestra ecuación se podrá expresar como $ax^2 + bx = 0$, por lo que podemos sacar x como factor común y nos quedará una expresión del tipo $x(ax + b) = 0$. Como tenemos que el producto de x por $(ax + b)$ tiene que ser 0, entonces uno de los factores tiene que ser igual a 0, por lo que tenemos que:

$$\begin{cases} x = 0 \\ \text{o} \\ ax + b = 0 \end{cases} \Leftrightarrow \begin{cases} x_1 = 0 \\ \text{o} \\ x_2 = \dfrac{-b}{a} \end{cases}$$

Ejemplos

9. Resuelve la ecuación $x^2 - 8 = 10$.

En primer lugar, pasamos todo a un miembro: $2x^2 - 8 - 10 = 0 \Leftrightarrow 2x^2 - 18 = 0$.

Como es una ecuación de segundo grado incompleta en la que $b = 0$, despejamos la x: $2x^2 = 18 \Leftrightarrow x^2 = 9 \Leftrightarrow x = \pm\sqrt{9}$.

Por lo que las soluciones serán: $x_1 = 3$ y $x_2 = -3$.

10. Resuelve la ecuación $2x^2 = -4x$.

Primero pasamos todo a un miembro:

$2x^2 + 4x = 0$

Como es una ecuación de segundo grado incompleta en la que $c = 0$, sacamos la x como factor común:

$$x(2x+4) = 0 \Leftrightarrow \begin{cases} x = 0 \\ \text{o} \\ 2x + 4 = 0 \end{cases} \Leftrightarrow \begin{cases} x_1 = 0 \\ \text{o} \\ x_2 = \dfrac{-4}{2} = -2 \end{cases}$$

7. Discriminante

Una ecuación de segundo grado tiene dos soluciones, si bien, a veces, no seremos capaces de encontrarlas, pues esas soluciones no serán números reales; otras veces las dos soluciones serán el mismo número.

Antes de intentar resolver una ecuación de segundo grado, podemos saber cuántas soluciones reales tiene. Para ello, utilizaremos el **discriminante,** que se expresa mediante la letra griega delta (apunte 6):

$$\Delta = b^2 - 4ac$$

- Si el discriminante $\Delta > 0$, tendremos **dos soluciones reales distintas.**
- Si el discriminante $\Delta = 0$, tendremos **una solución doble.**
- Si el discriminante $\Delta < 0$, no tendremos **ninguna solución real.**

Apunte 6

Δ es la letra griega delta en mayúscula. Equivale a nuestra letra d.

Profesor en casa. Número de soluciones de las ecuaciones de segundo grado.

Ejemplo

11. Determina, sin resolverlas, cuántas soluciones reales tiene cada ecuación:

a $3x^2 - 6x + 3 = 0 \rightarrow \Delta = (-6)^2 - 4 \cdot 3 \cdot 3 = 36 - 36 = 0$. La ecuación tiene una solución doble.

b $2x^2 - x + 5 = 0 \rightarrow \Delta = (-1)^2 - 4 \cdot 2 \cdot 5 = 1 - 40 = -39 < 0$. La ecuación no tiene ninguna solución real.

c $x^2 + 5x + 6 = 0 \rightarrow \Delta = 5^2 - 4 \cdot 1 \cdot 6 = 25 - 24 = 1 > 0$. La ecuación tiene dos soluciones reales.

Entrénate

17. Indica si los valores indicados son soluciones a cada una de las ecuaciones:

a $x = 1$ para:

$x^2 + 5x - 6 = 0$, $x^2 + x - 2 = 0$, $x^2 + 1 = 0$

b $x = -2$ para:

$x^2 + x - 2 = 0$, $x^2 - 2x = 0$, $x^2 - x - 6 = 0$

c $x = 2$ para:

$x^2 - 3x + 3 = 0$, $x^2 - 2x = 0$, $x^2 + x + 6 = 0$

d $x = -1$ para:

$x^2 - 2x - 3 = 0$, $3x^2 + 3x - 3 = 0$, $x^2 + x = 0$

e $x = \frac{1}{2}$ para:

$4x^2 + 2x - 2 = 0$, $6x^2 - 5x + 1 = 0$, $4x^2 + 1 = 0$

f $x = \frac{-1}{2}$ para:

$2x^2 - 3x - 2 = 0$, $2x^2 + 2x + 1 = 0$, $4x^2 - 1 = 0$

18. Resuelve las siguientes ecuaciones:

a $x^2 + x - 6 = 0$
b $2x^2 + 8x - 10 = 0$
c $6x^2 + 23x + 7 = 0$
d $3x^2 - 25x + 28 = 0$
e $x^2 + 6x + 9 = 0$
f $2x^2 - 4x + 1 = 0$
g $-x^2 + 3x + 28 = 0$
h $-2x^2 - 6x - 4 = 0$
i $x^2 - 5x = -6$
j $3x^2 + 3 = x^2 + 7x$
k $x^2 + 7x - 10 = -2x^2$
l $2x - 3 = 1 - 2x + x^2$
m $x(x + 5) = 2x + 4$
n $(x + 1)(x - 2) = -3x$

19. Resuelve estas ecuaciones de segundo grado incompletas y comprueba que las soluciones son las mismas que si utilizases la fórmula de las ecuaciones de segundo grado:

a $x^2 - 5x = 0$
b $2x^2 - 6x = 0$
c $x^2 - 25 = 0$
d $2x^2 + 8 = 0$
e $12x^2 - 3x = 0$
f $4x^2 = x$
g $2x^2 + 3x = -5x$
h $7x^2 - x = 2x - x^2$
i $3x - 6x^2 = 2x^2 - 5x$
j $2(2x^2 - 5) = 3(2 - 3x^2)$

20. Sin resolverlas, di cuántas soluciones reales tienen las siguientes ecuaciones de segundo grado:

a $9x^2 + 6x + 10 = 0$
b $3x^2 - 9x + 0 = 0$
c $-6x^2 + 10x + 10 = 0$
d $x^2 + 1 = 0$
e $x^2 + x + 1 = 0$
f $x^2 - 2x + 5 = 0$
g $x^2 + 4x + 4 = 0$
h $2x^2 - 4x + 1 = 0$
i $5x^2 + x + 10 = 0$
j $x^2 - 6x + 9 = 0$

21. Calcula el valor de k para que las ecuaciones que siguen tengan una raíz (solución) doble:

a $4x^2 + 12x + 4k = 0$
b $5x^2 + 5kx + 80 = 0$
c $3x^2 + 5x + k = 0$
d $6x^2 + 3kx + 6 = 0$
e $4x^2 - 2kx + 9 = 0$
f $5kx^2 - 10x + 15 = 0$
g $x^2 - 6x = k$
h $x^2 + 12x + k = 0$
i $x^2 - kx + 25 = 0$

22. Halla dos números naturales consecutivos cuyo producto sea 506.

23. Busca dos múltiplos de 4 consecutivos cuya suma de sus cuadrados sea 400.

24. Determina dos números tales que su diferencia sea 3 y la diferencia de sus cuadrados sea 117.

25. Calcula dos múltiplos de 6 consecutivos cuya suma de sus cuadrados sea 900.

26. Si al doble de un número se le suma la mitad de su cuadrado, se obtiene 16. ¿De qué número se trata?

27. Halla los lados de un triángulo rectángulo sabiendo que la hipotenusa mide 20 cm y que su perímetro mide 48 cm.

28. Calcula la base y la altura de un rectángulo teniendo en cuenta que su altura tiene 12 cm menos que su base y que su área es de 160 cm^2.

29. Se sabe que el perímetro de un rectángulo mide 46 cm y su diagonal mide 17 cm. Calcula las dimensiones del rectángulo. ¿Cuánto vale su área?.

Banco digital

Mates en contexto

3 CM CL Personal Los planos

Ana y Ernesto se quieren comprar una casa. Van a una inmobiliaria y analizan los planos de las viviendas que se ajustan a su presupuesto. Han visto una que les gusta mucho: tiene 72 m², su anchura es el doble que su longitud y cuenta con una terraza que ocupa una de las caras con 1 m de ancho, que les permitiría poner una mesita y unas sillas cuando haga buen tiempo. Más tarde, al estudiar un poco más a fondo la oferta, no se acuerdan de si la terraza estaba en una de las paredes largas o cortas; tampoco recuerdan si el espacio de la terraza estaba incluido en los 72 m² de la casa.

Problemas

1. Llamando x al lado corto de la vivienda, sin incluir la terraza, dibuja las dos posibilidades de la disposición de la terraza y acota las dimensiones, es decir, anota cuánto vale cada lado de la casa y de la terraza.
2. Usa la primera disposición (la terraza estaba en uno de los lados cortos de la casa) para plantear dos ecuaciones que te permitan averiguar las dimensiones de la vivienda: en la primera, considera los 72 m² sin contar la terraza; en la segunda, determina que los 72 m² son la superficie de la casa, incluida la terraza.
3. Plantea las ecuaciones equivalentes al ejercicio anterior, pero ahora parte de la segunda disposición (la terraza estaba en uno de los lados largos de la casa).
4. Resuelve las cuatro ecuaciones que has obtenido en los problemas 2 y 3.
5. Si Ana y Ernesto saben que las longitudes de las paredes son números enteros, ¿cuál es la disposición en la que está finalmente la terraza? ¿Cuánto mide cada pared? ¿Qué superficie tienen, sin contar la terraza? ¿Y contando la terraza?

Representa: 1 **Simboliza: 2, 3** **Matematiza: 4, 5**

4 CM CL Profesional La empresa

Una empresa quiere abrir una nueva sede, pero sus dueños han hecho un estudio de mercado para saber si les resultará rentable. Este estudio revela que los ingresos totales dependen del número de productos que se vendan según el polinomio $0{,}3x^2 + 50x$, donde x es el número total de unidades vendidas. También deben tener en cuenta el precio de fabricación de estos productos, cuyo coste viene dado por el polinomio $0{,}2x^2 + 250x$, donde x es el número de unidades producidas.

Problemas

1. Determina los ingresos totales (sin contar los costes) que tendría la empresa si se venden 10, 100, 1000 y 10 000 unidades.
2. Calcula cuánto le costaría a la empresa producir 10, 100, 1000 y 10 000 unidades.
3. El beneficio de una empresa es el dinero que gana. Para conocer este beneficio, se debe restar el coste de producción a los ingresos totales. Plantea el polinomio que expresa el beneficio de la empresa.
4. Calcula el beneficio de la empresa cuando produzca y venda 10, 100, 1000 y 10 000 unidades.
5. Como habrás comprobado en el problema anterior, existen situaciones en las que el beneficio es negativo. ¿Esto es posible? ¿A qué se debe?
6. Calcula cuántas unidades se deben producir y vender para que el beneficio empiece a ser positivo (es decir, determina cuándo el beneficio es 0).
7. Interpreta las soluciones del ejercicio anterior y di cuál sería la respuesta correcta.
8. ¿Cuántas unidades se deben producir y vender para obtener un beneficio de 200 000 €?
9. Interpreta las soluciones del apartado anterior. ¿Las dos son posibles?

Matematiza: 1, 2, 4, 6, 8 **Simboliza: 3**

Argumenta: 5, 7, 9

3 Don Quijote de las matemáticas

¿Cómo utilizó Cervantes las matemáticas para escribir *El Quijote*?

CM CL CA CS CC

Social

Personal

Aprende a...

Identificar progresiones aritméticas y geométricas.

Expresar su término general, calcular la suma de los *n* primeros términos y emplearlas para resolver problemas.

Ítem 1. *Don Quijote de la Mancha*

Don Quijote de la Mancha es una novela escrita por Miguel de Cervantes Saavedra cuyo título original es *El ingenioso hidalgo don Quijote de la Mancha.*

Consta de dos partes, la primera se publicó en 1605 y la segunda, en 1615.

Representa la primera novela moderna y la primera novela polifónica; como tal, ejerció una enorme influencia en toda la narrativa europea.

Está considerada por muchos como el mejor trabajo literario jamás escrito y encabeza la lista de las mejores obras literarias de la historia. Es el segundo libro más traducido del mundo, después de la Biblia.

Ítem 2. *Don Quijote* (parte II, capítulo 35)

«[...] si te pidieran, enemigo del género humano, que te comieras **una docena** de sapos, **dos** de lagartos y **tres** de culebras [...]»

Ítem 3. *Don Quijote* (parte I, capítulo 17)

«Quiso la mala suerte del desdichado Sancho que entre la gente que estaba en la venta se hallasen **cuatro** perailes de Segovia, **tres** agujeros del Potro de Córdoba y **dos** vecinos de la Heria de Sevilla.»

Ítem 4. Progresión aritmética

Una colección de números es una **progresión aritmética** si cada término se obtiene a partir del anterior, sumándole un número fijo.

Construye con lo que sabes

Matematiza
Comunica
Argumenta

1. Lee el ítem 2 y realiza las actividades:

a Escribe con números la sucesión que aparece en el texto.
b ¿Cómo se obtiene un número a partir del anterior?
c ¿Cómo se llama la serie de números que cumplen la propiedad descrita en **b**?
d Si Cervantes hubiese continuado progresión, ¿qué número de docenas habría puesto a continuación? ¿Por qué?
e Escribe la progresión anterior pero, en lugar de por docenas, por número de veces; escribe hasta el término décimo.
f Inventa un texto en el que aparezca una progresión aritmética creciente.

2. Lee ahora el ítem 3 y resuelve las actividades:

a Escribe con números la sucesión que aparece en el fragmento.
b ¿Cómo se obtiene un número a partir del anterior?
c Si Cervantes hubiese seguido escribiendo la progresión, ¿qué número habría puesto para continuar? ¿Por qué?
d ¿Podría haber seguido con más números? ¿Por qué?
e Inventa un texto en el que aparezcan números de forma descendente.

Ítem 5. Miguel de Cervantes Saavedra

Novelista, poeta y dramaturgo español, nació en 1547 (posiblemente, el 29 de septiembre) en Alcalá de Henares y murió el 22 de abril de 1616 en Madrid, pero fue enterrado el 23 de abril y popularmente se conoce esta fecha como la de su muerte.

Se le considera como la máxima figura de la literatura española. Es universalmente conocido por ser el autor de *El ingenioso hidalgo don Quijote de la Mancha,* obra por la que recibió el sobrenombre de príncipe de los ingenios.

Escribió otras obras célebres, entre las que destacan *La Galatea,* las *Novelas ejemplares* y *Los trabajos de Persiles y Sigismunda.*

Ítem 6. *Don Quijote* (parte I, capítulo 15)

«Y, despidiendo **treinta** ayes, y **sesenta** sospiros, y **ciento y veinte** pésetes y reniegos de quien allí le había traído, se levantó. [...]

–Yo voy por **cinco** años a las señoras gurapas por faltarme **diez** ducados. Yo daré **veinte** de muy buena gana –dijo don Quijote– por libraros desa pesadumbre.»

Ítem 7. *Don Quijote* (parte II, capítulo 69)

«–¡Acudid unos tras otros y sellad el rostro de Sancho con **veinte y cuatro** mamonas, y **doce** pellizcos y **seis** alfilerazos en brazos y lomos!»

Ítem 8. Progresión geométrica

Una colección de números es una **progresión geométrica** si cada término se obtiene a partir del anterior, multiplicándole un número fijo.

Construye con lo que sabes

Matematiza
Comunica
Argumenta

(3) Lee el ítem 6 y resuelve:

a Escribe con números las sucesiones que aparecen en el texto.
b ¿Cómo se obtiene un número a partir del anterior?
c ¿Qué tipo de progresión formarían esos números?
d Escribe los tres números siguientes en cada una de las progresiones que han aparecido.
e Invente un texto en el que aparezca una progresión geométrica tal que los distintos números se obtengan multiplicando el anterior por 3.

(4) Ahora, lee el ítem 7 y resuelve:

a Escribe con números las sucesiones que aparecen en el fragmento.
b ¿Cómo se obtiene un número a partir del anterior?
c ¿De qué tipo de progresión se trata?
d ¿Crece o decrece? ¿Por qué?
e Escribe los tres números siguientes de esa progresión.
f Si seguimos escribiendo la progresión, ¿cuál sería el último número?
g Inventa un texto en el que aparezca una progresión geométrica decreciente.

Lo que has construido

Reconoces y distingues las **progresiones aritméticas y geométricas.**

Conoces los **términos** de las progresiones aritméticas y geométricas.

Calculas distintos términos de las progresiones.

8. Sucesiones

Una **sucesión** es una secuencia de números reales dados ordenadamente, de tal manera que se puedan numerar: primero, segundo, tercero…

Cada uno de los elementos de la sucesión se llama **término** y para referirnos al lugar que ocupa en la sucesión usamos **subíndices** (apunte 7). Si queremos referirnos a un término cualquiera de la sucesión, lo llamamos término ***n***-ésimo y escribimos a_n.

La expresión algebraica (fórmula que permite hallar cualquier término de una sucesión) se denomina **término general** y se representa mediante a_n.

Apunte 7

El **subíndice de una sucesión** siempre es un número natural.

9. Progresiones aritméticas

Una sucesión de números reales $\{a_1, a_2, a_3 \ldots a_n \ldots\}$ es una **progresión aritmética** si cada término se obtiene del anterior, sumándole una cantidad fija.

Esta cantidad constante se llama **diferencia** y se representa con la letra ***d*** (apunte 8).

Dependiendo del valor de la diferencia, las progresiones aritméticas pueden ser crecientes (si $d > 0$), decrecientes (si $d < 0$) o constantes (si $d = 0$).

Apunte 8

Los **términos** de una progresión aritmética son estos:

- Primer término: a_1.
- Segundo término: a_2.
- Tercer término: a_3.

Y así sucesivamente.

La **diferencia** puede ser tanto un número positivo como un número negativo.

9.1 Término general de una progresión aritmética

El término general de una progresión aritmética viene dado por esta fórmula:

$$a_n = a_1 + (n - 1) \cdot d$$

9.2 Suma de los *n* primeros términos de una progresión aritmética

La suma de los *n* primeros términos de una progresión aritmética viene dada por la fórmula (apunte 9):

$$S_n = \frac{a_1 + a_n}{2} \cdot n$$

Apunte 9

El alemán Carl Friedrich Gauss (1777-1855) descubrió la fórmula de la suma de los términos de una progresión cuando su profesor le mandó sumar los primeros 100 números naturales.

¡Tenía 8 años!

Ejemplos

12. Dada la sucesión $a_n = n^2 - 3n + 2$, calcula los términos que ocupan la quinta y la octava posición.

Nos piden a_5 y a_8; por tanto: $a_5 = 5^2 - 3 \cdot 5 + 2 = 12$ y $a_8 = 8^2 - 3 \cdot 8 + 2 = 42$.

13. ¿La sucesión $\{10, 7, 4, 1, -2, -5 \ldots\}$ es una progresión aritmética? Si lo es, indica su diferencia e identifica el tipo de progresión.

Cada término se obtiene tras sumar -3 al término anterior (restamos 3):

$10 + (-3) = 10 - 3 = 7$; $7 + (-3) = 7 - 3 = 4$; $4 + (-3) = 4 - 3 = 1 \ldots$

Por tanto, la diferencia es $d = -3$ y se trata de una progresión decreciente.

14. Calcula el término general de la progresión aritmética del ejemplo anterior.

$a_1 = 10$ y $d = -3$, luego $a_n = 10 + (n - 1) \cdot (-3) = 10 - 3n + 3 = 13 - 3n$

15. Calcula la suma de los 25 primeros términos de la progresión aritmética de los ejemplos anteriores:

$a_1 = 10$, $n = 25$ y $d = -3$, luego $a_{25} = a_1 + 24 \cdot d = 10 - 14 \cdot (-3) = -32$

Así, $S_{25} = \frac{a_1 + a_{25}}{2} \cdot 25 = \frac{10 - 32}{2} \cdot 25 = -275$

10. Progresiones geométricas

Una sucesión de números reales es una **progresión geométrica** si cada término se obtiene del anterior, multiplicándolo por un número fijo.

Este número constante se denomina **razón** y se representa con la letra ***r***.

10.1 Término general de una progresión geométrica

Al igual que en las progresiones aritméticas, en las progresiones geométricas el término general viene dado por una fórmula:

$$a_n = a_1 \cdot r^{n-1}$$

Apunte 10

Dos términos cualesquiera de una progresión geométrica cumplen lo siguiente:

$$a_n = a_m \cdot r^{n-m}$$

Observa que:

$$r = \frac{a_{n+1}}{a_n}$$

10.2 Producto de los *n* primeros términos de una progresión geométrica

El producto de los *n* primeros términos de una progresión geométrica es:

$$P_n = \sqrt{(a_1 \cdot a_n)^n}$$

10.3 Suma de los n primeros términos de una progresión geométrica

La suma de los *n* primeros términos de una progresión aritmética viene dada por la siguiente fórmula:

$$S_n = \frac{a_n \cdot r - a_1}{r-1} = \frac{a_1 \cdot r^n - a_1}{r-1} \quad \text{con } r \neq 1$$

Las dos fórmulas de la suma se usan indistintamente, dependiendo de los datos que tengamos.

Profesor en casa. Suma de los términos de una progresión geométrica.

Ejemplo

16. Dada la progresión geométrica {3, 6, 12, 24, 48...}, escribe su término general, y calcula el producto de los seis primeros términos y la suma de los diez primeros términos.

Cada término se obtiene multiplicando por 2 el anterior: $a_1 = 3$ y $r = 2 \Rightarrow$ $\Rightarrow a_n = 3 \cdot 2^{n-1}$.

Y se aplican las fórmulas del producto y la suma (apunte 11):

$$P_6 = \sqrt{(a_1 \cdot a_6)^6} = \sqrt{\left(3\left(3 \cdot 2^5\right)\right)^6} = \sqrt{\left(3(3 \cdot 32)\right)^6} = 23887872$$

$$S_{10} = \frac{a_1 \cdot r^n - a_1}{r-1} = \frac{3 \cdot 2^{10} - 3}{2-1} = 3069$$

Apunte 11

Para hacer los cálculos de las progresiones geométricas, muchas veces hemos de recurrir a la calculadora (o el ordenador), pues los números que aparecen son muy grandes.

10.4 Suma de todos los términos de una progresión geométrica

Cuando sumamos todos los términos de una progresión geométrica, lo lógico es que el resultado sea infinito, es decir, imposible de calcular.

No obstante, existe un caso en que sí se puede calcular: cuando $-1 < r < 1$.

Aquí, los términos son cada vez más pequeños y podemos realizar la suma, que viene dada por la fórmula siguiente: $S = \frac{a_1}{1-r}$.

Para que tenga sentido la suma de los infinitos términos de una progresión, se debe cumplir que: $|r| < 1$.

Ejemplo

17. Calcula la suma de todos los términos de esta progresión geométrica:

$$4, 2, 1, \frac{1}{2}, \frac{1}{4} ...$$

Tenemos: $a_1 = 4$ y $r = 0{,}5$; por tanto:

$$S = \frac{a_1}{1-r} = \frac{4}{1-0{,}5} = 8$$

Entrénate

30. Escribe los cinco primeros términos de las siguientes progresiones aritméticas:

a $a_1 = -13, d = 6$ **b** $b_1 = -9, d = -3$

31. Escribe el término general de una progresión aritmética, sabiendo que:

a $a_1 = -14, d = 5$ **b** $b_1 = -14, b_9 = 10$

32. Escribe el término general de estas progresiones aritméticas:

a 2, 6, 10, 14, 18...
b 25, 22, 19, 16, 13...
c −23, −13, −3, 7, 17...
d −2, −3, −4, −5, −6...

33. Escribe los términos séptimo y décimo de las siguientes progresiones aritméticas:

a $a_n = 5 + 3 \cdot (n - 1)$ **c** $c_n = -18 + 5 \cdot (n - 1)$
b $b_n = 9 - 2 \cdot (n - 1)$ **d** $d_n = -3 - 4 \cdot (n - 1)$

34. Calcula el término general de una progresión aritmética cuya diferencia es −7 y $a_7 = 17$.

35. El primer término de una progresión aritmética es 8, y la suma de los términos quinto y séptimo es −14. Escribe su término general.

36. Sobre una progresión aritmética se sabe que la suma de los términos tercero y sexto es 10, y que la suma de los términos segundo y octavo es 14. Escribe el término general y los cinco primeros términos de esta progresión.

37. La suma de los tres primeros términos de una progresión aritmética es 66 y la de los tres siguientes es 21. Calcula su término general.

38. Halla la suma de los cincuenta primeros términos de una progresión aritmética tal que $a_1 = -11$ y $d = 4$.

39. Calcula S_5 en una progresión aritmética. Sabes que $a_1 = 7$ y $a_2 = 11$.

40. Escribe la progresión aritmética que cumple lo siguiente: $a_1 = 1$ y $S_8 = 100$.

41. Determina la suma de los ochenta primeros términos de una progresión aritmética cuyo tercer término es 8 y cuyo undécimo término es 64.

42. Escribe los cinco primeros términos de las siguientes progresiones geométricas:

a $a_1 = 2; r = 3$ **b** $b_1 = 64; r = 0{,}5$

43. Escribe el término general de una progresión geométrica sabiendo que:

a $a_1 = 100; r = 0{,}25$ **b** $b_1 = 3; b_3 = 147$

44. Escribe el término general de estas progresiones geométricas:

a 2, 6, 18, 54... **c** −3, 6, −12, 24...
b 125, 25, 5, 1... **d** −1, −3, −9, −27...

45. Escribe el quinto término de cada una de las siguientes progresiones geométricas:

a $a_n = 5 \cdot 3^{(n-1)}$ **c** $c_n = -1 \cdot 5^{(n-1)}$
b $b_n = 9 \cdot (-2)^{(n-1)}$ **d** $d_n = -3 \cdot (-4)^{(n-1)}$

46. Calcula la suma de los doce primeros términos de las progresiones geométricas que siguen:

a $a_1 = 3, r = 5$ **b** $b_1 = 160, b_2 = 40$

47. Halla la suma de los infinitos términos de estas progresiones geométricas:

a $a_1 = 100; r = 0{,}25$ **b** $b_1 = 80; b_2 = 40$

48. Determina la suma de los infinitos términos de una progresión geométrica cuyo segundo término vale 540 y cuyo quinto término es 20.

Banco digital

Mates en contexto

5 CM CL Personal Social **Equipo ciclista**

Dos equipos ciclistas empiezan la pretemporada. Van a dedicar ocho semanas a entrenar, trabajando de lunes a viernes.

En una fase inicial, el primer equipo empieza corriendo 100 km el primer día y va aumentando 5 km cada día.

El segundo equipo también empieza corriendo 100 km el primer día y recorre esa distancia cada día de la semana, pero cada lunes aumenta 30 km lo recorrido el lunes anterior.

En una segunda fase, empiezan a recorrer tandas de distancias. El primer equipo empieza con 12 km la primera tanda y aumenta 2 km en cada una.

El segundo equipo empieza con 18 km y aumenta solo medio kilómetro en cada tanda.

El entrenamiento acabará cuando ambos equipos hayan realizado el mismo número total de kilómetros en sus tandas.

Problemas

Sobre la primera fase del primer equipo:

1 ¿Qué tipo de progresión determina el número de kilómetros que recorre cada día?

2 ¿Cuál es su primer término y la diferencia de esa progresión?

3 Escribe el término general de la progresión (diaria) que realiza.

4 ¿Cuánto recorrió el lunes de la tercera semana? ¿Y el jueves de la sexta semana?

5 ¿Cuántos kilómetros más corrió el miércoles de la séptima semana respecto al viernes de la cuarta semana?

6 Calcula los kilómetros recorridos en la primera fase de la pretemporada.

Sobre la primera fase del segundo equipo:

7 ¿Qué tipo de progresión determina el número de kilómetros que recorre cada semana?

8 ¿Cuál es su primer término y la diferencia de esa progresión?

9 Escribe el término general de la progresión (semanal) que realiza.

10 ¿Cuánto recorrió la tercera semana? ¿Y la sexta semana?

11 ¿Cuántos kilómetros más corrió la séptima semana respecto a la semana cuarta?

12 Calcula los kilómetros recorridos en la primera fase de la pretemporada.

13 ¿Qué equipo ha hecho más kilómetros en la primera fase de la pretemporada?

14 ¿Cuál ha sido la diferencia de kilómetros entre los dos equipos?

Sobre la segunda fase de la pretemporada:

15 Escribe los términos generales de las progresiones de los dos equipos y lo que recorren en cada una de las cinco primeras tandas.

16 ¿Cuántas tandas hará cada equipo para que el número de kilómetros recorridos sea el mismo?

17 ¿Cuántos kilómetros habrán recorrido al finalizar las tandas?

Argumenta: 1, 7, 13 **Matematiza: 2, 4, 5, 6, 8, 10, 11, 12, 14, 17**

Simboliza: 3, 9, 15 **Plantea: 16**

6 CM CL CA Profesional Social Botando pelotas

Lucía, la profesora de Educación Física del instituto, está buscando pelotas de baloncesto y de tenis para sus clases. Las especificaciones sobre dimensiones y bote que tienen que cumplir las pelotas para que sean oficiales son las siguientes:

	Diámetro	Masa
Baloncesto	23 cm-24 cm	567 g-650 g
Tenis	6,35 cm-6,67 cm	> 58,5 g

	Altura de caída	Bote
Baloncesto	180 cm	120 cm-140 cm
Tenis	254 cm	135 cm-145 cm

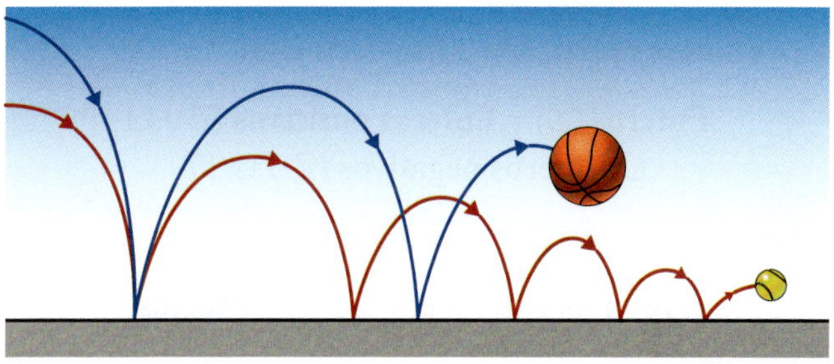

Ha encontrado unas pelotas a buen precio con estas especificaciones:

	Diámetro	Peso	Bote
Baloncesto	24 cm	600 g	70 %
Tenis	6,5 cm	55 g	55 %

Problemas

1 Calcula el tanto por ciento que tiene que botar oficialmente una pelota de tenis y otra de baloncesto. ¿Cuál bota a más altura?

2 ¿Cumplen los requisitos oficiales las pelotas que ha encontrado Lucía?

3 Calcula la densidad ($D = m : V$) de esas pelotas.

4 Cogemos una pelota de baloncesto y la dejamos caer desde una altura de 2 m:

a ¿Qué altura alcanzará en el primer bote?
b ¿Cuánto botará en el segundo bote? ¿Y en el tercero? ¿Y en el cuarto?
c ¿Qué tipo de progresión has obtenido?
d Escribe la fórmula del término general de esa progresión.
e ¿Cuántos botes podría dar hasta que dejase de botar? ¿Por qué no podría seguir botando?

5 Cogemos una pelota de tenis y la lanzamos también desde una altura de 200 cm. Contesta ahora a las mismas preguntas del ejercicio 4.

Matematiza: 1, 3, 4, 5 **Argumenta: 1, 2, 4, 5**

Simboliza: 4, 5

NÚMEROS

Clasificación de los números reales

Reales ($\mathbb{R}$) = Racionales ($\mathbb{Q}$) ∪ Irracionales

- Los **racionales** pueden escribirse en forma de fracción, que se denomina **fracción generatriz.**
- Los **irracionales** tienen infinitas cifras decimales y no pueden escribirse en forma de fracción.

Racionales ($\mathbb{Q}$) = Fraccionarios ∪ Enteros ($\mathbb{Z}$)

- Los **fraccionarios** tienen cifras decimales.
- Los **enteros** no tienen cifras decimales.

Enteros ($\mathbb{Z}$) **= Enteros positivos** ($\mathbb{Z}^+$) ∪
∪ **Enteros negativos** ($\mathbb{Z}^-$) ∪ {0}

- Los **enteros positivos** son los naturales ($\mathbb{N}$).

Fraccionarios = Periódicos ∪ Exactos

- Los **exactos** tienen un número finito de cifras decimales.
- Los **periódicos** tienen un número infinito de cifras decimales que se terminan repitiendo.

Valor absoluto

El **valor absoluto** de un número x es la distancia que hay entre ese número y el 0. Se representa mediante $|x|$. Como se trata de una distancia, este valor nunca puede ser negativo.

Aproximación decimal de un número

Los números decimales pueden llegar a tener infinitas cifras decimales; esto significa que quizá resulte imposible operar con ellos de forma exacta. Por lo tanto, utilizaremos una aproximación. Las formas de aproximación más comunes son dos:

- **Truncar** un número es suprimir directamente todas las cifras decimales a partir de un orden determinado.
- **Redondear** un número consiste en eliminar las cifras decimales a partir de un cierto orden, teniendo en cuenta que:
  - Si la primera cifra decimal que se elimina es 4 o menor que 4, se deja el número que haya quedado.
  - Si la primera cifra decimal que se elimina es 5 o mayor que 5, se suma 1 a la última cifra que haya quedado.

Errores

Cuando trabajamos con una aproximación en lugar de con un número exacto, se comete un error que se puede medir de dos maneras:

- **Error absoluto:** es el valor absoluto de la diferencia entre en valor exacto y su aproximación.

$$\text{Error absoluto} = |\text{Valor exacto} - \text{Valor aproximado}|$$

- **Error relativo:** es el cociente entre el error absoluto y el valor exacto.

$$\text{Error relativo} = \frac{\text{Error absoluto}}{\text{Valor exacto}}$$

ECUACIONES

Ecuaciones de segundo grado

Una **ecuación de segundo grado** es una igualdad que se puede expresar como $ax^2 + bx + c = 0$, donde a, b y c son números reales, $a \neq 0$ y la letra x es la incógnita cuyo valor queremos determinar. Para encontrar las soluciones a una ecuación de segundo grado expresada de esa forma, aplicamos la fórmula $x = \frac{-b \pm \sqrt{b^2 - 4ac}}{2a}$.

En ella, el símbolo indica que tendremos dos posibles soluciones: una que resulta al aplicar la suma y otra que obtenemos si aplicamos la resta. Así, las dos soluciones de una ecuación de segundo grado serán:

$$x_1 = \frac{-b + \sqrt{b^2 - 4ac}}{2a} \qquad x_2 = \frac{-b - \sqrt{b^2 - 4ac}}{2a}$$

Ecuaciones de segundo grado incompletas

Cuando tenemos una ecuación de segundo grado expresada de la forma $ax^2 + bx + c = 0$ y tenemos que, o bien $b = 0$, o bien $c = 0$, decimos que estamos ante una **ecuación de segundo grado incompleta.**

- Si $\boldsymbol{b = 0}$, entonces nuestra ecuación se podrá expresar como $\boldsymbol{ax^2 + c = 0}$, por lo que, si despejamos, nos quedará $x^2 = \frac{-c}{a}$ y, aplicando raíces cuadradas, tendremos que $x = \pm\sqrt{\frac{-c}{a}}$. En consecuencia, nuestras soluciones serán:

$$x_1 = \sqrt{\frac{-c}{a}} \qquad x_2 = -\sqrt{\frac{-c}{a}}$$

- Si $c = 0$, entonces nuestra ecuación se podrá expresar como $ax^2 + bx = 0$, por lo que podemos sacar x como factor común y nos quedará una expresión del tipo $x(ax + a) = 0$. Como tenemos el producto de x por $(ax + a)$, que tiene que ser 0, entonces uno de los factores debe ser igual a 0, de modo que tenemos que:

$$\begin{cases} x = 0 \\ \text{o} \\ ax + b = 0 \end{cases}$$

Discriminante

Una ecuación de segundo grado tiene dos soluciones, si bien, a veces, no seremos capaces de encontrarlas, pues esas soluciones no serán números reales; otras veces, las dos soluciones serán el mismo número.

Antes de intentar resolver una ecuación de segundo grado, podemos saber cuántas soluciones reales tiene. Para ello, utilizaremos el **discriminante,** que se expresa mediante la letra griega delta y se expresa como $\Delta = b^2 - 4ac$.

- Si el discriminante $\Delta > 0$, tendremos **dos soluciones reales distintas.**
- Si el discriminante $\Delta = 0$, tendremos **una solución doble.**
- Si el discriminante $\Delta < 0$, no tendremos **ninguna solución real.**

SUCESIONES

Sucesiones

Una **sucesión** es una secuencia de números reales ordenados de tal manera que se puedan numerar: primero, segundo, tercero...

Cada uno de los elementos de la sucesión se llama **término** y para referirnos al lugar que ocupa en la sucesión usamos **subíndices.** Si queremos referirnos a un término cualquiera de una sucesión, lo llamaremos término ***n***-ésimo y lo escribimos como a_n.

La expresión algebraica (fórmula que permite hallar cualquier término de una sucesión) se denomina **término general** y se representa con a_n.

Progresiones aritméticas

Una sucesión de números reales es una **progresión aritmética** si cada término se obtiene del anterior, sumándole una cantidad fija. Esta cantidad constante es la **diferencia** y se representa mediante la letra ***d.***

Si se atiende al valor de la diferencia, las progresiones aritméticas pueden ser **crecientes** ($d > 0$), **decrecientes** ($d < 0$) o **constantes** ($d = 0$).

- El **término general** de una progresión aritmética viene dado por la fórmula:

$$a_n = a_1 + (n - 1) \cdot d$$

- La **suma de los *n* primeros términos de una progresión aritmética** viene dada por la expresión:

$$S_n = \frac{a_1 + a_n}{2} \cdot n$$

Progresiones geométricas

Una sucesión de números reales es una **progresión geométrica** si cada término se obtiene del anterior, multiplicándolo por un número fijo.

Ese número constante se denomina **razón** y se representa con la letra ***r.***

- El **término general** de una progresión geométrica viene dado por una fórmula:

$$a_n = a_1 \cdot r^{n-1}$$

- El **producto de los *n* primeros términos de una progresión geométrica** es:

$$P_n = \sqrt{(a_1 \cdot a_n)^n}$$

- La **suma de los *n* primeros términos de una progresión geométrica** viene dada por la fórmula:

$$S_n = \frac{a_n \cdot r - a_1}{r - 1} = \frac{a_1 \cdot r^n - a_1}{r - 1} \quad \text{con } r \neq 1$$

Suma de todos los términos de una progresión geométrica. En una progresión geométrica, cuando la razón en valor absoluto es menor que 1, se pueden sumar todos sus términos. En este caso, los términos son cada vez más pequeños y podemos realizar la suma, que viene dada por la fórmula: $S = \frac{a_1}{1 - r}$.

Entrénate +

Números

49. Indica si los siguientes números son racionales o irracionales. En el caso de que sean racionales, clasifícalos:

a $\frac{17}{15}$ **c** 2,3333... **e** $\sqrt{49}$

b e^2 **d** $\sqrt{7}$ **f** 4,3

50. Calcula y simplifica:

$$\frac{9}{2}-\frac{3}{2}\cdot3+3-\frac{2}{3}:\left(1-\frac{-2}{3}\right).$$

51. Indica, sin hacer las divisiones, qué tipo de decimal se obtiene en cada caso:

a $\frac{19}{8}$ **b** $\frac{17}{24}$ **c** $\frac{43}{7}$ **d** $\frac{36}{25}$

52. Redondea a las milésimas los siguientes decimales:

a 0,1235666 **b** 2,434343 **c** 6,9995333

53. Calcula el error absoluto y el error relativo de las aproximaciones del ejercicio anterior.

54. Halla la fracción generatriz de:

a 2,34444... **b** 0,124 **c** 7,8888...

55. Realiza estas operaciones, en las que intervienen valores absolutos:

a $2\cdot|-2-1|+1$

b $|2-3\cdot|-2-1|+1|$

c $2-\left|\frac{1}{2}-3\right|$

56. Calcula y simplifica: $\frac{4}{3}-\frac{1}{3}\cdot\frac{5}{2}-\frac{2}{3}:\left(2-\frac{2}{3}\right).$

57. Escribe un número decimal exacto, otro periódico puro y otro periódico mixto. Después, escribe la fracción generatriz de cada uno de ellos.

58. El número $\sqrt{3}$:

a ¿Se puede escribir en forma de fracción? ¿Qué tipo de número es?

b ¿Qué te parece más exacto, redondearlo a las décimas o a las milésimas?

c Escribe el error absoluto y el error relativo, suponiendo que el valor exacto es la mejor aproximación del apartado anterior.

Banco digital

Ecuaciones

59. Utiliza el discriminante para averiguar el número de soluciones que tiene cada una de estas ecuaciones:

a $x^2+x-6=0$

b $x^2-9=0$

c $x^2-4x+5=0$

d $2x^2+4x+20=0$

e $9x^2+3x-2=0$

f $2x^2-6x=0$

g $-x^2+4x-20=0$

h $-x^2-8x-16=0$

i $-x^2+6x-34=0$

j $2x^2+20x+50=0$

k $-x^2+3x+10=0$

l $x^2=0$

60. Resuelve las siguientes ecuaciones de segundo grado:

a $2x^2-4x=-2$

b $-6x^2+15=27x$

c $7x^2-10x+3=x^2+x$

d $10x^2+12x=x-4$

Banco digital

Progresiones

61. Escribe el término general de las progresiones aritméticas:

a 1, 6, 11, 16... **b** 17, 11, 5, –1, –7...

62. Escribe el término general y los cinco primeros términos de una progresión aritmética cuyo segundo término es 11 y cuyo quinto término es 2.

63. Escribe el octavo término de las siguientes progresiones aritméticas:

a $a_n=-5+2\cdot(n-1)$ **b** $b_n=7-8\cdot(n-1)$

64. Calcula la suma de los sesenta primeros términos de una progresión aritmética cuyo primer término es 5 y cuyo segundo término es 1.

65. Determina la suma de los cien primeros números impares.

66. Escribe el término general y el séptimo término de las siguientes progresiones geométricas:

a 3, 6, 12, 24... **b** 2, –4, 8, –16...

67. Halla la suma de los doce primeros términos de una progresión geométrica cuyo segundo término es 24 y cuyo tercer término es 36.

68. Calcula la suma de todos los términos de una progresión geométrica cuyo segundo valor es 15 y cuya razón es 0,6.

Banco digital

Mates en contexto

7 CM CL Científico IMC

Para determinar si una persona está por encima de su peso adecuado o demasiado delgada, se utiliza el índice de masa corporal (IMC), también conocido como BMI (*body mass index*) o IQ (índice de Quetelet).

El cálculo consiste en dividir el peso (en kilos) entre la estatura (en metros) elevada al cuadrado: kg / m^2.

El IMC es válido solo para mayores de 18 años; no es aplicable a adolescentes si no se introduce un factor de corrección.

- Si alguien tiene un IMC inferior a 18,5, probablemente sea demasiado delgado.
- Generalmente, se considera satisfactorio un IMC que se sitúe entre 18,5 y 24,9.
- Si es igual a 24,9 y menor de 30, la persona tiene unos kilos de más.
- Si el IMC es mayor o igual a 30 y menor de 35, podemos hablar de obesidad de grado 1.
- Si es de más de 35 y de menos de 40, la obesidad es de grado 2.

$$\text{IMC} = \frac{\text{PESO}}{\text{ALTURA}^2}$$

Nota: Recuerda que la adolescencia es una época de cambios y el IMC a estas edades no es el definitivo. Es una época en la que es importante la alimentación sana y el ejercicio.

Problemas

1. Calcula el IMC para las personas cuyos pesos y estaturas se detallan la siguiente tabla. Redondea a las décimas.

Peso (kg)	42	43	80	78	100
Altura (cm)	151	154	164	174	182

2. A partir del IMC que has determinado en el problema 1 y la clasificación que tienes en el enunciado, indica en qué grupo se encuentra cada persona.

3. Calcula los pesos máximos y mínimos que marcan el paso de un grupo a otro en el caso de alguien que mide 168 cm. Redondea a las décimas.

4. Halla la estatura que marca el paso entre un grupo y otro en el caso de una persona que pesa 75 kg. Redondea a las décimas.

5. Pregunta el peso y la altura a cinco familiares mayores de 18 años. Calcula su IMC y escribe al grupo al que pertenece cada uno de ellos.

Matematiza: 1, 2, 3, 4, 5

8 CM CL Social Los cañones

La invención del cañón supuso un gran avance en las tácticas de asedio en la Edad Media, pues su gran alcance y poder destructivo hacían de esta arma la más efectiva frente a las estructuras defensivas enemigas. Para manejarlos bien era necesaria la presencia de un ingeniero que conociese su funcionamiento y la trayectoria del proyectil. La ecuación que determina la altura de un proyectil que se lanza desde un cañón en el suelo es $y = x - \frac{1}{250}x^2$, donde y es la altura del proyectil y x es la distancia recorrida horizontalmente.

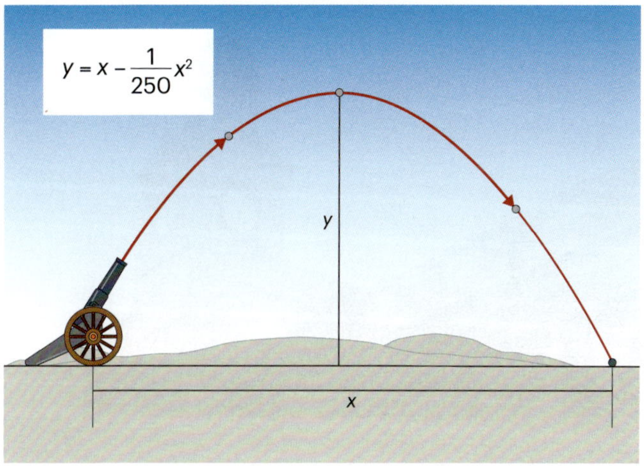

Problemas

1. Calcula cuál será el alcance del proyectil, es decir, qué distancia recorrerá hasta llegar de nuevo al suelo. Ten en cuenta que la altura, cuando llega al suelo, es 0.

2. Interpreta las soluciones del problema anterior.

3. Si nuestro objetivo está a una altura de 30 m, ¿se podrá alcanzar? Es decir, ¿existirá alguna solución (o varias) a la ecuación? Compruébalo usando el discriminante.

4. Obtén las soluciones del problema anterior.

5. Interpreta las soluciones del problema anterior respondiendo a las siguientes preguntas: ¿tiene sentido obtener dos soluciones? ¿Qué diferencias hay entre una y otra? ¿A qué distancia se tiene que poner el cañón para alcanzar el objetivo?

6. La altura mayor del proyectil se alcanza en el punto medio de su trayectoria. Sabiendo esto y usando el alcance obtenido en el problema 1, calcula el momento en el que el proyectil alcanza su máxima altura y determina cuál es. ¿Podrá superar un muro de 50 m de alto?

Matematiza: 1, 3, 4, 6 **Argumenta: 2, 5**

9 CM CL CS Social El reloj de la Puerta del Sol

La maquinaria del reloj de la Puerta del Sol de Madrid no solo marca las horas, sino también los cuartos, cada quince minutos.

Así pues, cada hora marca con un número de campanadas sucesivas la hora correspondiente. Pero, además, cada quince minutos, suenan también los cuartos. Así, a la hora y cuarto se oye un toque; a la hora y media se oyen dos toques; a la hora y tres cuartos, tres toques y, por fin, cuando se completa otra hora entera, suenan cuatro toques y, a continuación, las campanadas de la nueva hora que, si son las doce, serán doce.

Problemas

1. Calcula cuántas campanadas oiremos entre:

   a Las seis menos cinco y las siete y diez.
   b Las tres menos veinte y las cuatro y veinte.
   c La una y diez y las dos menos diez.
   d Las once y veinte y las doce y veinticinco.

2. ¿Cuántas campanadas dará el reloj entre la una y las dos (excluyendo las de las dos en punto)?
3. Escribe la sucesión que indique el número de campanadas que da cada sesenta minutos, empezando por la una, es decir, de una a dos (excluyendo las dos), de dos a tres (excluyendo las tres) y así sucesivamente.
4. ¿Qué tipo de sucesión es?
5. Escribe el término general de esa progresión.
6. Calcula el número de campanadas que da en un día completo.
7. Eduardo tiene en su casa un reloj de péndulo que da campanadas solo en las horas exactas. Calcula cuántas dará al cabo de un día (hazlo utilizando progresiones).

Matematiza: 1, 2, 3 | Argumenta: 4 | Simboliza: 5 | Plantea: 6, 7

10 CM CL CS Social El mural

Tomás es un gran pintor y le han encargado un mural de 8 m × 8 m para una exposición matemática. Ha elaborado un mural como el que ves en la figura.

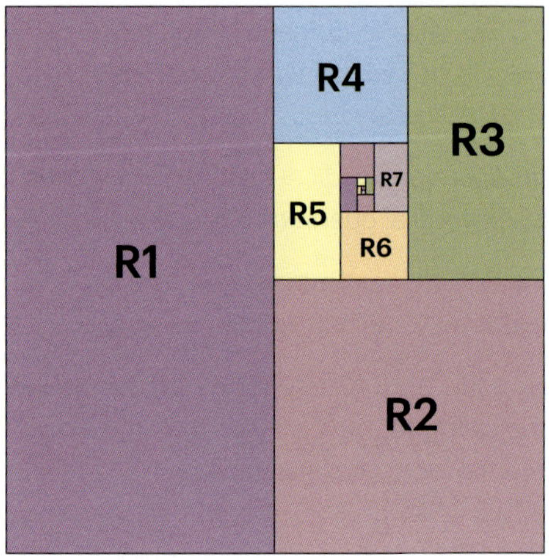

Empezó pintando el rectángulo R1, que ocupa la mitad del mural; luego hizo el R2, que es la mitad de lo que estaba sin pintar; más tarde, el R3, que era de nuevo la mitad de lo que faltaba, y así sucesivamente, hasta que le resultó imposible seguir pintando más rectángulos, dada su pequeñez.

Problemas

1. ¿Cuál es el área del mural?
2. Calcula el área del rectángulo R1.
3. ¿Qué área queda por pintar después de haber pintado el R1?
4. Halla el área del rectángulo R2.
5. ¿Cuál es la relación entre las áreas de los dos rectángulos más grandes?
6. Determina el área de los rectángulos R3, R4 y R5.
7. ¿Forman las áreas de los rectángulos algún tipo de progresión? ¿Cuál?
8. Escribe el término general de esa progresión, indicando cuál es el valor del primer término y su razón.
9. Calcula el área del rectángulo R10.
10. Al acabar de pintar el rectángulo R10, ¿qué área del mural queda todavía por pintar?
11. Supongamos que Tomás tiene pinceles tan finos que es capaz de pintar cualquier rectángulo. Utilizando la fórmula de la suma infinita de las progresiones geométricas, ¿cuál es la suma de las áreas de todos los rectángulos? ¿Coincide con el área total del mural?

Matematiza: 1, 2, 4, 6, 9 | Argumenta: 3, 5, 7, 10 | Plantea: 6, 11 | Simboliza: 8

11 CM CL CC Social Un ejercicio en verso: «Amor está triste»

Tan triste se encontraba Amor, que Afrodita le preguntó:

–¿Qué pena, niño, te ensombrece? –y él respondió:

–De mis brazos, una tras otra, las musas han cogido las manzanas que yo traía del Helicón. Clío una quinta parte y Euterpe una doceava me arrebataron; Talía me quitó una octava; Melpómene, una veintava, y una cuarta Terpsícore; a las manos de Erato se ha ido una séptima.

Por su parte, Polimnia treinta manzanas se ha guardado. Urania posee ciento veinte y Calíope cargó con un canasto de trescientas.

Así, he llegado ante ti bien ligero de brazos: con cincuenta manzanas. ¡Esto me han dejado!

Problemas

1. ¿Cuántas musas hay?
2. Escribe todas las fracciones que aparecen en el texto, calcula el decimal correspondiente para cada una de ellas y clasifica esos decimales.
3. De las seis primeras musas que se citan en el texto, ¿quién le quitó más manzanas a Amor? Argumenta tu respuesta.
4. ¿Qué fracción representa lo que le han quitado entre Clío y Erato?
5. ¿Qué fracción representa las manzanas que han quitado a Amor Euterpe, Talía y Terpsícore? Simplifica el resultado hasta obtener una fracción irreducible.
6. Antes de llegar Polimnia, ¿qué fracción del total le habían quitado? Escribe la fracción irreducible.
7. ¿Qué fracción del total de manzanas le quedan?
8. Teniendo en cuenta las manzanas que le quitan y las que le quedan, ¿cuántas manzanas traía Amor?
9. Con el resultado anterior, calcula cuántas manzanas le quitó a Amor cada una de las musas.

Argumenta: 1 **Matematiza: 2, 3, 4, 5, 6, 7, 9** **Plantea: 8**

12 CM CL CC CA Personal Social El viaje soñado

Isabel y Graci planean el viaje de sus sueños: quieren irse de vacaciones a Australia. Para poder hacerlo, deciden ahorrar durante dos años, pero cada una lo hace de una forma diferente: Isabel ahorra 250 € el primer mes y después, cada mes, ahorra 25 € más que el anterior.

Graci, en cambio, durante el primer mes solo ahorra 200 €, pero luego, mensualmente, ahorra un 10 % más que el mes anterior.

Problemas

1. ¿Qué tipo de progresión representa el ahorro de Isabel?
2. ¿Cuánto ahorró Isabel durante el segundo mes?
3. Haz una tabla con lo que fue ahorrando Isabel durante los seis primeros meses.
4. ¿Cuánto había ahorrado al acabar el primer año?
5. Calcula cuánto dinero consiguió ahorrar al final para poder hacer el viaje.
6. ¿El tipo de progresión de los ahorros de Graci es el mismo que el de Isabel? Razona tu respuesta.
7. Haz una tabla con lo que fue ahorrando Graci durante los seis primeros meses (redondea a las centésimas).
8. ¿Quién ahorró más durante los seis primeros meses?
9. ¿Cuánto ahorró Graci durante los dos años?
10. ¿Cuánto han conseguido ahorrar entre las dos?
11. ¿Quién ahorró más de las dos al final?
12. Finalmente, han conseguido el dinero suficiente para hacer su viaje y ya están en Australia. Después de pagar los vuelos, el hotel (en pensión completa) y las excursiones, les quedan para sus gastos 3675 €. Hacen cálculos y se dan cuenta de que el primer día pueden gastar 100 € y después, cada día, 5 € más que el día anterior hasta el final del viaje. ¿Cuántos días han estado en Australia?

Argumenta: 1, 6, 8, 11 **Matematiza: 2, 3, 4, 5, 7, 9, 10** **Plantea: 12**

1. Realiza las siguientes operaciones. Para ello, comienza expresando los decimales en forma de fracción irreducible: $1,\widehat{6} : \left(\frac{3}{2} - 0,8\widehat{3}\right) - \frac{2}{3} \cdot 2,25 =$

2. Calcula los siguientes valores absolutos:

a $|7 - 5|$ **c** $|-7 - 8|$
b $|2 - 8|$ **d** $|-14 + 21|$

3. Realiza estas operaciones, en las que intervienen valores absolutos:

a $|3-5|-1-2\cdot|-4+1|$ **b** $\left|2-\left|1-\frac{7}{2}\right|\right|$

4. Copia y completa la tabla:

Número	Redondear a las centésimas	Truncar a las centésimas
3,1416		
26,125		
0,1481		

5. Calcula los errores absolutos y los errores relativos al redondear y truncar los decimales del ejercicio anterior.

6. Sin resolverlas, indica el número de soluciones que tiene cada una de las siguientes ecuaciones:

a $x^2 - 7x + 12 = 0$ **c** $x^2 - 3x + 5 = 0$
b $-x^2 + x - 1 = 0$ **d** $x^2 + 6x + 9 = 0$

7. Resuelve las siguientes ecuaciones de segundo grado:

a $3x^2 + 5 = 8x$ **b** $x^2 + 5x = 14$

8. Los lados de un triángulo rectángulo son números pares consecutivos. Halla la medida de los lados.

9. En una progresión aritmética, la suma de los términos segundo y cuarto vale 8, y el octavo término es 19. Escribe el término general.

10. Calcula la suma de los doce primeros términos de una progresión geométrica cuyo segundo término es 8 y cuyo tercer término es 12.

11. Halla la suma de todos los términos de una progresión geométrica cuyo segundo valor es 10 y que tiene 0,75 como razón.

	4 puntos	3 puntos	2 puntos	1 punto
1. Operaciones con fracciones y decimales	Realizo correctamente el paso de decimal a fracción y opero con las fracciones sin fallos.	No realizo correctamente el paso de decimal a fracción, pero opero con las fracciones sin fallos.	Cometo algún fallo en el paso de decimal a fracción y en las operaciones con fracciones.	No sé pasar de decimal a fracción ni operar con fracciones.
2. Valor absoluto	Sé qué es el valor absoluto de un número y soy capaz de hacer operaciones precisas con este tipo de números.	Sé qué es el valor absoluto de un número y soy capaz de hacer operaciones con este tipo de números, pero me equivoco al realizar alguna operación.	Sé qué es el valor absoluto de un número, pero no soy capaz de hacer operaciones con este tipo de números.	No sé qué es el valor absoluto de un número y no hago operaciones con este tipo de números.
3. Redondeos	Calculo con exactitud tanto los redondeos como los truncamientos.	Calculo los redondeos y los truncamientos, pero cometo algún error al operar con ellos.	Calculo los truncamientos, pero no sé redondear.	No distingo redondear de truncar y no soy capaz de hacer estos cálculos.
4. Errores	Conozco y calculo con precisión tanto los errores absolutos como los errores relativos.	Conozco y calculo tanto los errores absolutos como los errores relativos, pero cometo fallos en las operaciones.	Conozco y calculo los errores absolutos, pero no los errores relativos.	No conozco ni sé calcular los errores absolutos ni los errores relativos.
5. Número de soluciones de una ecuación	Utilizo correctamente el discriminante para conocer el número de soluciones reales de una ecuación.	Utilizo el discriminante para conocer el número de soluciones, pero cometo fallos de cálculo.	Utilizo el discriminante para conocer el número de soluciones, pero no saco conclusiones.	No sé utilizar el discriminante.
6. Resolución de ecuaciones de segundo grado	Resuelvo correctamente ecuaciones de segundo grado mediante la fórmula.	Utilizo la fórmula para resolver ecuaciones de segundo grado, pero cometo fallos de cálculo.	Sé la fórmula de las ecuaciones de segundo grado, pero no soy capaz de usarla correctamente.	No sé resolver ecuaciones de segundo grado.
7. Cálculo de progresiones aritméticas	Sé resolver correctamente problemas en los que intervienen progresiones aritméticas.	Sé resolver problemas en los que intervienen progresiones aritméticas, pero cometo fallos de cálculo.	Planteo el problema de progresiones adecuadamente, pero no sé resolverlo.	No sé resolver problemas con progresiones aritméticas.
8. Cálculo de progresiones geométricas	Resuelvo correctamente problemas de sumas de progresiones geométricas.	Resuelvo problemas de sumas de progresiones geométricas, pero cometo fallos de cálculo.	Planteo problemas de progresiones geométricas, pero no sé resolverlos.	No sé resolver problemas con progresiones geométricas.

PDF

6 El mundo de la publicidad

1 ¿Cuál es el precio para obtener el máximo beneficio?

2 ¿Hay geometría en los diseños publicitarios?

3 ¿Es cara la publicidad? ¿Cuánto cuestan los *banners* en internet?

BLOQUES DE CONTENIDOS	Situación 1	Situación 2	Situación 3
NÚMEROS Y ÁLGEBRA			
Operaciones con fracciones y decimales.			●
Raíces cuadradas.		●	
Raíces no exactas. Expresión decimal.		●	
Resolución de ecuaciones de segundo grado.	●		
GEOMETRÍA Y MEDIDA			
División de un segmento en partes iguales.		●	
Teorema de Tales.		●	
Aplicación a la resolución de problemas.		●	
Uso de las nuevas tecnologías para estudiar formas, configuraciones y relaciones geométricas.		●	
FUNCIONES			
Análisis y descripción cualitativa de gráficas que representan fenómenos del entorno cotidiano y de otras materias.	●		
Análisis de una situación a partir del estudio de las características locales y globales de la gráfica.	●		
Análisis y comparación de situaciones de dependencia funcional dadas mediante tablas y enunciados.	●		
Utilización de modelos lineales para estudiar situaciones provenientes de los diferentes ámbitos de conocimiento y de la vida cotidiana.	●		
Expresiones de la ecuación de la recta.	●		
Funciones cuadráticas. Representación gráfica. Utilización para representar situaciones de la vida cotidiana.	●		
ESTADÍSTICA Y PROBABILIDAD			
Frecuencias.			●
Análisis y comparación de situaciones de dependencia funcional dadas mediante tablas y enunciados.			●
Gráficas estadísticas.			●
Parámetros de posición y de dispersión. Diagrama de caja y bigotes.			●
Interpretación conjunta de la media y la desviación típica.			●

1 Negocios

¿Cuál es el precio para obtener el máximo beneficio?

CM CL CA Profesional

Aprende a...

Asociar expresiones analíticas a funciones y construir su gráfica.

Obtener la expresión analítica de la función lineal asociada a un enunciado.

Calcular los elementos característicos de una función polinómica de grado 2.

Ítem 1. *Marketing* y publicidad

Marketing no es lo mismo que publicidad, si bien ambas son especialidades de la comunicación. El *marketing* se encarga de detectar las necesidades del consumidor, presentar un producto en el mercado y obtener un beneficio por él. A partir de los indicadores del *marketing*, la publicidad se ocupa de hacer llegar al posible consumidor las ventajas de un producto. La publicidad crea el mensaje.

Ítem 2. Relaciones

Dos magnitudes están relacionadas cuando, a partir de una de ellas, podemos calcular la otra.

La que calculamos se llama **variable dependiente** y la designamos mediante la letra *y*. La otra es la **variable independiente;** habitualmente se representa con la letra *x*.

Ítem 3. Un pequeño negocio

La familia Díaz-Muñoz tiene un apartamento en la playa y quiere alquilarlo. Lo da a conocer ofreciendo las siguientes tarifas:

- Tarifa 1: precio fijo de 50 € por noche de estancia.
- Tarifa 2: precio fijo de 100 € por alquiler y 45 € por noche de estancia.

Construye con lo que sabes

Matematiza 1 Calcula el precio utilizando la tarifa 1 para 1, 2, 3, 4 y 5 noches.

Argumenta 2 Identifica las dos magnitudes que has manejado en el ejercicio anterior.

Según el ítem 2, ¿se podría afirmar que ambas magnitudes están relacionadas? Si es así, ¿cuál es la magnitud dependiente? ¿Y la independiente?

3 ¿Qué relación existe entre esas magnitudes?

Simboliza 4 Escribe la expresión algebraica que te permite calcular lo que pagas por *x* noches.

Representa 5 Dibuja en tu cuaderno la función que has obtenido en el apartado anterior. ¿Es continua? ¿Es creciente?

Matematiza 6 Ahora, halla el precio utilizando la tarifa 2 para 1, 2, 3, 4 y 5 noches.

Simboliza 7 Escribe la expresión algebraica que te permite calcular lo que pagas por *x* noches.

Representa 8 Dibuja la función que has obtenido en el apartado anterior. ¿Es continua? ¿Crece?

Argumenta 9 Si unes todos los puntos en las dos gráficas, ¿qué tipo de función resulta? ¿Cuál de las dos tiene una pendiente mayor? Escribe el valor de la pendiente de ambas rectas.

10 ¿Qué tarifa interesa más a una familia que quiera estar 15 noches en la playa, la 1 o la 2?

Plantea 11 ¿Siempre resulta más rentable una tarifa que otra? En caso negativo, indica a partir de qué número de noches conviene cambiar de tarifa. Piensa en un método para hacer el cálculo.

Simboliza 12 Escribe una función que relacione el número de noches y la diferencia de precio entre la tarifa 1 y la tarifa 2. ¿Crece o decrece?

Ítem 4. Estrategias

El primer año de alquiler del apartamento, a la familia Díaz-Muñoz le ha ido muy bien, pues lo ha tenido completo. Esto se ha debido, en buena medida, a la publicidad que puso en distintos portales de internet.

Para este año, ha hecho un estudio de *marketing* con el fin de ajustar el precio.

El beneficio que obtiene cada día en relación con el precio por noche viene dado por la siguiente función:

$$f(x)=-\frac{x^2}{50}+\frac{16}{5}x-78$$

Ítem 5. Dominio y recorrido

Dada una función $y = f(x)$, se llama:

- **Dominio de una función** a los valores que puede tomar la variable independiente, es decir, la variable x.
- **Recorrido** a los valores que se obtienen de la función para la variable dependiente, es decir, la variable y.

Construye con lo que sabes

Matematiza 13 Halla el dominio y el recorrido de las funciones obtenidas en los ejercicios 4 y 7.

14 Rafael y Rosa han decidido alquilar el apartamento para ir con unos amigos. El apartamento tiene una capacidad máxima de 8 personas. Han decidido ir 15 días. Calcula el dinero que debe pagar cada uno en el caso que vayan 2, 3 o 4 personas.

Matematiza 15 Calcula el precio por persona en el caso de que, en lugar de ir 15 días a la playa, vayan:

a 17 días. **b** 25 días. **c** Un mes.

16 Fíjate en las funciones de los ejercicios 4 y 7 e imagina que tienes un presupuesto de 1000 €. Calcula el número de noches que puedes ir para la tarifa 1 y para la tarifa 2.

Simboliza 17 Considera que la variable independiente ahora es el dinero del que dispones y la variable dependiente, el número de noches que puedes alquilar. Escribe la expresión algebraica que te permite calcular el número de noches en las dos tarifas.

Representa 18 Dibuja las nuevas funciones que has obtenido. ¿Crecen o decrecen?

Matematiza 19 La función del ítem 4 relaciona el precio y el beneficio por noche. Determina el beneficio que se obtiene cada noche si el precio por noche es de 40 €.

20 Halla los precios en los que ni se gana ni se pierde dinero. Escribe los precios entre los cuales se obtiene algún beneficio.

21 Copia y completa en tu cuaderno esta tabla de valores:

x	25	30	40	50	60	70	80	90	100	110	120	130	140
$f(x)$													

Representa 22 Utiliza la tabla de valores del ejercicio anterior para representar la función. ¿Es continua? Escribe entre qué valores crece o decrece. ¿Qué tipo de función es? ¿De qué tiene forma?

Argumenta 23 ¿Con qué precio de venta se obtiene el máximo beneficio? ¿Cuál es ese beneficio? Escribe los precios entre los cuales se registran pérdidas.

Matematiza 24 Calcula los precios de un producto x para los que no se obtiene beneficio si las funciones son las siguientes:

a $f(x) = x^2 - 30x + 200$ **b** $f(x) = x^2 - 50x + 600$

Lo que has construido

Identificas y describes situaciones de la vida cotidiana que se pueden modelizar mediante **funciones lineales y cuadráticas.**

Representas gráficamente las funciones anteriores y sacas conclusiones a partir de ellas.

1. Solución de una ecuación

Apunte 1

¡Recuerda!

Una **ecuación** es una igualdad entre dos expresiones algebraicas que solo se verifica para algunos valores concretos de las letras. Esos valores son las **soluciones o raíces** de la ecuación. Las letras son las **incógnitas.**

Resolver una ecuación es encontrar sus raíces o soluciones (apunte 1). La mayoría de las veces se utiliza un método algorítmico, que conduce a la solución. Sin embargo, existen ecuaciones que no pueden resolverse de esta manera, por lo que hay que recurrir a otras estrategias. Son estas:

- **Resolución de ecuaciones por tanteo.** Si la solución de una ecuación es entera, podemos dar con la solución probando números.
- **Resolución de ecuaciones escritas en forma de producto.** Si una ecuación está escrita en forma de producto, para resolverla tendremos que igualar a 0 cada uno de los factores:

$$a(x-x_1)(x-x_2)...(x-x_n)=0 \rightarrow \begin{cases} x-x_1=0 \rightarrow x=x_1 \\ x-x_2=0 \rightarrow x=x_2 \\ ... \\ x-x_n=0 \rightarrow x=x_n \end{cases}$$

Apunte 2

Recuerda que $b^2 - 4ac$ se llama **discriminante.** Se pueden dar tres casos:

- Si $b^2 - 4ac > 0$, la ecuación tiene dos soluciones.
- Si $b^2 - 4ac = 0$, la ecuación tiene una solución.
- Si $b^2 - 4ac < 0$, la ecuación no tiene soluciones.

- **Resolución de ecuaciones de segundo grado.** La forma general de una ecuación de segundo grado es $ax^2 + bx + c = 0$ con $a \neq 0$. Este tipo de ecuación se resuelve mediante la siguiente fórmula:

$$x=\frac{-b\pm\sqrt{b^2-4ac}}{2a}$$

Si b o c (o ambos) son 0, la ecuación es incompleta y se puede solucionar más rápidamente así:

- $ax^2=0 \rightarrow x=0$
- $ax^2+c=0 \rightarrow x^2=\frac{-c}{a} \rightarrow x=\pm\sqrt{\frac{-c}{a}}$
- $ax^2+bx=0 \rightarrow x\cdot(ax+b)=0 \rightarrow \begin{cases} x=0 \\ ax+b=0 \rightarrow x=\frac{-b}{a} \end{cases}$

Ejemplos

1. Resuelve la siguiente ecuación: $3x(2x+1)(x-5)(x^2-5x+6)=0$.

Como la ecuación está escrita con factores, igualamos a 0 cada uno de ellos. Así, tenemos: $\begin{cases} 3x=0 \rightarrow x=0 \quad 2x+1=0 \rightarrow x=\frac{-1}{2} \\ x-5=0 \rightarrow x=5; \quad x^2-5x+6=0 \rightarrow x=2 \quad x=3 \end{cases}$

Luego tiene cinco soluciones, que son $x = 0$, $x=\frac{-1}{2}$, $x = 5$, $x = 2$ y $x = 3$.

2. Resuelve las siguientes ecuaciones:

a $x^2-5x+6=0 \rightarrow x=\frac{-(-5)\pm\sqrt{(-5)^2-4\cdot1\cdot6}}{2\cdot1}=\frac{5\pm1}{2} \rightarrow \begin{cases} x=3 \\ x=2 \end{cases}$

b $4x^2-36=0 \rightarrow x^2=\frac{36}{4}=9 \rightarrow x=\pm\sqrt{9} \rightarrow x=\pm3$

c $7x^2-15x=0 \rightarrow x\cdot(7x-15)=0 \rightarrow \begin{cases} x=0 \\ 7x-15=0 \rightarrow x=\frac{15}{7} \end{cases}$

2. Funciones

Una **función** es una **relación** entre dos magnitudes, de tal manera que a cada valor de la primera magnitud le corresponde, como mucho, un valor de la segunda.

La **expresión algebraica** de una función indica las operaciones que se deben hacer con la variable independiente para calcular el valor relacionado de la variable dependiente (apunte 2).

2.1 Función lineal

Su representación gráfica es una recta. Hay que distinguir tres tipos:

- **Función constante,** $f(x) = k$. Es una recta horizontal a una altura k.
- **Función de proporcionalidad directa.** Dos magnitudes son directamente proporcionales cuando la razón entre los valores de una y los correspondientes valores de la otra es una constante. Es decir: $\frac{y}{x} = m$ para $m \neq 0$, constante de proporcionalidad para cada par de valores (x, y). Así, la expresión de la función es $\boldsymbol{y = f(x) = mx}$. Su gráfica es una recta que pasa por el origen de coordenadas.
- **Función afín.** Representa una parte proporcional (mx) más una fija (n). Su expresión es $\boldsymbol{f(x) = mx + n}$. La gráfica es una recta cuya pendiente es m (apunte 3). Corta en $(0, n)$ al eje de ordenadas; n se llama ordenada en el origen. Los pares de valores (x, y) que se obtienen en una función lineal cumplen la ecuación de la recta, que puede escribirse de distintas formas:

  $\boldsymbol{y = mx + n}$. Ecuación en forma explícita.
  $\boldsymbol{y = y_0 + m(x - x_0)}$. Ecuación en forma punto-pendiente, donde (x_0, y_0) es un punto de la recta.

  Para representar una recta hay que hacer una tabla de valores.

2.2 Función cuadrática

Esta función se expresa así: $f(x) = ax^2 + bx + c$ $(a \neq 0)$. Su representación gráfica es una parábola.

- Si $a > 0$, la función es abierta hacia arriba y tiene un mínimo. Si $a < 0$, es abierta hacia abajo y tiene un máximo. El máximo o el mínimo se llaman vértices.

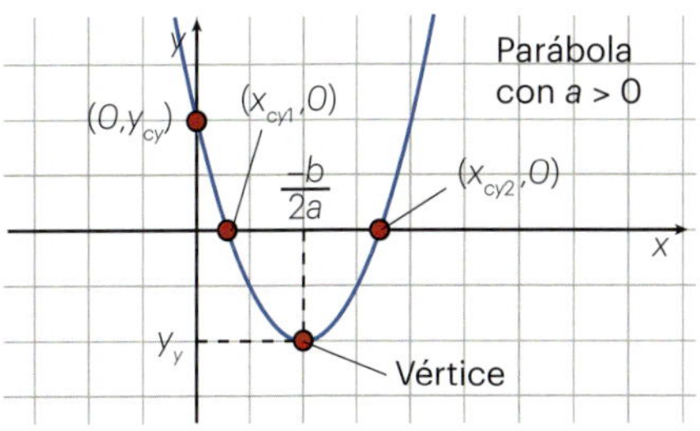

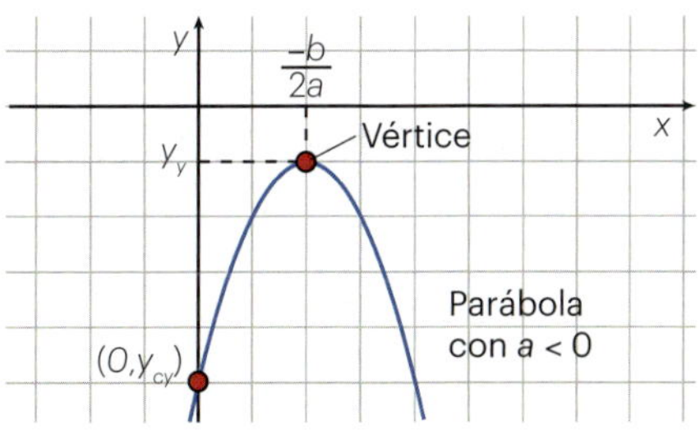

- Las coordenadas del vértice son: $x = \frac{-b}{2a}$; $y = a\left(\frac{-b}{2a}\right)^2 + b\left(\frac{-b}{2a}\right) + c$.
- Corta al eje y en el punto $(0, c)$ y al eje x en los puntos $(x_1, 0)$ y $(x_2, 0)$, siendo x_1 y x_2 las soluciones de la ecuación $ax^2 + bx + c = 0$, en caso de que las tenga.

Apunte 3

¡Recuerda!

La **variable independiente** se suele representar con la letra x, a la cual asignamos valores.

A partir de x, calculamos el valor de la **variable dependiente,** que se suele llamar y.

$y = f(x)$ significa que el resultado de sustituir x en la función es y.

Apunte 4

La **pendiente de una recta** es la inclinación de esa recta. Puede ser:

- Creciente, si $m > 0$.
- Decreciente, si $m < 0$.
- Horizontal, si $m = 0$ (ni crece ni decrece).

Cálculo de la pendiente de una recta

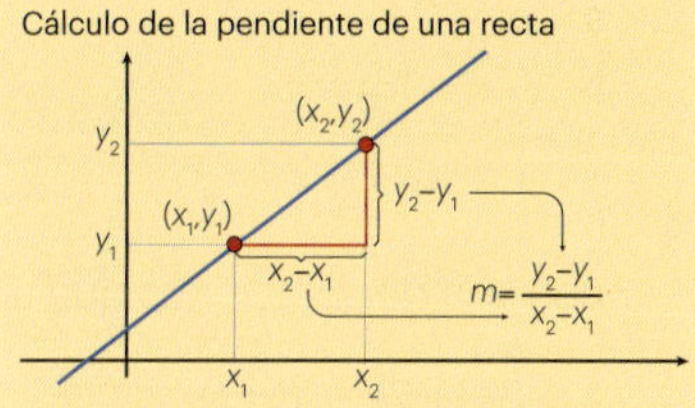

Recuerda que la pendiente de una recta es el coeficiente de la x cuando la y está despejada.

Profesora en casa. Ecuación de la recta a partir de la representación gráfica.

Ejemplo

3. $y = x^2 - 6x + 8$

Vértice $V = (3, -1)$, ya que

$x = \frac{-(-6)}{2 \cdot 1} = 3$, $y = 3^2 - 6 \cdot 3 + 8 = -1$.

Corta en $(0, 8)$ al eje de ordenadas y en $(2, 0)$ y $(4, 0)$ al eje de abcisas.

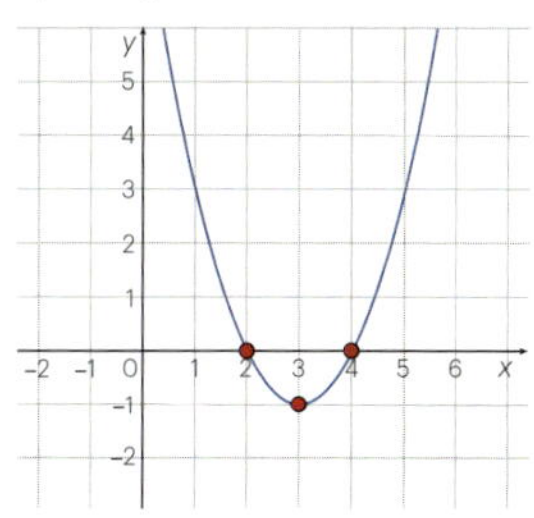

Entrénate

1. Dadas las siguientes ecuaciones, demuestra si $x = 2$ es solución de alguna de ellas:

a $x^3 - 2x - 4 = 0$
b $4x = x^3$
c $(x + 2)\,3x = 0$
d $2x^4 - 8 = 3 \cdot 2^{2x-1}$

2. Resuelve por tanteo la solución entera de estas ecuaciones:

a $5 \cdot 10^x = 500$
b $2^x = 16$
c $3^{(x-5)} = 1$
d $(x - 2)^{(x-8)} = 64$

3. Resuelve las ecuaciones:

a $3x(x - 5)(x + 1)(x + 2) = 0$
b $-2x^2(x^2 - 5x + 4)(x^2 - 1) = 0$

4. Multiplica los factores de las ecuaciones del ejercicio anterior y comprueba que las soluciones obtenidas son correctas.

5. Resuelve las siguientes ecuaciones:

a $3x^2 + 2x - 16 = 0$
b $27x^2 - 18x = 0$

6. Calcula el discriminante de estas ecuaciones e indica el número de soluciones que tienen:

a $-3x^2 + 2x - 16 = 0$
b $2x^2 + 5x - 16 = 0$
c $3x^2 + 2x - 16 = 0$
d $x^2 + 2x + 1 = 0$

7. Indica si las siguientes gráficas se corresponden a funciones:

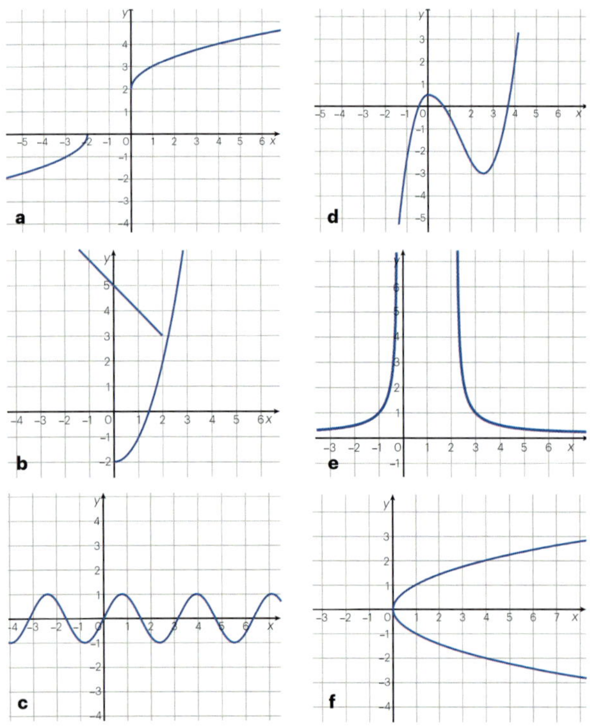

8. Dadas las funciones $f(x) = 3x - 2$, $g(x) = x^2 - 1$ y $h(x) = 5 - x$, indica a cuál o a cuáles de ellas pertenecen los siguientes puntos:

a (1, 4) **b** (2, 3) **c** (0, –5) **d** (1, 0) **e** (–1, –5) **f** (–1, 0) **g** (–2, 7) **h** (0, –1)

9. Represента las funciones que siguen:

a $f(x) = 2x - 3$ **b** $f(x) = 3 - x$ **c** $f(x) = -x - 1$

10. Ejercicio resuelto

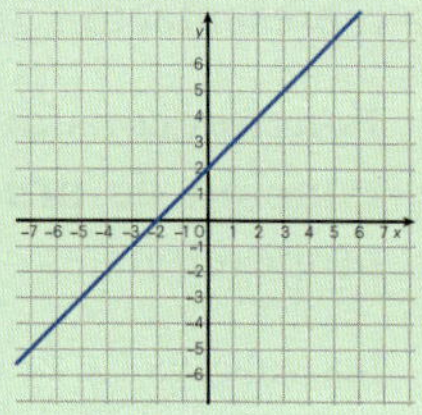

A partir de la siguiente recta, escribe su ecuación:

1. Elegimos dos puntos: (–2, 0) y (1, 3).
2. Hallamos la pendiente: $m = \dfrac{y_2 - y_1}{x_2 - x_1} = \dfrac{3-0}{1-(-2)} = 1$
3. La ecuación es: $y = y_0 + m(x - x_0) \rightarrow y = 3 + 1(x - 1) \rightarrow$ $\rightarrow y = x + 2$

11. Escribe la ecuación de estas rectas:

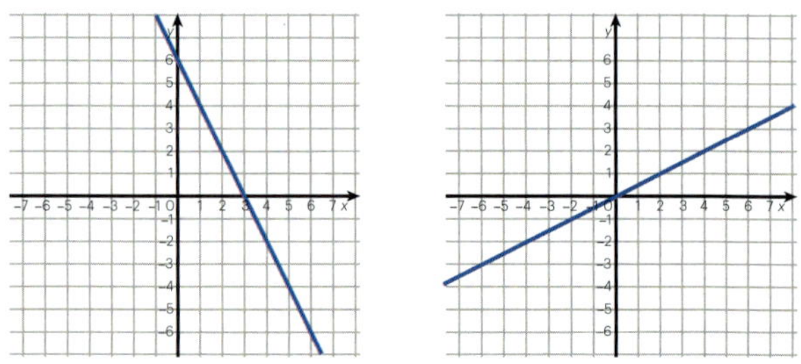

12. Determina las coordenadas del vértice y de los puntos de corte con los ejes de las siguientes parábolas:

a $f(x) = x^2 - 4x + 2$
b $f(x) = 2x^2 + 12x$
c $f(x) = 10 - 6x - 3x^2$
d $f(x) = x^2 + 5x + 4$

13. Dibuja las parábolas del ejercicio anterior.

14. La gráfica de la función $f(x) = 3x^2 - 2x + k$ pasa por el punto (–1, 3). ¿Esta parábola corta al eje de abscisas?

15. La gráfica de la función $f(x) = ax^2 + bx + c$ pasa por el punto (0, 3) y tiene un máximo en el punto (–2, 6). Determina los coeficientes *a*, *b* y *c*; luego, represéntala gráficamente.

16. Calcula el valor de $f(0)$, $f(3)$ y $f(-1)$ en las funciones que siguen:

a $f(x) = x^2 - 3x + 2$
b $f(x) = \sqrt{x+1}$
c $f(x) = \dfrac{6}{x-3}$
d $f(x) = 5$

Banco digital

Mates en contexto

1 CM CL Profesional Buzoneo

El buzoneo consiste en introducir en los buzones de las casas particulares impresos publicitarios. Puede tratarse de revistas, folletos, dípticos, hojas comerciales, etcétera.

Dos empresas de buzoneo buscan trabajadores. Sus anuncios dicen lo siguiente:

Problemas

1. Fíjate en el anuncio de la empresa Correcaminos. ¿Existe alguna relación entre las magnitudes que intervienen? ¿De qué tipo de relación se trata?
2. ¿Cuál es la variable independiente? ¿Y la dependiente? Escribe una función que las vincule. ¿De qué tipo de función se trata?
3. ¿Cuánto se gana a la semana en la empresa Correcaminos si se reparten, de media, 4000 folletos diarios?
4. Escribe la función que relaciona el número de folletos repartidos con el dinero ganado semanalmente en la empresa Carta móvil.
5. ¿Cuántos folletos habría que repartir al día para ganar 300 € semanales en cada una de las empresas?
6. ¿Cuál de las dos empresas interesa más al trabajador? ¿Cuántos folletos hay que repartir en cada una de ellas para obtener la misma cantidad de dinero?
7. Dibuja la gráfica de ambas funciones.

Matematiza: 1, 5, 7 **Argumenta: 2, 3, 6** **Simboliza: 4**

2 CM CL Profesional Beneficios

El coste de fabricación de una serie de hornos de microondas viene dado por la función $C(x) = x^2 + 40x + 30\,000$, donde x representa el número de hornos fabricados. Supongamos que cada horno se vende por 490 €.

Problemas

1. Calcula el coste de fabricación de 90 hornos.
2. ¿Cuánto dinero recibe la empresa por esos 90 hornos?
3. Halla el beneficio que obtiene la empresa por los 90 hornos.
4. Determina la función de beneficios. ¿De qué tipo de función se trata?
5. Dibuja la función de beneficios.
6. ¿Cuántos microondas deben fabricarse y venderse para que los beneficios sean máximos? ¿Cuál es el importe de ese beneficio máximo?
7. Halla los enteros entre los cuales se logran beneficios.
8. Calcula el número de hornos fabricados y vendidos con el que se obtiene el menor beneficio y la menor pérdida.

Matematiza: 1, 2, 3, 7, 8 **Simboliza: 4**
Representa: 5 **Argumenta: 6**

3 CM CL Profesional Las dimensiones de un anuncio

María quiere poner un anuncio en un periódico y le han dicho que este debe ser rectangular y ocupar, como mucho, 225 cm^2; asimismo, el contorno de su perímetro ha de ser el menor entero posible. ¿Ayudas a María a calcular las dimensiones de su anuncio? (Ten en cuenta que tienen que ser números enteros.)

Problemas

1. Si llamamos x a la anchura del rectángulo e y a la longitud, escribe el área en función de los lados.
2. Escribe una expresión algebraica que permita calcular el perímetro en función de los lados.
3. Si las dimensiones del rectángulo son naturales, ¿entre qué números deberás buscarlas? Escribe una lista con los posibles candidatos.
4. Para cada uno de los candidatos del apartado anterior, determina el perímetro que resulta. ¿Cuáles son las dimensiones del anuncio?

Simboliza: 1, 2 **Argumenta: 3, 4**

2 Artes gráficas

¿Hay geometría en los diseños publicitarios?

CM CL CA CI CS Social Profesional

Aprende a...

Dividir un segmento en partes proporcionales a otros dados.

Reconocer triángulos semejantes y en situaciones de semejanza.

Utilizar el teorema de Tales.

Calcular dimensiones reales de medidas en situaciones de semejanza.

Ítem 1. Anuncios en los supermercados

Cuando vamos a comprar a un supermercado encontramos muchos carteles que anuncian productos y, sobre todo, ofertas.

El tamaño de esos carteles se expresa con la medida de la longitud y la anchura.

Ítem 2. Publicidad digital

Cada vez es más habitual que la publicidad se ofrezca en pantallas. Destacaremos dos formas de presentación, cuyo rango de pantallas es este:

Mural: de 42" a 56".

Tótem: de 32" a 70".

Ítem 3. Folletos informativos

Otra forma de hacernos llegar publicidad es el buzoneo. Generalmente, se preparan folletos con la información de todas las ofertas de la tienda durante un tiempo determinado.

Construye con lo que sabes

Matematiza

1. Supón que tenemos un tótem publicitario de cartón de 55 cm de anchura y 175 cm de altura:

   a Halla sus medidas en pulgadas (recuerda que 1 pulgada = 2,54 cm).
   b ¿Sus lados son proporcionales a un rectángulo cuyos lados miden 11 cm y 35 cm?
   c ¿Cuánto mide su diagonal en pulgadas?
   d Si multiplicas el resultado anterior por un número, ¿obtienes la medida del tótem del ítem 2? En caso afirmativo, ¿cuál será la medida de sus lados?

2. Las medidas estándares para los carteles de gran formato son: 50 cm × 70 cm, 64 cm × 88 cm y 70 cm × 100 cm. Estudia, dos a dos, si sus lados son proporcionales, es decir, determina si, multiplicando los lados de uno de los carteles por un número, se obtienen los lados del otro cartel.

3. En un folleto publicitario de tipo octavilla (DIN A5), cuyas medidas son 148 mm × 210 mm, se informa de los platos que se ofrecen en un restaurante chino. La fotografía de un plato que en la realidad mide 23 cm de diámetro aparece en un cuadrado de 3 cm de lado.

   a Escribe la razón entre el diámetro del plato que aparece en la fotografía y el diámetro real del plato.
   b Teniendo en cuenta esa relación, ¿cuál será la medida del lado del cuadrado que corresponda a un plato de postre de 18 cm?
   c Halla la longitud del borde del primer plato en la octavilla y en la realidad. ¿Cuál es la razón entre ellas? ¿Es la misma que la de los diámetros?
   d Calcula el área del mismo plato en la fotografía y en la realidad; luego, halla la razón entre ellas.

Ítem 4. Logotipos

Un logotipo es un símbolo gráfico que permite identificar visualmente una marca, un producto, una empresa o una conmemoración.

Los logotipos pueden ser de varias clases:

Logotipo propiamente dicho (nombre o palabra)	Kleenex
Isotipo (símbolo o dibujo)	
Imagotipo (símbolo y texto separados)	YouTube
Isologo (símbolo y texto mezclados)	El Corte Inglés

Ítem 5. El significado de las formas

El logotipo es la primera presentación visual de la empresa, marca, producto o conmemoración. Por eso, su forma y sus colores deben estar relacionados con lo que se quiere transmitir.

Así, el **círculo** sugiere protección, suavidad; el **cuadrado,** fortaleza, seguridad, y el **triángulo,** vitalidad, crecimiento.

Construye con lo que sabes

Comunica

(4) Atendiendo a la clasificación que se presenta en el ítem 4, identifica cada una de las imágenes que aparecen en el ítem 5.

Matematiza

(5) Escribe los nombres de las figuras geométricas que se utilizan en los logotipos de los ítems 4 y 5.

Argumenta

(6) Responde a las preguntas:

a ¿Cuántos triángulos cuentas en el logotipo de Google Play?
b ¿Miden lo mismo los ángulos de los triángulos verde y azul?
c Y sus lados, ¿son iguales o proporcionales?
d Fíjate de nuevo en los logotipos de los ítems 4 y 5. ¿Hay alguno que tenga los ángulos iguales a alguno de los triángulos anteriores? Si tu respuesta es afirmativa, ¿qué relación tienen sus lados?

Matematiza

(7) El logotipo de Mountain Resort está formado por dos triángulos, uno interior a otro. ¿Cómo son sus ángulos? ¿Qué relación tienen sus lados?

Representa

(8) **a** Dibuja la figura exterior que delimita las formas blancas y negras del logotipo de Adidas. ¿Cuánto miden sus ángulos y sus lados?

b Añade las líneas interiores de esas formas. ¿Cómo son, respecto al lado derecho de la figura exterior? En las figuras geométricas que se forman, ¿qué relación tienen los ángulos y los lados respecto a la figura exterior?

Tecnifica

(9) Copia en tu cuaderno el logotipo de El Corte Inglés. A partir de él, moviendo solo uno de sus lados, construye otro triángulo. Sus ángulos deben tener la misma medida que los ángulos de partida y lados proporcionales a él.

Lo que has construido

Hallas la **relación de proporcionalidad** entre la medida real de una figura y su representación gráfica.

Obtienes la **medida de la figura representada** conociendo su relación con la real y el proceso inverso.

Identificas **triángulos semejantes** y construyes un triángulo semejante a otro.

Estableces la relación entre **los perímetros o las áreas de dos figuras semejantes** y hallas el de una a partir de la otra.

3. Figuras semejantes

Dos **figuras** son **semejantes** si sus ángulos son iguales y sus lados, proporcionales.

La figura que se obtiene por semejanza de otra, *F*, se escribe *F'*. Cada punto inicial, *A*, se transforma en otro que se escribe *A'*.

Se llama **razón de semejanza** al cociente indicado (razón) entre la medida del lado de *F'* y su correspondiente de *F*. Se representa con la letra *k*.

Ejemplos

4. Figuras semejantes.

5. En el ejemplo 7, la razón de semejanza es $k = \frac{A'B'}{AB} = \frac{1,5}{3} = \frac{1}{2} = 0,5.$

Para obtener la medida de un lado de la figura inicial, ese lado se multiplica por la razón: $D' = D \cdot 0,5 = 1,5 \cdot 0,5 = 0,75$ cm.

Razón del perímetro y del área de dos figuras semejantes

Si la razón de semejanza de dos figuras es *k*:

- La razón entre sus perímetros es la misma, *k*.
- La razón de las áreas es k^2.

Ejemplos

6. Los lados de un rectángulo miden 7 cm de longitud y 4 cm de anchura. Otro rectángulo semejante a él tiene una longitud de 21 cm. Vamos a comprobar que se cumple la relación entre la razón de sus perímetros y sus áreas.

La razón de semejanza es el cociente entre la longitud del segundo y la longitud del primero: $k = \frac{21}{7} = 3$. Por tanto, la anchura mide: $4 \cdot 3 = 12$ cm.

- Perímetro del primer rectángulo: $P_1 = 7 \cdot 2 + 4 \cdot 2 = 22$ cm.
- Perímetro del segundo rectángulo: $P_2 = 21 \cdot 2 + 12 \cdot 2 = 66$ cm.
- Razón entre los perímetros: $\frac{P_2}{P_1} = \frac{66}{22} = 3.$ Por tanto, *k*.
- Área del primer rectángulo: $A_1 = 7 \cdot 4 = 28$ cm^2.
- Área del segundo rectángulo: $A_2 = 21 \cdot 12 = 252$ cm^2.
- Razón entre las áreas: $\frac{A_2}{A_1} = \frac{252}{28} = 9 = 3^2$. Esto es, k^2.

7. Una figura plana tiene un área de 32 m^2; el área de otra figura semejante a ella, cuya razón de semejanza es $\frac{3}{4}$, es $32 \cdot \left(\frac{3}{4}\right)^2 = 32 \cdot \frac{9}{16} = 18$ cm^2.

4. Triángulos semejantes

Dos **triángulos** son **semejantes** si cumplen una de las siguientes condiciones:

1. Tienen los tres ángulos iguales.
2. Tienen dos ángulos iguales.
3. Tienen un ángulo igual y los lados que lo forman son proporcionales.

5. Teorema de Tales

Si dos rectas secantes son cortadas por rectas paralelas, los segmentos correspondientes que se forman en cada una de las rectas son proporcionales (apunte 7).

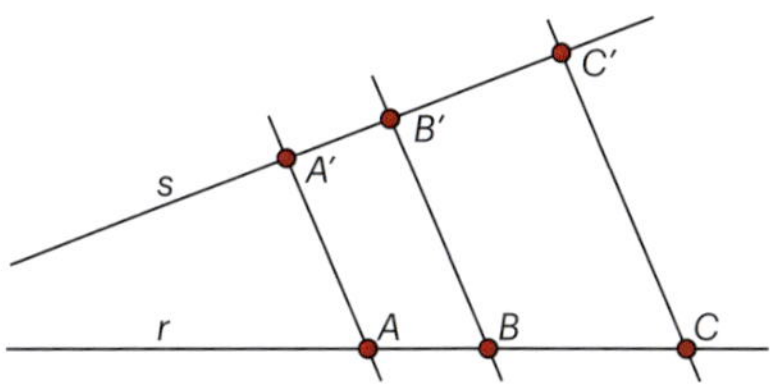

$$\frac{AB}{A'B'}=\frac{BC}{B'C'}=\frac{AC}{A'C'}$$

6. Triángulos en posición de Tales

Dos triángulos están en posición de Tales si tienen un ángulo común y los lados opuestos a este ángulo son paralelos (apunte 7).

7. Escala

La **escala** se utiliza para hacer representaciones de la realidad en planos, mapas y maquetas. Se define como la razón entre la longitud que se representa y la longitud correspondiente en la realidad, expresadas en las mismas unidades:

$$E=\frac{\text{Medida representada}}{\text{Medida real}}$$

La escala se escribe de la forma 1:500. Esto significa que 1 cm del dibujo, plano o mapa equivale a 500 cm de la realidad (5 m).

Ejemplos

8. Dos ángulos de un triángulo miden 75º y 36º, y dos ángulos de otro, 36º y 70º. ¿Son semejantes?
Como los ángulos conocidos no son iguales, hay que hallar el tercero de uno de los triángulos: 180º – (75º + 36º) = 70º. Se confirma que tienen los ángulos iguales y, por tanto, son semejantes.

9. Para hallar el segmento x, se utiliza el teorema de Tales.

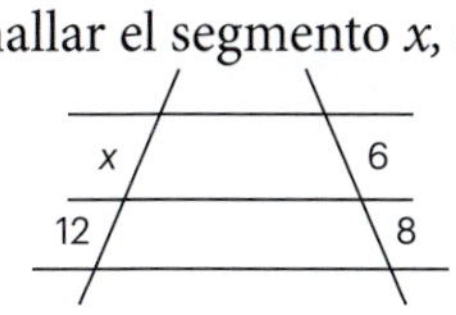

$$\frac{x}{6}=\frac{12}{8}\Rightarrow x=6\cdot\frac{12}{8}=9$$

10. La entrada de una vivienda mide 4 m de anchura y 6 m de longitud. Al representarla en un plano, se ha dibujado un rectángulo de 8 cm de anchura.

La escala es $E=\frac{8}{400}=\frac{1}{50}$.

El otro lado se representaría con un lado de longitud: $\frac{6}{50}=0{,}12\text{ m} = 12\text{ cm}$.

Un segmento de 5 cm en la realidad mide: $5\cdot 50=250\text{ cm} = 2{,}5\text{ m}$.

Profesora en casa.
Razón de semejanza.

Apunte 6

Tales de Mileto (624 a. C.–547 a. C.) fue un filósofo y matemático griego. Sus aportaciones en los ámbitos de las matemáticas, la astronomía, la navegación, la física y la filosofía fueron múltiples. Con el teorema que lleva su nombre calculó la altura de las pirámides de Egipto.

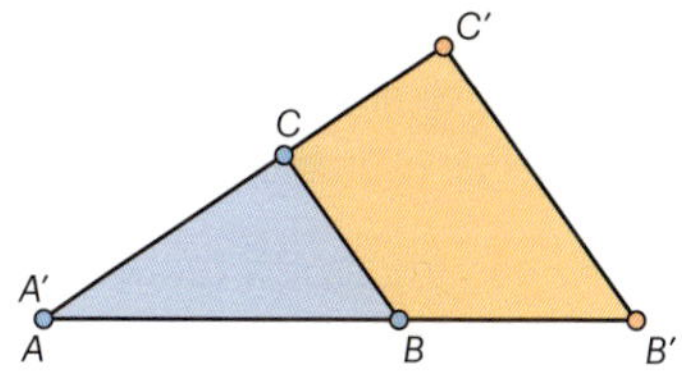

Apunte 7

Los **triángulos en posición de Tales** son semejantes, ya que cumplen la tercera condición de semejanza de triángulos:

- Tienen un ángulo igual, *A*.
- Como la recta que contiene a los vértices *CC'* y la que contiene a los vértices *BB'* son secantes y están cortadas por rectas paralelas (los lados *BC* y *B'C'*), se puede aplicar el teorema de Tales: $\frac{AB}{A'B'}=\frac{AC}{A'C'}$. Por tanto, sus lados son proporcionales.

Entrénate

17. Halla la razón de semejanza entre las dos figuras. Luego, calcula el resto de los lados:

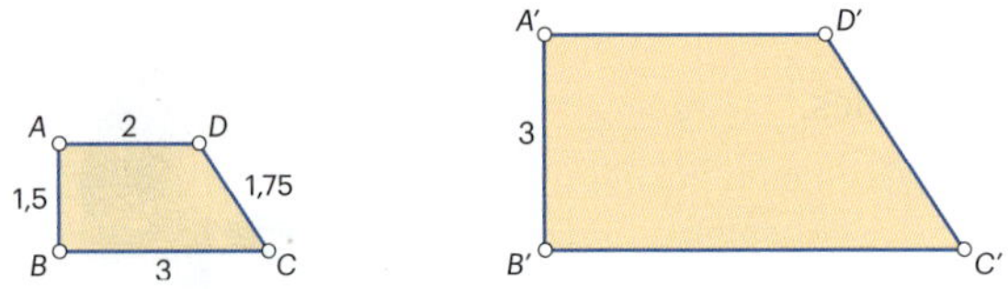

18. Considera dos circunferencias no concéntricas, una de 5 cm de radio y otra de 12 cm de diámetro.

a ¿Cuál es la razón de semejanza de sus radios?

b Comprueba que la razón de sus longitudes es la misma que la razón de semejanza.

c Halla el área del círculo encerrado en la primera circunferencia.

d Con el resultado del apartado anterior y sin utilizar la fórmula que permite calcular el área, determina la medida de la superficie que queda dentro de la segunda circunferencia.

19. Uno de los lados de una figura plana mide 10 dm y el lado correspondiente de otra figura semejante a ella mide 12 dm. Si el área de la figura semejante es de 236 dm², ¿cuál es el área de la figura inicial?

20. Si dos triángulos rectángulos tienen un ángulo agudo igual, ¿se puede afirmar que son semejantes? Razona tu respuesta.

21. Indica cuáles son las figuras semejantes de las siguientes, indicando sus dimensiones y teniendo en cuenta la razón de semejanza en cada caso:

a

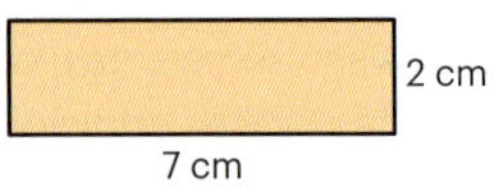

$k = 3$

b

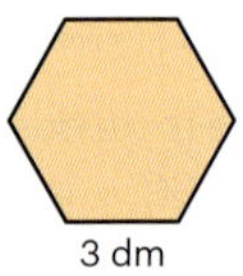

$k = \frac{3}{2}$

c

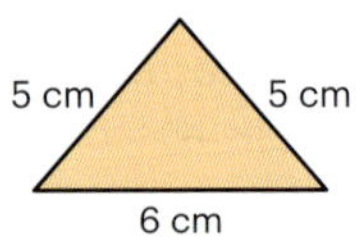

$k = 2$

22. ¿Son semejantes estos rectángulos? Si lo son, calcula la razón de semejanza.

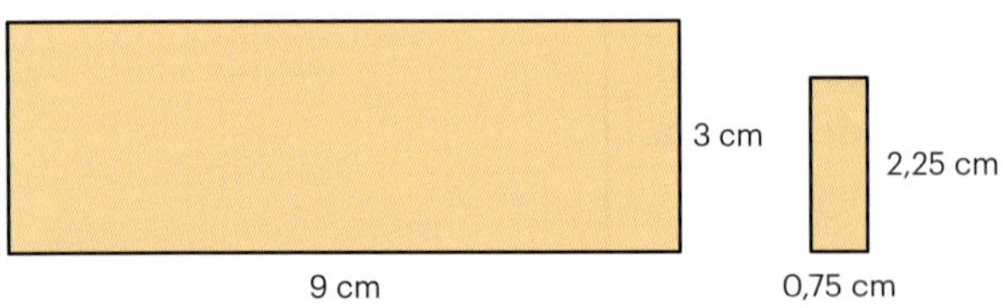

Banco digital

23. Dibuja dos triángulos rectángulos isósceles diferentes. Explica, sirviéndote de las condiciones de semejanza de triángulos, si son semejantes.

24. El área de una figura plana es 18 cm². Calcula lo que mide la superficie de la figura semejante a ella, construida con una razón de semejanza de 4.

25. La diagonal de un rectángulo mide 12 dm. Halla la diagonal de otro rectángulo semejante a él, sabiendo que la razón de semejanza es $\frac{4}{3}$.

26. La ventana de un ático tiene forma cuadrada y deja pasar 6400 mm² de luz. Determina en qué proporción debemos aumentar los lados para conseguir una ventana cuadrada que deje pasar 14 400 mm² de luz.

27. Halla *x* e *y*, sabiendo que las figuras son semejantes:

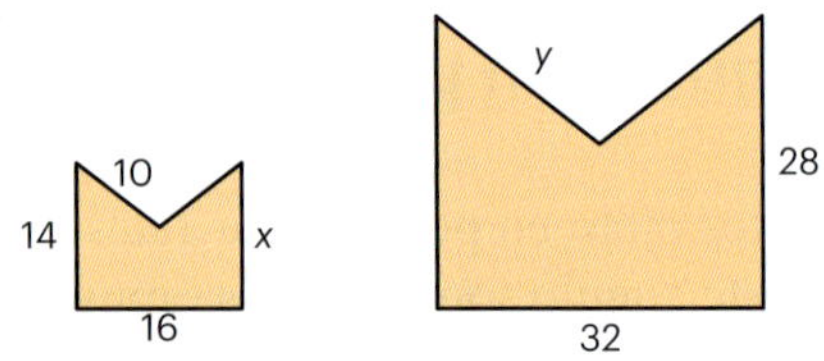

28. Aplica el teorema de Tales para calcular *x* e *y*:

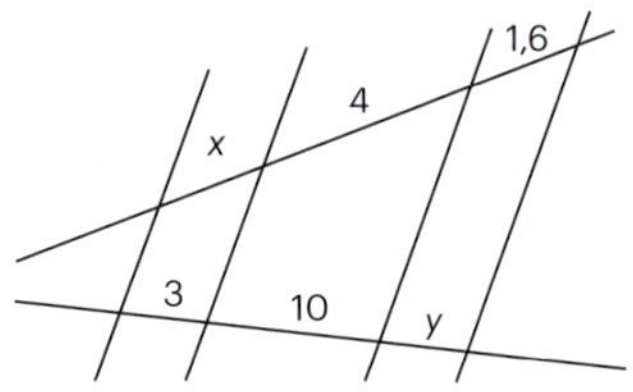

29. Calcula *x* en los siguientes triángulos en posición de Tales:

a

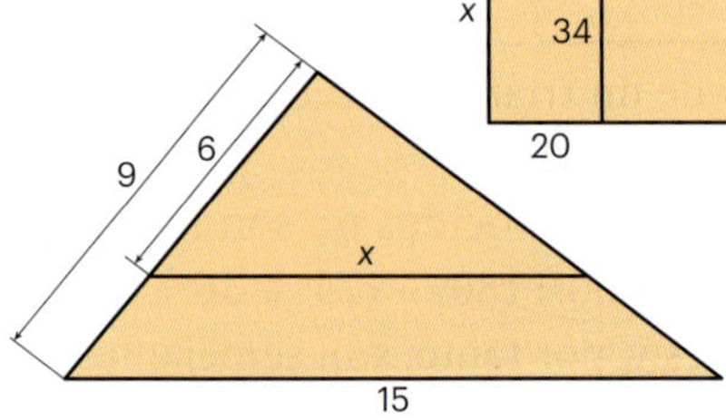

b

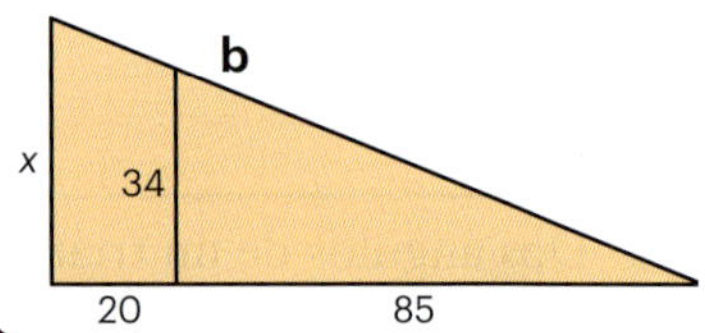

30. La estatura de Loli es de 1,68 m, pero no sabe cuál es la de su primo Álex. Han medido sus sombras en el suelo a la misma hora: la de Loli mide 96 cm y la de Álex, 88 cm. ¿Cuál es la estatura de Álex?

31. En una escala 1:250 000, ¿cuánto ha de medir el segmento que represente una distancia de 7 km entre dos puntos?

32. En un plano, se representa una distancia de 5 m mediante un segmento de 20 cm. ¿Qué escala se ha utilizado en ese plano?

Mates en contexto

4 CM CL CS Profesional **Tatamis**

Los tatamis son unas esteras que se utilizan para cubrir el suelo de las habitaciones principales en las casas japonesas.

Más tarde, se han utilizado para la práctica de las artes marciales. El material con el que se hacen debe ser antideslizante, acolchado y lo suficientemente rígido como para evitar deformaciones por los impactos de las caídas.

Un tatami tiene forma cuadrada y un patrón formado por piezas rectangulares.

En las competiciones oficiales internacionales de yudo, el tatami es de 14 m × 14 m, si bien puede llegar hasta 16 m × 16 m en las olimpiadas.

Problemas

1. Razona si los cuadrados que delimitan los tatamis de las competiciones oficiales son semejantes. En caso afirmativo, halla la razón de semejanza.
2. Calcula el lado de un cuadrado semejante al del tatami más pequeño de razón $\frac{7}{2}$. ¿Es semejante al mayor?
3. Halla el lado de un cuadrado semejante al del tatami mayor de razón $\frac{3}{8}$. ¿Es semejante al pequeño?
4. Teniendo en cuenta tus respuestas a los problemas anteriores, ¿se puede afirmar que todos los cuadrados son semejantes? Razona tu respuesta.
5. Cada una de las diagonales divide los cuadrados en dos triángulos. ¿Son semejantes los que se forman en los dos tatamis? Explica tu respuesta.
6. Encuentra en cada tatami otros triángulos que sean semejantes entre sí y también semejantes a los anteriores.
7. En los problemas 1, 2, 3 y 4 has determinado si algunas figuras son semejantes o no. En las que lo son, halla el área y comprueba que se cumple la relación de semejanza entre ellas.

Argumenta: 1, 2, 3, 4, 5, 6 **Matematiza: 2, 3, 4, 7**

5 CM CL CA CS Profesional Personal **Fotografías y fotocopias**

Las cámaras digitales nos permiten almacenar una gran cantidad de fotografías. Además, con los marcos digitales, podemos seleccionar las fotos que nos apetece ver.

Pero, a veces, queremos imprimir alguna y no sabemos cuál es el tamaño adecuado o el que más nos puede interesar.

El tamaño estándar de impresión es 10 cm × 15 cm, que equivale a 4" × 6". En ocasiones, solo se nos ofrece la medida menor y, a partir de la relación de aspecto o ratio, se obtiene la otra. Esta relación es la razón entre la altura y la anchura de la fotografía. La ratio habitual de las cámaras actuales es 4:3.

Problemas

1. Si se desea imprimir una fotografía de 13 cm de altura, ¿cuál será la medida del ancho con la ratio 4:3? ¿Y si la relación de aspecto fuera 2:3?
2. Hace tiempo, la relación habitual era 3:2. ¿Cuál sería el tamaño de la fotografía anterior con esta ratio?
3. Algunos formatos digitales para un revelado estándar son 95 mm × 127 mm y 203 mm × 270 mm. ¿Son proporcionales?
4. Las dimensiones de una fotografía de tamaño póster son 40 cm × 60 cm. ¿Cuál es su perímetro? ¿Y su área?
5. Sin hallar los lados, calcula el perímetro y el área de otra fotografía semejante a la del problema anterior, de razón $\frac{3}{2}$.
6. Si, después de imprimir una fotografía en tamaño DIN A4 (21 cm × 29,7 cm), se quiere hacer una fotocopia, de tal modo que el lado menor sea de 70 mm, ¿qué porcentaje de reducción se debe aplicar?

Matematiza: 1, 2, 4, 5 **Argumenta: 3, 6**

3 El precio de la publicidad

¿Es cara la publicidad?
¿Cuánto cuestan los *banners* en internet?

CM CL CA CI CS CC Social Profesional

Aprende a...

Calcular e interpretar las medidas de posición para resumir los datos.

Hallar los parámetros de dispersión de una variable estadística.

Usar un vocabulario adecuado para describir, analizar e interpretar información estadística.

Ítem 1. La publicidad en la radio

Cuñas de 20 segundos. Emisión nacional en día laborable.

<table>
<tr><th></th><th>SER</th><th>ONDA CERO</th><th>COPE</th></tr>
<tr><td>06:00-07:00 h.</td><td>2900€</td><td>4780€</td><td rowspan="2">10 990€</td></tr>
<tr><td>07:00-10:00 h.</td><td>11 215 €</td><td>12 440€</td></tr>
<tr><td>10:00-13:00 h.</td><td rowspan="2">7195€</td><td rowspan="2">8190€</td><td>7960€</td></tr>
<tr><td>13:00-14:00 h.</td><td rowspan="4">4200€</td></tr>
<tr><td>14:00-15:00 h.</td><td rowspan="2">3455€</td><td>3420€</td></tr>
<tr><td>15:00-16:00 h.</td><td rowspan="3">5200€</td></tr>
<tr><td>16:00-19:00 h.</td><td rowspan="2">3860€</td></tr>
<tr><td>19:00-20:00 h.</td><td rowspan="3">5940€</td></tr>
<tr><td>20:00-22:00 h.</td><td>3380€</td><td rowspan="3">3990€</td></tr>
<tr><td>22:00-23:00 h.</td><td rowspan="2">4555€</td></tr>
<tr><td>23:00-00:00 h.</td><td rowspan="2">7800€</td></tr>
<tr><td>00:00-01:30h.</td><td>8195€</td><td>10 610€</td></tr>
<tr><td>01:30-04:00 h.</td><td>1860€</td><td>1120€</td><td rowspan="2">1520€</td></tr>
<tr><td>04:00-06:00 h.</td><td>1200€</td><td>500€</td></tr>
</table>

Ítem 2. La publicidad en la prensa escrita

	ANUNCIOS DE UNA PÁGINA	AUDIENCIA (N.º DE LECTORES)
El País	50 900€	1 080 000
El Mundo	42 500€	662 000
La Vanguardia	20 200€	585 000
ABC	22 995€	418 000
Marca	33 100€	1 922 000
As	19 650€	1 028 000
Mundo Deportivo	5700€	421 000
Sport	7847€	414 000

Construye con lo que sabes

Argumenta (1) Indica cuál es el precio más alto y el más bajo de las cuñas publicitarias en cada emisora de radio.

(2) ¿A qué hora las tarifas son más caras? ¿Y a qué hora son más baratas?

(3) ¿Por qué crees que hay tanta disparidad de precios?

Matematiza (4) Calcula la diferencia entre el precio más elevado y el más bajo en cada emisora de radio.

(5) Halla la media aritmética de los precios de las tres emisoras por separado y luego, en conjunto.

Argumenta (6) ¿En qué emisora radiofónica es más caro poner un anuncio, a lo largo de todo el día?

Plantea (7) **Trabajo de investigación.** Busca los datos del EGM (Estudio General de Medios, sobre las audiencias de la radio) y analiza si los distintos precios están justificados.

Argumenta (8) Respecto al ítem 2, ¿dónde es más caro poner un anuncio, en la prensa general o en la deportiva? ¿A qué crees que se debe?

(9) ¿Crees que está justificada la disparidad de precios en los distintos periódicos? Justifica tu respuesta.

Matematiza (10) Calcula el coste de los anuncios de prensa por cada mil lectores.

Argumenta (11) ¿En qué periódico resulta más barato (por el número de lectores) y más caro poner un anuncio de una página entera?

Matematiza (12) Calcula la diferencia entre el precio más alto y el más bajo por cada mil lectores.

(13) Halla la media aritmética de los precios por cada mil lectores.

Ítem 3. La publicidad en internet

	CPM		CPM
8tv.cat	50€	cadena100.es	20€
acb.com	20€	cadenadial.com	25€
atresplayer.com	16€	europafm.com	10€
eldiario.es	16€	los40.com	27€
eltiempo.es	20€	m80radio.com	25€
mitele.es	25€	rac1.cat	50€
rincondelvago.com	18€	radiole.com	25€
tillate.es	18€	as.com	25€
elmundo.es	14€	marca.com	19€
elpais.com	30€	mundodeportivo.com	20€
lavanguardia.com	20€	sport.es	20€

Ítem 4. El CPM

El costo por mil (CPM) es una medida utilizada comúnmente en la publicidad de internet. Se trata de lo que cuesta mostrar un *banner* en 1000 ocasiones.

Por ejemplo, si un anuncio tiene un CPM de 12€ y lo ven 50000 personas, el anunciante tendrá que pagar $\frac{12 \cdot 50000}{1000} = 600€$

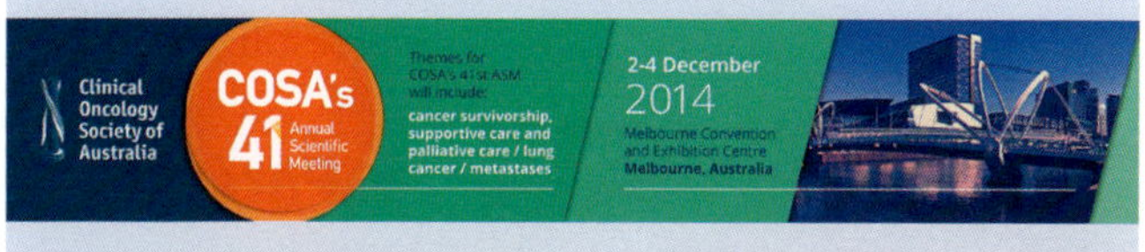

Construye con lo que sabes

Argumenta (14) ¿Dónde cuesta más poner un anuncio? ¿Y menos?

Matematiza (15) Calcula la diferencia entre el anuncio que más cuesta y el que vale menos (este valor se llama recorrido).

Argumenta (16) ¿Crees que hay mucha diferencia entre los precios de los anuncios en internet en CPM?

(17) ¿Cuál es el precio en CPM que más se repite? ¿Cómo se denomina en matemáticas ese valor? Argumenta tu respuesta.

(18) ¿Hay algún valor o algunos valores diferentes del resto (demasiado caros o demasiado baratos)?

Matematiza (19) (+−) Calcula la media aritmética de los CPM de la columna de la izquierda y la de la columna de la derecha del ítem 3 por separado.

(20) (+−) Halla la media de todos los valores del CPM.

Argumenta (21) ¿Hay alguna relación entre las medias por separado y la que has obtenido en la actividad anterior?

Plantea (22) Un anunciante quiere gastar 15000€ en una campaña publicitaria y contacta con los responsables de una página web que visitan diariamente 50000 personas. El anuncio tiene un CPM de 10€. ¿Cuántos días podrá estar el anuncio en esa página?

(23) Imagina que eres *youtuber* y que diariamente visita tu canal un cuarto de millón de personas. Tienes *banners* con un CPM de 15€. ¿Cuánto ganarás en un mes por la publicidad?

Lo que has construido

Analizas y sacas conclusiones sobre **datos reales y valores obtenidos.**

Calculas **medias aritméticas y rangos** de distintos estudios estadísticos.

Comparas distintas **series de datos** para obtener conclusiones.

Detectas la existencia de una mayor o menor **dispersión entre distintos datos.**

8. Parámetros centrales

Apunte 7

Si hay un número par de datos y los dos centrales no coinciden, se considera que hay dos medianas; asimismo, se puede tomar la media de ambos datos.

Los **parámetros centrales** son números que representan de forma global el conjunto de los datos. Existen muchos parámetros centrales, si bien los más importantes son estos tres:

- **Moda.** Es el valor que tiene mayor frecuencia absoluta. Se representa mediante **Mo.**
- **Mediana.** Es el valor que ocupa el lugar central de todos los datos cuando estos están ordenados de menor a mayor. Se representa con **Me** (apunte 8).
- **Media aritmética.** Es el valor obtenido tras sumar todos los datos y dividir el resultado entre el número total de datos. Se representa con el símbolo $\overline{x}$.

Apunte 8

El rango plantea el problema de que no tiene en cuenta la media aritmética obtenida.

9. Parámetros de dispersión

Los **parámetros de dispersión** son unas medidas que indican lo agrupados o dispersos que están los datos de una distribución estadística. Los más importantes son estos:

- **Rango o recorrido.** El parámetro de dispersión más fácil de calcular es el **rango,** también llamado **recorrido.** Mide la diferencia que hay entre el mayor y el menor dato de una variable estadística (apunte 9).
- **Desviaciones y varianza.**
  - La **desviación respecto a la media** es la diferencia entre cada valor de la variable estadística y la media aritmética: $d_i = x_i - \overline{x}$.
  - La **varianza** es la media aritmética del cuadrado de las desviaciones respecto a la media de una determinada distribución estadística. Se representa con σ^2 (apunte 10).
  - La raíz cuadrada positiva de la varianza se llama **desviación típica.** Se representa mediante σ.

Apunte 9

Las fórmulas para calcular la varianza son:

$$\sigma^2 = \frac{\sum f_i \cdot (x_i - \overline{x})^2}{N}$$

$$\sigma^2 = \frac{\sum f_i \cdot x_i^2}{N} - \overline{x}^2$$

Ejemplos

11. La tabla recoge las edades de 30 personas escogidas al azar para realizar una encuesta.

- **Mediana.** Tenemos 30 datos. Dividimos 30 / 2 = 15. La primera frecuencia acumulada mayor de 15 es 22, que corresponde al valor 15. Luego la mediana es Me = 15.
- **Media aritmética.** Creamos y utilizamos la columna de la derecha. Para ello, multiplicamos los valores (edad) por su frecuencia absoluta. Sumamos todos estos productos y resulta 450. Si dividimos este valor entre el número de datos, obtenemos la media aritmética: $\overline{x} = \frac{450}{30} = 15$.

Edad	f_i	F_i	$x_i \cdot f_i$
14	12	12	168
15	10	**22**	150
16	5	27	80
17	2	29	34
18	1	30	18
Suma	**30**		450

Observa
Si colocamos ordenados todos los datos, la frecuencia acumulada nos indica el último lugar que ocupa el valor correspondiente en esa lista.

12. Vamos a calcular la desviación media y la varianza del ejemplo 12.

Para ello, completamos una tabla con los datos que se necesitan, recordando que la media aritmética obtenida es 15 años y que tenemos 30 datos:

x_i	f_i	d_i	d_i^2	$f_i \cdot d_i^2$
14	12	–1	1	12
15	10	0	0	0
16	5	1	1	5
17	2	2	4	8
18	1	3	9	9
Suma	**30**			**34**

$$\sigma^2 = \frac{\sum f_i \cdot d_i^2}{N} = \frac{34}{30} = 1{,}13$$

$$\sigma = \sqrt{\sigma^2} = \sqrt{1{,}13} = 1{,}06$$

Profesor en casa.
Cálculo de la varianza.

10. Otros parámetros

- **Cuartiles.** Son valores que dividen una muestra de datos (ordenados) en cuatro partes iguales. Hay tres cuartiles, que se suelen representar mediante Q1, Q2 y Q3. El segundo cuartil es precisamente la mediana. El primer cuartil es el valor en el cual o por debajo del cual queda un cuarto (25 %) de todos los valores de la sucesión (ordenada). El tercer cuartil es el valor en el cual o por debajo del cual quedan las tres cuartas partes (75 %) de los datos (apunte 11). La diferencia entre los cuartiles tercero y primero se conoce como **rango intercuartílico** (RIC). Dada una serie de valores, X_1, X_2, X_3... X_n ordenados en forma creciente, su cálculo podría efectuarse de este modo:
  - Primer cuartil (Q1): como la mediana de la primera mitad de los valores.
  - Segundo cuartil (Q2): como la propia mediana de la serie.
  - Tercer cuartil (Q3): como la mediana de la segunda mitad de los valores.
- **Diagrama de cajas y bigotes.** Se trata de una presentación visual que describe varias características importantes al mismo tiempo, como la dispersión y la simetría. Para su realización se representan los tres cuartiles y los valores mínimo y máximo de los datos sobre un rectángulo, alineado horizontal o verticalmente. Una gráfica de este tipo consiste en una caja rectangular cuyos lados más largos muestran el recorrido intercuartílico. Este rectángulo está dividido por un segmento vertical que indica la posición de la mediana y, por lo tanto, su relación con los cuartiles primero y tercero (recordemos que el segundo cuartil coincide con la mediana). El rectángulo se ubica a escala sobre un segmento que tiene como extremos los valores mínimo y máximo de la variable. Las líneas que sobresalen se llaman **bigotes.** Estos bigotes tienen un límite de prolongación equivalente a 1,5 · RIC, de tal modo que cualquier dato o caso que no se encuentre dentro de este rango, se marca e identifica individualmente con un punto.

Apunte 10

Con los cuartiles es posible evaluar rápidamente la dispersión y la tendencia central de un conjunto de datos, que son los pasos iniciales básicos para comprender esos datos.

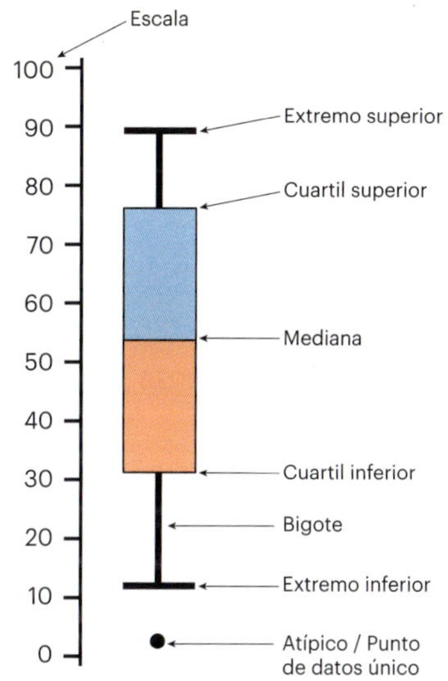

Profesor en casa. Diagrama de cajas y bigotes.

Ejemplo

13. Calcularemos los cuartiles y dibujaremos el diagrama de cajas del ejemplo 12. Para ello, usaremos la tabla de las frecuencias acumuladas.

Edad	f_i	F_i
14	12	12
15	10	22
16	5	27
17	2	29
18	1	30
Suma	**30**	

Q_2 es la mediana, que ya sabemos que es 15.

Como Q_1 es la mediana del primer tramo de datos, dividimos el número de datos entre 4: 30 / 4 = 7,5.

La primera frecuencia acumulada mayor de 7,5 es 12, que corresponde al valor 14. Luego $Q_1 = 14$.

Para calcular Q_3, multiplicamos el número de datos por 3 y lo dividimos entre 4. En nuestro caso, (3 · 30) / 4 = 22,5.

La primera frecuencia acumulada mayor de 22,5 es 27, que corresponde al valor 16. Luego $Q_3 = 16$.

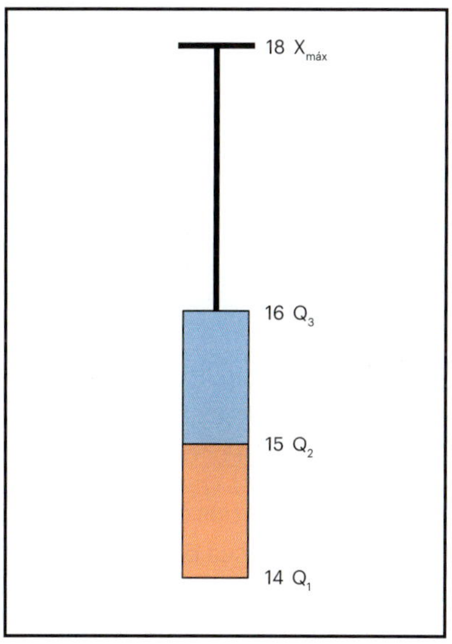

Entrénate

33. Calcula la media, la mediana, la moda y los cuartiles de estas series de números:

a 4, 6, 7, 7, 7, 8, 10
b 1, 3, 5, 3, 1, 3, 5, 3
c −2, 2, −5, 5, 0, 0, −3, 3
d 8, 5, 2, 6, 6, 4, 4, 5, 1, 9, 5, 3, 7, 5

34. Escribe una serie (distinta en cada apartado) de cinco números, comprendidos entre el 2 y el 8, de tal forma que:

a Su media sea 4.
b Su moda sea 6.
c Su mediana sea 5.

35. Calcula el recorrido de los siguientes estudios:

a 4, 8, 9, 3, 5, 4, 7, 6, 7
b 3, 12, 5, 22, 0, 4, 8
c −4, 5, 6, 10, 4, −2, 5, 4, 6, 6

36. Calcula la varianza y la desviación típica de los datos que siguen:

a 5, 1, 9, 3, 7
b 8, 11, 2, 16, 5, 3, 10, 9
c −3, 8, −5, −1, 0, 2, 2, 4, 7, −1, −1

37. Calcula la media y la desviación típica de estos datos:

4, 6, 1, 2, 5, 4, 7, 8, 9, 3, 3, 4, 2, 6, 5

38. Calcula la media y la desviación típica de:

x_i	f_i
0	5
1	8
2	12
3	10
4	7
5	2

39. Halla los cuartiles y realiza un diagrama de cajas y bigotes de los siguientes datos:

1, 2, 2, 3, 3   4, 4, 4, 4, 4   4, 4, 5, 5, 5

5, 5, 5, 6, 6   7, 8, 8, 8, 9   10, 10, 11, 12, 16

40. Fíjate en la siguiente serie de datos: 1, 3, 3, 3, 5, 6, 7, 8, 9. Si sustituimos el 9 por el 12, ¿qué parámetro central cambiaría? ¿Por qué?

41. Añade otros dos datos a esta serie: 7, 5, 6, 4, 5, para que su mediana sea 6.

42. La media de diez números naturales distintos es 8. ¿Cuál es el valor máximo posible de uno de esos valores?

43. Sabemos que la media de una serie de valores es 5, que la mediana es 6 y que la moda es 4. Obtén una serie de diez valores que tengan estos parámetros.

44. Un grupo de 18 chicos tiene en Matemáticas una nota media de 5,6 y un grupo de 22 chicas tiene una nota media de 6,2. ¿Cuál es la media de todos ellos juntos? ¿Se puede calcular la desviación típica?

45. El número de veces que se lava los dientes diariamente un grupo de personas viene dado por la siguiente tabla:

N.º de veces	Frecuencia
0	24
1	65
2	41
3	20

Calcula la moda, la mediana y la media aritmética.

46. El diagrama refleja un estudio sobre las veces que va al cine un grupo de personas:

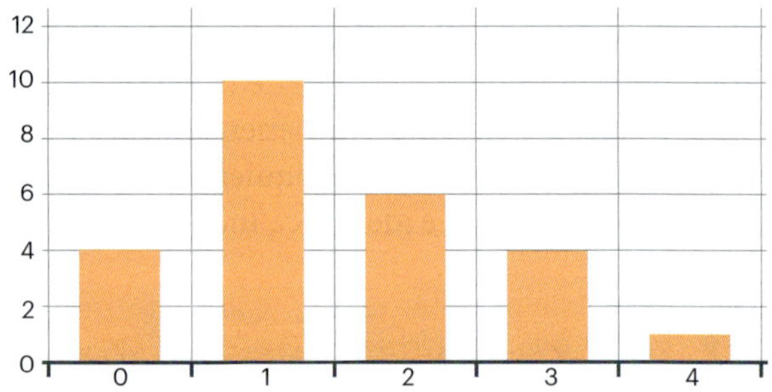

a Calcula sus parámetros centrales.
b Determina la desviación típica.

47. Para los datos 1, 1, 1, 3, 5 y 13, halla su media aritmética, su mediana y su moda. ¿Qué parámetro es el más representativo de los tres?

48. Las notas de Rubén han sido estas: 8, 6, 10, 5. ¿Qué nota debe sacar en el quinto ejercicio para que la media aritmética sea un 7?

49. En una evaluación, el segundo examen vale el doble que el primero. Indica qué nota pondrías a los siguientes estudiantes:

Estudiantes	1.er examen	2.º examen
Juan María	5	8
M.ª Ángeles	7	4
Maribel	6	6
Luis Miguel	6	3

Banco digital

Mates en contexto

6 CM CL CA Científico La densidad de la Tierra

Henry Cavendish (1731-1810) fue un físico y químico británico. Como físico, fue responsable del experimento que lleva su nombre. Este experimento le permitió calcular la densidad de la Tierra y, posteriormente, determinar la constante de gravitación universal. Como químico, se le conoce por el descubrimiento del hidrógeno y la composición del agua.

En 1778 realizó una serie de 29 experimentos con el objeto de medir la densidad de nuestro planeta.

Sus resultados, tomando como unidad la densidad del agua, fueron estos:

5,50	5,61	4,88	5,07	5,26	5,55	5,36	5,29	5,58	5,65
5,57	5,53	5,62	5,29	5,44	5,34	5,79	5,10	5,27	5,39
5,42	5,47	5,63	5,34	5,46	5,30	5,75	5,68	5,85	

Problemas

1. Ordena de menor a mayor los datos que obtuvo en su experimento.
2. ¿Cuál fue el dato mayor? ¿Y el menor?
3. ¿Los datos son parecidos entre sí o hay mucha dispersión? ¿Hay algún dato muy distinto a los demás?
4. Haz un análisis descriptivo de la variable «densidad de la Tierra». Para ello:
   - **a** Realiza una tabla con sus frecuencias absolutas, acumuladas y relativas.
   - **b** Calcula su media, su mediana y su moda.
   - **c** Obtén los cuartiles.
   - **d** Calcula su rango y su desviación típica.
   - **e** Elabora un diagrama de cajas y bigotes.
5. Comenta los resultados, intentando sacar conclusiones de los datos obtenidos.
6. La densidad real de la Tierra es de, aproximadamente, 5,52 g/cm^3. ¿Se acercó Cavendish a ese valor? ¿Qué error cometió?

Matematiza: 1, 4, 6 **Argumenta: 2, 3, 5, 6**

7 CM CL Profesional Científico El mejor maíz

El maíz es un alimento básico para los animales, aunque carece de algunos aminoácidos esenciales. Un grupo de científicos desarrolló una nueva variedad que sí contenía niveles apreciables de los aminoácidos que faltaban.

Para comprobar la utilidad de esta nueva variedad para la alimentación animal, se llevó a cabo el siguiente experimento:

- Se suministró a un grupo de 20 pollos un pienso que contenía harina de maíz de la nueva variedad.
- Se alimentó a otro grupo de 20 pollos (grupo de control) con un pienso que solo se diferenciaba del anterior en que no contenía harina de la variedad mejorada de maíz.

Los resultados que se obtuvieron sobre la ganancia de peso de los pollos (en gramos) al cabo de 21 días de alimentación fueron los siguientes:

Variedad normal: 380 321 366 356 283 349 402 462 356 410 329 399 350 384 316 272 345 455 360 431

Variedad mejorada: 361 447 401 375 434 403 393 426 406 318 467 407 427 420 477 392 430 339 410 326

Problemas

1. Calcula la media y la mediana para las dos variedades.
2. ¿Cuál es la medida central más representativa de las dos variedades en este estudio? ¿Por qué?
3. Indica el peso mínimo y el peso máximo de los pesos en cada variedad.
4. Calcula la desviación típica y la varianza para ambas variedades.
5. ¿Cuál es el resultado más homogéneo? ¿Por qué?
6. ¿Qué opinas sobre los resultados obtenidos? ¿Es mejor el nuevo compuesto? ¿Merece la pena?

Matematiza: 1, 3, 4 **Argumenta: 2, 6**

ÁLGEBRA

Solución de una ecuación

Una **ecuación** es una igualdad entre dos expresiones algebraicas que solo se verifica para algunos valores concretos de las letras. Esos valores son las **soluciones o raíces** de la ecuación. Las letras son las **incógnitas.**

Resolver una ecuación es encontrar sus raíces o soluciones. La mayoría de las veces se utiliza un método algorítmico que nos conduce a la solución, aunque existen otros métodos:

- **Resolución de ecuaciones por tanteo.** Si la solución de una ecuación es entera, podemos dar con la solución probando números.
- **Resolución de ecuaciones escritas en forma de producto.** Si una ecuación está escrita escrita en forma de producto, para resolverla tendremos que igualar a 0 cada uno de esos factores.
- **Resolución de ecuaciones de segundo grado.** La forma general de una ecuación de segundo grado es $ax^2 + bx + c = 0$ con $a \neq 0$. Este tipo de ecuación se resuelve mediante la siguiente fórmula:

$$x = \frac{-b \pm \sqrt{b^2 - 4ac}}{2a}$$

Si b o c (o ambos) son 0, la ecuación es incompleta y se puede solucionar más rápidamente así:

- $ax^2 = 0 \rightarrow x = 0$
- $ax^2 + c = 0 \rightarrow x^2 = \frac{-c}{a} \rightarrow x = \pm\sqrt{\frac{-c}{a}}$
- $ax^2 + bx = 0 \rightarrow x \cdot (ax + b) = 0 \rightarrow \begin{cases} x = 0 \\ ax + b = 0 \rightarrow x = \frac{-b}{a} \end{cases}$

Funciones

Una función es una **relación** entre dos magnitudes, de tal manera que a cada valor de la primera le corresponde, como mucho, un valor de la segunda.

La **expresión algebraica** de una función indica las operaciones que hay que hacer con la variable independiente para calcular el valor relacionado de la variable dependiente.

La representación gráfica de una **función lineal** es una recta. Existen tres tipos:

- **Función constante,** $f(x) = k$. Es una recta horizontal a una altura k.
- **Función de proporcionalidad directa.** Dos magnitudes son directamente proporcionales cuando la razón entre los valores de una y los correspondientes de la otra es una constante.

  La expresión de la función es $y = f(x) = mx$. Su gráfica es una recta que pasa por el origen de coordenadas.

- **Función afín.** Representa una parte proporcional (mx) más una fija (n). Su expresión es $f(x) = mx + n$. La gráfica es una recta cuya pendiente es m. Corta en $(0, n)$ al eje de ordenadas; n se llama ordenada en el origen. Los pares de valores (x, y) que obtenemos en una función lineal cumplen lo que se llama ecuación de la recta.

  Para representar una recta hay que hacer una tabla de valores.

Las **funciones cuadráticas** tienen la forma $f(x) = ax^2 + bx + c$ ($a \neq 0$). Su representación gráfica es una parábola.

- Si $a > 0$, la función es abierta hacia arriba y tiene un mínimo. Si $a < 0$, es abierta hacia abajo y tiene un máximo. El máximo o el mínimo se llaman vértices.
- Las coordenadas del vértice son:

$$x = \frac{-b}{2a};\ y = a\left(\frac{-b}{2a}\right)^2 + b\left(\frac{-b}{2a}\right) + c$$

- Corta al eje y en el punto $(0, c)$ y al eje x en los puntos $(x_1, 0)$ y $(x_2, 0)$, siendo x_1 y x_2 las soluciones de la ecuación $ax^2 + bx + c = 0$, en caso de que las tenga.

GEOMETRÍA

Figuras semejantes

Dos **figuras** son **semejantes** si sus ángulos son iguales y sus lados son proporcionales.

Se llama **razón de semejanza** al cociente indicado (razón) entre la medida del lado de F' y su correspondiente de F. Se representa con la letra k.

Razón del perímetro y del área de dos figuras semejantes

Si la razón de semejanza de dos figuras es k:

- La razón entre sus perímetros es la misma, k.
- La razón de las áreas es k^2.

Triángulos semejantes

Dos triángulos son semejantes si cumplen una de las siguientes condiciones:

1. Tienen los tres ángulos iguales.
2. Tienen dos ángulos iguales.
3. Tienen un ángulo igual y los lados que lo forman son proporcionales.

Teorema de Tales

Si dos rectas secantes son cortadas por rectas paralelas, los segmentos correspondientes que se forman en cada una de las rectas son proporcionales.

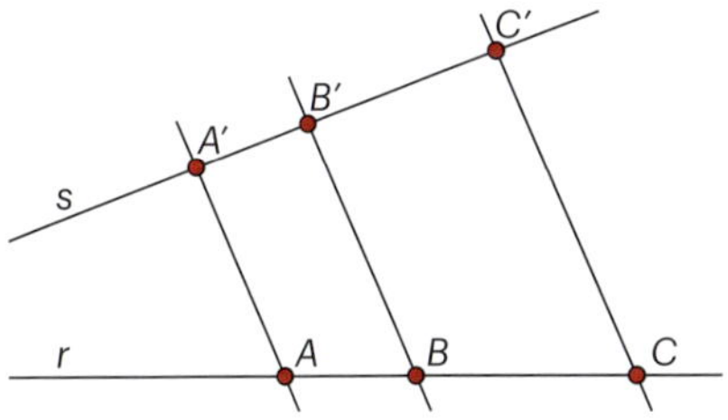

$$\frac{AB}{A'B'} = \frac{BC}{B'C'} = \frac{AC}{A'C'}$$

Triángulos en posición de Tales

Dos triángulos están en posición de Tales si tienen un lado común y los lados opuestos a estos ángulos son paralelos.

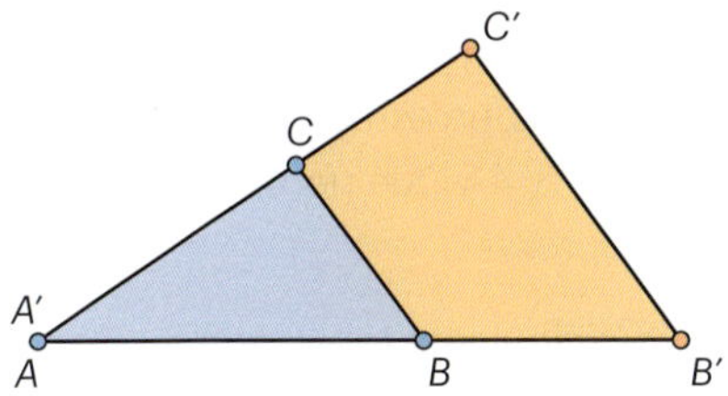

Escala

La **escala** se utiliza para hacer representaciones de la realidad en planos, mapas y maquetas. Se define como la razón entre la longitud que se representa y la longitud correspondiente en la realidad, expresadas en las mismas unidades:

$$E = \frac{\text{Medida representada}}{\text{Medida real}}$$

ESTADÍSTICA

Parámetros centrales

Los **parámetros centrales** son números que representan de forma global el conjunto de los datos. Hay tres:

- **Moda.** Es el valor que tiene mayor frecuencia absoluta. Se representa mediante **Mo.**
- **Mediana.** Es el valor que ocupa el lugar central de todos los datos cuando estos están ordenados de menor a mayor. Se representa mediante **Me.**
- **Media aritmética.** Es el valor que resulta al sumar todos los datos y dividir el resultado entre el número total de datos. Se representa con el símbolo $\bar{x}$.

Parámetros de dispersión

Los **parámetros de dispersión** son unas medidas que indican lo agrupados o dispersos que están los datos de una distribución estadística. Los más importantes son:

- **Rango o recorrido.** El parámetro de dispersión más fácil de calcular es el rango o recorrido, que mide la diferencia que hay entre los datos mayor y menor de una variable estadística.

- **Desviaciones y varianza.**
  - La **desviación respecto a la media** es la diferencia entre cada valor de la variable estadística y la media aritmética: $d_i = x_i - \bar{x}$.
  - La **varianza** es la media aritmética del cuadrado de las desviaciones respecto a la media de una determinada distribución estadística. Se le representa con σ^2. Su fórmula es:

$$\sigma^2 = \frac{\sum f_i \cdot (x_i - \bar{x})^2}{N} = \frac{\sum f_i \cdot x_i^2}{N} - \bar{x}^2$$

  - La raíz cuadrada de la varianza es la **desviación típica.** Se le representa con σ.

Otros parámetros

- **Cuartiles.** Son valores que dividen una muestra de datos (ordenados) en cuatro partes iguales. Hay tres cuartiles, que se suelen representar mediante Q1, Q2 y Q3. El segundo cuartil es la mediana. El primer cuartil es el valor en el cual o por debajo del cual queda un cuarto (25 %) de todos los valores de la sucesión (ordenada). El tercer cuartil es el valor en el cual o por debajo del cual quedan las tres cuartas partes (75 %) de los datos. La diferencia entre los cuartiles tercero y primero es el **rango intercuartílico** (RIC).

- **Diagrama de barras y bigotes.** Se trata de una presentación visual que describe varias características importantes al mismo tiempo, como la dispersión y la simetría.

Entrénate +

Números

50. Resuelve las ecuaciones:

a $x^2 - 6x + 8 = 0$
b $-2x^2 + 10x + 28 = 0$
c $3x^2 + 4x + 5 = 0$
d $4x^2 + 16 = 0$
e $2x^2 + 5x = 0$
f $3x^2 = 0$

51. Escribe la ecuación de estas rectas:

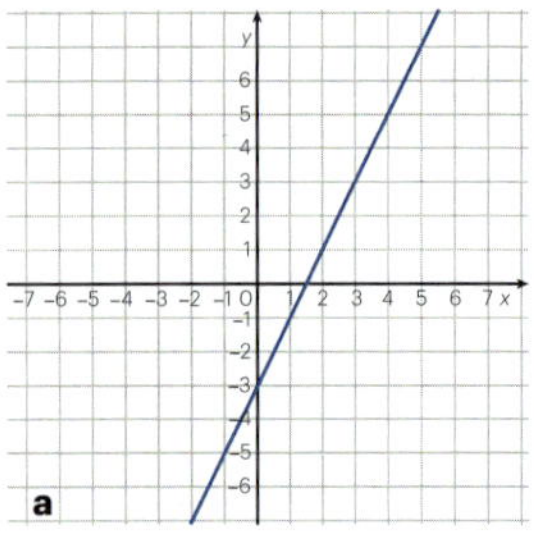

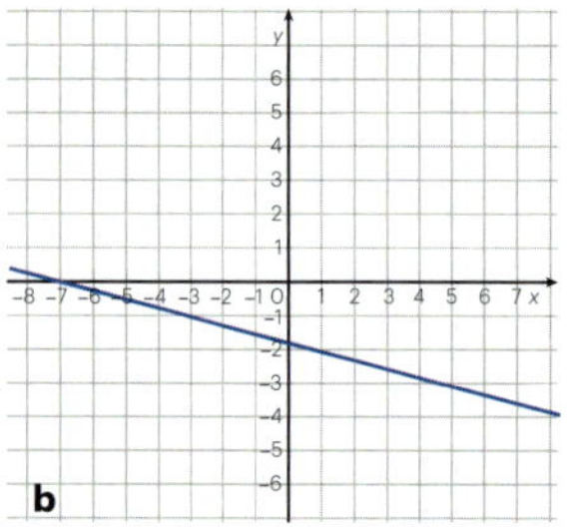

52. Copia y completa la siguiente tabla:

Función afín	Pendiente	Ordenada en el origen	Crecimiento / decrecimiento
$f(x) = x + 3$	1	3	Creciente
$f(x) = 5x - 4$			
$f(x) = 7 - 2x$			
	−4	−6	
	2,5	−3,5	

53. Calcula las coordenadas del vértice y de los puntos de corte con los ejes de estas parábolas y represéntalas:

a $f(x) = x^2 - 6x + 2$ **b** $f(x) = -3x^2 + 9x - 2$

Banco digital

Geometría

54. Los catetos de un triángulo rectángulo miden 4 m y 6 m. El cateto menor de otro triángulo rectángulo semejante a él tiene una medida de 1 m.

a Halla la razón de semejanza y el otro cateto del segundo triángulo.
b Sin calcular la hipotenusa, ¿puedes decir cuál es la razón de sus perímetros?
c Sin hallar sus áreas, obtén la razón de estas.

55. La medida en centímetros de los lados de un cuadrilátero son 4, 5, 8 y 10. ¿Cuánto miden los lados de otro semejante a él cuya razón de semejanza es $\frac{3}{5}$? ¿Y si la razón de semejanza fuera 4?

56. Halla *x* e *y*:

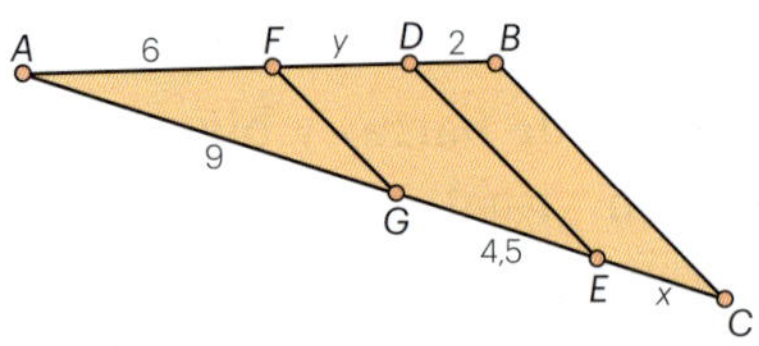

57. Se quiere dibujar un lápiz de carpintero de forma rectangular de 12 mm de ancho y 240 mm de largo. Para ello, se va a utilizar una escala 3:1. ¿Cuáles serán las medidas del lápiz del dibujo?

58. La cocina de una casa se ha representado en un plano a escala 1:80 y sus medidas en él son 6,25 cm de largo y 3,75 cm de ancho. ¿Cuáles son las medidas de la cocina en la realidad?

59. Calcula la altura del árbol más alto en el siguiente dibujo:

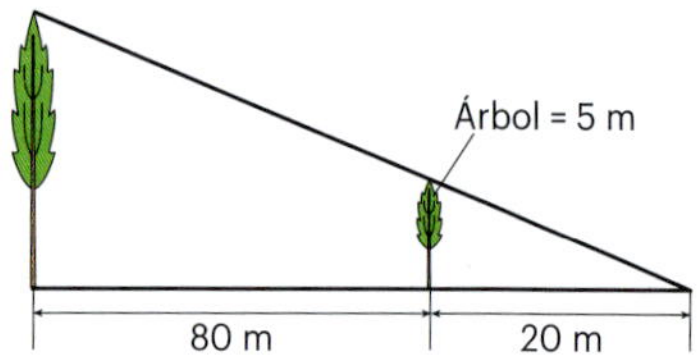

Banco digital

Estadística y probabilidad

60. Lidia ha hecho un estudio sobre el número de veces que su clase va al cine mensualmente y ha obtenido los siguientes datos:

N.º de veces	0	1	2	3	4
Frecuencia	3	10	7	4	1

Calcula los parámetros centrales y la desviación media.

61. Para poner la nota, un profesor hace cuatro exámenes. En los tres primeros, un estudiante ha conseguido estas calificaciones: 3, 3, 4. ¿Qué nota debe conseguir, como mínimo, para aprobar?

62. Se considera la siguiente tabla de frecuencias:

x_i	1	2	3	4	5	6
f_i	5	6	12		9	4

Calcula la frecuencia del valor 4, sabiendo que la media es 3.

63. En una muestra de 25 familias se ha observado que el número de coches que poseen es el siguiente:

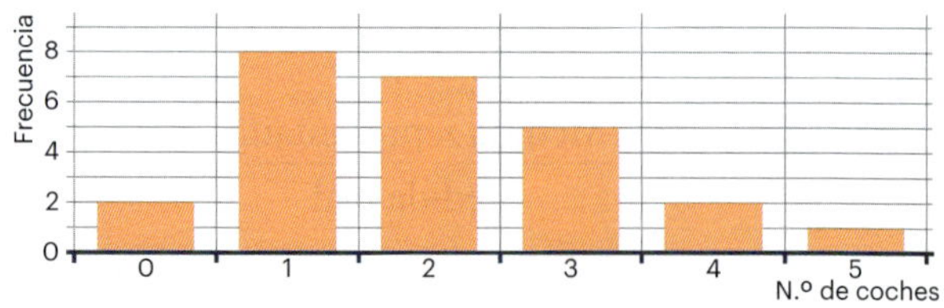

a Construye una tabla de frecuencias.
b Calcula sus parámetros centrales.
c Halla sus parámetros de dispersión.

Banco digital

Mates en contexto

8 CM CL Profesional Las funciones de la oferta y la demanda

La oferta y la demanda son conceptos básicos en economía. La demanda expresa las intenciones de compra de los consumidores y está estrechamente relacionada con el precio. Así, cuanto mayor es el precio, menor es la demanda del producto.

La oferta es la cantidad de bienes que los productores están dispuestos a vender. Cuanto más caros puedan venderlos, más querrán poner a la venta.

Tenemos un producto cuyo precio es de 15 € y se ofertan 100 unidades, pero se demandan 150. Si el precio aumenta en 5 €, se ofertan 150 unidades, pero se demandan 110.

Problemas

1. Relaciona el número de unidades con el precio por unidad. Para ello, lee atentamente el enunciado del problema; luego, copia y completa en tu cuaderno la siguiente tabla:

	Oferta		Demanda	
x: número de unidades				
y: precio				

2. Suponiendo que las ecuaciones de la oferta y la demanda son lineales, halla, con los puntos obtenidos en la pregunta anterior, la pendiente de cada una de ellas.
3. ¿Cuál es creciente? ¿Y decreciente?
4. Calcula la ecuación de la recta que pasa por los puntos de la oferta y la ecuación de la recta que pasa por los puntos de la demanda. Escribe esas rectas en forma punto-pendiente y explícita.
5. Se llama punto de equilibrio a aquel punto en el que la oferta es igual a la demanda. Calcula el punto de equilibrio de las rectas anteriores.

Matematiza: 1, 2, 3 | Simboliza: 4 | Plantea: 5

9 CM CL Científico El lanzamiento de la pelota

Una persona situada a 30 m del suelo lanza una pelota hacia arriba con una velocidad de 25 m/s. La altura de la pelota viene dada por la ecuación $h(t) = -5t^2 + 25t + 30$, donde t es el tiempo (en segundos) desde el momento del lanzamiento.

Problemas

1. ¿Qué forma tiene el recorrido que realiza la pelota?
2. Representa la función $h(t)$.
3. ¿Cuánto tarda el llegar al suelo?
4. ¿Cuánto tiempo tarda en alcanzar la altura máxima? ¿Cuál es la altura máxima que alcanza?

Argumenta: 1 | Representa: 2 | Matematiza: 3, 4

10 CM CL Científico Mucho frío

En una noche oscura y lluviosa, la temperatura T (medida en grados centígrados) varió según la función $T(x) = x^2 - 9x + 8$, siendo x el tiempo (en horas) a partir de las 12 de la noche ($0 \le x \le 12$).

Problemas

1. ¿Qué temperatura había a las 2 de la mañana?
2. ¿A qué hora hubo una temperatura de 0 grados?
3. ¿Cuál fue la temperatura mínima? ¿A qué hora se registró?

Argumenta: 1, 2, 3

11 CM CL Científico Bota, bota la pelota

Se lanza una pelota desde una altura de 14 m, que cae a tres unidades de la vertical y va rebotando en el suelo y perdiendo altura según muestra el dibujo.

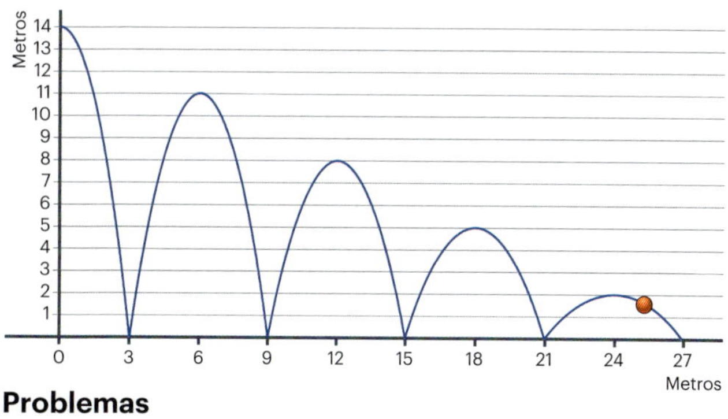

Problemas

1. ¿De qué tipo de funciones se trata? ¿Cuántos metros avanza la pelota en cada bote?
2. ¿Qué altura desciende en cada bote? ¿Cuántos metros avanzará en total?
3. Si una de las parábolas corta con el eje x en x_1 y x_2, entonces se cumple que $a \cdot (x - x_1) \cdot (x - x_2) = 0$. Calcula el valor de a para cada parábola, sabiendo que pasa por el vértice.

Argumenta: 1, 2 | Simboliza: 3

12 CM CL CS Personal La compra de un terreno

Los padres de Andrea han comprado un terreno en el pueblo en el que veranean. Tiene forma rectangular, una casa y una zona con árboles frutales. Uno de los lados del terreno está junto a un pequeño río.

Problemas

1 Andrea quiere saber la anchura del río y no puede cruzarlo. Ha actuado de la siguiente forma:

1. Ha buscado un punto junto a la orilla opuesta del río. Ha elegido una roca (punto *A*). Se ha colocado frente a ella en dirección perpendicular al río (punto *B*).
2. Luego, se ha movido en la dirección de la orilla hasta otro punto (*C*). Desde ahí, de modo perpendicular a la orilla, se ha desplazado alejándose de ella (punto *D*).
3. Desde este último punto, traza una línea imaginaria hasta la roca del punto *A* y esa corta a la de su trayectoria paralela a la orilla en un punto *E*, que su padre ha marcado en el suelo.

El croquis de la situación es el siguiente. En él aparecen las medidas de los desplazamientos de Andrea, que ha contado con los pasos que ha dado.

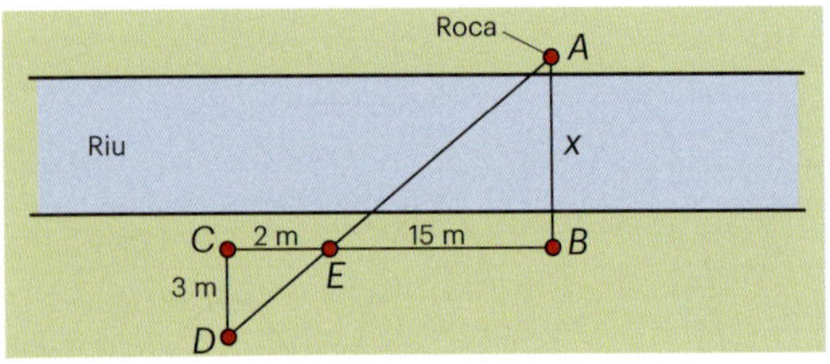

¿Cuánto mide el ancho del río?

2 Seguidamente, ha pedido ayuda a su madre para medir el árbol más alto. Han medido la sombra del árbol y de su madre en el mismo momento: tienen 5 m y 56 cm, respectivamente. Si la madre mide 1,68 m de altura, ¿cuál es la del árbol? Dibuja la situación.

3 La casa tiene un salón de 8 m × 5,5 m y una cocina de 4 m × 2,5 m. ¿Son semejantes?

En caso afirmativo, calcula la razón de semejanza.

Matematiza: 1, 2 **Argumenta: 3**

13 CM CL CS Personal Profesional Mapas y planos

Mario y su familia van a hacer una ruta andando el próximo sábado. Irán desde el pueblo donde viven, *A*, a otro cercano, *B*.

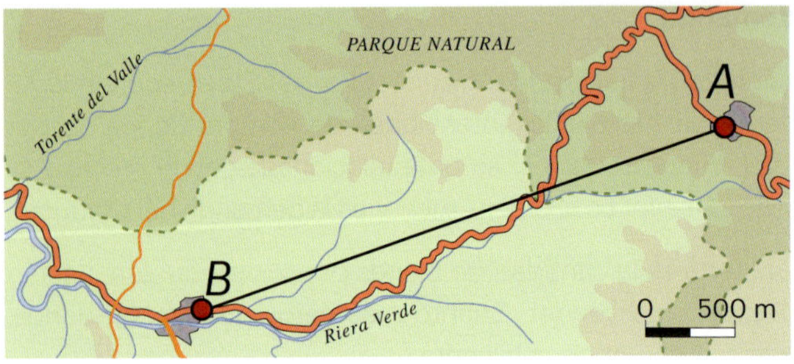

La regla del mapa nos indica la escala que se ha utilizado para construirlo de forma gráfica.

Observa que en ella aparecen los metros y que la distancia entre 0 y 500 es de 2 cm. Eso significa que 2 cm del mapa equivalen a 500 m de la realidad.

Problemas

1 Si la distancia entre los dos pueblos, que en el mapa están representados por los puntos *A* y *B*, es de 13 cm, ¿cuál es su distancia en la realidad?

2 ¿A qué escala numérica corresponde la del mapa?

3 Han decidido pasar el día fuera y han llevado pan para preparar unos bocadillos. Son 9 personas y han llevado 2 barras de 66 cm. Dividirán una entre 4 personas y la otra, entre 5. ¿Cómo lo harán?

Da los siguientes pasos para repartir una barra de pan entre 4 personas:

1. Representa la barra de pan mediante un segmento a escala 1:6.
2. Dibuja en uno de sus extremos una semirrecta que forme un ángulo agudo con el anterior.
3. En este último segmento, haz 4 marcas que estén a la misma distancia. Empieza en el extremo común a los segmentos.
4. Une la última marca con el extremo del segmento que representa la barra de pan y traza paralelas a él desde las otras marcas.

4 Teniendo en cuenta la escala, ¿qué longitud de la barra corresponderá a cada una de las 4 personas que la comparten?

5 Repite el proceso anterior para dividir la otra barra de pan entre las otras 5 personas.

6 ¿Qué teorema se utiliza para dividir un segmento en partes iguales?

Matematiza: 1, 3, 4, 5 **Argumenta: 2** **Plantea: 6**

14 CM CL Profesional Social **Recordando una película**

Los niños y las niñas, a diferencia de las personas adultas, tienden a recordar las películas como una sucesión de acciones más que el argumento en su conjunto. Cuando relatan una película, utilizan con frecuencia las palabras «y entonces...».

Una psicóloga con mucha paciencia pidió a 50 niños que le narraran una determinada película que habían visto. Consideró la variable: «cantidad de "y entonces..."» usada en el relato y registró los siguientes datos:

8 15 22 19 15   17 18 20 17 12   16 16 17 21 23
18 20 21 20 20   15 18 17 19 20
22 10 17 19 19   21 20 18 18 24   19 31 16 17 18
19 20 18 18 40   18 19 16 23 11

En el mismo estudio, la experimentadora obtuvo de 50 personas adultas el mismo tipo de datos:

10 12 5 8 13   10 12 8 7 9   11 10 9 9 11
15 12 17 14 10   9 8 15 16 10
14 7 16 9 1   4 11 12 7 9   10 3 11 14 8
12 5 10 9 7   11 14 10 15 9

Problemas

Para ambas variables:

1. Construye la tabla de frecuencias.
2. Calcula la media, la mediana y la moda.
3. ¿Qué indican los puntos anteriores respecto a la conducta observada en niños y personas adultas?
4. Halla sus cuartiles y elabora el diagrama de cajas y bigotes asociado.
5. +− Calcula la varianza y el desvío estándar.
6. Indica en qué grupo los integrantes son más parecidos en cuanto a la cantidad de «y entonces...» empleados en el relato de una película. Justifica tu respuesta.

Matematiza: 1, 2, 4, 5   Argumenta: 3, 6   Representa: 4

15 CM CL Social **Formando palabras**

Se ha pedido a un grupo de 18 estudiantes (grupo 1) que, en dos minutos, forme la mayor cantidad posible de palabras a partir de un conjunto desordenado de letras. Se ha usado la cantidad de palabras correctas creadas como indicador de la habilidad de cada estudiante.

Los resultados han sido estos:

6 2 4 4 7 3 6 7 7 5 6 5 6 5 6 1 7 3

Otro grupo de 18 estudiantes (grupo 2) ha realizado la misma tarea, con estos resultados:

3 9 7 4 5 6 3 4 5 6 7 4 4 4 3 8 3 5

Problemas

1. Para cada grupo, construye la tabla de frecuencias. ¿Cuántos alumnos superan 6 palabras? ¿Cuántos no superan 4 palabras?
2. Halla la moda, la mediana y la media de los dos grupos por separado.
3. ¿A qué grupo pertenece el estudiante más hábil? ¿A cuál el menos hábil?
4. ¿Puede afirmarse que un grupo es mejor que otro? Si respondes afirmativamente, di cuál es y por qué; si respondes de forma negativa, justifícate.
5. ¿En qué aspectos estas distribuciones se pueden considerar similares y en cuáles, diferentes?
6. Compara la utilidad de la moda, la media y la mediana como medidas de la tendencia central en este tipo de distribuciones.
7. +− Calcula el rango y la desviación típica de ambos grupos.
8. Señala en qué grupo los integrantes son más parecidos en cuanto a la cantidad de palabras correctas formadas en dos minutos. Justifica tu respuesta.
9. Reúne los datos de los dos grupos y calcula la media aritmética, la varianza y los cuartiles. ¿Qué observas?

Matematiza: 1, 2, 7, 9   Argumenta: 3, 4, 5, 6, 8

1. Resuelve las siguientes ecuaciones:

a $x^2 + 2x - 15 = 0$

b $3x^2 + 7x - 10 = 0$

c $3x^2 + 2x = 0$

d $5x^2 - 45 = 0$

2. Dadas las funciones:

$f(x) = 2x - 1$ y $g(x) = x^2 - 2x + 2$

a Represéntalas en unos ejes de coordenadas.

b Calcula los puntos de corte de las gráficas.

3. La gráfica de la función $f(x) = x^2 - 2x + k$ pasa por el punto (–1, 3).

a Calcula el valor de k.

b Obtén los puntos de corte de la parábola con los ejes de coordenadas.

4. A cierta hora del día, una persona que mide 177 cm proyecta una sombra de 59 cm. ¿Qué altura tendrá un árbol si, a la misma hora, proyecta una sombra de 135 cm?

5. Tenemos un mapa a escala 1:250 000.

a ¿Cuál será la distancia real entre dos puntos cuya distancia en el plano es de 3,5 cm?

b ¿Cuál será la distancia en el plano de dos puntos que en la realidad están separados por 24 km?

6. El número de nevadas en una ciudad durante los últimos cuarenta años ha sido:

9 6 5 6 1 1 5 8 3 6 0 2 1 2 2 2 0 2 2 4

1 0 1 2 0 2 4 0 4 4 9 8 11 6 0 6 5 5 4 5

a Calcula su media aritmética, su mediana y su moda.

b Determina su varianza y desviación típica.

7. Elabora un diagrama de cajas y bigotes con los datos del ejercicio anterior.

	4 puntos	3 puntos	2 puntos	1 punto
1. Resolución de ecuaciones	Obtengo correctamente las soluciones de las ecuaciones polinómicas.	Resuelvo las ecuaciones polinómicas, pero me equivoco en algún cálculo.	Resuelvo las ecuaciones polinómicas, pero no encuentro todas las soluciones o no llego hasta el final.	No resuelvo ecuaciones por descomposición.
2. Gráficas de funciones	Represento correctamente gráficas de funciones, indicando los puntos más importantes.	Represento las gráficas de las funciones, pero no los puntos de corte.	Represento funciones lineales, pero no las cuadráticas.	No represento ningún tipo de funciones.
3. Propiedades de las funciones	Calculo correctamente parámetros y puntos de las funciones.	Calculo parámetros y puntos de las funciones, pero me equivoco en algún cálculo.	Calculo el parámetro o los puntos, pero no ambas cosas.	No sé obtener parámetros ni puntos de una función.
4. Teorema de Tales	Entiendo y aplico correctamente el teorema de Tales.	Entiendo y aplico correctamente el teorema de Tales, pero me equivoco en algún cálculo.	Entiendo el teorema de Tales, pero no sé aplicarlo en un ejercicio.	No entiendo el teorema de Tales ni sé aplicarlo.
5. Escalas	Resuelvo con precisión y exactitud cualquier tipo de problemas que requiera escalas.	Resuelvo cualquier tipo de problemas que requiera escalas, pero me equivoco en los cálculos.	Sé pasar del plano a la realidad o de la realidad al plano, pero no hago las dos cosas a la vez.	No sé trabajar con escalas.
6. Parámetros centrales y de dispersión	Calculo con exactitud los parámetros centrales y de dispersión.	Calculo los parámetros centrales y de dispersión, pero cometo errores de cálculo.	Sé obtener la mayoría de los parámetros centrales y de dispersión, pero no todos.	No sé calcular parámetros centrales ni de dispersión.
7. Cuartiles y diagramas de cajas y bigotes	Calculo los cuartiles y dibujo correctamente un diagrama de cajas y bigotes.	Calculo los cuartiles y dibujo correctamente un diagrama de cajas y bigotes, pero no tengo en cuenta los valores anómalos.	Calculo los cuartiles, pero no realizo correctamente un diagrama de cajas y bigotes.	No calculo los cuartiles ni represento un diagrama de cajas y bigotes.

PROYECTO 3

ESTE MUNDO ES UNA FUNCIÓN

¿Cuantas gráficas de funciones eres capaz de cazar?

4 sesiones

Pon en marcha tus capacidades

Resolución de problemas

Herramientas digitales

Creatividad

PRESENTACIÓN DEL PROYECTO

Pasamanos, arcos, ojos de puente, toboganes, cúpulas... ¿Qué tienen en común? Pues que son figuras cuyo contorno se puede definir mediante funciones: algunas son sencillas y muy comunes; otras son más complejas y escasas.

Con este proyecto:

- Aprenderás a detectar en tu entorno gráficas de funciones.
- Usarás GeoGebra para extraer y analizar la función que precises.
- Competirás en un safari fotográfico para encontrar el mayor número posible de funciones.

¡Tú puedes ser un cazador de funciones!

¿QUÉ DEBES SABER PARA TENER ÉXITO EN ESTE PROYECTO?

Para hacer un buen proyecto, debes manejar herramientas y conceptos matemáticos que ya conoces, y otros nuevos que aprenderás durante el proceso:

- Utilizar los diferentes tipos de funciones que existen y saber cómo se expresan gráficamente.
- Conocer los elementos que definen cada tipo de función (pendiente, ordenada en el origen, signo de la pendiente, puntos de corte, máximos y mínimos...).
- Tener una visión matemática del entorno.

PRODUCTO FINAL

El producto final será una exposición que recopile tu safari fotográfico. Cada «trofeo» se analizará para extraer la función y otros elementos característicos.

Tienes que trabajar los siguientes conocimientos y destrezas:

- Los conceptos de funciones y gráficas.
- La realización de fotografías significativas.
- El manejo de GeoGebra.

Seguro que, durante tu safari, encuentras formas sorprendentes. ¡No dudes en cazarlas para incorporarlas a tu sala de trofeos!

¿Qué aprenderé?

Resolución de problemas

Analizarás matemáticamente las funciones que se encuentran en el entorno.

Herramientas digitales

Emplearás herramientas de fotografía digital y GeoGebra para analizar una figura, y extraer y analizar la función que la genera.

Creatividad

Una obra arquitectónica es fruto de muchos cálculos que se expresan en forma de rectas y curvas. Obtener una buena fotografía redunda en el sentido artístico de este proyecto.

¿QUÉ HAREMOS?

En grupos de 5

Sesión 1 **Introducir el tema y establecer las reglas del safari fotográfico.**	¿Cuántos tipos de gráficas de funciones serías capaz de detectar a tu alrededor? Entre todos, hacemos una tabla de «trofeos» o sistema de puntuación. Así, por ejemplo, si una función es constante vale un número determinado de puntos; si es lineal, vale el doble. Y puede haber diferentes puntos extras: si se observan dos funciones afines, si se cortan, etc. También acordamos los premios. Luego, establecemos las reglas del safari: ¿qué zona acotamos para realizar al cacería? ¿Qué número mínimo y máximo de fotos se pueden presentar? ¿Cuánto tiempo se da para realizar la cacería?
Sesión 2 **Salir de safari.**	Se realiza el safari fotográfico según las reglas acordadas en la sesión anterior.
Sesión 3 **Analizar los trofeos.**	El docente propone una rúbrica y establecemos la definitiva. Acordamos cómo expondremos nuestros trofeos y qué información debe acompañarlos (la fotografía con la función, si es creciente o decreciente, puntos característicos, etc.). Individualmente, dedicamos un tiempo a aprender el uso de GeoGebra para extraer y analizar una función a partir de una fotografía. Por grupos, analizamos las fotografías con GeoGebra.
Sesión 4 **Organizar la exposición y entregar los premios.**	Organizamos la exposición. Un jurado puntúa los trofeos según el *ranking* que se ha acordado. Se entregan los premios atendiendo a la puntuación.

ESTE MUNDO ES UNA FUNCIÓN

Para ganar el premio al mejor equipo cazador de funciones, debéis aguzar vuestro ojo matemático. ¡Hay más figuras escondidas de las que apreciáis a primera vista! También necesitáis tener un buen sentido fotográfico. Así, por ejemplo, un arco parabólico fotografiado de lado no traza una parábola, lo cual descalificaría la fotografía.

¿QUÉ EVALUAREMOS?

Para evaluar este proyecto, debéis acordar una rúbrica de evaluación durante la sesión 3 con el resto de los grupos y con el profesor o profesora.

Esta rúbrica valorará, como mínimo, estos aspectos:

- Una buena elección de las figuras.
- La destreza adquirida con GeoGebra.
- Una adecuada presentación de los trofeos, con los aspectos formales acordados.
- La consecución de la máxima cantidad de puntos acordados.
- La implicación en el proyecto y un comportamiento cívico durante el safari.

Podéis añadir otros factores que consideréis interesantes.

La tarea se evaluará a nivel individual y de grupo. Podrás autoevaluarte y evaluar a los otros grupos.

«Un arco parabólico se corresponde con una función de segundo grado; si buscas, seguro que encuentras uno. ¡Te retamos a encontrar rarezas, como funciones de tercer y cuarto grado, e incluso más complejas!»

7 Los números te cuidan

1. ¿Cuál es mi dosis de medicina?

2. ¿Cuánto late mi corazón? ¿Cómo late mi corazón?

3. ¿Hay geometría en un quirófano? ¿Las matemáticas pueden ayudar a curar?

BLOQUES DE CONTENIDOS	Situación 1	Situación 2	Situación 3
NÚMEROS Y ÁLGEBRA			
Potencias de números racionales con exponente entero. Significado y uso.	●		
Potencias de base 10. Aplicación para expresar números muy pequeños.	●		
Operaciones con números expresados en notación científica.	●		
Decimales y fracciones. Fracción generatriz.	●		
Proporcionalidad compuesta.	●		
Porcentajes encadenados.	●		
Ecuaciones de primer y segundo grado con una incógnita.		●	
FUNCIONES			
Análisis y descripción cualitativa de gráficas que representan fenómenos del entorno cotidiano y de otros ámbitos.		●	
Análisis de una situación a partir del estudio de las características locales y globales de la gráfica correspondiente.		●	
Análisis y comparación de situaciones de dependencia funcional dadas mediante tablas y enunciados.		●	
Uso de modelos para estudiar situaciones de los diferentes ámbitos de conocimiento y de la vida cotidiana, mediante la confección de la tabla, la representación gráfica y la obtención de la expresión algebraica.		●	
GEOMETRÍA Y MEDIDA			
Rectas y ángulos en el plano. Relaciones entre los ángulos definidos por dos rectas que se cortan.			●
Lugar geométrico: mediatriz de un segmento, bisectriz de un ángulo.			●
Circunferencia y círculo. Perímetro y área.			●

1 La dosis exacta

¿Cuál es mi dosis de medicina?

CM CL CA CS Científico Profesional

Aprende a...

Manejar números en notación científica.

Utilizar la proporcionalidad directa e inversa para resolver problemas de la realidad cotidiana.

Usar los porcentajes en diferentes situaciones de la vida real.

Ítem 1. El binomio de la medicina con las matemáticas

Las matemáticas son una ciencia fundamental para la medicina, sobre todo, en el campo de la investigación. Así, por ejemplo, se han utilizado modelos matemáticos para estudiar la progresión del cáncer de próstata. De igual modo, ha sido posible estudiar las numerosas variables que afectan a la hepatitis C mediante modelos matemáticos. Se ha determinado que se desarrolla en las primeras 48 horas, lo que ha permitido reducir el tiempo de tratamiento y lograr, además, su cura.

Ítem 2. Matemáticas en la medicina del día a día

Los médicos manejan números constantemente: miden la tensión arterial, la temperatura o calculan el índice de masa corporal, para determinar si hay sobrepeso y poder medir el riesgo cardiovascular. Igualmente, hacen cálculos para prescribir la dosis de los medicamentos en función del peso del paciente. En pediatría, un error en los cálculos puede ser fatal; en el mejor de los casos, una dosis insuficiente de un medicamento hará que este no funcione.

También se manejan números al valorar cifras de laboratorio en los análisis clínicos y hasta para determinar la fecha probable de los partos.

Ítem 3. Concentración de un medicamento

La concentración de un medicamento se puede expresar de tres maneras:

- **Masa/volumen.** Por ejemplo, la expresión 2 mg/mL significa que hay 2 mg de fármaco por cada mL de volumen de disolución.
- **Porcentaje (%).** Es la cantidad de fármaco (normalmente, en g) que hay en 100 mL de disolución.
- **Razón.** Se trata de la relación entre la cantidad de fármaco y una determinada cantidad de disolución. Si no hay unidades, se sobrentiende que se refiere a g de fármaco por mL de volumen. Por ejemplo, 5:10; si se escribe en forma de fracción, hay que expresar las unidades: 5 mg/10 mL.

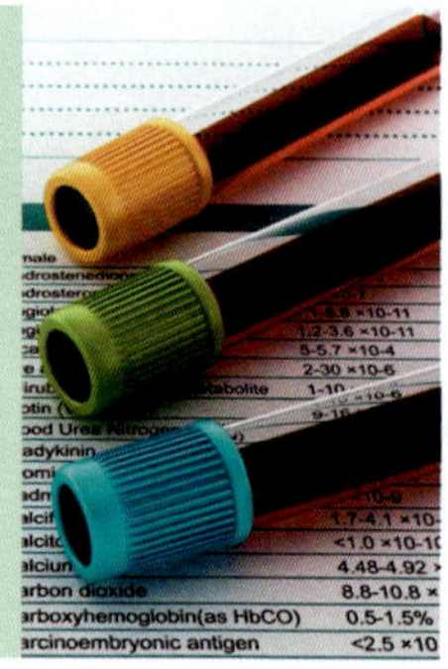

Construye con lo que sabes

Matematiza

1. Lee de nuevo el ítem 3. Si tenemos una concentración de 2 mg/mL, ¿cuántos mg hay en 100 mL? ¿Cuántos g de fármaco hay en 100 mL? Ahora, escribe la concentración en forma de porcentaje, en forma de razón y de fracción.

2. Tenemos un medicamento con una concentración del 2%. Exprésala en mg/mL.

3. El paracetamol es un medicamento muy común. El que se destina a niños se presenta como jarabe con una concentración de 100 mg/mL. Expresa esta concentración en forma de porcentaje y de razón.

4. La dosis de paracetamol que se ha de administrar a un paciente depende del peso de este. La dosis recomendada es de 60 mg/kg/día. Si se administra cada 6 horas, ¿de cuánto es la dosis? ¿Y de cuánto será la dosis si se administra cada 4 horas?

5. En una familia, los tres hijos tienen fiebre. Calcula los mg de fármaco que se les debe administrar cada 6 horas si sus pesos son 13 kg, 18,5 kg y 24 kg.

6. Halla cuántos mL de jarabe debe tomar cada uno de los hijos por dosis y el número de frascos que habrá que comprar si cada frasco contiene 60 mL y el tratamiento dura 3 días.

7. Resuelve las actividades 5 y 6, pero ahora, considerando que el medicamento se administra cada 4 horas.

Ítem 4. Números grandes y pequeños

Tamaño de un microbio	0,000 004 cm
Tamaño de un virus	0,000 000 02 cm
Tamaño de un glóbulo rojo	0,000 0075 mm
Tamaño de una bacteria	0,000 0002 mm
Diámetro del ADN	0,000 000 0002 mm
Número de neuronas que forman el sistema nervioso	10 000 000 000

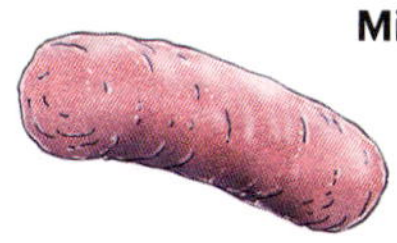
Microbio

Virus
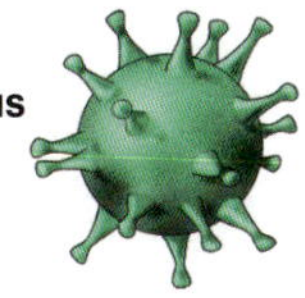

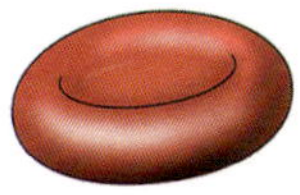
Glóbulo rojo

Bacteria
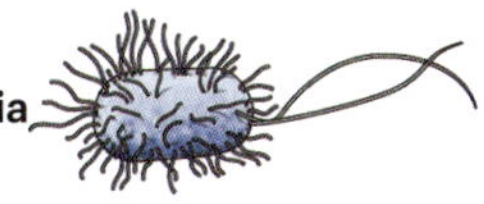

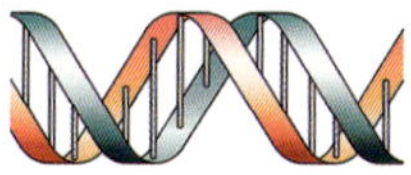
ADN

Neurona
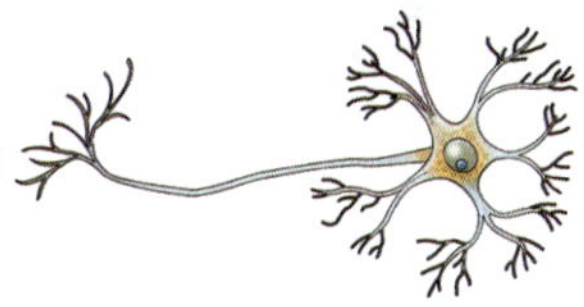

Ítem 5. Notación científica

La **notación científica** es una abreviación matemática de números con muchos ceros. Así, cuando los números se escriben de esta manera, se necesita menos espacio y se pueden manejar mejor.

El formato de la notación científica es:

$a \cdot 10^n$, donde $1 \leq |a| < 10$ y n es un número entero.

Construye con lo que sabes

Matematiza

(8) Un nanómetro (nm) equivale a una millonésima parte de un metro. Escribe esta relación en forma de fracción; luego, calcula la división.

(9) Escribe el resultado de la división anterior en notación científica.

(10) Escribe los tamaños que se citan en el ítem 4 en notación científica. Escríbelos también en nanómetros.

(11) Una persona adulta tiene unos 5 L de sangre y, aproximadamente, 4 500 000 glóbulos rojos en cada mililitro cúbico de esta.

a Sabiendo que 1 dm^3 equivale a 1 L, pasa 5 litros a milímetros cúbicos.
b Escribe el número de glóbulos rojos y los milímetros cúbicos de sangre en notación científica.
c Calcula, de una manera aproximada, el número de glóbulos rojos que tiene una persona y exprésalo en notación científica.

(12) Si el diámetro de un virus mide $5 \cdot 10^{-4}$ mm y el radio medio de la Tierra tiene 6370 km:

a Expresa en milímetros el radio de nuestro planeta en notación científica.
b Calcula la longitud de la circunferencia terrestre. Recuerda que $L = 2\pi R$.
c ¿Cuántos virus son necesarios para rodear la Tierra?

(13) Ordena de mayor a menor los números del ítem 4.

Lo que has construido

Usas las **proporciones** en problemas cotidianos.

Escribes y operas sirviéndote de la **notación científica.**

1. Relación entre magnitudes

Apunte 1

¡Recuerda!

La **razón** de dos números es el cociente entre ellos. Por ejemplo, la razón de 2 y 5 es $\frac{2}{5}$.

Una **proporción** es la igualdad de dos razones. Por ejemplo:

$$\frac{2}{5}=\frac{4}{10}\,(2\cdot 10=5\cdot 4)$$

Dos o más magnitudes pueden estar relacionadas entre sí de dos modos distintos:

- **Proporcionalidad directa.** Dos magnitudes son **directamente proporcionales** si la razón entre cada pareja de valores permanece constante; es decir, a más o menos de la primera, más o menos de la segunda, en la misma proporción. El cociente de cualquiera de las razones de una proporción se llama **constante de proporcionalidad directa** (apunte 1).
- **Proporcionalidad inversa.** Dos magnitudes son **inversamente proporcionales** si el producto de cada pareja de valores permanece constante. El valor de este producto es la **constante de proporcionalidad inversa.**

2. Repartos

Hacer un reparto consiste en distribuir una cantidad dada en partes desiguales. Un reparto es **directamente proporcional** si la cantidad que se distribuye es directamente proporcional a las cantidades desiguales. En cambio, un reparto **inversamente proporcional** a varias cantidades *a, b, c*..., equivale a hacer un reparto directamente proporcional a sus inversos, $\frac{1}{a}, \frac{1}{b}, \frac{1}{c}$...

Ejemplos

1. En una carnicería, la ternera vale 8 € el kilo. Las magnitudes que intervienen son número de kilos y precio. Se trata de magnitudes directamente proporcionales, ya que, si compramos el doble de kilos, nos costará el doble de dinero.

Kilos	1	2	...	x
Precio	8	16	...	28

Observa: $\frac{1}{8}=\frac{2}{16}=\frac{x}{28} \rightarrow x=3{,}5$ kilos.

La constante de proporcionalidad es $1:8 = 2:16 = 3{,}5:28 = 0{,}125$

2. Dos enfermeros se ocupan de los análisis clínicos de 80 pacientes y tardan una hora y media. Las magnitudes que relacionamos son número de enfermeros y tiempo que emplean en atender a los 80 pacientes. Estas son magnitudes inversamente proporcionales, ya que el doble de enfermeros tardará la mitad de tiempo.

N.º de enfermeros	2	4	...	6
Tiempo (en min)	90	45	...	x

Observa: $2\cdot 90 = 4\cdot 45 = 6x = 180$.
Luego $x = 30$ minutos.

La constante de proporcionalidad inversa es $2\cdot 90 = 4\cdot 45 = 6\cdot 30 = 180$.

3. En el servicio de urgencias de un hospital hay mucho trabajo y se requiere personal extra. Se van a repartir 1890 € de manera directamente proporcional al número de horas trabajadas. ¿Cuánto dinero recibirán tres empleados si uno ha trabajado 20 horas, otro ha trabajado 15 horas y el tercero, 10 horas?

Horas totales trabajadas: $20 + 15 + 10 = 45$ horas. Luego $1890:45 = 42$ € la hora.

Así, el primero recibe $20\cdot 42 = 840$ €; al segundo le corresponden $15\cdot 42 = 630$ € y al tercero, 420 €.

Observa que $840 + 630 + + 420 = 1890$.

4. Deseamos repartir 94 puntos de forma inversamente proporcional al tiempo que tres personas emplean en realizar una tarea. Los tiempos son 3, 4 y 5 minutos. ¿Cuántos puntos recibe cada uno?

El reparto inversamente proporcional equivale a distribuir los 94 puntos de manera directamente proporcional a $\frac{1}{3}$, $\frac{1}{4}$ y $\frac{1}{5}$. El total de inversos de los tiempos es $\frac{1}{3}+\frac{1}{4}+\frac{1}{5}=\frac{20+15+12}{60}=\frac{47}{60}$.

Dividimos el total de puntos entre el total de los inversos: $94:\frac{47}{60}=120$.

Luego $\frac{1}{3}\cdot 120=40$, $\frac{1}{4}\cdot 120=30$, $\frac{1}{5}\cdot 120=24$.

Así, al de 3 minutos le corresponden 40 puntos; al de 4 minutos, 30 puntos y al de 5 minutos, 24 puntos. Observa que $40 + 30 + 24 = 94$.

3. Proporcionalidad compuesta

Cuando se relacionan más de dos magnitudes, las razones numéricas se colocan en un lado de la igualdad multiplicándose y en el otro lado se pone la razón que contiene la incógnita. Hay que tener cuidado y estudiar el tipo de proporcionalidad que se establece entre las distintas magnitudes (apunte 2).

Profesora en casa. Proporcionalidad compuesta.

Ejemplos

5. Por 6 días, 5 personas pagan 1500 €. ¿Cuánto pagarán 7 personas por 9 días?

Personas	Días	Precio
5	6	1500
7	9	*x*

Personas-precio (directa)
Días-precio (directa)

$$\frac{5}{7}\cdot\frac{6}{9}=\frac{1500}{x}$$
$$\frac{30}{63}=\frac{1500}{x}$$
$$x=3150\text{ €}$$

6. Una persona, con 6 horas diarias, tarda 14 días. ¿Cuánto tardarán 3 personas con 7 horas diarias?

Personas	Horas	Días
1	6	14
3	7	*x*

Personas-días (inversa)
Horas-días (inversa)

$$\frac{3}{1}\cdot\frac{7}{6}=\frac{14}{x}$$
$$\frac{21}{6}=\frac{14}{x}$$
$$x=4\text{ días}$$

7. 15 vacas comen 1250 kg de forraje en 30 días. ¿Para cuántos días habrá alimento si hay 25 vacas y 1875 kg de forraje?

Vacas	Forraje	Días
15	1250	30
25	1875	*x*

Vacas-días (inversa)
Forraje-días (directa)

$$\frac{25}{15}\cdot\frac{1250}{1875}=\frac{30}{x}$$
$$\frac{31\,250}{28\,125}=\frac{30}{x}$$
$$x=27\text{ días}$$

4. Notación científica

La **notación científica** sirve para abreviar la escritura de cantidades muy pequeñas o muy grandes. Un número que está escrito en notación científica tiene la forma $a\cdot 10^n$, donde $1\le |a| < 10$, entero o decimal, y n es un entero que se denomina orden de magnitud.

Operaciones en notación científica

- **Suma y resta:** deben tener la misma potencia de 10.
- **Producto y cociente:** se multiplican, por un lado, los decimales y, por el otro, las potencias de 10. Luego se pasa el resultado final a notación científica.

5. Potencias

- De exponente entero negativo: $a^{-n}=\dfrac{1}{a^n}$
- De base fraccionaria: $\left(\dfrac{a}{b}\right)^n=\dfrac{a^n}{b^n};\ \left(\dfrac{a}{b}\right)^{-n}=\dfrac{1}{\left(\dfrac{a}{b}\right)^n}=\dfrac{1}{\dfrac{a^n}{b^n}}=\dfrac{b^n}{a^n}=\left(\dfrac{b}{a}\right)^n$

Ejemplos

8. $300\,000=3\cdot 10^5$ $\quad 0{,}000\,000\,11=1{,}1\cdot 10^{-7}$ $\quad 5{,}3\cdot 10^{-4}=0{,}000\,53$

$2\cdot 10^5+5{,}6\cdot 10^4=2\cdot 10\cdot 10^4+5{,}6\cdot 10^4=(20+5{,}6)\cdot 10^4=25{,}6\cdot 10^4=2{,}56\cdot 10^5$

$(2{,}16\cdot 10^5)(14{,}03\cdot 10^{-23})=(2{,}16\cdot 14{,}03)\cdot 10^5\cdot 10^{-23}=30{,}3048\cdot 10^{-18}=3{,}030\,48\cdot 10^{-17}$

9. $3^{-2}=\dfrac{1}{3^2}=\dfrac{1}{9};\ \left(\dfrac{4}{5}\right)^{-2}=\left(\dfrac{5}{4}\right)^2=\dfrac{25}{16}$

Apunte 2

Porcentajes encadenados

El precio del alquiler de la vivienda vacacional aumenta a medida que se acerca el verano. En abril se ha encarecido un 3 % y en mayo ha vuelto a subir, hasta un 4 %.

El porcentaje total de subida es:

Sube un 3 % : 103 % → 1,03.

Sube un 4 % : 104 % → 1,04.

Subida total: 1,03 · 1,04 = 1,0712 → → 107,12 %.

Ha aumentado un 107,12 % – 100 % = = 7,12 %.

Apunte 3

Recuerda que las **potencias de 10** equivalen a multiplicar por o dividir entre la unidad seguida de tantos ceros como indique el exponente.

Para introducir en la **calculadora** una potencia de 10, pulsamos la **tecla EXP** y, a continuación, el exponente.

Entrénate

1. Indica si las siguientes parejas de magnitudes son directamente proporcionales (DP), inversamente proporcionales (IP) o no guardan relación de proporcionalidad (NP):

a Número de comensales y cantidad de comida.
b Gasolina consumida por un coche y kilómetros recorridos.
c Cantidad de agua que sale por un grifo y tiempo que tarda en llenar una piscina.
d Edad de una persona y altura de esta.
e Precio de un libro y número de páginas.
f Velocidad de un coche y tiempo que tarda en recorrer la distancia que separa dos ciudades.

2. Copia y completa estas tablas indicando, en primer lugar, el tipo de proporcionalidad que existe entre las magnitudes. Escribe la constante de proporcionalidad en forma decimal y en forma de fracción irreducible:

a

x	2	3	4	5		10	
y	1,5	2,25	3		5,25		20,7

b

x	2	4	5		
y	10	5		2	1,25

3. Si 10 máquinas tejen 120 jerséis en 6 horas, ¿cuántas máquinas se necesitan para hacer 200 jerséis en 5 horas?

4. Cinco fuentes, de las que salen 12 litros de agua cada minuto, llenan un estanque en 8 horas. ¿Cuántas fuentes se precisan para llenar el mismo estanque en 6 horas, pero manando 20 litros cada minuto?

5. Un pintor tarda 18 días en pintar 3 pisos, trabajando 5 horas al día. ¿Cuántos días necesitará para pintar 15 pisos, si emplea 6 horas al día?

6. Reparte 5900 € de modo que el resultado sea:

a Directamente proporcional a 17, 20 y 22.
b Inversamente proporcional a 20, 24 y 32.

7. Calcula la cantidad total que se ha repartido en partes directamente proporcionales a 2, 3 y 4, si a la segunda parte le han correspondido 150 €.

8. Determina la cantidad total que se ha repartido en partes inversamente proporcionales a 4, 5 y 8, si para la tercera parte son 75 €.

Banco digital

9. Después de aplicar una rebaja del 30 %, un artículo vale 140 €. ¿Cuánto costaba antes de la rebaja?

10. Calcula en cada caso el porcentaje final e indica si se trata de un aumento o de una disminución, así como también el porcentaje de aumento o disminución, respectivamente:

a Sube un 7 %, luego sube un 10 % y, finalmente, disminuye un 20 %.
b Baja un 15 %, sube un 10 % y, después, sube un 5 %.

11. Antes de las rebajas, un establecimiento sube los precios un 20 %, para posteriormente anunciar una rebaja del 20 %. ¿Realmente ha aplicado algún descuento a sus productos? ¿De cuánto?

12. Con la misma estrategia del ejercicio anterior, un establecimiento no quiere hacer ningún descuento. ¿De cuánto debe hacer la subida inicial, si luego quiere anunciar un 20 % de descuento?

13. Una empresa disminuye temporalmente el sueldo a sus trabajadores un 10 %, pero les promete que, cuando su situación financiera mejore, terminarán con un 8 % de subida. ¿Cuánto debe la empresa subir el sueldo a sus empleados tras la crisis?

14. Escribe los siguientes números en notación científica:

a 225 000 000
b 12 345,345
c 0,000 36
d 0,000 002
e 1 200 000 000
f 0,0056

15. Realiza las siguientes operaciones en notación científica; luego, comprueba con la calculadora. Expresa el resultado en notación científica:

a $(2{,}25 \cdot 10^{-12})\,(1{,}6 \cdot 10^{18})$
b $(1{,}2 \cdot 10^{8})\,(4 \cdot 10^{-6})$
c $(3{,}25 \cdot 10^{16})\,(6{,}4 \cdot 10^{4})$
d $(9 \cdot 10^{12})^{3} : (2 \cdot 10^{-6})^{2}$

16. Calcula y expresa el resultado en notación científica:

a $6{,}4 \cdot 10^{12} + 12 \cdot 10^{11}$
b $5 \cdot 10^{-9} - 2 \cdot 10^{-8}$
c $4 \cdot 10^{-5} - 8{,}2 \cdot 10^{-6}$
d $1{,}7 \cdot 10^{8} + 1{,}5 \cdot 10^{10}$

17. Haz las siguientes operaciones y expresa el resultado en forma de única potencia de exponente positivo:

a $\left(\frac{4}{3}\right)^{5} : \left(\frac{3}{4}\right)^{-6}$

b $(-5)^{-7} \cdot \left(\frac{-1}{5}\right)^{5}$

c $\left[\left(\frac{2}{7}\right)^{-4} : \left(\frac{7}{2}\right)^{-2}\right]^{-5} \cdot \frac{2}{7}$

d $\left[\left(\frac{2}{5}\right)^{3}\right]^{-2} : \left(\frac{5}{2}\right)^{-6}$

e $\dfrac{125^{4} \cdot 81^{-3}}{27^{2} \cdot 25^{-3}}$

f $\dfrac{4^{-6}}{\left(\frac{3^{-4}}{4^{-2}}\right)^{3}}$

Mates en contexto

1 CM CL Científico Prácticas de enfermería

Andrea está estudiando Enfermería y un día de prácticas tiene una gran cantidad de cálculos que hacer. ¿Puedes echarle una mano? Recuerda la información proporcionada en el ítem 3 sobre la concentración de un medicamento.

Problemas

1. En la etiqueta de un antibiótico pone: 250 mg/5mL. Si se deben administrar 500 mg cada 8 horas, ¿cuántos mL se precisan al día?
2. Cada frasco contiene 120 mL. ¿Cuántos serán necesarios para un tratamiento de 7 días? ¿Cuánto sobrará?
3. Una farmacia que tiene 96 frascos de antibióticos en su almacén puede facilitar un tratamiento completo a 6 personas durante 8 días. ¿Cuántos días le durarán 192 frascos si van a comprar a la farmacia 16 pacientes?
4. A un paciente hay que administrarle 1000 mL/día de suero glucosado al 5%. ¿Cuántos mg de glucosa recibe al día esta persona?
5. En una receta se indica que hay que administrar 6 g de un fármaco por cada litro de líquido obtenido. Si se obtienen 5 litros de líquido, ¿cuántos mL del fármaco deberán administrarse, teniendo en cuenta que cada frasco contiene 50 mL con una concentración del 20% de ese medicamento? Calcúlalos de dos formas distintas.
6. El dermatólogo prescribe una pomada con un fármaco 1:10000 cada 8 horas. ¿Cuántos gramos de fármaco hay en esa pomada?
7. A un niño que pesa 12 kg se le prescriben 15 mg/kg de paracetamol cada 8 horas. Si el tratamiento dura 3 días, ¿cuántos mg de paracetamol se le administran?

Matematiza: 1, 2, 4, 5, 6 **Argumenta: 3, 7**

2 CM CL Científico El Sol como referencia

La siguiente tabla muestra las distancias entre los planetas y el Sol.

Planeta	Distancia media al Sol (km)
Mercurio	58000000
Venus	110000000
Tierra	150000000
Marte	230000000
Júpiter	770000000
Saturno	140000000
Urano	290000000
Neptuno	450000000

Problemas

1. Escribe las distancias en notación científica.
2. ¿Qué planeta está más cerca del Sol, la Tierra o Venus?
3. ¿Cuántas veces es mayor la distancia de la Tierra al Sol que la de Mercurio al Sol?
4. ¿Cuántas veces es mayor la distancia de Marte al Sol que la de la Tierra al Sol?
5. Ordena los planetas de mayor a menor distancia al Sol.
6. La velocidad de la luz es de 300000 km/s. ¿Cuánto tiempo tarda la luz en llegar desde el Sol a Júpiter? Calcula el tiempo que tarda en llegar a cada uno de los planetas.
7. ¿Qué distancia recorre la luz en un año?
8. La edad aproximada del Sol es de 5000000000 años. Escríbela en notación científica. Si un cuerpo tiene 3 veces la edad del Sol, ¿cuántos años tiene?
9. El número aproximado de estrellas de la Vía Láctea es doscientos mil millones. Escribe el número de estrellas en notación científica. ¿Cuánto tiempo tardarías en contarlas si sumaras dos por segundo? Expresa el resultado en años; luego, hazlo en segundos.

Matematiza: 1, 5 **Argumenta: 2, 3, 4, 6, 7, 8, 9**

2 Lati2 del corazón

¿Cuánto late mi corazón?

¿Cómo late mi corazón?

CM CL CS

Científico Profesional

Aprende a...

Interpretar el comportamiento de una función dada gráficamente y asociar enunciados de problemas contextualizados a gráficas.

Identificar las características más relevantes de una gráfica.

Construir una gráfica a partir de un enunciado.

Ítem 1. Gráfica de un electrocardiograma

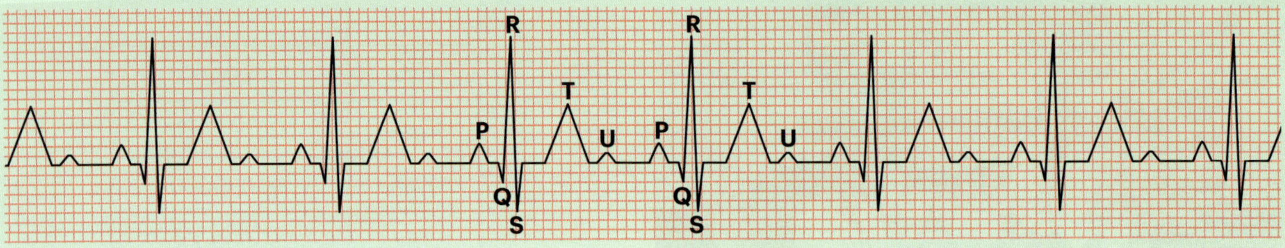

Ítem 2. El electrocardiograma (ECG)

Un electrocardiograma es una representación gráfica de la **actividad eléctrica del corazón** en función del tiempo.

Está formado por ondas de distintas curvaturas hacia arriba o hacia abajo. Estas ondas son producto de los potenciales de acción que se producen durante la estimulación cardíaca y se repiten de un latido a otro, salvo que haya alteraciones.

El ECG tiene una función relevante en el diagnóstico de las enfermedades cardiovasculares. También es útil para conocer la duración del ciclo cardíaco.

Ítem 3. Latidos del corazón

El sistema eléctrico del corazón controla la velocidad de los latidos. Como media, el corazón late unas 80 veces por minuto. Estos latidos son los que producen las ondas del ECG.

Ítem 4. Ondas del ECG

Las ondas electrocardiográficas se denominan P, Q, R, S, T y U, en este orden. Van unidas entre sí por una línea isoeléctrica.

Ítem 5. El ECG de un latido

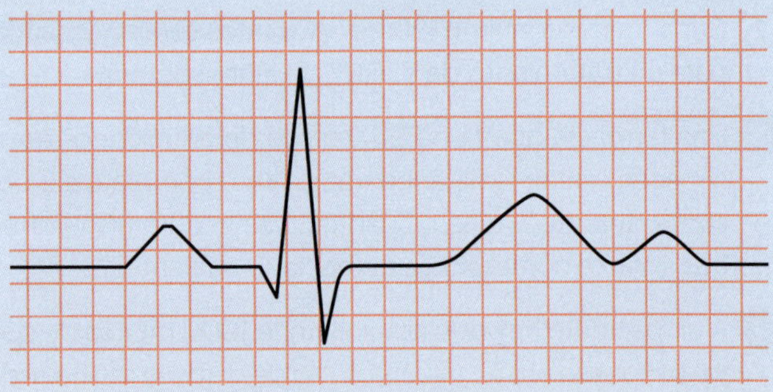

Construye con lo que sabes

Representa (1) Dibuja en tu cuaderno una onda completa del latido del corazón (ítem 5), marcando en azul la parte ascendente de la onda, en rojo la descendente y en verde, la parte constante.

Matematiza (2) Marca en el dibujo anterior las ondas P, Q, R, S, T y U, indicando si son máximos o mínimos relativos de la función.

Argumenta (3) ¿Existe algún máximo o mínimo relativo que no corresponda al nombre de una de las ondas? En caso afirmativo, indica qué puntos son.

(4) Las funciones que se repiten de forma continua se llaman funciones periódicas y la parte que se repite es el período. ¿La representación de un latido es un período? ¿Por qué?

Matematiza (5) Los máximos y mínimos absolutos son los valores máximos y mínimos de una función en un intervalo. Si consideramos un latido como un intervalo, indica cuáles son el máximo y el mínimo absolutos.

(6) ¿Cuántos períodos tendrá la función periódica del electrocardiograma durante un día?

Ítem 6. Latidos por minuto (lpm)

La frecuencia cardíaca varía con la edad. A partir de los 10 años, se estabiliza a entre 60 y 100 latidos por minuto. Para edades inferiores a 10 años, la media de latidos por minuto es:

- Primer mes de vida: 70-190.
- Entre 1 y 11 meses: 80-160.
- Entre 1 y 2 años: 80-130.
- Entre 3 y 4 años: 80-120.
- Entre 5 y 6 años: 75-115.
- Entre 7 y 9 años: 70-110.

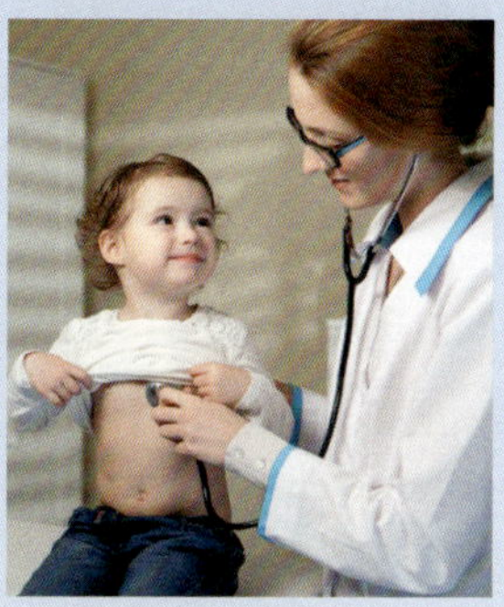

Ítem 7. Frecuencia cardíaca máxima

Según la Asociación Estadounidense del Corazón, American Heart Association (AHA), para calcular la frecuencia cardíaca máxima de una persona durante el ejercicio físico, hay que restarle a 220 la edad de esta.

Sin embargo, estudios recientes establecen que la mejor fórmula para determinar la frecuencia cardíaca máxima ideal es esta: 208 – (0,7 · edad).

Ítem 8. Sangre impulsada por el corazón

El corazón de un adulto impulsa, aproximadamente, 80 mililitros de sangre por latido.

Construye con lo que sabes

Matematiza

7 Escribe como intervalo el número de latidos atendiendo a la edad, tal y como se indica en el ítem 6.

8 Calcula la media de latidos en cada uno de los intervalos de edad.

Representa

9 Representa una función en la que el eje *x* sea la edad y el eje *y* represente la media de latidos del corazón de esa edad.

Matematiza

10 ⊕⊖ Considerando un corazón cuya media de latidos por minuto es 80:

a ¿Cuántos latidos da en una hora? ¿Y en un día?
b ¿Cuántos latidos da en un año? ¿Y en 80 años? (Supón que siempre tiene esa media de 80 latidos por minuto.)

Argumenta

11 ⊕⊖ Determina la cantidad de sangre que habrá bombeado el corazón de una persona de 80 años a lo largo de su vida. (Ten en cuenta que, durante los diez primeros años de vida, el corazón late más deprisa. Considera también que los latidos son la media en cada intervalo.)

Plantea

12 Presta atención a las fórmulas para la obtención de la frecuencia cardíaca máxima recomendable del ítem 7. ¿A qué edad coinciden ambas fórmulas?

Plantea y representa

13 Crea y representa una función que muestre la diferencia de frecuencia cardíaca máxima entre las dos fórmulas.

Argumenta

14 ¿Para qué edades la frecuencia máxima recomendada, según los últimos estudios, es menor que la indicada por la AHA? Razona tu respuesta.

Matematiza y plantea

15 La fórmula para conocer la frecuencia cardiaca máxima recomendada se usa también para determinar cuándo es más eficaz el ejercicio físico. Se ha demostrado que el entrenamiento físico es más eficaz cuando la frecuencia cardíaca alcanza el 80 % del valor máximo recomendado. Escribe una fórmula que permita hallar la frecuencia cardíaca recomendada para que el ejercicio físico sea más efectivo, en función de la edad.

Lo que has construido

Analizas el comportamiento de **funciones** a través de sus **gráficas.**

Distingues **crecimiento, decrecimiento, máximos y mínimos de una gráfica.**

Construyes **gráficas a partir de fórmulas.**

Obtienes **fórmulas de funciones** a partir de enunciados.

6. Ecuaciones de segundo grado

Apunte 4

También son ecuaciones de segundo grado las siguientes:

$$\sqrt{bx+c}=ax$$

$$\frac{c}{ax+b}+x=0$$

Una **ecuación de segundo grado** es una igualdad algebraica que se verifica para algunos valores de la incógnita, siendo 2 el grado más alto al que se eleva. Su expresión general es (apunte 4):

$$ax^2 + bx + c = 0$$

Coeficiente de grado 2 (a) · Coeficiente de grado 1 (b) · Término independiente (c)

7. Soluciones de una ecuación de segundo grado

Apunte 5

Las soluciones de una ecuación también se pueden llamar **raíces de la ecuación.**

Una ecuación de segundo grado tiene dos soluciones, aunque estas no siempre son reales. Se obtienen mediante el uso de una fórmula (apunte 5).

Las soluciones de la ecuación de segundo grado $ax^2 + bx + c = 0$ son:

$$x=\frac{-b\pm\sqrt{b^2-4ac}}{2a}$$

8. Relaciones de Cardano-Vieta

Fig. 1. Girolamo Cardano (1501-1576) fue un matemático, médico y astrólogo italiano.

Si tenemos una ecuación de segundo grado de la forma $ax^2 + bx + c = 0$, cuyas soluciones son x_1 y x_2, resulta que:

$$x_1+x_2=\frac{-b}{a} \text{ y } x_1\cdot x_2=\frac{c}{a}$$

Estas fórmulas, denominadas **relaciones de Cardano-Vieta** (fig. 1), nos permiten calcular de cabeza las soluciones de ecuaciones fáciles.

Un caso muy interesante se da cuando $a = 1$, pues las relaciones de Cardano-Vieta quedan así: $x_1 + x_2 = -b$ y $x_1 \cdot x_2 = c$. Es decir, la suma de las soluciones es $-b$ y su producto es c. En este caso, podemos escribir de este modo la ecuación de segundo grado:

$$x^2 - (\text{suma})\cdot x + (\text{producto}) = 0$$

Ejemplos

10. $5x^2 + 7 = 12x$ es una ecuación de segundo grado. Si pasamos todos los elementos al primer término: $5x^2 - 12x + 7 = 0$, resulta que el coeficiente de segundo grado es 5, el de primer grado es -12 y el término independiente es 7.

11. Resolvemos la ecuación de segundo grado del ejemplo 10:

Tenemos que: $a = 5$, $b = -12$ y $c = 7$; por tanto:

$$x=\frac{-(-12)\pm\sqrt{(-12)^2-4\cdot5\cdot7}}{2\cdot5}=\frac{12\pm\sqrt{144-140}}{10}=\frac{12\pm\sqrt{4}}{10}=\frac{12\pm2}{10}=\begin{cases}\dfrac{12+2}{10}=\dfrac{14}{10}=\dfrac{7}{5}\\[2ex]\dfrac{12-2}{10}=\dfrac{10}{10}=1\end{cases}$$

12. Comprobamos las relaciones de Cardano-Vieta del ejemplo 11:

$$x_1+x_2=\frac{7}{5}+1=\frac{12}{5};\ \frac{-b}{a}=\frac{-(-12)}{5}=\frac{12}{5} \text{ y } x_1\cdot x_2=\frac{7}{5}\cdot1=\frac{7}{5};\ \frac{c}{a}=\frac{7}{5}$$

Profesor en casa. Relaciones de Cardano-Vieta.

9. Funciones

Una **función** es una regla que asigna a cada valor de la variable independiente *x*, perteneciente a un determinado conjunto de números, un único valor de la variable dependiente *y* (apunte 6).

- El conjunto de valores de la variable independiente *x* se denomina **dominio** de la función. Lo expresamos mediante **Dom** (*f*).
- El conjunto de valores formados por las imágenes o transformados de *x* se llama **recorrido** o **rango de la función.** Lo expresamos mediante **Rec** (*f*) o **Rang** (*f*).
- La **gráfica de una función** es el conjunto de puntos (*x*, *y*) tales que $y = f(x)$.

Apunte 6

¡Recuerda!

Se suele asignar la letra *x* a la variable independiente. A partir de *x* calculamos el valor de la variable dependiente, que se suele llamar *y*.

$y = f(x)$ significa que el resultado de sustituir *x* en la función es *y*.

Ejemplo

13. Dada la función $f(x)=\sqrt{x}$, su dominio es el conjunto de los números mayores o iguales que 0, porque no podemos calcular la raíz cuadrada de los números negativos. Se escribe Dom (*f*) = $\{x \in \mathbb{R} | x \geq 0\}$ = $[0, \infty)$.

10. Representación gráfica de una función

Representar gráficamente una función consiste en dibujar en unos ejes de coordenadas el conjunto de puntos de esa función para conocer de forma visual e intuitiva su comportamiento.

Para obtener la **gráfica de una función,** construimos una tabla de valores en la que relacionamos cada valor de la variable independiente *x* con su imagen $y = f(x)$. A continuación, representamos la pareja de valores (*x*, *y*) como puntos en unos ejes de coordenadas; finalmente, unimos esos puntos.

Ejemplo

14. Representación gráfica de la función $f(x) = x^2 - 2x - 3$:

x	$f(x)$
0	−3
1	−4
2	−3
3	0
4	5
−1	0
−2	5

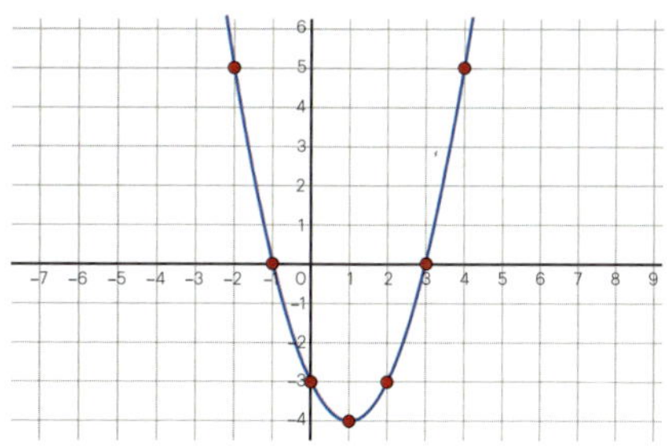

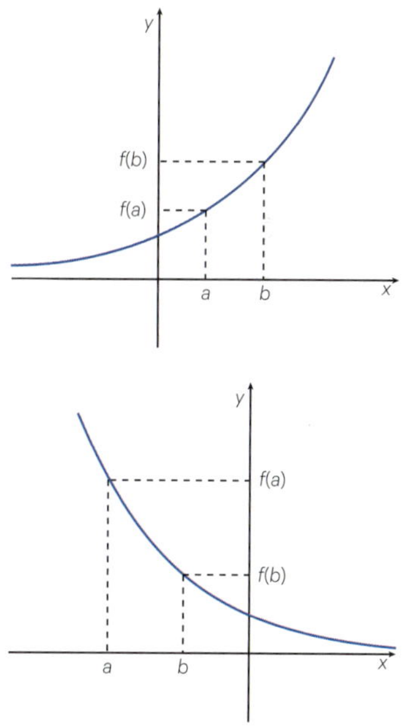

Fig. 2. Función creciente (**a**) y función decreciente (**b**).

11. Características de una función

- Una **función** *f* es **creciente** (fig. 2a) en un intervalo si, dados dos puntos cualesquiera de ese intervalo, *a* y *b*, tales que $a < b$, se verifica que $f(a) \leq f(b)$.
- Una **función** *f* es **decreciente** (fig. 2b) en un intervalo si, dados dos puntos cualesquiera de ese intervalo, *a* y *b*, tales que $a < b$, se verifica que $f(a) \geq f(b)$.
- Los **extremos relativos** de una función son los puntos en los que se produce un cambio en el crecimiento (fig. 3).
- Un **máximo relativo** es el punto donde la función deja de ser creciente y empieza a ser decreciente.
- Un **mínimo relativo** es el punto donde la función pasa de decreciente a creciente.
- El **máximo absoluto** es el punto donde la función alcanza su valor máximo.
- El **mínimo absoluto** es el punto donde la función alcanza su valor mínimo.

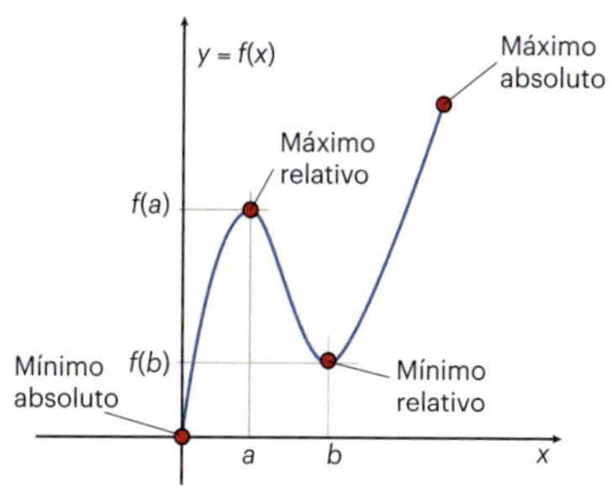

Fig. 3. Máximos y mínimos de una función.

Entrénate

Ecuaciones

18. Resuelve las siguientes ecuaciones:

a $x^2 - 5x + 24 = 6x$
b $x^2 + 3x = 2x + 42$
c $4x^2 + 10x = x - 2$
d $3x^2 + 10x - 20 = 10 - 3x$

19. Resuelve estas ecuaciones:

a $(x - 3) \cdot (x + 2) = 0$
b $(x - 3)^2 - 2x = 3x - 15$
c $4x^2 + 4(2x + 1) = 0$
d $x - (2x - 3)^2 = 2 - (x - 1)^2$
e $4+\frac{x^2+1}{5}=\frac{x-3}{10}+2x$
f $\frac{x^2-1}{2}-\frac{x+3}{3}=1-\frac{5-3x}{4}$
g $(x-2)^2=1-\frac{x+1}{3}$
h $\frac{3(x-1)^2}{2}+\frac{x^2+2}{3}=5x-4$

20. Indica, sin resolverlas, cuál es la suma y cuál es el producto de las raíces de las ecuaciones que siguen:

a $x^2 - 8x + 12 = 0$
b $x^2 - 3x - 28 = 0$
c $3x^2 + 2x - 1 = 0$
d $4x^2 - 36 = 0$
e $x^2 + 5x + 6 = 0$
f $x^2 + 2x - 15 = 0$
g $2x^2 - 13x + 15 = 0$
h $-3x^2 + 20x - 12 = 0$

21. Resuelve las ecuaciones del ejercicio anterior y comprueba su suma y su producto.

22. Halla dos números, sabiendo que su suma y su producto son:

a $S = 7$ y $P = 12$
b $S = -5$ y $P = 4$
c $S = 6$ y $P = -40$
d $S = -3$ y $P = -18$
e $S = \frac{1}{2}$ y $P = 1'$
f $S = \frac{-13}{3}$ y $P = -10$
g $S = \frac{5}{2}$ y $P = \frac{-3}{2}$
h $S = \frac{3}{4}$ y $P = \frac{1}{8}$

23. Encuentra las ecuaciones de segundo grado cuyas raíces (soluciones) son:

a $x_1 = 5$ y $x_2 = 4$
b $x_1 = 1$ y $x_2 = 0$
c $x_1 = 6$ y $x_2 = 8$
d $x_1 = 3$ y $x_2 = 3$

24. Encuentra las ecuaciones de segundo grado, de coeficientes enteros, cuyas raíces son:

a $x_1 = 5$ y $x_2 = \frac{1}{2}$
b $x_1 = \frac{2}{5}$ y $x_2 = \frac{1}{5}$
c $x_1 = \frac{7}{3}$ y $x_2 = \frac{-5}{6}$
d $x_1 = 2$ y $x_2 = \frac{-3}{2}$
e $x_1 = \frac{3}{4}$ y $x_2 = \frac{1}{6}$
f $x_1 = \frac{3}{8}$ y $x_2 = \frac{-1}{2}$

Banco digital

Funciones

25. Representa estas funciones e indica en qué intervalos son crecientes o decrecientes:

a $f(x) = x$
b $f(x) = x - 1$
c $f(x) = 2x^2 + 2$
d $f(x)=\frac{4}{x}$
e $f(x)=x^3$
f $f(x) = 3 - 2x$
g $f(x) = x^3 - 9x$
h $f(x)=\frac{1}{x^2}$

26. Dada la siguiente función, señala en qué intervalos es creciente y en cuáles es decreciente:

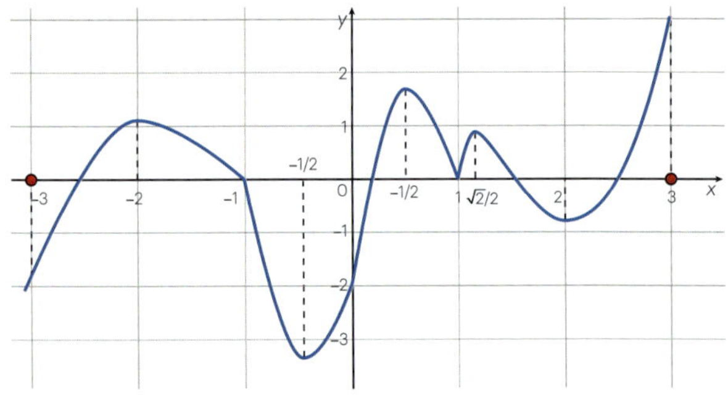

27. Indica los máximos y los mínimos relativos de la función del ejercicio anterior.

28. Elabora una tabla de valores (con un mínimo de siete puntos) de cada una de estas funciones:

PDF

a

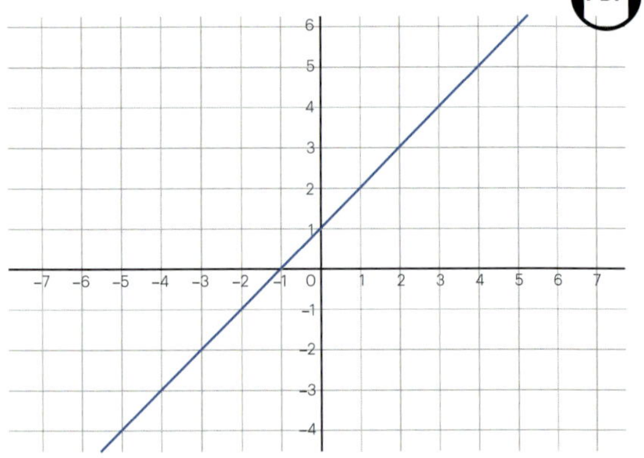

b

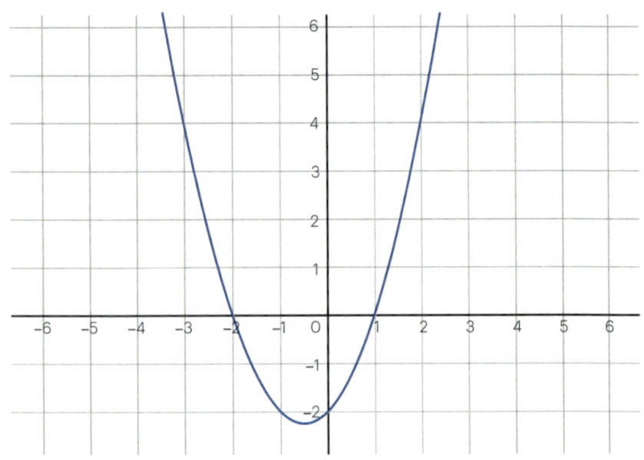

Banco digital

Mates en contexto

3 CM CL Profesional Control de epidemias

Los modelos matemáticos ayudan a entender muchas situaciones reales. Vamos a ver cómo evoluciona una población con una epidemia (gripe, VIH, hepatitis...).

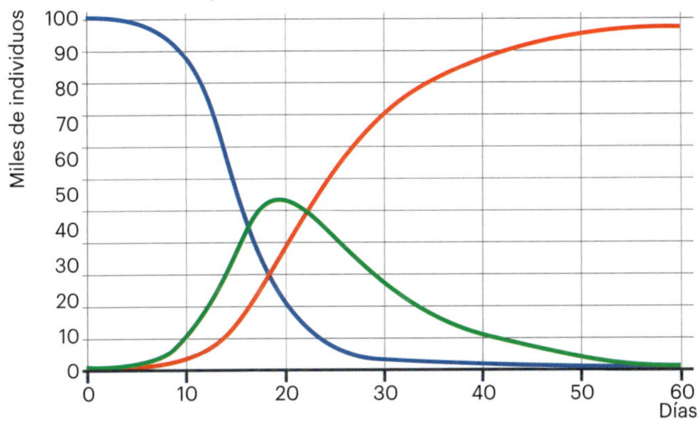

Hay tres tipos de individuos, representados mediante colores en la gráfica:

- Color azul: individuos susceptibles de contraer la enfermedad, pero que todavía no están infectados.
- Color verde: individuos infectados con la enfermedad y que pueden contagiar a otros.
- Color rojo: individuos que ya han padecido la enfermedad y que no la transmiten, ya sea porque se han recuperado o porque han muerto.

Problemas

1. Explica qué significan las tres curvas de la gráfica.
2. Indica en cada curva la parte creciente y la parte decreciente.
3. Responde:

   a ¿Por qué la función azul es siempre decreciente?
   b ¿Por qué la función roja es siempre creciente?
   c ¿Qué significa que la función verde tiene un máximo?

4. ¿Hay alguna función que tenga un máximo o un mínimo relativos? En caso afirmativo, identifica la función e indica las coordenadas de ese máximo o ese mínimo relativos.
5. Analiza las curvas y responde:

   a ¿Cuántos habitantes tiene la ciudad?
   b ¿Cuánto tiempo ha durado la epidemia?
   c ¿En qué día, desde el comienzo de la epidemia, hubo más infectados?
   d ¿Cuál fue el mayor número de infectados?
   e ¿En qué día se llegó a 100 000 infectados?

Comunica: 1, 3 **Matematiza: 2, 5** **Argumenta: 4, 5**

4 CM CL Científico Caída libre

En física, se denomina caída libre al movimiento de un cuerpo bajo la acción exclusiva de un campo gravitatorio. En la caída libre, un objeto cae verticalmente desde cierta altura. Se trata de un movimiento rectilíneo uniformemente acelerado en el que la aceleración coincide con el valor de la gravedad.

En la superficie de la Tierra, la aceleración de la gravedad (g) vale 9,8 m/s^2.

Las fórmulas que lo rigen son:

$$E = v_0 t + \frac{1}{2} g t^2 \qquad V = v_0 + gt$$

En ellas, t es el tiempo de caída libre, v_0 es la velocidad inicial, v es la velocidad final y g es la aceleración, que coincide con la gravedad.

Problemas

1. Erika está al borde de un acantilado de 122,5 m de altura y deja caer una piedra. ¿Cuánto tiempo tardará la piedra en llegar al suelo? ¿A qué velocidad lo hará?
2. Gema se ha subido a la azotea de la Torre Europa y se le cae un bolígrafo al suelo, que tarda en llegar 4,82 s. ¿Cuál es la altura de esa torre?
3. Miriam está en un puente colgante sobre un río y lanza una piedra al agua con una velocidad de 5 m/s. Sabiendo que el puente está a 77,5 m del río, ¿cuánto tiempo tardará la piedra en llegar al agua? ¿Con qué velocidad lo hará?
4. Aurora, la amiga de Miriam, está junto a ella en el puente colgante y lanza otra piedra a la misma velocidad, pero hacia arriba.

   a ¿Cuánto tardará en llegar al río, en este caso?
   b ¿Cuánto tiempo estará subiendo la piedra?
   c ¿Cuál será la altura máxima que alcance la piedra?

5. Olga se encuentra en lo más alto del Gran Cañón del Colorado (EE. UU.), cuya altura desconoce. Suelta una piedra y cronometra el tiempo que tarda en oír el ruido que hace al llegar al fondo. El tiempo que pasa desde que lanza la piedra hasta que oye el sonido es de 22,7 s. ¿Cuál es la profundidad máxima del Gran Cañón? (Recuerda: V_{sonido} = 340 m/s.)

Profesor en casa.
Problema en el Cañón del Colorado.

Matematiza: 1, 2, 3, 4, 5 **Plantea: 1, 2, 3, 4, 5**

3 El lugar donde operar

¿Hay geometría en un quirófano? ¿Las matemáticas pueden ayudar a curar?

CM CL CA CS

Científico

Aprende a...

Identificar y utilizar las propiedades de los puntos de la mediatriz de un segmento y de la bisectriz de un ángulo.

Calcular el perímetro y el área de figuras circulares en problemas contextualizados aplicando las fórmulas adecuadas.

Ítem 1. Estudiar para ayudar

Laura es una estudiante de medicina que quiere ser cirujana, pero sabe que, para lograrlo, tiene que trabajar con tesón. La medicina es una disciplina que requiere muchos conocimientos, pues en bastantes ocasiones está en juego la vida del paciente.

A pesar de que no le gustan demasiado las matemáticas, Laura sabe que son indispensables para su futuro trabajo. Por eso, se ha puesto a investigar todas las matemáticas que se pueden encontrar en un quirófano.

Ítem 2. Instrumental de cirugía

El instrumental de cirugía es el conjunto de elementos que se utilizan en las intervenciones quirúrgicas.

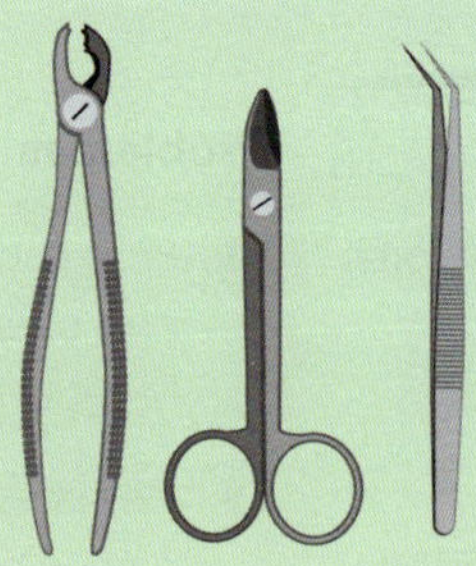

Ítem 3. Superficie de un círculo

Recuerda que, para calcular la superficie que ocupa un círculo, se utiliza la fórmula:

$$A = \pi r^2$$

En ella, r es el radio del círculo.

Construye con lo que sabes

Argumenta

1. Normalmente, cuando un paciente se va a someter a una intervención quirúrgica, tiene que ponerse una bata de color verde. Para que los médicos se puedan centrar en la zona que tienen que operar, antes de empezar, se corta la parte de la bata que cubre esa parte del cuerpo, para hacerla visible. ¿De qué formas crees que se pueden hacer estos cortes? ¿De qué dependerán?

2. La anestesia local se suele administrar mediante una inyección. Para evitar infecciones, antes de pinchar se desinfecta una zona de piel de unos 3 cm alrededor del lugar del pinchazo. ¿Qué forma tendrá esa zona desinfectada? ¿Cuánto medirá su superficie?

Matematiza

3. Si, para una determinada cirugía, en la bata se hace un agujero circular de 5 cm de radio, ¿qué superficie de piel quedará al aire, sin desinfectar, tras haber aplicado la anestesia, después de limpiar la zona? Haz un dibujo en el que señales la parte de la piel que se ha limpiado y desinfectado, y la que queda al aire.

4. Uno de los instrumentos que se manejan en las operaciones quirúrgicas son las tijeras, como las que ves en el ítem 2. Si necesitamos que las tijeras se abran con un ángulo de 30º, ¿con qué ángulo se abrirá la parte por la que se cogen? ¿Qué ángulos tendrán las partes exteriores de las tijeras?

Argumenta

5. Las tijeras de cirugía suelen tener el mango mucho más largo que la zona de la cuchilla. ¿Por qué crees que son así? Si la parte del mango es tres veces más larga que la cuchilla, al separar los dedos 3 cm, ¿cuánto crees que se abrirá la parte de las cuchillas?

Matematiza

6. A medida que la tecnología va avanzando, el instrumental de cirugía se moderniza con nuevos accesorios que facilitan la tarea del cirujano. Por ejemplo, existen unas pinzas con un puntero láser que indica la zona a la que se va aproximando la pinza; esto permite al cirujano llegar directamente al lugar que le interesa. Dibuja las pinzas y la dirección del láser. ¿Alguna vez el láser puede apuntar a un sitio que quede fuera del rango de las pinzas? ¿Por qué?

Ítem 4. Enfermedades raras

Durante su estudio, Laura también está investigando las enfermedades raras: sus causas, sus síntomas y el modo de tratarlas quirúrgicamente.

Se ha encontrado con una enfermedad muy peculiar, debido a sus curiosos síntomas y a la complejidad de su tratamiento quirúrgico.

Se trata de una infección muy localizada que se manifiesta a través de manchas rojas que aparecen, no en la zona en la que se encuentra la infección, sino a varios centímetros del centro de esta.

El modo de tratar esta enfermedad consiste en operar cuanto antes; para hacerlo, es preciso saber con certeza dónde se localiza la infección.

Ítem 5. El paciente 8072-V

El paciente 8072-V padece esta rara enfermedad. Como es matemático, puede ayudar a los cirujanos a localizar el centro de la infección.

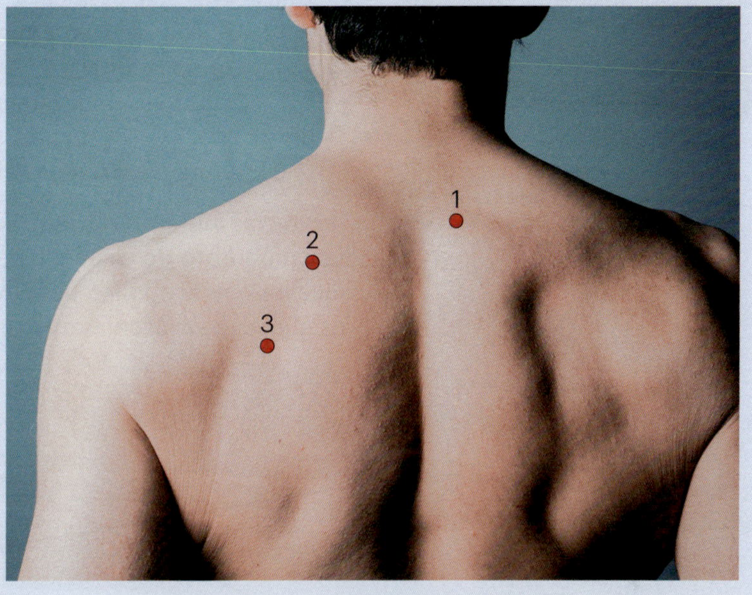

Construye con lo que sabes

Argumenta

7) La enfermedad que se describe en el ítem 4 se manifiesta mediante manchas rojas que aparecen alrededor del centro de la infección. Si el paciente tuviese muchas manchas, ¿qué figura formarían?

8) El centro de la infección no se puede ver mediante un escáner; por eso, para ubicarlo con exactitud, hay que esperar a que salgan las manchas. ¿Con una sola mancha se podría averiguar dónde se localiza el centro de la infección? ¿Y con dos manchas? ¿Cuántas son necesarias, como mínimo, para tener seguridad de su ubicación?

Comunica

9) Como has leído en el ítem 5, el paciente 8072-V es matemático y padece esta peculiar infección. Les dice a los doctores que ya le pueden operar, puesto que él los va a ayudar a localizar el punto exacto del centro infeccioso:

a El centro de la infección tiene que estar a la misma distancia de cada una de las manchas rojas.
b Marcamos todos los puntos que estén a la misma distancia entre las manchas 1 y 2. Al final, todos esos puntos forman una recta.
c Procedemos del mismo modo con las manchas 2 y 3.
d Como la infección tiene que estar a la misma distancia de las tres manchas, ya sabemos dónde se localiza el centro infeccioso.
Ayuda a los cirujanos a ubicar el centro de la infección dibujando el caso en tu cuaderno y siguiendo las instrucciones. ¿Dónde está la infección?

Lo que has construido

Calculas el **área de un círculo y de una corona circular.**

Hallas **ángulos de rectas secantes.**

Construyes **lugares geométricos** a partir de su definición.

Trazas **la mediatriz de un segmento** partiendo de su definición.

Dibujas **la bisectriz de un par de semirrectas** a partir de su definición.

12. Rectas, semirrectas y segmentos

- Una **recta** es una sucesión infinita de puntos que se extienden en una sola dirección. Las rectas son infinitas, ya que no tienen origen ni final.
- Una **semirrecta** es la parte de una recta que está situada hacia un lado de un punto de origen. Las semirrectas son infinitas: podemos determinar su origen, pero no su final.
- Un **segmento** es un fragmento de recta que está comprendido entre dos puntos de esta. Los segmentos son finitos: tienen un origen y un final, los cuales se denominan **extremos** del segmento.

Apunte 7

¡Recuerda!

Si dos rectas secantes se cortan formando un ángulo de 90º, decimos que son perpendiculares.

Dos rectas que se cortan son **secantes.** Ambas rectas tienen un punto en común llamado **punto de corte** y determinan cuatro ángulos. De estos cuatro ángulos, aquellos que se oponen por el vértice son iguales. Además, la suma de dos ángulos que sean adyacentes forman un ángulo llano, por lo que suman 180º.

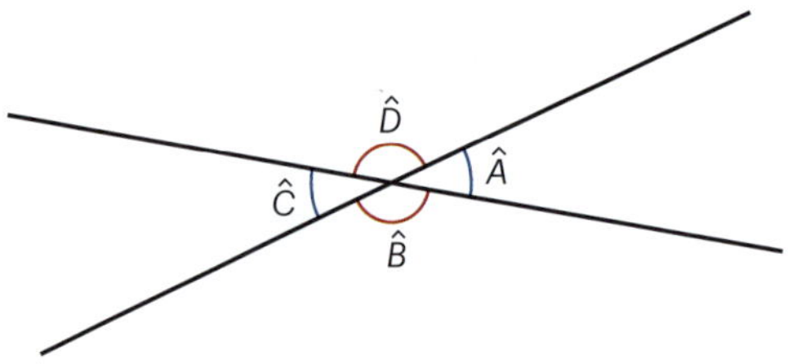

$\hat{A} = \hat{C}$
$\hat{A} + \hat{B} = 180^\circ$ $\hat{C} + \hat{D} = 180^\circ$

$\hat{B} = \hat{D}$
$\hat{B} + \hat{C} = 180^\circ$ $\hat{D} + \hat{A} = 180^\circ$

13. Lugar geométrico. Mediatriz y bisectriz

Un **lugar geométrico** es un conjunto de puntos que cumplen una determinada propiedad.

Apunte 8

Todos los puntos situados en la **mediatriz** se encuentran a la misma distancia de los extremos del segmento AB.

Todos los puntos situados en la **bisectriz** se encuentran a la misma distancia de las semirrectas.

La **mediatriz de un segmento** es el lugar geométrico de todos los puntos que están a la misma distancia de los extremos de ese segmento. Estos puntos determinan una recta perpendicular al segmento y que pasa por su punto medio.

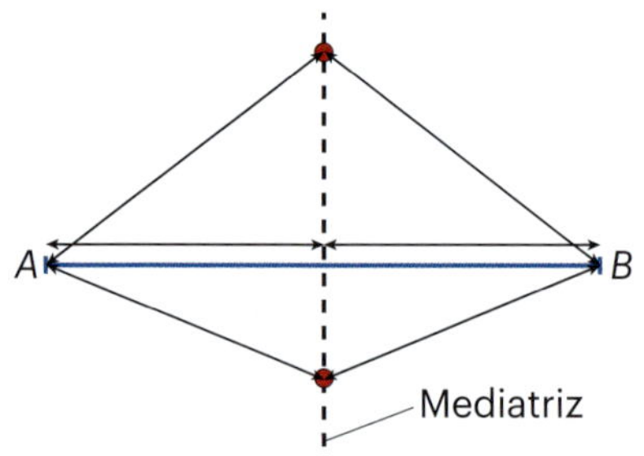

La **bisectriz de un ángulo** formado por dos semirrectas es el lugar geométrico de todos los puntos que están a la misma distancia de esas dos semirrectas. Estos puntos determinan una recta que divide en dos al ángulo.

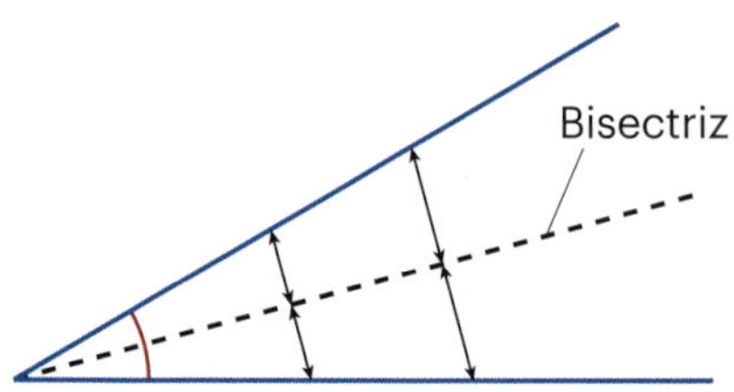

14. Circunferencia y círculo

Una **circunferencia** es el lugar geométrico de todos los puntos que equidistan de otro punto fijo llamado centro. Es decir, todos los puntos que forman una circunferencia están a la misma distancia de su centro. Esa distancia se denomina **radio.**

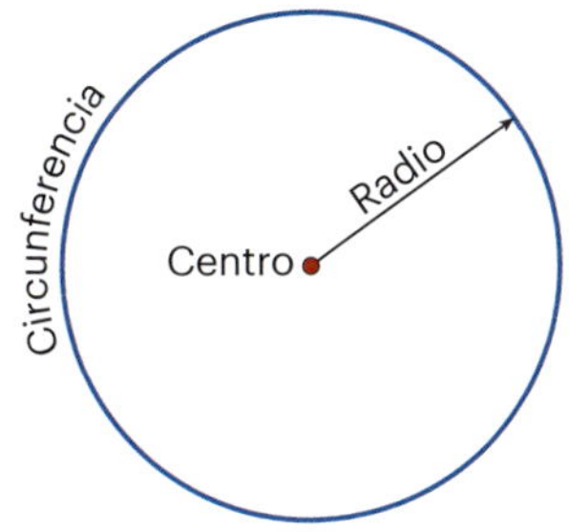

Apunte 9

¡Recuerda!

La longitud de una circunferencia es:

$$L = 2\pi r$$

El área de un círculo es:

$$A = \pi r^2$$

Un **círculo** es el lugar geométrico de todos los puntos cuya distancia a otro punto fijo llamado centro es menor a una determinada cantidad denominada radio. Es decir, todos los puntos que forman un círculo tienen una distancia al centro que es menor o igual que el radio.

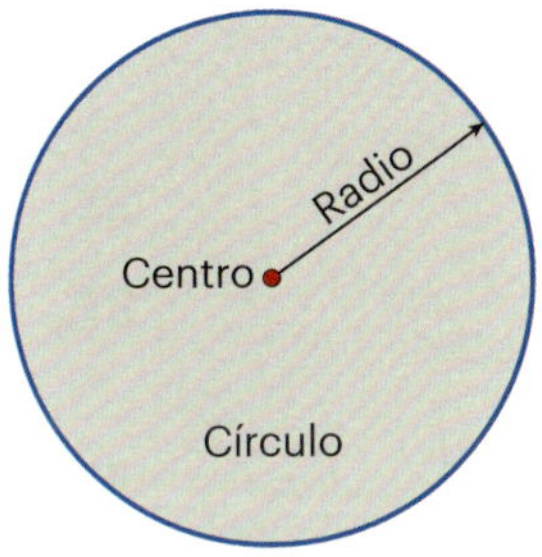

15. Corona circular

Una **corona circular** es la región comprendida entre dos circunferencias concéntricas. Su área se obtiene restando el área del círculo de menor radio al área del círculo de mayor radio:

$$A = \pi R^2 - \pi r^2 = \pi \cdot (R^2 - r^2)$$

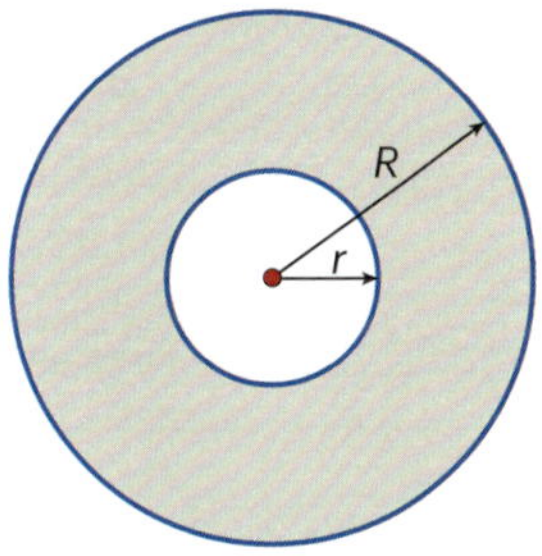

Apunte 10

¡Recuerda!

Dos circunferencias concéntricas tienen el mismo centro.

Ejemplo

15. Calculamos el área de una corona circular comprendida entre dos circunferencias concéntricas de radios $R = 8$ y $r = 5$.
$A = \pi \cdot (8^2 - 5^2) = \pi \cdot (64 - 25) = 39\pi \approx 122{,}5$

16. Sector circular

Un **sector circular** es la región comprendida entre dos radios de un círculo que forman un cierto ángulo α. Su área se obtiene mediante la relación existente entre el área y el ángulo:

$$A = \pi \cdot r^2 \cdot \frac{\alpha}{360}$$

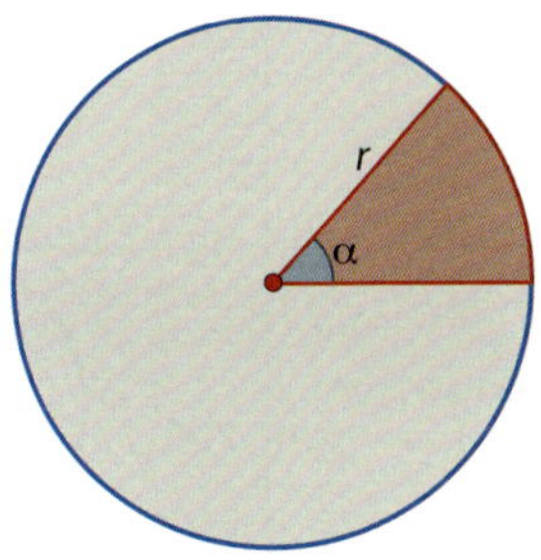

Ejemplo

16. Calculamos el área de un sector circular de un ángulo de 120° en un círculo de radio 7:

$$A = \pi \cdot 7^2 \cdot \frac{120}{360} = \pi \cdot \frac{49}{3} \approx 51{,}3$$

Entrénate

29. Di si los siguientes enunciados son verdaderos o falsos:

a Una semirrecta es infinita.
b Dos segmentos que no son paralelos siempre se cortan.
c Un segmento tiene una longitud finita.
d Una recta tiene principio y final.
e Dos rectas siempre se cortan.
f Dos rectas secantes forman un solo ángulo.
g Una recta y una semirrecta que no son paralelas siempre se cortan.
h Cualquier recta mide más de 10 cm.
i Un segmento tiene infinitos puntos.

30. Calcula la longitud de una circunferencia de:

a 10 cm de radio. **b** 2 m de radio.

31. Halla el área de un círculo de:

a 12 mm de radio. **b** 2 km de radio.

32. Determina el área de un sector comprendido entre dos circunferencias concéntricas cuyos radios miden:

a 4 m y 9 m. **b** 16 cm y 11 cm.

33. Calcula el área del sector circular comprendido entre dos radios que forman un ángulo de 60º en un círculo de:

a 3 m de radio.
b 20 mm de radio.

34. Dado un círculo de 12 km de radio, calcula el área del sector circular comprendido entre dos radios que forman un ángulo de:

a 120º.
b 180º.

35. Dibuja un segmento y su mediatriz.

36. Dibuja dos semirrectas unidas en su origen que forman un ángulo de 90º y su bisectriz.

37. Dibuja el lugar geométrico comprendido por los puntos cuya distancia a una recta es de 1 cm.

38. Dibuja el lugar geométrico comprendido por los puntos cuya distancia a un punto fijo es mayor de 2 cm.

39. Dibuja un segmento y el lugar geométrico formado por los puntos cuya distancia a ese segmento es de 1 cm.

40. Relaciona los elementos de las tres columnas mediante flechas:

Lugar geométrico de todos los puntos cuya distancia a otro punto fijo llamado centro es menor a una determinada cantidad denominada radio.	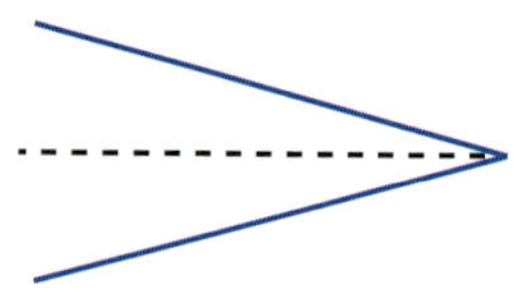	Mediatriz
Lugar geométrico de todos los puntos que están a la misma distancia de dos semirrectas.	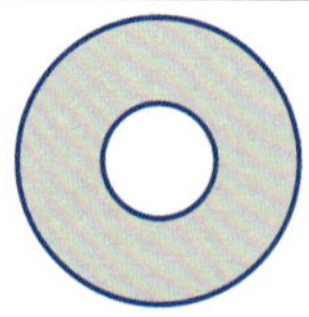	Bisectriz
Lugar geométrico de todos los puntos que están a la misma distancia de los extremos de un segmento.		Círculo
Lugar geométrico de todos los puntos que equidistan de otro punto fijo llamado centro.	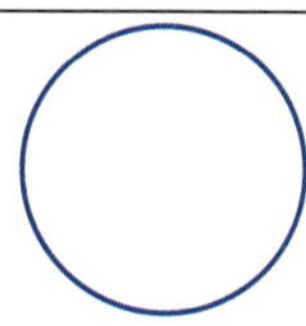	Corona circular
Lugar geométrico de todos los puntos cuya distancia a otro punto fijo llamado centro está entre dos cantidades determinadas.	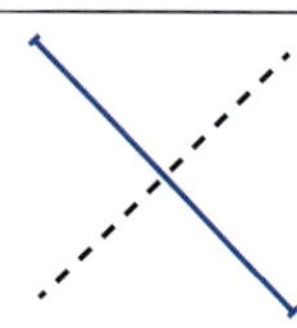	Circunferencia

Banco digital

Mates en contexto

5 CM CL CI Profesional Gallinas comilonas

Alicia y Miguel tienen una granja con muchos animales. Entre ellos hay varias gallinas distribuidas en tres gallineros que están dispuestos de forma triangular. Han comprado un nuevo dispensador de pienso automático y quieren instalarlo de tal modo que quede situado a la misma distancia de los tres gallineros. ¡Ayúdalos a encontrar el sitio más adecuado para colocarlo!

Problemas

1. Si solo tuviesen dos gallineros, ¿dónde deberían instalar el dispensador para que estuviese a la misma distancia de ambos? ¿Hay un único sitio posible? Dibuja todos los posibles lugares en los que se podría ubicar. ¿Cómo se llama lo que has obtenido?
2. Dibuja todos los lugares donde se podría colocar el dispensador para que estuviese a la misma distancia de los gallineros 1 y 2.
3. Dibuja todos los lugares donde se podría colocar el dispensador para que estuviese a la misma distancia de los gallineros 2 y 3, y de los gallineros 1 y 3.
4. Si has dibujado correctamente lo que se pide en los ejercicios anteriores, habrás obtenido un punto especial. ¿Qué tiene de particular ese punto?
5. Para que no se escapen las gallinas, Alicia y Miguel quieren colocar una valla circular que abarque los tres gallineros. ¿Dónde debería estar el centro de esa valla? ¿Por donde pasará la valla?
6. También tienen un caballo en un terreno triangular por el que trota libremente. Como se van a ir de vacaciones, deciden sujetar al caballo a un poste con una cuerda, de tal forma que siga teniendo la máxima libertad para moverse por el terreno, pero sin que pueda llegar a ninguna de las vallas para evitar que se lastime. ¿Dónde deberían poner el poste para lograr su propósito? Explica por qué.

Argumenta: 1, 2, 3, 4, 5, 6

6 CM CL Social El nuevo tren

Una empresa ferroviaria quiere construir un nuevo tramo de vía, pero este ha de ubicarse en medio de dos ciudades que se verán perjudicadas por el ruido que generarán los trenes que pasarán por ese nuevo tramo. Como la empresa no quiere tener problemas con estas dos poblaciones, ha de construir ese tramo de vía de tal forma que no favorezca a ninguna de ellas; es decir, la vía tiene que estar a la misma distancia de cada una de las localidades. ¿Cómo se debe construir la vía? Dibújalo.

7 CM CL Social Quesos manchegos

Cinco amigos se han ido de vacaciones a un pueblo de La Mancha y deciden comprar un queso entero para repartirlo entre todos. El queso tiene un diámetro de 18 cm y lleva puesta una etiqueta circular de 4 cm de radio en la que se indica el tipo y la procedencia del queso.

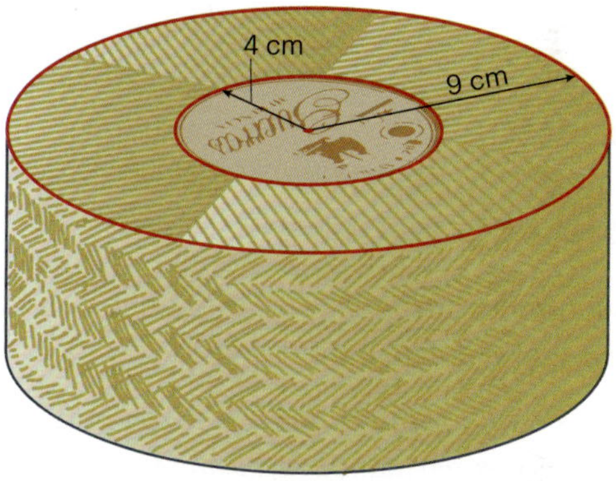

Problemas

1. Calcula lo que mide la superficie del queso visto desde arriba.
2. ¿Cuánto mide la superficie de la etiqueta identificadora del queso?
3. ¿Cuánto medirá la superficie del queso que queda sin tapar por la etiqueta?
4. Si los amigos quieren partir el queso en cuñas, de tal modo que todos se lleven la misma cantidad de queso, ¿cuánto medirá el ángulo de cada trozo?
5. ¿Cuál será la superficie de cada una de esas cuñas?
6. Calcula la superficie de la etiqueta que se llevará cada uno.
7. Al llegar a su casa, Clara, una de las amigas, quiere compartir la mitad de su trozo de queso con su hermana. ¿Por dónde deberá cortarlo? Dibújalo. ¿Cómo se llama el sitio por donde debe partirlo? ¿Qué ángulos tendrán los dos trozos de queso resultantes de la partición?

Matematiza: 1, 2, 3, 5, 6 **Argumenta: 4, 7**

NÚMEROS

Notación científica

Sirve para abreviar la escritura de cantidades muy grandes o muy pequeñas. Un número está escrito en notación científica cuando su expresión es $a \cdot 10^b$, donde $1 \leq |a| < 10$ (entero o decimal) y b es un entero que se denomina orden de magnitud.

Potencias

- De exponente entero negativo:

$$a^{-n} = \frac{1}{a^n}$$

- De base fraccionaria:

$$\left(\frac{a}{b}\right)^{-n} = \frac{1}{\left(\frac{a}{b}\right)^n} = \frac{1}{\frac{a^n}{b^n}} = \frac{b^n}{a^n} = \left(\frac{b}{a}\right)^n$$

ÁLGEBRA

Relación entre magnitudes

Una magnitud es cualquier propiedad que puede medirse. La relación entre magnitudes puede ser de dos tipos:

- **Directamente proporcional.** La razón entre cada pareja de valores permanece constante; es decir, las dos magnitudes aumentan o disminuyen en la misma proporción. La razón entre cada par de valores se le llama **constante de proporcionalidad directa.**
- **Inversamente proporcional.** El producto de cada pareja de valores permanece constante. Esto es, una de las magnitudes aumenta (o disminuye) y la otra disminuye (o aumenta) en la misma proporción. El valor de este producto entre cada par de valores se llama **constante de proporcionalidad inversa.**

Repartos proporcionales

Se distribuye una cantidad en partes desiguales. Este tipo de reparto puede ser:

- **Directamente proporcional.** La cantidad que se reparte es directamente proporcional a las cantidades desiguales.
- **Inversamente proporcional.** Un reparto inversamente proporcional a varias cantidades, a, b, c..., equivale a hacer un reparto directamente proporcional a sus inversos, $\frac{1}{a}, \frac{1}{b}, \frac{1}{c}...$

Proporcionalidad compuesta

Se trata de una relación entre tres o más magnitudes de tal modo que, a partir de las magnitudes conocidas, se puede hallar la magnitud desconocida. Esta es proporcional a cada una de las otras, cuando las demás permanecen fijas.

Cuando se relacionan más de dos magnitudes, las razones numéricas se colocan en un lado de la igualdad multiplicándose y, en el otro de la igualdad, la razón que contiene la incógnita. Hay que tener cuidado y estudiar el tipo de proporcionalidad que se establece entre la magnitud que se va a calcular y el resto de las magnitudes.

Ecuaciones de segundo grado

Una **ecuación de segundo grado** es una igualdad algebraica que se verifica para algunos valores de la incógnita, siendo 2 el grado más alto al que se eleva. Su expresión general es:

$$ax^2 + bx + c = 0$$

Soluciones de una ecuación de segundo grado

Una ecuación de segundo grado tiene dos soluciones (aunque no siempre son reales), que se obtienen mediante el uso de una fórmula.

Las soluciones de la ecuación de segundo grado escrita de forma general, $ax^2 + bx + c = 0$, son:

$$x = \frac{-b \pm \sqrt{b^2 - 4ac}}{2a}$$

Relaciones de Cardano-Vieta

Si tenemos una ecuación de segundo grado de la forma $ax^2 + bx + c = 0$, cuyas soluciones son x_1 y x_2, resulta que:

$$x_1 + x_2 = \frac{-b}{a} \text{ y } x_1 \cdot x_2 = \frac{c}{a}$$

Estas fórmulas se denominan **relaciones de Cardano-Vieta.**

Un caso interesante se da cuando $a = 1$, pues entonces las relaciones de Cardano-Vieta quedan así:

$$x_1 + x_2 = -b \text{ y } x_1 \cdot x_2 = c$$

Es decir, la suma de las soluciones es $-b$ y su producto es c. En este caso, podemos escribir la ecuación de segundo grado así:

$$x^2 - (\text{suma de las soluciones}) \cdot x + (\text{producto}) = 0$$

FUNCIONES

Definición

Una **función** es una regla que asigna a cada valor de la variable independiente (x), perteneciente a un determinado conjunto de números, un único valor de la variable dependiente (y).

El conjunto de valores de la variable independiente x se denomina **dominio** de la función y se representa con **Dom** (f).

El conjunto de valores formado por las imágenes o transformados de x se denomina **recorrido** o **rango de la función** y se representa mediante **Rec** (f) o **Rang** (f).

La **gráfica de una función** es el conjunto de puntos (x, y) tales que $y = f(x)$.

Características de una función

Una **función** f es **creciente** en un intervalo si, dados dos puntos cualesquiera de ese intervalo, a y b, siempre que $a < b$, se verifica que $f(a) \leq f(b)$.

Una **función** f es **decreciente** en un intervalo si, dados dos puntos cualesquiera de ese intervalo, a y b, tales que $a < b$, se verifica que $f(a) \geq f(b)$.

Los **extremos relativos** de una función son los puntos en los que se produce un cambio en el crecimiento. Son dos:

- **Máximo.** Es el punto donde la función deja de ser creciente y empieza a ser decreciente.
- **Mínimo.** Es el punto donde la función pasa de decreciente a creciente.

Representación gráfica de una función

Representar gráficamente una función consiste en dibujar en unos ejes de coordenadas el conjunto de puntos de esa función para conocer de forma visual e intuitiva su comportamiento.

Para obtener la **gráfica de una función** hay que seguir estos pasos:

1.º Construimos una tabla de valores en la que relacionemos cada valor de la variable independiente x con su imagen $y = f(x)$.

2.º Representamos la pareja de valores (x, y) como puntos en unos ejes de coordenadas.

3.º Unimos todos los puntos para obtener la gráfica.

Rectas, semirrectas y segmentos

- Una **recta** es una sucesión infinita de puntos que se extienden en una sola dirección. Las rectas son infinitas, ya que no tienen origen ni final.
- Una **semirrecta** es la parte de una recta que está situada hacia un lado de un punto de origen.
- Un **segmento** es un fragmento de recta que está comprendido entre dos puntos de esta. Los segmentos son finitos: tienen un origen y un final, los cuales se denominan **extremos** del segmento.

Dos rectas que se cortan son **secantes.** Ambas rectas tienen un punto en común llamado **punto de corte** y determinan cuatro ángulos. De estos cuatro ángulos, aquellos que se oponen por el vértice son iguales. Además, la suma de dos ángulos que sean adyacentes forman un ángulo llano, por lo que suman 180º.

Lugar geométrico. Mediatriz y bisectriz

Un **lugar geométrico** es un conjunto de puntos que cumplen una determinada propiedad.

- La **mediatriz de un segmento** es el lugar geométrico de todos los puntos que están a la misma distancia de los extremos de ese segmento. Estos puntos determinan una recta perpendicular al segmento y que pasa por su punto medio.
- La **bisectriz de un ángulo** formado por dos semirrectas es el lugar geométrico de todos los puntos que están a la misma distancia de esas dos semirrectas. Estos puntos determinan una recta que divide en dos al ángulo.

Figuras circulares

- Una **circunferencia** es el lugar geométrico de todos los puntos que equidistan de otro punto fijo llamado centro. Es decir, todos los puntos que forman una circunferencia están a la misma distancia de su centro. Esa distancia se denomina **radio.**
- Un **círculo** es la superficie interior de una circunferencia; es decir, es la región del plano delimitada por una circunferencia.
- Una **corona circular** es la región comprendida entre dos circunferencias concéntricas. Su área se obtiene restando el área del círculo de menor radio al área del círculo de mayor radio: $A = \pi R^2 - \pi r^2 = \pi \cdot (R^2 - r^2)$.
- Un **sector circular** es la región comprendida entre dos radios de un círculo que forman un ángulo α. Su área se obtiene mediante la relación entre el área y el ángulo:

$$A = \pi \cdot r^2 \cdot \frac{\alpha}{360}$$

Entrénate +

Números

41. La recaudación de un teatro es proporcional al número de personas que asisten a cada representación y al importe de cada entrada. La semana pasada acudieron 320 personas, cada entrada valía 6 € y la recaudación fue de 3520 €. ¿Cuál será la recaudación si acuden 540 personas que compran cada entrada a 9 €?

42. Haz un reparto de 6500 €:

a Directamente proporcional a 15, 21 y 29.
b Inversamente proporcional a 2, 13 y 26.

43. Calcula, en cada caso, el porcentaje final. Indica también si es un aumento o una disminución, así como el porcentaje de aumento o de disminución:

a Sube un 6 %, luego sube un 9 % y, finalmente, disminuye un 15 %.
b Baja un 10 %, sube un 30 % y, después, sube un 2 %.

44. Realiza las siguientes operaciones en notación científica y expresa el resultado en notación científica:

a $(1{,}5 \cdot 10^{-11}) \cdot (2 \cdot 10^{2})^{4}$
b $(12{,}7 \cdot 10^{8}) : (1{,}5 \cdot 10^{-6})$
c $6 \cdot 10^{-5} - 9{,}3 \cdot 10^{-6}$
d $12{,}7 \cdot 10^{8} + 34{,}5 \cdot 10^{10}$

45. Realiza las siguientes operaciones y expresa el resultado en forma de única potencia:

a $\left(\frac{6}{7}\right)^{-7} : \left(\frac{7}{6}\right)^{-5}$
b $\frac{343^{4} \cdot 16^{-3}}{8^{2} \cdot 49^{-3}}$

Ecuaciones

46. Resuelve las ecuaciones:

a $x^2 - 5x + 10 = 5x - 10$
b $x^2 + 14 = 11x - x^2$
c $x^2 - (3x-5)^2 = 4 - (x-1)^2$
d $(2x-3)^2 + 4x = 12 - 7x$
e $\frac{x^2-1}{2} - \frac{3-2x}{3} = \frac{x-3}{6}$
f $\frac{x^2-1}{2} - \frac{x+3}{4} = 2 - \frac{11-2x}{3}$

47. Indica, sin resolverlas, cuál es la suma y cuál es el producto de las raíces de las siguientes ecuaciones:

a $x^2 = 3x - 2$
b $x^2 + 7x = x - 8$
c $3x^2 + 2 = 2 - 5x$
d $x^2 - 2x = 2x - 3$
e $x^2 + 9x = -18$
f $x^2 + 4 = 4x^2 - 8$

48. Halla dos números sabiendo que su suma y su producto son:

a $S = 2$ y $P = \frac{5}{9}$
b $S = \frac{5}{6}$ y $P = \frac{1}{9}$
c $S = \frac{17}{6}$ y $P = 2$
d $S = \frac{1}{6}$ y $P = \frac{-1}{3}$

Banco digital

Funciones

49. Dada la siguiente función, indica en qué intervalos es creciente y en cuáles, decreciente. Señala también cuáles son sus máximos y mínimos relativos:

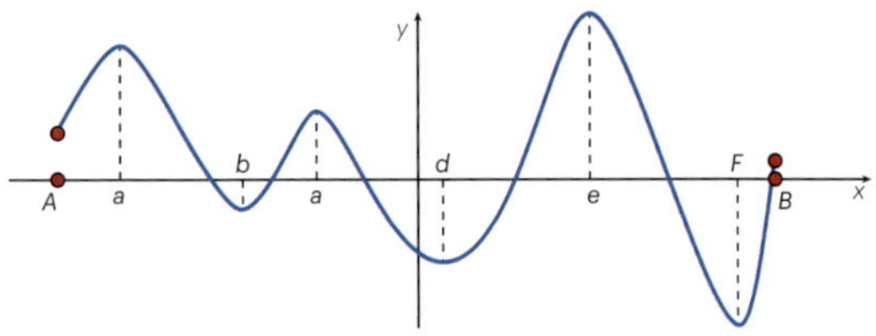

50. Representa en unos ejes de coordenadas estas funciones:

a $f(x) = 6 - 2x$
b $f(x) = 0{,}5x - 1$
c $f(x) = x^2 + 4x - 4$
d $f(x) = 4 - x^2$

Banco digital

Geometría

51. Dibuja dos rectas paralelas y el lugar geométrico formado por los puntos que estén a la misma distancia de esas rectas.

52. Dibuja un segmento de extremos *A* y *B*. Dibuja también el lugar geométrico formado por los puntos cuya distancia al extremo *A* es el doble de la distancia al extremo *B*.

53. Calcula las longitudes de las siguientes circunferencias:

a

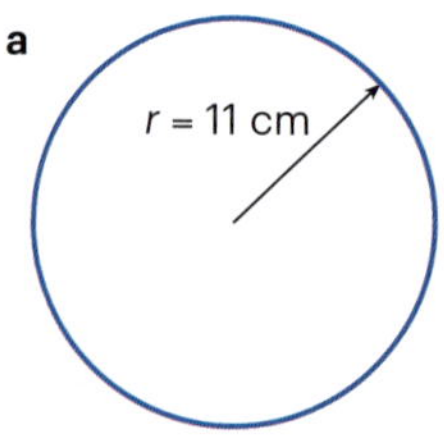

b

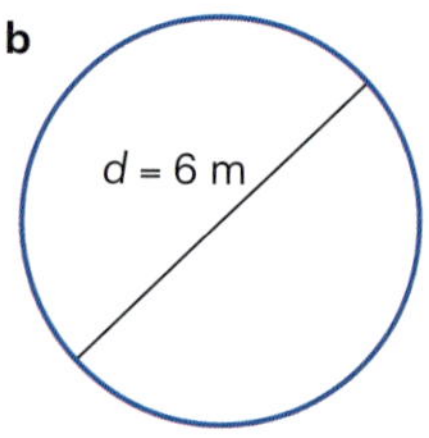

54. Di el nombre de cada una de estas figuras y calcula sus áreas:

a

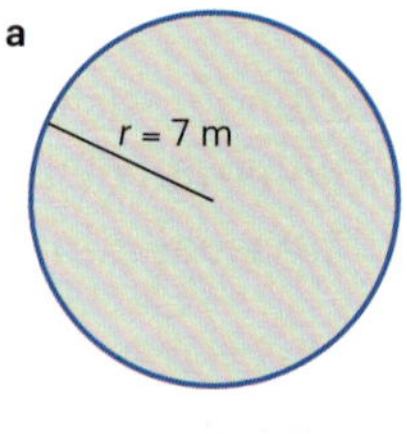

c

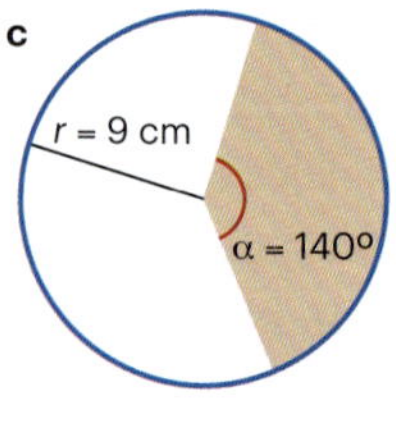

b

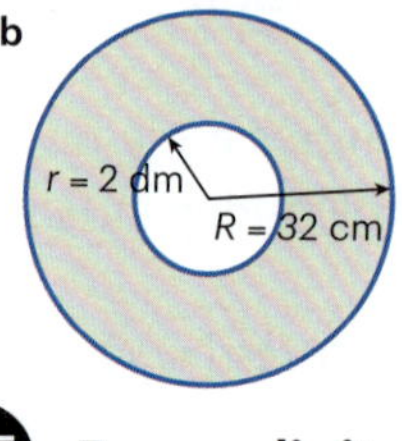

d

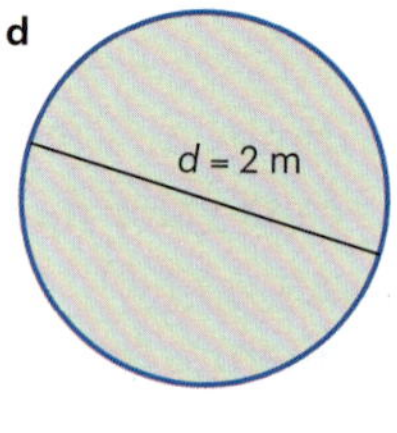

Banco digital

Mates en contexto

8 CM CL Profesional Matemáticas financieras

En economía, el **interés simple** hace referencia a los beneficios (intereses) que produce un capital inicial en un período de tiempo, el cual no se acumula al capital para calcular los intereses del siguiente período.

El **interés compuesto** se presenta cuando los intereses obtenidos al final de un período no se retiran, sino que se añaden al capital inicial.

Llamamos ***C*** al **capital inicial,** ***r*** al **rédito** o porcentaje de beneficio, ***t*** al **tiempo que dura la inversión** y C_f al **capital final.**

Diego y María han ahorrado 30 000 € para comprase un piso. En el banco les informan de las diversas modalidades con las que pueden rentabilizar su dinero. ¿Los ayudas para que sepan qué es lo que más les interesa?

Profesor en casa. Tipo de interés simple.

Profesor en casa. Tipo de interés compuesto.

Problemas

1. Les ofrecen un interés simple del 4 % anual durante dos años. ¿Qué intereses obtienen el primer año? ¿Y al finalizar los dos años?

2. ¿Cuál es el beneficio de un capital C al 4 % anual durante *t* años? Escríbelo en función de las letras.

3. Escribe ahora el beneficio de un capital C al *r* % anual durante *t* años. Si, en lugar de años, el tiempo se contabiliza en meses, ¿cómo quedaría escrito? ¿Y si el tiempo se contabiliza en días?

4. Calcula los intereses si Diego y María deciden retirar el dinero a los 15 meses. ¿Y si deciden retirarlo a los 45 días?

5. Los bancos suelen conceder el 80 % del valor del piso como hipoteca. ¿Qué porcentaje del valor total del piso deben tener ahorrado Diego y María?

6. Si el piso que les gusta vale 190 000 €, ¿cuánto dinero deben ahorrar para poder pedir la hipoteca?

7. ¿Qué porcentaje de dinero tienen ahorrado, respecto a lo que vale el piso que les gusta?

8. ¿Cuánto tiempo tienen que dejar el dinero en el banco para conseguir ahorrar lo que necesitan para poder pedir la hipoteca?

9. Les ofrecen un interés compuesto del 4 %. Calcula el capital final después de un año. Recuerda que, en realidad, esto es una subida del capital del 4 %, por lo que ahora existirá un 104 %. ¿Por cuánto se multiplica el capital?

10. Calcula el capital final en el segundo año. ¿Por cuánto vuelves a multiplicar?

11. ¿Por cuánto tendrías que multiplicar el capital inicial si lo dejaras 5 años?

12. Halla el capital final que se obtiene al invertir un capital inicial, *C*, durante *t* años a un interés compuesto del *r* % anual.

13. Determina el capital final de Diego y María si deciden retirar el dinero a los 3 años.

14. ¿Con qué modalidad obtienen más beneficio?

15. Copia y completa en tu cuaderno la siguiente tabla para un rédito del 4 % anual (aproxima a las centésimas):

Tiempo (años)	1	2	3	4	5	6	7
Beneficio (interés simple)							
Beneficio (interés compuesto)							
% ganancia (interés simple)							
% ganancia (interés compuesto)							

16. ¿Qué porcentaje de beneficio se obtendría con el interés simple en 12 años?

17. ¿Con cuál de los dos se consigue mejor ahorro?

18. ¿Cuánto capital inicial deben aportar si quieren conseguir el 20 % del piso en 5 años con un interés compuesto? ¿Y para conseguirlo en 4 años con un interés simple?

19. Según el problema 3, cuando, en el interés simple, el tiempo se expresa en meses o en días, se modifica la fórmula. Investiga cómo se realizan esos mismos cambios en la fórmula del interés compuesto.

20. Aplica las fórmulas del apartado anterior para calcular el capital final que tendremos tras 18 meses de inversión si ingresamos 30 000 € al 4 %. ¿Y si lo mantenemos 45 días?

Matematiza: 1, 4, 5, 6, 7, 13, 15, 20

Argumenta: 2, 8, 9, 10, 11, 14, 16, 17, 18

Simboliza: 2, 3, 12, 19

9 CM CL CS Personal Social Científico El IMC

El índice de masa corporal (IMC o BMI, que son sus siglas en inglés) es una razón matemática que asocia la masa y la talla de un individuo. Fue ideada por el estadístico belga Adolphe Quetelet (por eso a veces se llama índice Quetelet) y sirve para saber fácilmente si una persona está por encima de su peso adecuado o está demasiado delgada.

Su fórmula es: $IMC = \frac{peso\,(kg)}{altura^2\,(m)}$

La OMS (Organización Mundial de la Salud) propone la siguiente tabla para comprobar el IMC en personas adultas:

Clasificación	IMC (kg/m²)
Bajo peso	< 18,50
Normal	**18,5-24,99**
Sobrepeso	≥ 25,00
Obesidad	≥ 30,00

Además, se considera que existe obesidad mórbida (el bienestar y la salud están en peligro) si IMC > 40.

Problemas

1 Copia y completa la siguiente tabla:

Peso	Altura	IMC	Clasificación
67 kg	1,73 m		
80 kg	1,80 m		
59 kg		27,5	
	1,59 m	18	

2 M.ª Eugenia mide 166 cm y pesa 70 kg. Quiere adelgazar para llegar a tener un IMC de 20.

- **a** Calcula su IMC actual.
- **b** Determina cuántos kilos tiene que pesar para llegar al IMC que desea.
- **c** Realiza una tabla que relacione cada kilo que adelgace con el IMC que tendría.
- **d** Representa gráficamente la función que has obtenido con los datos anteriores.

3 Fernando pesa 66 kg, pero no sabe cuánto mide y quiere hacerse una idea de cuál es su IMC.

- **a** ¿Cuál tendría que ser su talla para estar entre los límites normales?
- **b** ¿Cuánto tendría que medir, como máximo, para tener obesidad mórbida?
- **c** Construye una tabla de valores en la que relaciones las distintas posibles alturas, partiendo 1,6 m y aumentando 5 cm progresivamente con el IMC resultante.
- **d** Representa en unos ejes de coordenadas la función que obtengas.
- **e** ¿Hay algún máximo o mínimo relativo?

Matematiza: 1, 2, 3 **Representa: 2, 3** **Argumenta: 3**

10 CM CL Social Los listones del carpintero

En la carpintería Más madera tienen una gran variedad de listones de maderas nobles de distintos tamaños. Está especializada en fabricar marcos de diversas formas geométricas, por lo que se acepta cualquier tipo de encargo. Sin embargo, tiene el problema de que cuenta con poca cantidad de madera de cada tipo, por lo que ha de aprovecharla al máximo.

Esta semana, sus trabajadores tienen los siguientes encargos:

- **a** Con madera de nogal, deben hacer dos triángulos, uno equilátero y otro rectángulo, lo más grande que sea posible.
- **b** Con madera de ébano, deben fabricar un rectángulo cuya diagonal mida 85 cm.
- **c** Con madera de caoba, han de construir un rectángulo de área 3200 cm² y que tenga un lado el doble de largo que el otro.
- **d** Con madera de roble, tienen que hacer un triángulo rectángulo uno de cuyos lados mida 80 cm.
- **e** Con madera de sicomoro, deben fabricar un cuadrado y un triángulo rectángulo isósceles, de tal modo que un cateto del triángulo mida lo mismo que el lado del cuadrado.

Problemas

1 Para hacer el encargo **a,** tienen tres listones de 140 cm, 210 cm y 230 cm. Deciden cortar, de cada uno de ellos, un trozo de igual longitud para formar el triángulo equilátero y, para formar el triángulo rectángulo, usar los tres trozos sobrantes. ¿Cuánto mide el trozo que tienen que cortar de cada listón?

2 En cuanto al encargo **b,** cuentan con un solo listón de 230 cm de longitud. ¿Cómo tienen que cortarlo para poder hacer el encargo?

3 Para el encargo **c,** tienen un listón de 240 cm. ¿Qué dimensiones tendrá el rectángulo?

4 Para el encargo **d,** se enfrentan a un pequeño problema: han olvidado preguntar si el lado que mide 80 cm es la hipotenusa o un cateto. Tienen dos listones, uno de 180 cm y otro de 192 cm; creen que pueden hacer un triángulo rectángulo adecuado con cada uno de ellos. ¿Cómo lo lograrán?

5 Respecto al encargo **e,** cuentan con un único listón de 2,5 m. ¿Cuánto mide el lado del cuadrado? ¿Y los lados del triángulo?

Profesor en casa.
Ecuaciones con Pitágoras.

Matematiza: 1, 2, 3, 4, 5

11 CM CL Científico La mejor ruta

Un barco pirata escapa de otra embarcación pirata que lo está asediando para robarle su último botín. En mitad de la persecución, la tripulación del primer barco observa que tiene delante una isla más o menos circular de unos 400 m de diámetro y un atolón también circular, con dos radios, uno de 100 m y otro de 200 m. Además, calcula que los centros de la isla y el atolón están separados por 750 m (recuerda que un atolón es un arrecife coralino de forma anular y con una laguna interior que se comunica con el mar a través de pasos estrechos).

Para no perder el espacio que ha ganado a sus perseguidores, el capitán pirata decide que no es conveniente rodear la isla ni el atolón, y que tendrán que arriesgarse a pasar entre las dos formaciones. El capitán sabe que el terreno es más profundo cuanto más lejos esté de su centro.

Si quiere pasar sin riesgo de encallar, ¿cuál es la ruta que debe seguir?

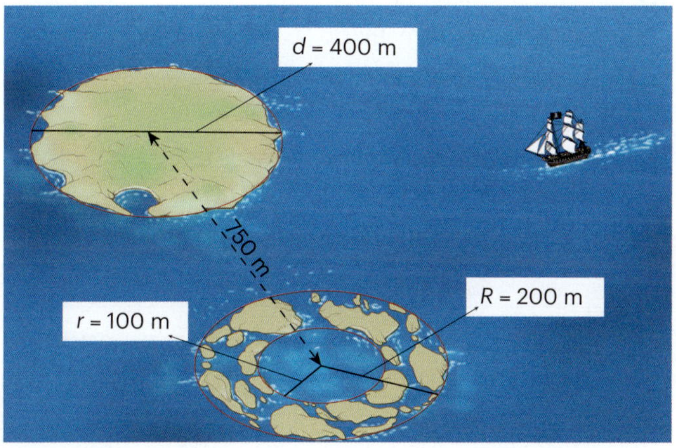

Problemas

1. Dibuja las figuras geométricas de la isla y el atolón a una escala aproximada de 1:10 000 (es decir, 100 m de la realidad equivalen a 1 cm del dibujo).
2. ¿Cuál es la distancia mínima entre la isla y el atolón?
3. Indica en tu dibujo, utilizando regla y compás, el punto entre la isla y el atolón por el que debe pasar el barco para no encallar.
4. ¿Cuál es la superficie de la isla?
5. ¿Cuál es la superficie de agua contenida en el interior del atolón?
6. ¿Cómo se llamaría la figura geométrica que formaría un atolón, si fuera completamente circular?
7. Calcula la superficie terrestre del atolón.

Representa: 1, 3 | **Plantea: 2** | **Matematiza: 4, 5, 7** | **Argumenta: 6**

12 CM CL Científico *Dummies*

Los *dummies* son maniquíes que se usan en las pruebas de choque de diversos tipos de vehículos con el fin de desarrollar dispositivos de seguridad. Estos maniquíes llevan unos dibujos en sitios estratégicos que permiten monitorizar la reacción de las distintas partes de un cuerpo humano cuando se produce un impacto. Dependiendo del estudio que se quiera realizar, esos dibujos se encuentran en un lugar o en otro, preferentemente, en las partes más vulnerables del organismo.

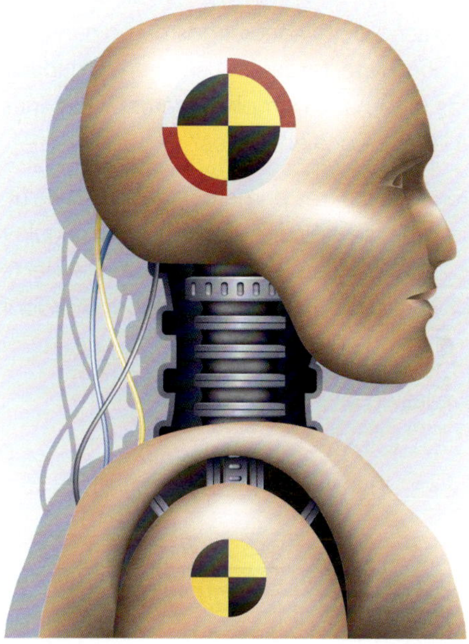

Problemas

1. Dibuja las figuras geométricas que ves en la cabeza del *dummy*, indicando el nombre de cada una de ellas.
2. Supón que el círculo «interrumpido» que está dibujado en la cabeza tiene una anchura total de 6 cm y que el círculo interior (el negro y amarillo) tiene un radio de 2 cm. Indica en el dibujo que has hecho en el ejercicio anterior las medidas necesarias para poder responder a las preguntas siguientes:
   - **a** Si la zona pintada en rojo estuviera completa, ¿qué superficie ocuparía todo el dibujo?
   - **b** ¿Cuál sería la medida de la superficie de toda esa parte roja?
3. El círculo está dividido en cuatro partes. ¿Cuántos ángulos mide cada parte?
4. Calcula la superficie que está pintada de negro. ¿Es la misma superficie que la que aparece pintada de amarillo?
5. Calcula la superficie que está pintada de rojo.

Representa: 1 | **Argumenta: 2, 3** | **Matematiza: 4, 5**

1. Expresa el resultado como una única potencia de exponente positivo:

a $\left(\frac{5}{2}\right)^{-6} \cdot \left(\frac{5}{2}\right)^{\varepsilon}$

b $\left(\frac{3}{7}\right)^{5} : \left(\frac{3}{7}\right)^{\varepsilon}$

c $\left(\frac{1}{2}\right)^{-4} \cdot \left[\left(\frac{1}{2}\right)^{2} : \left(\frac{1}{2}\right)^{-\varepsilon}\right]$

d $\left[\left(\frac{9}{5}\right)^{-3}\right]^{2} \cdot \left(\frac{9}{5}\right)^{\varepsilon}$

2. Escribe en notación científica:

a 625 000 000 000 **c** 840 000
b 0,000 000 39 **d** 0,000 000 000 0016

3. Si en el diseño de 3 videojuegos participan 6 personas a jornada completa, tardarán 4 años en terminar. ¿Cuántas personas (a jornada completa) serán necesarias para diseñar 4 videojuegos en 5 años?

4. Para premiar a los tres primeros ganadores de un concurso de pintura, se dispone de 24 000 €. Calcula cuál será el premio del ganador, el del segundo y el del tercer clasificado, si el dinero se reparte de forma proporcional al puesto en el que han quedado.

5. Resuelve las ecuaciones:

a $2x^2 + 3x - 5 = 0$ **c** $3x^2 - 5x - 2 = 0$
b $x^2 - x + 8 = 0$ **d** $9x^2 + 12x + 4 = 0$

6. Observa la siguiente función y responde a las preguntas:

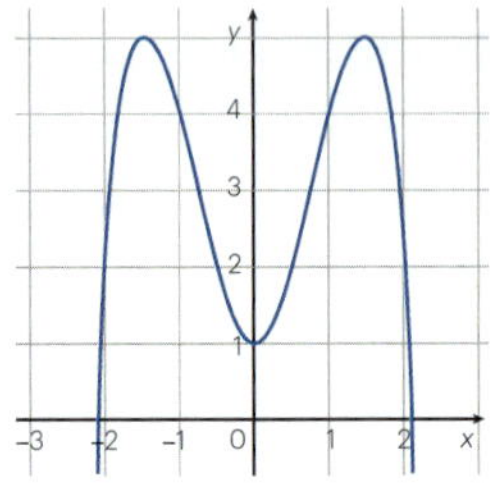

a Indica su dominio y su recorrido.
b Escribe sus intervalos de crecimiento y decrecimiento.
c ¿Tiene máximos o mínimos relativos? ¿Cuáles son?
d ¿Tienen asíntotas? Si es así, señala el tipo y la ecuación.

7. Dibuja la mediatriz de un segmento de 11 cm.

8. Dibuja un ángulo de 72º y, sobre él, traza su bisectriz.

9. Calcula el área comprendida en una circunferencia cuya longitud (perímetro) mide 628 cm.

10. Determina el área de una corona circular cuyo círculo mayor tiene un diámetro de 36 cm y cuyo círculo menor tiene un radio que mide la cuarta parte del diámetro del mayor.

11. Calcula el área de un sector circular de un círculo de 40 cm de diámetro y cuya amplitud es de 72º.

PDF

	4 puntos	3 puntos	2 puntos	1 punto
1. Potencias	Opero correctamente con potencias de exponente negativo.	Opero bien con potencias de exponente negativo si las bases son iguales.	A veces me confundo al operar con potencias de exponente negativo.	No sé operar con potencias de exponente negativo.
2. Notación científica	Sé expresar números en notación científica.	A veces me confundo en el exponente de 10.	No sé expresar los números muy pequeños en notación científica.	No sé expresar números en notación científica.
3. Proporcionalidad	Realizo problemas de proporcionalidad compuesta sin errores.	Cometo algún error al operar para hallar x.	Solo resuelvo bien las situaciones con magnitudes directamente proporcionales.	No distingo si las magnitudes son directa o inversamente proporcionales.
4. Repartos proporcionales	Resuelvo bien los problemas de repartos proporcionales.	A veces me equivoco al hallar alguna cantidad.	No sé resolver los repartos inversamente proporcionales.	No distingo entre repartos directos e inversos.
5. Ecuaciones de segundo grado	Resuelvo correctamente una ecuación de segundo grado.	Aplico bien la fórmula, pero me equivoco al resolver la ecuación.	No identifico si una ecuación tiene dos, una o ninguna solución.	No aplico correctamente la fórmula.
6. Dominio y recorrido de una función	Hallo el dominio y el recorrido sin problemas.	En algún caso cometo errores en el recorrido.	Hallo el dominio, pero no el recorrido.	No distingo bien entre dominio y recorrido.
7. Crecimiento y decrecimiento. Extremos relativos	Obtengo bien los intervalos de crecimiento y los extremos relativos.	No cometo errores en el crecimiento, pero sí en los extremos relativos.	A veces me equivoco en el crecimiento y en los extremos relativos.	No sé hallar el crecimiento ni los extremos.
8. Mediatriz y bisectriz	Conozco los conceptos y soy capaz de dibujar con precisión tanto la mediatriz como la bisectriz.	Conozco los conceptos y soy capaz de dibujar tanto la mediatriz como la bisectriz, pero me falta precisión.	Conozco los conceptos y soy capaz de dibujar la mediatriz, pero no la bisectriz.	No conozco los conceptos ni soy capaz de dibujarlos.
9. Área de figuras circulares	Conozco todas las fórmulas, soy capaz de aplicarlas correctamente y realizo los cálculos necesarios con precisión.	Conozco todas las fórmulas y soy capaz de aplicarlas, pero cometo algún error al realizar los cálculos.	Conozco las fórmulas, pero no soy capaz de aplicarlas correctamente en todos los casos.	No conozco las fórmulas ni sé aplicarlas.

8 Arquitectura matemática

1 ¿Se usaron las mates para construir catedrales? ¿Existe el número más bonito?

2 ¿Medir sin instrumentos? ¿Vivo en un prisma?

3 ¿Cuánto mide la Tierra? ¿A qué hora te llamo?

BLOQUES DE CONTENIDOS	Situación 1	Situación 2	Situación 3
NÚMEROS Y ÁLGEBRA			
Raíces cuadradas y cúbicas. Radicales sencillos. Operaciones.	●		
Expresiones radicales: transformación y operaciones. Jerarquía de operaciones.	●		
Sucesiones numéricas. Sucesiones recurrentes. Progresiones aritméticas y geométricas.	●		
Polinomios. Transformación de expresiones algebraicas. Operaciones elementales con polinomios.	●		
Igualdades notables.	●		
GEOMETRÍA Y MEDIDA			
Geometría del plano.		●	
Teorema de Tales. División de un segmento en partes proporcionales. Aplicación a la resolución de problemas.		●	
Traslaciones, giros y simetrías en el plano.		●	
Áreas y volúmenes de figuras esféricas.			●
La esfera. El globo terráqueo. Coordenadas geográficas y husos horarios. Longitud y latitud de un punto.			●
FUNCIONES			
Funciones cuadráticas. Representación gráfica.			●
Función de proporcionalidad inversa. Representación gráfica.			●

1 ¡Construyendo catedrales!

¿Se usaron las mates para construir catedrales? ¿Existe el número más bonito?

CM CL CA CC Profesional Social

Aprende a...

Manejar expresiones numéricas sencillas que contengan raíces y operar con ellas simplificando los resultados.

Realizar operaciones con polinomios y usarlos en ejemplos de la vida cotidiana.

Conocer y utilizar las identidades notables.

Ítem 1. Módulo

En arquitectura, el **módulo** es la estructura o pieza que se repite en una construcción para hacerla más sencilla, regular y económica. En las catedrales góticas, el módulo estaba marcado por las columnas y su distancia entre ellas.

Ítem 2. Dimensiones de la Sagrada Familia

El templo de la Sagrada Familias fue construido siguiendo un módulo creado por Gaudí. Los múltiplos del cuadrado del crucero (formado por las cuatro columnas centrales) son un doble módulo (ver ítem 1) y regulan las alturas de todo el proyecto de las naves. Así, las distintas alturas de la Sagrada Familia son:

✓ Bóvedas de las naves laterales: cuádruple módulo.
✓ Bóvedas de la nave central: 6 veces el módulo.
✓ Bóvedas del crucero: 8 veces el módulo.
✓ Punto más alto del ábside: 10 veces el módulo.
✓ Longitud total de la planta: 12 veces el módulo.

De este modo, la estructura del templo se basa en el módulo que Gaudí diseñó, a base de múltiplos del módulo.

Ítem 3. Planta de la Sagrada Familia

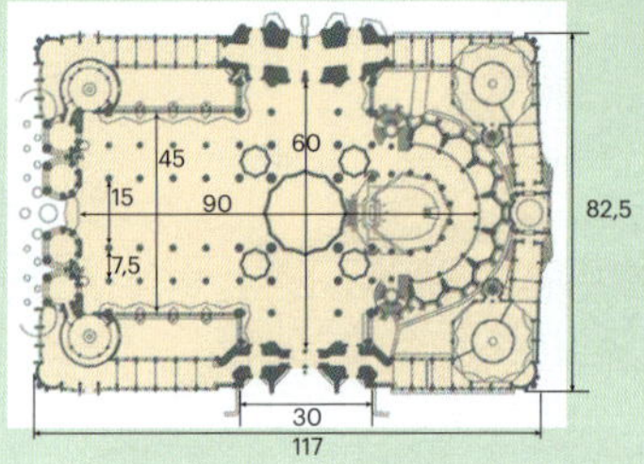

Ítem 4. Planta de la catedral de Santiago

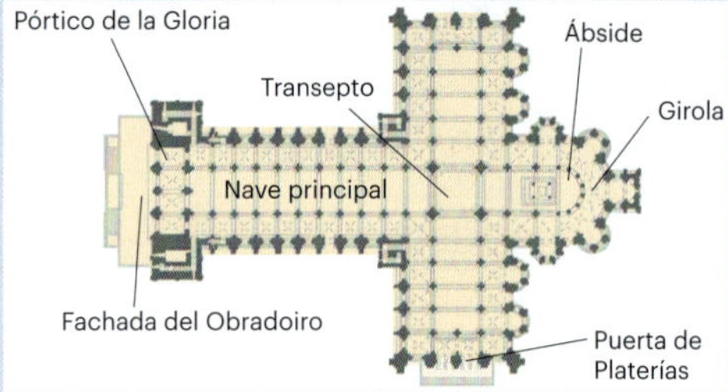

Construye con lo que sabes

Simboliza (1) Si llamamos x a la distancia entre dos columnas (laterales) de la Sagrada Familia, escribe en forma algebraica:

a La distancia entre dos columnas centrales.
b La longitud de la puerta principal del templo (en el plano, en la parte superior).
c La anchura y la longitud de la nave principal.
d La altura de las bóvedas de las naves laterales, de la central y del crucero.
e El área y el volumen del crucero (intersección de los dos brazos de la cruz).

Matematiza (2) El módulo de la Sagrada Familia tiene 7,5 m. Calcula la medida real de lo que se pide en el ejercicio anterior. ¿Coinciden tus cálculos con los datos que aparecen en el plano?

Simboliza (3) En la catedral de Santiago, determina el módulo de cada uno de los cuadrados de las naves laterales. Si llamamos x al lado de ese cuadrado, escribe en forma algebraica:

a La distancia entre dos columnas de la nave principal (miden el doble que las columnas de las naves laterales).
b La longitud de la fachada del Obradoiro.
c La anchura y la longitud de la nave principal.
d La longitud del transepto (parte del templo perpendicular a la nave central).
e El área del rectángulo formado por cuatro columnas de la nave central.

Matematiza (4) El módulo de la catedral de Santiago es de 4 m. Determina las medidas reales de los elementos del ejercicio anterior.

Ítem 5. El número áureo

El número áureo es el valor numérico de la proporción que guardan entre sí dos segmentos de recta a y b ($a > b$) que cumplen la siguiente relación: $\frac{a+b}{a}=\frac{a}{b}$.

Este número se representa mediante la letra griega fi (Φ), en honor al arquitecto griego Fidias. Su valor es: $\Phi=\frac{1+\sqrt{5}}{2}=1{,}618\,033\,9...$

Ítem 6. El rectángulo áureo

El rectángulo áureo es aquel cuya razón de sus lados es el número áureo. Es decir, al dividir el lado mayor entre el lado menor, obtenemos la razón:

$$\Phi=\frac{1+\sqrt{5}}{2}$$

Ítem 7. El rectángulo áureo en el Partenón

Ítem 8. El rectángulo áureo en París

Construye con lo que sabes

Matematiza

(5) Fíjate en el ítem 8. En él aparecen marcados varios rectángulos áureos. Comprueba que lo son. Para ello, mide con tu regla la longitud y la altura de cada rectángulo; luego, divide el lado mayor entre el lado menor y observa si el cociente se acerca a 1,618 (ten en cuenta que hay que medir con mucha exactitud).

Argumenta

(6) Ahora, presta atención al ítem 7, en el que hay muchas líneas que forman rectángulos y cuadrados. Marca los que son rectángulos áureos. ¿Podrías encontrar alguno más que no esté señalado?

Matematiza
Plantea
Argumenta
Simboliza

(7) Los griegos definieron la razón áurea (número áureo) como el cociente obtenido: si se divide una línea en dos partes tales que la parte mayor dividida entre la parte menor sea también igual a la longitud total dividida entre la parte mayor. Vamos a comprobarlo:

a Dibuja un segmento de 1 dm de longitud y divídelo en dos partes que no sean iguales; llama x a la mayor.
b Si el segmento mide 1 dm y una parte mide x, ¿cuánto mide la parte menor?
c Escribe la razón entre la longitud total del segmento y la parte mayor.
d Escribe la razón entre la parte mayor del segmento y la parte menor.
e Iguala ambas razones y opera hasta obtener una ecuación de segundo grado.
f Resuelve esa ecuación. ¿Qué soluciones has obtenido? ¿Qué observas?

Argumenta

(8) ¿Por qué crees que los griegos rechazaron una de las dos soluciones?

Lo que has construido

Opero con **monomios y polinomios.**

Opero con **expresiones algebraicas.**

Extraigo **conclusiones de situaciones reales.**

1. Raíz cuadrada

Apunte 1

El símbolo de la raíz cuadrada proviene de la letra inicial de la palabra *raíz*.

Antiguamente, se ponía una *r* para indicar la operación. Después, la rayita superior de la *r* se alargó para incluir el número que se quería calcular:

$$r \rightarrow \sqrt{\ }$$

La **raíz cuadrada** es la operación inversa a elevar al cuadrado. Consiste en averiguar un número cuyo cuadrado se desconoce. Esta operación se representa mediante el símbolo $\sqrt{\ }$ (apunte 1).

Toda raíz cuadrada tiene dos valores, uno positivo y otro negativo, con el mismo valor absoluto. Los números negativos no tienen raíces cuadradas.

- Para **introducir** factores en una raíz, se eleva al cuadrado cada factor: $a\sqrt{b} = \sqrt{a^2 \cdot b}$.
- Para **extraer** factores, se descomponen los radicandos expresándolos en potencias de exponente 2 (apunte 2). La base de esa potencia es el factor que resulta: $\sqrt{a^2 \cdot b} = a\sqrt{b}$.

Apunte 2

¡Cuidado!

$$\sqrt{9+16} \neq \sqrt{9}+\sqrt{16}$$

Ya que:

$$\sqrt{25} = 5 \neq 3+4 = 7$$

Profesor en casa. Suma de raíces cuadradas.

2. Operaciones con raíces cuadradas

- **Multiplicación y división de raíces cuadradas.** Se multiplican y/o dividen los radicandos.
- **Suma y resta de raíces cuadradas.** Solo se pueden sumar o restar raíces cuadradas que tengan el mismo radicando.

  A veces, los radicandos iguales están «ocultos». Para comprobar que podemos sumar, hemos de extraer de la raíz todos los factores que podamos.

3. Racionalizar

Profesor en casa. Racionalización I.

Profesor en casa. Racionalización II.

Racionalizar consiste en quitar la raíz del denominador de una fracción. Se plantean dos casos:

- Tipo $\dfrac{a}{b\sqrt{c}}$. Se multiplican el numerador y el denominador por $\sqrt{c}$.
- Tipo $\dfrac{a}{\sqrt{b}\pm\sqrt{c}}$ o $\dfrac{a}{b\pm\sqrt{c}}$. Se multiplican el numerador y el denominador por el conjugado del denominador (apunte 3).

Apunte 3

Recuerda que el conjugado de *a* + *b* es *a* − *b* y el de *a* − *b* es *a* + b.

Ejemplos

1. La raíz cuadrada de 64 es ± 8, ya que $8 \cdot 8 = 8^2 = 64$ y $(-8)\cdot(-8) = (-8)^2 = 64$. Lo escribimos $\sqrt{64} = \pm 8$.

2. $3\sqrt{5} = \sqrt{3^2 \cdot 5} = \sqrt{45}$ y $\sqrt{500} = \sqrt{10^2 \cdot 5} = 10\sqrt{5}$

3. **a** $\sqrt{5}\cdot\sqrt{8} = \sqrt{40}$ **b** $\dfrac{\sqrt{42}}{\sqrt{6}} = \sqrt{7}$

4. $\sqrt{2}+\sqrt{18}+\sqrt{72} = \sqrt{2}+\sqrt{3^2\cdot 2}+\sqrt{6^2 \cdot 2} = \sqrt{2}+3\sqrt{2}+6\sqrt{2} = 10\sqrt{2}$

5. $\dfrac{10}{7\sqrt{3}} = \dfrac{10\cdot\sqrt{3}}{7\sqrt{3}\cdot\sqrt{3}} = \dfrac{10\sqrt{3}}{7\sqrt{9}} = \dfrac{10\sqrt{3}}{7\cdot 3} = \dfrac{10\sqrt{3}}{21}$

$$\frac{2}{3+\sqrt{5}} = \frac{2\cdot\left(3-\sqrt{5}\right)}{\left(3+\sqrt{5}\right)\cdot\left(3-\sqrt{5}\right)} = \frac{2\cdot\left(3-\sqrt{5}\right)}{3^2-\left(\sqrt{5}\right)^2} = \frac{2\cdot\left(3-\sqrt{5}\right)}{4} = \frac{3-\sqrt{5}}{2}$$

4. Polinomios

Un **polinomio** es una expresión algebraica formada por sumas y restas de monomios (apunte 4).

- El **grado** de un polinomio es el mayor de los grados de los monomios que lo forman.
- El **valor numérico** de un polinomio es el resultado de sustituir las letras por números y realizar las operaciones.
- Un **polinomio** es **completo** cuando tiene todos los términos, desde el de mayor grado hasta el término independiente.
- Un **polinomio** está **ordenado** si en él los monomios se ordenan de mayor a menor grado.

Apunte 4

Un **monomio** es una expresión algebraica de la forma $\boldsymbol{ax^n}$.

En ella, a es un número cualquiera, x es la variable y n es un número natural.

4.1 Operaciones con polinomios

- **Suma.** Se agrupan los monomios semejantes (apunte 5) y se suman sus coeficientes.
- **Resta.** Se suma al minuendo el opuesto del sustraendo.
- **Producto.** Se multiplica cada monomio de uno de los factores por todos y cada uno de los monomios del otro factor. Después, se suman los monomios semejantes que se han obtenido.
- **Productos (o identidades) notables.** Son igualdades muy utilizadas en matemáticas (apunte 6):

$$(a + b)^2 = (a + b)\cdot(a + b) = a^2 + 2ab + b^2$$

$$(a - b)^2 = (a - b)\cdot(a - b) = a^2 - 2ab + b^2$$

$$(a + b)\cdot(a - b) = a^2 - b^2$$

$$(a + b + c)^2 = (a + b + c)\cdot(a + b + c) = a^2 + b^2 + c^2 + 2ab + 2ac + 2bc$$

$$(a + b)^3 = (a + b)\cdot(a + b)\cdot(a + b) = a^3 + 3a^2b + 3ab^2 + b^3$$

$$(a - b)^3 = (a - b)\cdot(a - b)\cdot(a - b) = a^3 - 3a^2b + 3ab^2 - b^3$$

Apunte 5

Dos **monomios** son **semejantes** si tienen las mismas letras con los mismos exponentes. Así, $3x^2$ es semejante a $4x^2$, pero no a $3x^3$.

Apunte 6

La identidad notable

$$(a + b)\cdot(a - b) = a^2 - b^2$$

se usa con frecuencia en su forma inversa:

$$a^2 - b^2 = (a + b)\cdot(a - b)$$

Ejemplos

6. $3x^4 - 7x^2 + 2x - 6$ es un polinomio de grado 4, incompleto y ordenado;

$2x^2 - 5 + x^3 - 9x$ es un polinomio de grado 3, completo y desordenado.

El valor numérico del primer polinomio para $x = -1$ es:

$3(-1)^4 - 7(-1)^2 + 2(-1) - 6 = 3 - 7 - 2 - 6 = -12$

7. Tenemos los polinomios $A(x) = 5x^3 - 4x^2 + 3x$ y $B(x) = -3x^2 + 6$.

$A(x) + B(x) = (5x^3 - 4x^2 + 3x) + (-3x^2 + 6) = 5x^3 + (-4x^2 - 3x^2) + 3x + 6 = 5x^3 - 7x^2 + 3x + 6$

$A(x) - B(x) = (5x^3 - 4x^2 + 3x) - (-3x^2 + 6) = 5x^3 + (-4x^2 - (-3)\,x^2) + 3x - 6 = 5x^3 - x^2 + 3x - 6$

$A(x)\cdot B(x) = (5x^3 - 4x^2 + 3x)\cdot(-3x^2 + 6) = (5x^3 - 4x^2 + 3x)\cdot(-3x^2) + (5x^3 - 4x^2 + 3x)\cdot 6 = (-15x^5 + 12x^4 - 9x^3) +$
$+ (30x^3 - 24x^2 + 18x) = -15x^5 + 12x^4 + 21x^3 - 24x^2 + 18x$

8. $(3x - 4)^2 = (3x)^2 - 2\cdot 3x\cdot 4 + 4^2 = 9x^2 - 24x + 16$

$(5x^6 + 4x^7)\cdot(5x^6 - 4x^7) = (5x^6)^2 - (4x^7)^2 = 25x^{12} - 16x^{14}$

$(x^2 + 3x + 5)^2 = (x^2)^2 + (3x)^2 + 5^2 + 2\cdot x^2\cdot 3x + 2\cdot x^2\cdot 5 + 2\cdot 3x\cdot 5 = x^4 + 9x^2 + 25 + 6x^3 + 10x^2 + 30x$

$(2x + 5)^3 = (2x)^3 + 3\cdot(2x)^2\cdot 5 + 3\cdot(2x)\cdot 5^2 + 5^3 = 8x^3 + 30x^2 + 150x + 125$

$16x^2 - 81 = (4x + 9)\cdot(4x - 9)$

Entrénate

1. Introduce dentro del radical los factores que se encuentran fuera de él:

a $4\sqrt{8}$

b $5\sqrt{10}$

c $2^5\cdot\sqrt{3}$

d $2\cdot3^2\sqrt{5}$

2. Simplifica, sacando fuera de la raíz cuadrada todo lo que puedas:

a $\sqrt{1200}$

b $\sqrt{3125}$

c $\sqrt{288}$

d $\sqrt{160}$

3. Realiza las siguientes operaciones con raíces cuadradas y simplifica (extrae factores de la raíz) cuando puedas:

a $\sqrt{3}\cdot\sqrt{6}$

b $3\sqrt{8}\cdot5\sqrt{6}$

c $\frac{\sqrt{120}}{\sqrt{15}}$

d $\frac{3\sqrt{32}}{2\sqrt{72}}$

e $\sqrt{8}\cdot\sqrt{32}$

f $3\sqrt{6}\cdot\sqrt{12}$

g $\frac{\sqrt{32}}{\sqrt{8}}$

h $\frac{\sqrt{600}}{\sqrt{30}}$

4. Suma las siguientes raíces:

a $\sqrt{75}-\sqrt{3}+\sqrt{12}$

b $\sqrt{5}+3\sqrt{20}-2\sqrt{180}+\sqrt{125}$

5. Racionaliza y simplifica:

a $\frac{5}{\sqrt{2}}$

b $\frac{2}{3\sqrt{6}}$

c $\frac{2\sqrt{12}}{5\sqrt{3}}$

d $\frac{2\sqrt{12}}{3\sqrt{6}}$

6. Racionaliza y simplifica:

a $\frac{5}{2-\sqrt{3}}$

b $\frac{1}{\sqrt{2}-1}$

c $\frac{15}{\sqrt{5}+\sqrt{3}}$

d $\frac{5\sqrt{3}}{2\sqrt{2}-\sqrt{3}}$

e $\frac{3\sqrt{2}}{3+\sqrt{2}}$

f $\frac{12}{2\sqrt{3}+3}$

g $\frac{12\sqrt{2}}{\sqrt{8}+\sqrt{5}}$

h $\frac{3\sqrt{5}-2\sqrt{3}}{2\sqrt{3}+3\sqrt{5}}$

7. Indica si estas expresiones son ciertas o falsas, razonando el porqué:

a $\sqrt{a^2+9}=a+3$

b $\sqrt{4x}\sqrt{a}=2\sqrt{xa}$

c $\sqrt{25}+\sqrt{x}=\sqrt{25+x}$

d $\sqrt{9x^5}=3x^2\sqrt{x}$

Banco digital

8. Haz las operaciones indicadas, dados los siguientes polinomios:

$P(x) = 3x^4 - 2x^3 - 4x^2 + 5x - 1$
$Q(x) = x^4 - 7x^2 + 3x - 9$
$R(x) = 2x^4 - 6x^3 + 4x - 8$

a $P(x) + Q(x) - R(x)$

b $Q(x) - [P(x) - R(x)]$

c $R(x) - Q(x) - P(x)$

9. Dado el polinomio $A(x) = 5x^4 + x^3 - 3x^2 + 2x - 4$, calcula:

a $6\cdot A(x)$

b $(-5x^3)\cdot A(x)$

c $3x^2\cdot A(x)$

d $x\cdot A(x)$

10. Realiza los siguientes productos de polinomios:

a $(x^3 + 7x^2 - 5x - 4)\cdot(2x - 6)$

b $(5x^4 + x^3 - 2x + 6)\cdot(-3x - 5)$

c $(x^6 + 4x^4 - 8x^3 - 5x + 7)\cdot(2x^4 - 4x^2)$

11. Halla las potencias de polinomios:

a $(3 + 2x + x^2)^2$

b $(x + 2)^3$

c $(x - 5)^3$

d $(5x^2 + 6x + 7)^2$

e $(2x + 4)^3$

f $(2x - 4)^3$

12. Aplica las identidades notables para calcular:

a $(x + 4)^2$

b $(2x + 3)^2$

c $(3x^2 + 5)^2$

d $(5x^4 + 10x^3)^2$

e $(x - 7)^2$

f $(6x - 2)^2$

g $(8x^2 - 4)^2$

h $(10x^6 - 5x^4)^2$

i $(3x + 7)\cdot(3x - 7)$

j $(5x^2 + 3)\cdot(5x^2 - 3)$

13. Completa el término que falta en estas identidades:

a $(4x - 1)^2 = 16x^2$ ☐ $+ 1$

b $(5x^2 + 6)^2 =$ ☐ $60x^2 + 1$

c $(2x^3 - 5)^2 = 4x^6 - 20x^3 +$ ☐

d $(3x^2 + 4x)^2 = 9x^4 +$ ☐ $+ 16x^2$

e $(9 - 7x)\cdot(9 + 7x) = 81 -$ ☐

f $(5x^4 + 9x^2)\cdot(5x^4 - 9x^2) =$ ☐ $- 81x^4$

Banco digital

Mates en contexto

1 CM CL Personal Social Tangram

El tangram es un rompecabezas chino muy antiguo. Consta de siete figuras:

- Cinco triángulos (dos grandes, uno mediano y dos pequeños).
- Un cuadrado.
- Un romboide.

Entre las siete figuras se forma un cuadrado.

Nota: en el dibujo aparecen líneas discontinuas que no forman parte del tangram; sirven para dibujarlo y permiten realizar los ejercicios. Si no dispones de un tangram, constrúyete uno con cartulina usando como ejemplo este dibujo.

El juego que consiste en formar siluetas de figuras con las siete piezas dadas sin solaparlas.

Problemas

1. Llamaremos x al lado de cada uno de los cuadrados auxiliares (los que están formados por líneas discontinuas) y usaremos esa medida en todos los ejercicios. ¿Cuál es el perímetro de uno de estos cuadrados? ¿Y su área?

2. ¿Cuál es la medida (escrita en forma algebraica) del lado del cuadrado que forman las siete piezas del tangram? ¿Cuál es su área?

3. Calcula la medida de cada uno de los lados de las distintas figuras del tangram (recuerda que es siempre en función de x).

4. Halla el perímetro de cada una de las figuras que forman el tangram.

5. Determina el área de cada una de las figuras que forman el tangram.

6. Suma el área de cada una de las figuras del tangram y comprueba si es la misma área que la del cuadrado que forman.

7. Suma el perímetro de las siete figuras del tangram.

8. Todas las figuras que se crean con el tangram tienen la misma área, pero no sucede lo mismo con su perímetro. Calcula el perímetro de la figura de la izquierda.

9. Para hallar el perímetro de la pieza de la derecha, hay que disponer de más datos. ¿De cuáles? ¿Por qué?

10. Consideraremos que los datos que faltan son todos iguales a tres unidades. Calcula, en este caso, el perímetro de la figura.

11. Alberto quiere construir un tangram de tal manera que el lado del cuadrado que originan las siete piezas mida 20 cm. Calcula cuánto medirán:

    a Los lados de cada pieza.
    b El perímetro de cada pieza.
    c El área de cada pieza.

    En los datos no enteros no uses decimales; deja el resultado en forma de radical lo más simplificado que sea posible.

12. Laura quiere fabricar otro tangram en el que el lado del cuadrado mida 4 dm. Expresa en decímetros las medidas de los lados de cada pieza (sin usar decimales, como el ejercicio anterior).

13. Con los datos del ejercicio 12, ayuda a Laura a completar la siguiente tabla:

Triángulo	Área	Perímetro
Pequeño		
Mediano		
Grande		

14. Calcula la relación que hay entre las áreas y los perímetros de los distintos triángulos, copiando y rellenando esta tabla:

Triángulo	Área	Perímetro
Grande/pequeño		
Grande/mediano		
Mediano/pequeño		

15. ¿Existe alguna relación entre las razones de las áreas y las razones de los perímetros? Justifica tu respuesta.

Simboliza: 1, 2, 3, 8, 10

Matematiza: 2, 3, 4, 5, 6, 7, 8, 10, 11, 12, 13

Argumenta: 9, 15 **Plantea: 14**

2 De las pirámides a la actualidad

¿Medir sin instrumentos?
¿Vivo en un prisma?

CM CL CA CS

Personal | Profesional

Aprende a...

Manejar las relaciones entre ángulos definidos por rectas que se cortan.

Establecer relaciones de proporcionalidad entre dos polígonos semejantes.

Utilizar el teorema de Tales para el cálculo indirecto de longitudes.

Identificar los elementos más característicos de los movimientos en el plano.

Ítem 1. La leyenda sobre Tales y la pirámide de Keops

Según una leyenda, durante una visita de Tales de Mileto a Egipto, el faraón le preguntó si podría calcular la altura de la pirámide de Keops.

Tales, por supuesto, aceptó el reto y solo pidió al faraón dos cosas: permiso para ir a la pirámide y que lo acompañaran algunos de sus hombres.

Cuando llegó, hizo dos marcas en el suelo que indicaban la longitud de su bastón. Luego, situó este sobre una de las marcas y esperó a que la longitud del bastón y su sombra coincidieran. En ese preciso instante, la altura de la pirámide también coincidiría con la de su sombra.

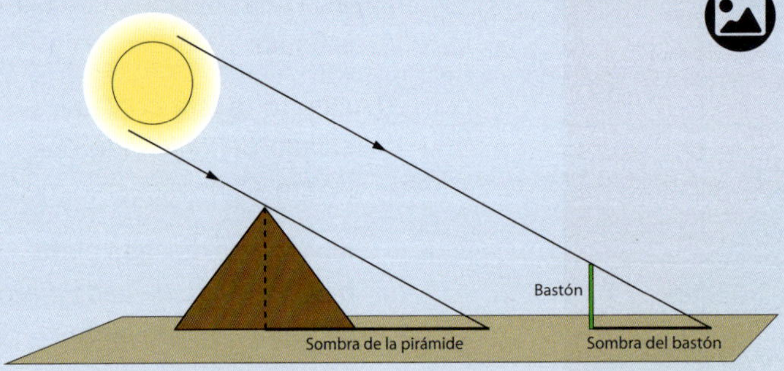

Ítem 2. Una leyenda más

Otra leyenda dice que un sacerdote, pensativo, preguntó cuál sería la altura de la pirámide. Tales respondió que la calcularía sin necesidad de instrumentos.

Primero se tumbó en el suelo y luego se colocó de pie en uno de los extremos de la figura que había quedado sobre la arena. Después, esperó a que su sombra tuviera la misma longitud que su estatura.

Construye con lo que sabes

Representa (1) Dibuja la situación que se describe en el ítem 1, ayudándote del ítem 2.

Matematiza (2) Clasifica los triángulos que se obtienen con cada figura, su sombra y los rayos del sol. ¿Cuánto miden sus ángulos?

Argumenta (3) Si la sombra de la pirámide es k veces la sombra del bastón, halla la altura de la pirámide a partir de la longitud del bastón.

Matematiza (4) Dibuja el triángulo formado por Tales, su sombra y los rayos del sol. Construye otros triángulos que tengan ángulos iguales a él y con un vértice común, el que se forma con la sombra y los rayos del sol. ¿Cómo son los lados de estos triángulos?

Representa (5) Sigue estas instrucciones:

1.º Dibuja un segmento de 7 cm de longitud.
2.º Desde uno de sus extremos, traza otro segmento con la longitud que prefieras.
3.º Divide este último en cuatro partes iguales.
4.º Une los extremos del primer y el segundo segmento, de tal modo que obtengas un triángulo.
5.º Traza paralelas al primer segmento desde los puntos marcados en el segundo segmento hasta que corten al primero.

Matematiza (6) En el ejercicio anterior:

a ¿Cuántos triángulos has dibujado?
b ¿Sus ángulos son iguales o no? Explícalo.
c ¿Qué relación existe entre sus lados?
d El segmento inicial de 7 cm ha quedado dividido en cuatro partes. ¿Son iguales?

Ítem 3. Puentes

Desde la Antigüedad hasta nuestros días, los puentes han facilitado el paso de unos lugares a otros, sirviendo de unión entre ciudades y barrios.

Las formas de los puentes no solo responden a una cuestión estética, pues es importante, además, evitar problemas, y garantizar la seguridad y la durabilidad. Así, por ejemplo, la forma del puente Twist, en Vlaardingen (Holanda), permite absorber las vibraciones de la estructura.

Ítem 4. Viviendas

En las ciudades se puede observar la evolución de los edificios que se utilizan para vivir. Han ido creciendo verticalmente debido al aumento de la población.

Ítem 5. Otros edificios

Los hoteles, las oficinas y los lugares destinados a eventos deportivos o musicales también han ido cambiando con el tiempo mediante la incorporación de técnicas que, además de mejorar su objetivo final, los hacen más vistosos.

Es un buen ejemplo el edificio del hotel Luxor en Las Vegas.

Construye con lo que sabes

Matematiza

7 Observa el primer puente del ítem 3. Si se mira uno de sus ojos, por ejemplo, el primero de la izquierda, los siguientes se van consiguiendo moviendo este hacia la derecha una longitud que es igual a la amplitud de este ojo. ¿Qué nombre recibe este tipo de movimiento? ¿Aparece también en alguno de los otros puentes?

Representa

8 En el edificio del ítem 4, cada planta se repite hacia arriba. ¿Se trata de una traslación? Si lo es, describe el desplazamiento.

Argumenta

9 En el ítem 3, además de traslaciones, hay giros y simetrías. Busca los puentes en los que se presentan y descríbelos indicando en cada caso, de manera aproximada, el ángulo de giro y el eje de simetría.

Matematiza

10 **a** Imagina que el hotel Luxor sufriera un giro de 180º con centro en el vértice superior. ¿Qué figura quedaría? Dibújala en tu cuaderno.

b Si al lado izquierdo del edificio de viviendas del ítem 4 se construyera otro igual, ¿qué movimiento se debería aplicar a este edificio para que se convirtiera en el nuevo? Descríbelo.

Lo que has construido

Reconoces el **teorema de Tales** en situaciones reales y lo aplicas para **dividir segmentos** en partes iguales.

Identificas **traslaciones, giros y simetrías** en la realidad.

Describes las isometrías indicando los elementos que las caracterizan: **vectores, ángulos de giro y ejes de simetría.**

5. Triángulos semejantes

Dos figuras son semejantes si sus ángulos son iguales y sus lados, proporcionales.

La razón (cociente indicado) entre la longitud de un lado de la figura transformada y la del lado correspondiente de la inicial es la **razón de semejanza** y se representa mediante ***k*.** Cuando las figuras son triángulos, para estudiar si son semejantes, basta con comprobar si se cumple una de estas condiciones (apunte 7):

1. Tienen los tres ángulos iguales.
2. Tienen dos ángulos iguales.
3. Tienen un ángulo igual y los lados que lo forman son proporcionales.

Apunte 7

Dos **triángulos rectángulos** son **semejantes** si se cumple una de las condiciones siguientes:

1. Tienen un ángulo agudo igual.
2. Dos de sus lados son proporcionales.

6. Teorema de Tales

Si dos rectas secantes se cortan por rectas paralelas, los segmentos correspondientes que se forman en cada una de las rectas son proporcionales (apunte 8).

Apunte 8

¡Recuerda!

Si la razón de semejanza de dos figuras es k, la razón de sus áreas es k^2.

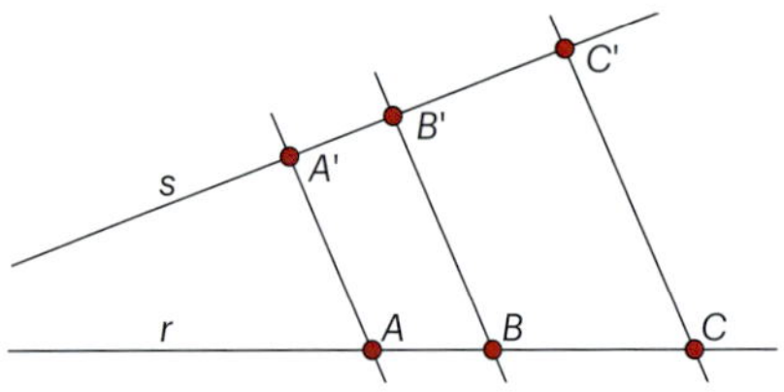

$$\frac{AB}{A'B'} = \frac{BC}{B'C'} = \frac{AC}{A'C'}$$

7. Triángulos en posición de Tales

Dos triángulos están en posición de Tales si tienen un ángulo común y los lados opuestos a él son paralelos. Se trata de triángulos semejantes.

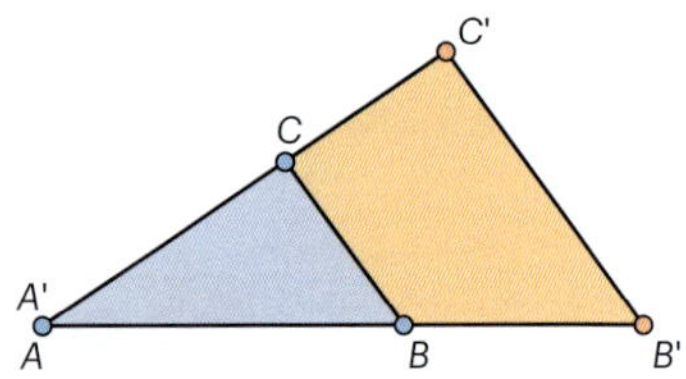

Ejemplos

9. Estos dos triángulos son semejantes porque cumplen la condición tercera (tienen un ángulo igual, el de 48°) y los lados son proporcionales (los lados del segundo triángulo son la mitad de los lados del primero).

La razón de semejanza es $k = \frac{1}{2}$.

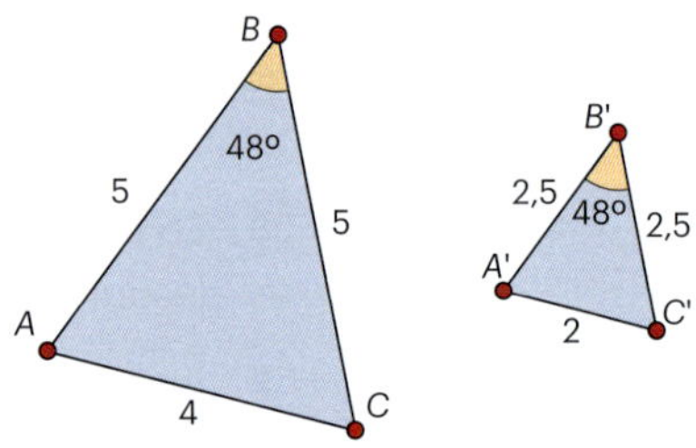

10. Para calcular x en la figura, se puede utilizar el teorema de Tales:

$$\frac{AB}{A'B'} = \frac{BC}{B'C'} \Rightarrow \frac{5}{4} = \frac{8}{x} \Rightarrow x = \frac{4 \cdot 8}{5} = 6{,}4$$

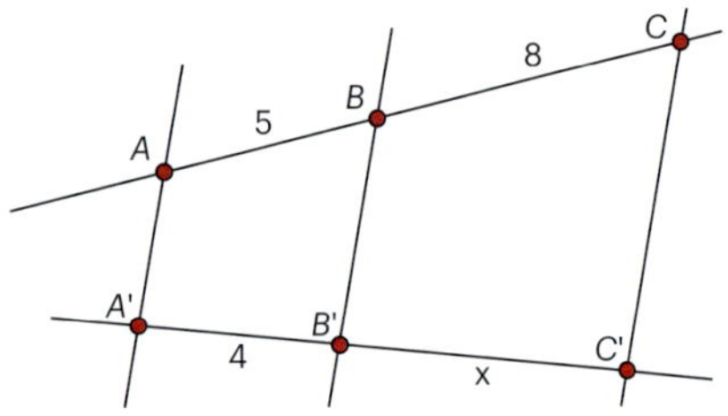

11. Halla x e y en la siguiente figura.

Los triángulos ABC y ADE están en posición de Tales. Por tanto:

$$\frac{AD}{AE} = \frac{AB}{AC} \Rightarrow \frac{2}{4} = \frac{2+5}{y} \Rightarrow y = \frac{4 \cdot 7}{2} = 14$$

Y también: $\frac{AE}{AC} = \frac{AD}{AB} \Rightarrow \frac{3}{3+x} = \frac{2}{2+5} \Rightarrow 3 + x = \frac{3 \cdot 7}{2} \Rightarrow x = 10{,}5 - 3 = 7{,}5.$

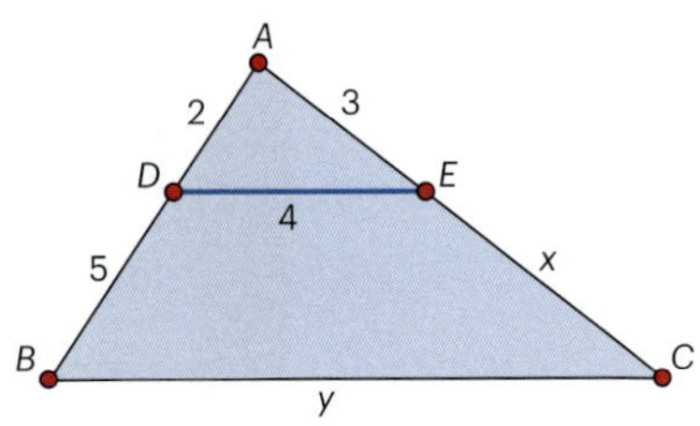

8. Escala

La **escala** es la razón entre la medida real de un objeto y su representación.

$$E = \frac{\text{Medida representada}}{\text{Medida real}}$$

Se utiliza en los planos, mapas y maquetas para representar objetos cuyas medidas son proporcionales a las reales. Se suele expresar de la forma $E = 1{:}a$, que significa que a 1 unidad de la representación le corresponde a unidades en la realidad.

Ejemplo

12. La distancia entre dos ciudades es de 345 km. En un mapa, esa distancia es de 11,5 cm. Halla la escala a la que está dibujado el mapa.

Como la escala es una razón, podemos establecer una proporción con la razón de las distancias de las ciudades expresadas en centímetros:

$$\frac{1}{a} = \frac{11{,}5}{34\,500\,000} \rightarrow 34\,500\,000 = 11{,}5a \rightarrow a = \frac{34\,500\,000}{11{,}5} = 3\,000\,000$$

La escala es 1:3 000 000.

9. Movimientos en el plano

Un **movimiento** es una transformación geométrica que conserva los ángulos y las distancias, es decir, la forma y el tamaño de las figuras (apunte 9).

Hay tres tipos de movimientos en el plano:

Nombre	Definición	Ejemplo
Traslación Movimiento directo	Está determinado por un vector $\vec{v}$. Transforma un punto en otro, de modo que $\overrightarrow{AA'}$ es $\vec{v}$.	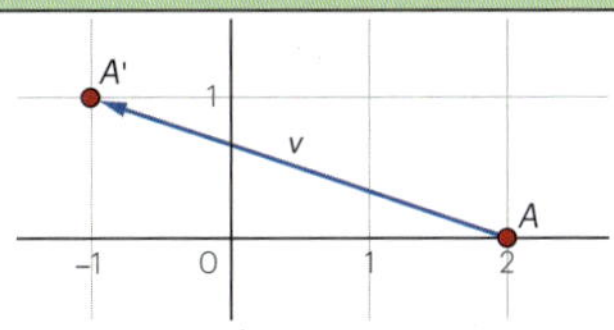 $A' = A + \vec{v} = (2, 0) + (-3, 1)$ $A' = (2 - 3, 0 + 1) = (-1, 1)$
Giro Movimiento directo	Está determinado por un punto O (centro de giro) y un ángulo α. Transforma un punto A en otro A', de modo que $A\hat{O}A' = \alpha$ y la distancia $\overline{OA}$ es igual que $\overline{OA'}$.	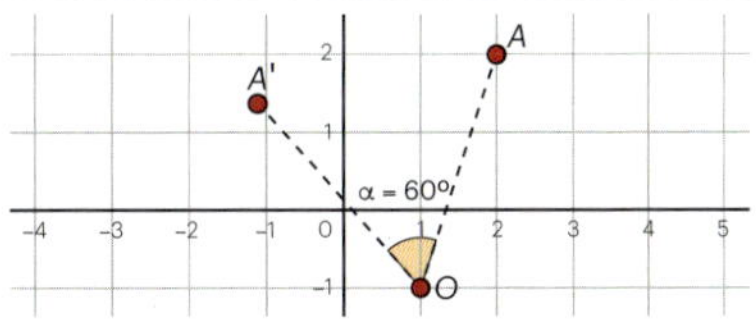 Se une A con O y se miden 60º en sentido contrario a las agujas del reloj. En la nueva semirrecta, se lleva $\overline{OA}$ y se obtiene A'.
Simetría Movimiento inverso	**1. Simetría axial** respecto de una recta que se llama **eje,** y es la mediatriz del segmento $\overline{AA'}$, siendo A' el transformado de A.	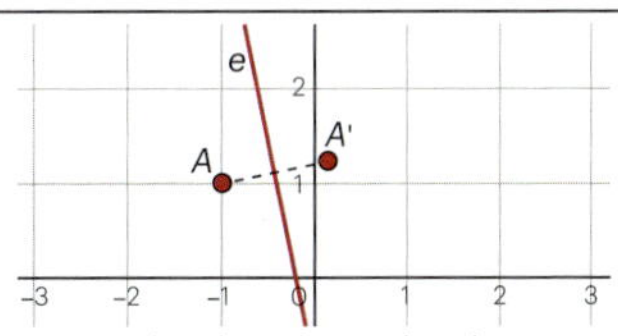 Sobre la perpendicular al eje desde A, se mide $\overline{OA}$ y se obtiene A'.
	2. Simetría central respecto de un punto llamado **centro.** Es el punto medio entre cualquier punto A y su transformado A'.	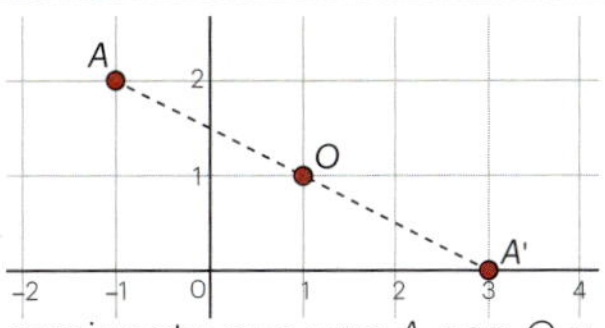 Sobre la semirrecta que une A con O y, a partir de este, se mide $\overline{OA}$ y se obtiene A'.

Apunte 9

¡Recuerda!

Una **transformación geométrica** es una relación que convierte un punto del plano P en otro P'. El punto P' se llama **transformado** de P. La figura transformada se denomina **homóloga.**

Una transformación geométrica es **directa** si mantiene la orientación. En caso contrario, es **inversa.**

Apunte 10

Una **vector** es un segmento orientado.

Sus características son: módulo (longitud), dirección (recta que lo contiene) y sentido (modo de recorrerlo de origen a extremo).

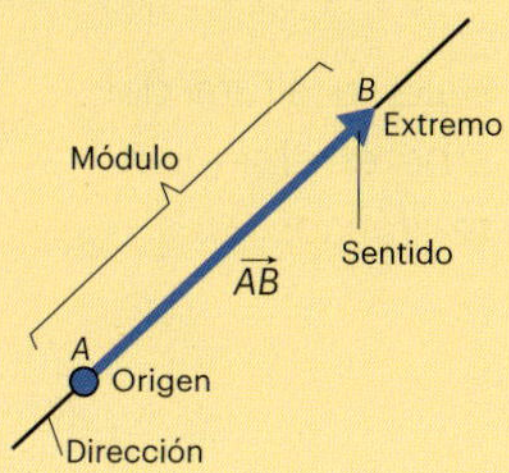

Entrénate

14. Estudia si estos triángulos son semejantes:

a

b

c

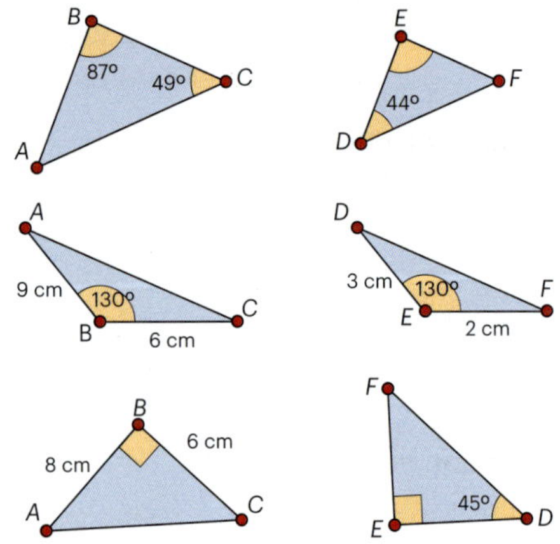

15. En los triángulos semejantes del ejercicio anterior, calcula la razón de semejanza.

16. En un triángulo rectángulo, la hipotenusa mide 40 dm y uno de los catetos, 24 dm:

- **a** Halla su perímetro y su área.
- **b** Calcula los lados de otro triángulo semejante a él, sabiendo que la razón de semejanza es $k = \frac{1}{4}$.
- **c** Halla el perímetro y el área del nuevo triángulo.
- **d** Calcula la razón de semejanza entre los perímetros del triángulo inicial y su homólogo.
- **e** ¿Cuál es la razón de sus áreas?

17. La razón entre las áreas de un cuadrado y su homólogo es $k = 4$. Si el área del homólogo es 36 cm^2, determina:

- **a** El área del cuadrado inicial.
- **b** La medida de los lados de cada uno de los cuadrados.

18. Un cubo de 6 cm de lado:

- **a** Halla su área y su volumen.
- **b** ¿Cuál es la medida de un cubo semejante a él, de razón $k = \frac{2}{3}$?
- **c** Calcula la razón entre la superficie de los cubos y entre sus volúmenes.

19. Divide un segmento de 9 cm de longitud en siete partes iguales.

20. Calcula la distancia real entre dos ciudades, *A* y *B*, cuya longitud en un mapa de escala 1:1200000 es 12 cm.

21. Halla la altura del árbol en el siguiente gráfico:

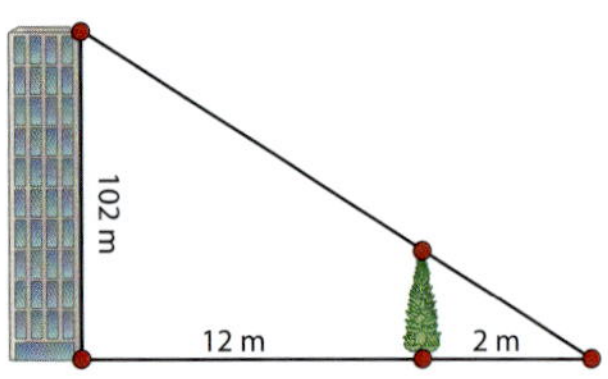

22. Indica el vector de la traslación que transforma el punto *A* en *A'*, dando sus coordenadas:

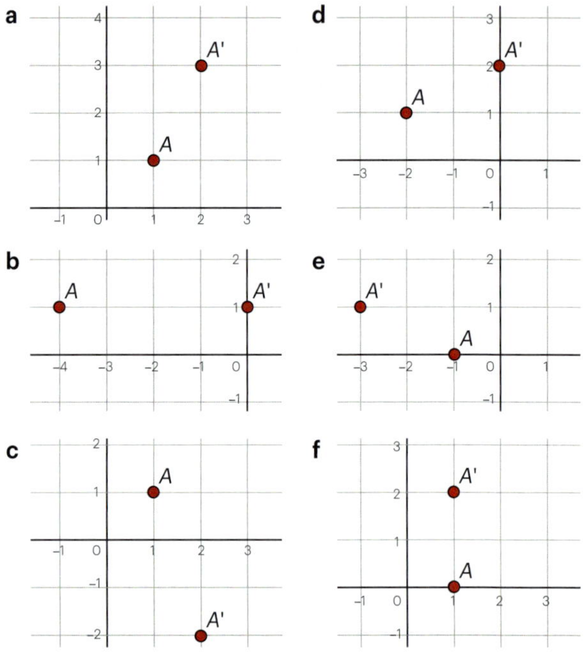

23. Halla las coordenadas de los puntos trasladados de *A*(−4, 3) mediante cada uno de los vectores siguientes:

a $\vec{v} = (2, 5)$ **b** $\vec{v} = (-3, -1)$ **c** $\vec{v} = (4, -3)$

24. Las coordenadas de los vértices de una figura plana son *A*(2, 4), *B*(1, 1), *C*(2, −3) y *D*(3, 1).

- **a** Represéntala en los ejes cartesianos y di de qué figura se trata.
- **b** Halla los vértices de la figura que se obtiene mediante una traslación de vector $\vec{v} = (-6, 4)$.
- **c** Construye la homóloga mediante un giro de 90º cuyo centro es el punto *C*.
- **d** Dibuja la simétrica respecto al eje de ordenadas y al origen de coordenadas.
- **e** La figura presenta ejes de simetría, es decir, rectas respecto de las cuales queda dividida en dos figuras iguales. ¿Cuáles son?

25. La escala de un mapa de carreteras es 1:200000:

- **a** Explica su significado.
- **b** Halla en él la distancia de dos municipios entre los cuales hay 30 km.
- **C** ¿Cuál es la distancia real entre dos localidades que en el mapa distan 4 cm?

26. Calcula la escala del plano turístico de una ciudad, si sabes que la longitud de la calle principal es de 1,2 km y en el plano es de 8 cm.

Banco digital

Mates en contexto

2 CM CL CS CI Contexto **Contenedores vivienda**

Desde hace unos años, es una realidad el uso de contenedores marítimos para viviendas, dados los elevados precios de los materiales de construcción y de la mano de obra de las casas tradicionales.

Además de ser más baratas (hasta un 60 % respecto a una vivienda típica), estas casas son respetuosas con el medio ambiente: se recicla un contenedor y se reducen los costes energéticos durante su construcción.

Aunque son espacios más estrechos que los hogares convencionales y a veces es necesario hacer adaptaciones para cumplir las normas de habitabilidad, y su mantenimiento es costoso, cada vez se utilizan más para oficinas, hostales, cafeterías, colegios, piscinas, etc.

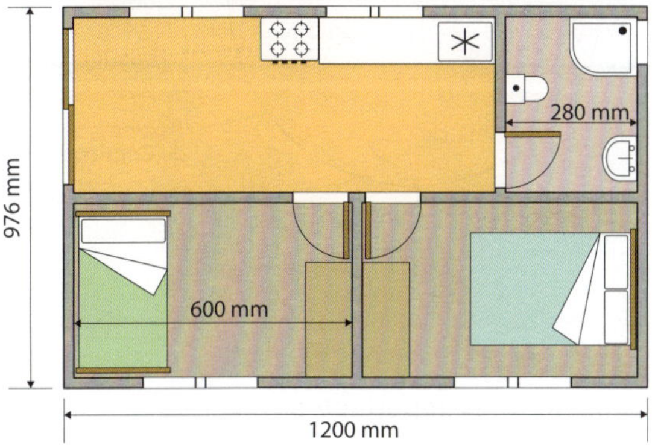

Problemas

1. ¿Qué forma geométrica tiene un contenedor vivienda?
2. Dibuja uno y señala sus planos de simetría.
3. En la primera imagen, la ventana del contenedor gris del piso superior se transforma en la del siguiente, el contenedor rojo, mediante un movimiento. ¿Cuál? Describe el elemento que lo define sabiendo que las dimensiones del contenedor son 6 m de largo; 2,4 m de ancho y 2,5 m de alto.
4. ¿Qué movimiento transformaría la ventana del contenedor blanco superior en la ventana del contenedor amarillo inferior?
5. Observa el frontal de uno de los contenedores de la primera imagen. Indica sus ejes de simetría.
6. La segunda imagen representa la distribución interior de una vivienda hecha con dos contenedores. ¿Qué escala se ha utilizado para hacer el plano?
7. Halla las dimensiones reales de los dormitorios y el baño.

Matematiza: 1, 6, 7 **Representa: 2** **Argumenta: 3, 4, 5**

3 CM CL CA Científico **Parques en miniatura**

En algunas ciudades europeas se han construido parques temáticos en los que hay reproducciones de monumentos famosos de todo el mundo, e incluso países hechos a escala. La más utilizada es 1:25.

El parque más antiguo es Bekonscot, en Beaconsfield, a unos 42 km al noroeste de Londres. En él se representan aldeas típicas de la zona rural del país y una gran red de ferrocarril.

Problemas

1. En una de las calles del parque hay una cabina telefónica típica del Reino Unido. Tiene forma de prisma cuadrangular, cuyo lado de la base mide 0,93 m y cuya altura es de 2,52 m. Sin hallar sus medidas a escala, responde:

   a ¿Cuánto mide el área de la base de su maqueta?
   b ¿Y su área lateral?
   c Si toda la cabina se hiciera del mismo material, ¿cuánto se necesitaría para construirla?
2. Calcula ahora las dimensiones de la cabina a escala y comprueba que las áreas que has determinado en el apartado anterior coinciden cuando utilizas las medidas que obtienes.
3. Una de las vías ferroviarias del parque tiene 15 km. ¿Cuántos kilómetros tendrá en la realidad?
4. Uno de los trenes del parque recorre más de 300 km al año. ¿A cuántos kilómetros equivalen en la realidad?
5. Sin hacer cálculos, explica si las medidas de las representaciones anteriores a escala 1:33 son mayores o menores que a escala 1:25.

Matematiza: 1, 2, 3, 4 **Argumenta: 5**

3 Midiendo la Tierra

¿Cuánto mide la Tierra? ¿A qué hora te llamo?

CM CL CA CI CS Social

Aprende a...

Reconocer y calcular superficies y volúmenes de distintas regiones esféricas.

Interpretar el sentido de las coordenadas geográficas y su aplicación en la localización de puntos y en el empleo de los husos horarios.

Ítem 1. **Mapamundi**

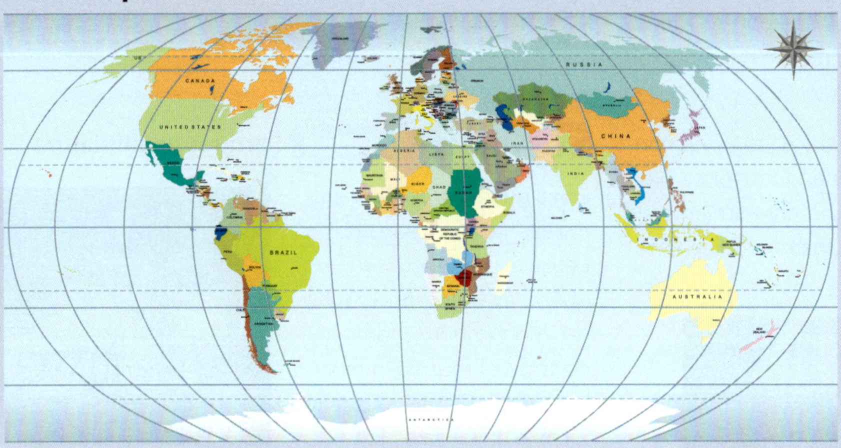

Ítem 3. **Superficie y volumen de una esfera**

Recuerda que las fórmulas para calcular la superficie y el volumen de una esfera de radio r son, respectivamente:

$$A = 4\pi r^2$$

$$V = \frac{4}{3}\cdot\pi\cdot r^3$$

Ítem 2. **Los paralelos de la Tierra**

Los paralelos terrestres son líneas imaginarias perpendiculares al eje de nuestro planeta que dividen la esfera de manera horizontal. Los paralelos más importantes de la Tierra son:

- Ecuador (en el centro). Su radio mide 6371 km.
- Trópico de cáncer (23° N). Su radio mide 5850 km.
- Trópico de capricornio (23° S). Su radio mide 5850 km.
- Círculo polar ártico (66° N). Su radio mide 2540 km.
- Círculo polar antártico (66° S). Su radio mide 2540 km.

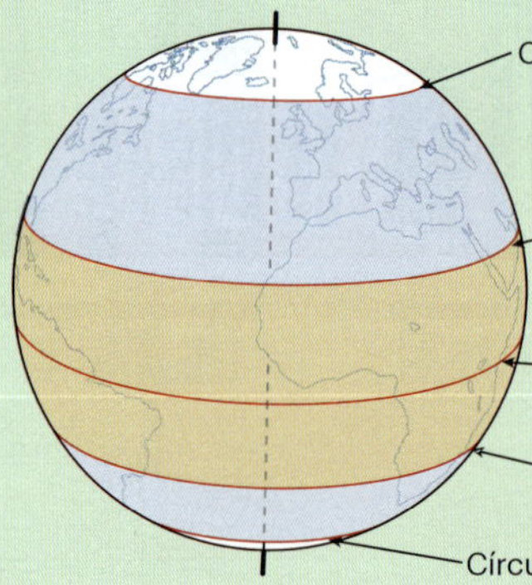

Construye con lo que sabes

Comunica (1) Localiza en el mapamundi del ítem 1 los paralelos más importantes de la Tierra.

Matematiza (2) Como se observa en el ítem 2, los paralelos forman distintos círculos cuyos radios se van haciendo más pequeños a medida que están más cerca del polo norte y el polo sur. Calcula la longitud de cada círculo formado por cada uno de esos paralelos. ¿Crees que se respeta esa diferencia de longitudes y esa proporción en el mapamundi del ítem 1? ¿Qué consecuencias tiene eso en el dibujo?

(3) ¿Cuánto mide el radio terrestre? Calcula su superficie y su área total.

(4) Si dividimos la Tierra en ocho gajos, como si fuese una naranja, y cogemos uno, ¿cuánto mediría el ángulo de ese gajo?

Calcula la superficie de ese gajo, sabiendo que esa superficie y la del total de la Tierra tienen una proporción directa con sus ángulos; es decir, que se cumple que:

$$\frac{\text{Superficie total de la Tierra}}{360^\circ} = \frac{\text{Superficie del gajo}}{\text{Ángulo del gajo}}$$

Ítem 4. La arquitectura y la religión

La religión ha sido uno de los aspectos más influyentes en la arquitectura a lo largo de la historia. Tres estudiantes de Arquitectura, Katy, Karim y César, van a hacer un trabajo sobre los diferentes estilos de los templos de las tres religiones mayoritarias en el mundo: el cristianismo, el judaísmo y el islam. Para ello, cada uno ha escogido una religión cuya arquitectura va a estudiar en su país de origen.

Ítem 5. La sinagoga de Sofía

Katy visitará la sinagoga de la ciudad de Sofía, en Bulgaria. Es la mayor sinagoga de Europa.

Ítem 6. La catedral de La Habana

César visitará la catedral de La Habana en Cuba, declarada Patrimonio de la Humanidad.

Ítem 7. La mezquita de Casablanca

Karim visitará la mezquita de Hassan II en la ciudad de Casablanca, en Marruecos.

Ítem 8. Recuerda

Las **coordenadas geográficas** vienen dadas por la latitud (norte o sur) y la longitud (este u oeste).

Como la Tierra gira sobre sí misma, cada parte del mundo tiene una hora determinada, puesto que el Sol no sale a la vez en todos los países.

Cada 15° de longitud hay una hora de diferencia horaria, si bien estas diferencias no siempre coinciden con las horas oficiales del cada país.

Construye con lo que sabes

Comunica

5. Busca información sobre estos tres templos religiosos y explica sus peculiaridades.

6. Encuentra las coordenadas geográficas de las tres ciudades.

Matematiza

7. Calcula la diferencia entre las longitudes y la diferencia entre las latitudes de las tres ciudades.

8. Con los resultados del ejercicio anterior, determina cuál tendría que ser la diferencia horaria entre las tres ciudades.

Argumenta

9. Investiga cuáles son los husos horarios oficiales de cada país y comprueba si las diferencias horarias se corresponden con las que has hallado en el ejercicio anterior.

10. Si los tres estudiantes quieren hablar para intercambiar información sobre sus investigaciones, ¿cuál será el mejor momento para llamarse por teléfono, teniendo en cuenta las diferencias horarias existentes entre las tres ciudades?

Lo que has construido

Calculas la superficie de **husos esféricos.**

Interpretas y operas con **coordenadas geográficas.**

Apunte 11

La esfera no tiene un desarrollo plano exacto; sin embargo, se usa bastante esta aproximación:

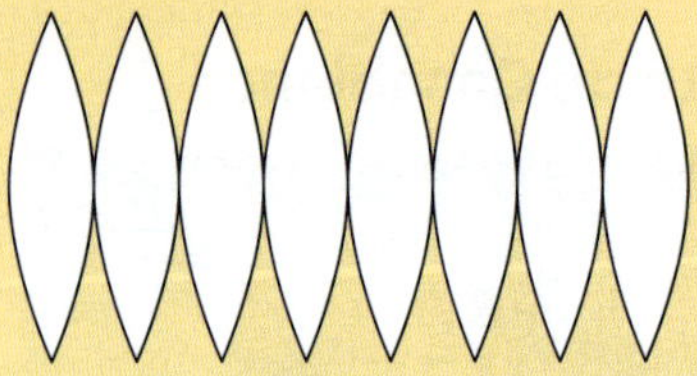

10. Esfera. Área y volumen

La **esfera** es el lugar geométrico formado por los puntos del espacio que están a una determinada distancia de un punto fijo llamado centro. Esa distancia se denomina radio.

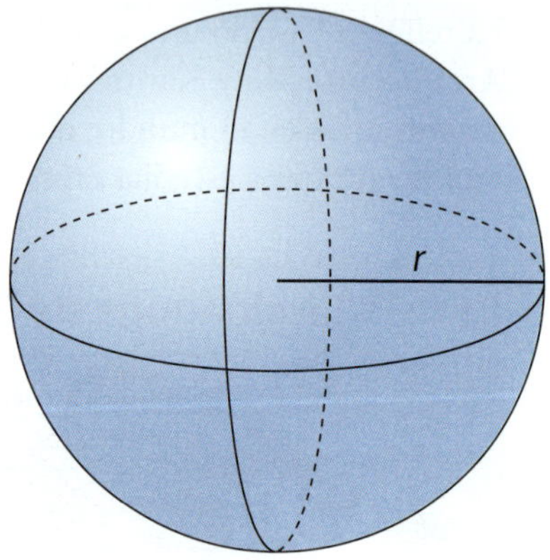

La superficie de la esfera se calcula con la siguiente fórmula:

$$S = 4\pi r^2$$

Y el volumen de la esfera se calcula con esta otra fórmula:

$$V = \frac{4}{3} \cdot \pi \cdot r^3$$

11. Regiones en la esfera

Apunte 12

Observa que la **cuña esférica** es la parte interna del dibujo, mientras que el **huso esférico** es solo la superficie exterior de la esfera delimitada.

Huso **Cuña**	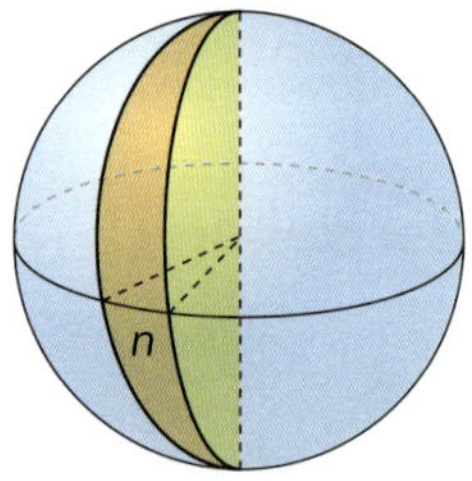	$A = \frac{4 \cdot \pi \cdot r^2 \cdot n}{360}$ $V = \frac{4}{3} \cdot \frac{\pi \cdot r^3 \cdot n}{360}$
Casquete	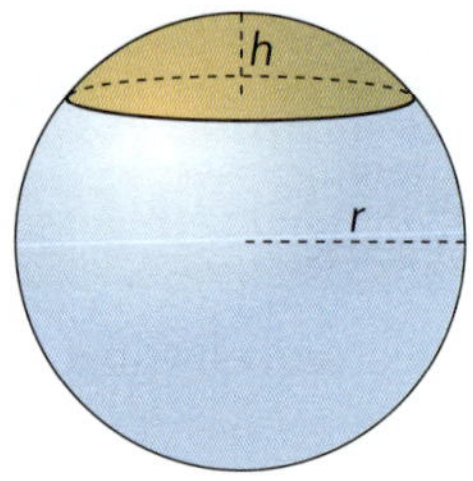	$A = 2 \cdot \pi \cdot r \cdot h$ $V = \pi \cdot h^2 \left(r - \frac{h}{3} \right)$
Zona esférica	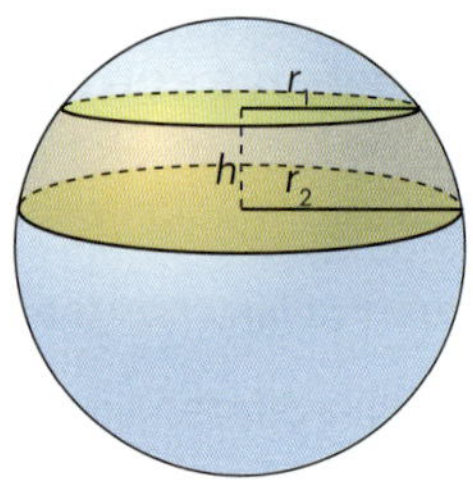	$A = 2 \cdot \pi \cdot r \cdot h$ $V = \frac{\pi \cdot h}{6} \left(h^2 + 3r_1^2 + 3r_2^2 \right)$

Ejemplos

13. Calculamos la superficie del huso esférico de una esfera de radio $r = 5$ m y un ángulo $n = 15°$:

$$S = \frac{4\pi r^2 n}{360} = \frac{4 \cdot \pi \cdot 5^2 \cdot 15}{360} = \frac{1500\pi}{360} \approx 13{,}1 \text{ m}^2$$

14. Calculamos el volumen de la cuña esférica de una esfera de radio $r = 5$ m y un ángulo $n = 15°$:

$$V = \frac{4}{3} \cdot \frac{\pi r^3 n}{360} = \frac{4}{3} \cdot \frac{\pi \cdot 5^3 \cdot 15}{360} = \frac{4}{3} \cdot \frac{1875\pi}{360} \approx 21{,}8 \text{ m}^3$$

12. El globo terráqueo

La Tierra tiene una forma casi esférica y que gira sobre sí misma en torno a lo que llamaremos su **eje de rotación** o, simplemente, **eje.**

Para poder situar lugares en un mapa o en el globo, nos ayudamos de los paralelos y los meridianos (fig. 1):

- Los **paralelos** son círculos perpendiculares al eje. El más importante es el ecuador, que es el más grande de estos círculos y el que divide la Tierra en los hemisferios: el hemisferio norte y el hemisferio sur.
- Los **meridianos** son semicírculos que pasan por los polos norte y sur. El más importante es el meridiano de Greenwich, que divide nuestro planeta en dos hemisferios: el hemisferio oriental y el hemisferio occidental.

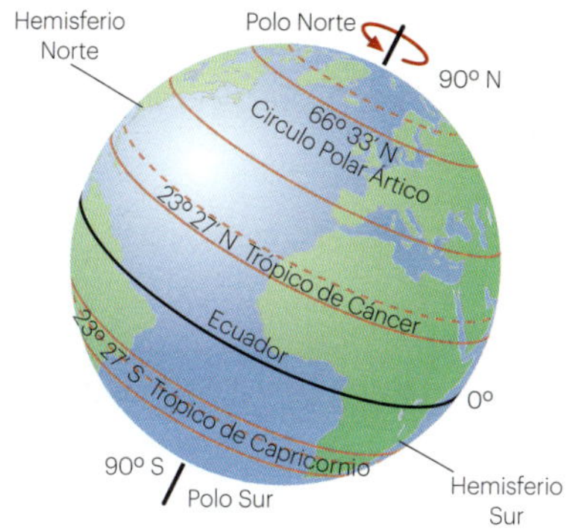

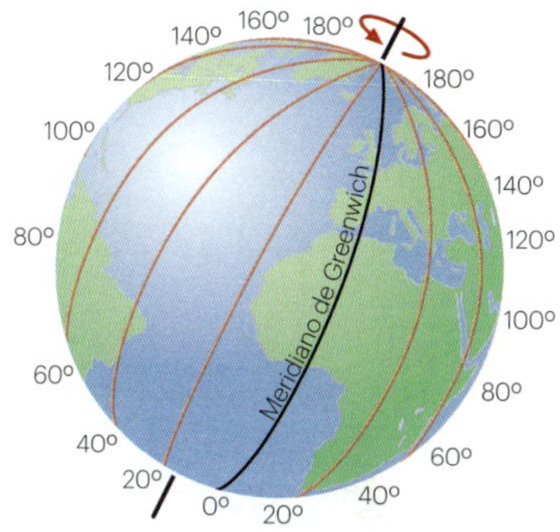

Fig. 1. Paralelos (**a**) y meridianos (**b**).

13. Coordenadas terrestres

La red de paralelos y meridianos nos permite averiguar las coordenadas geográficas de cualquier lugar:

- La **latitud** es la distancia angular que existe desde un punto de la Tierra hasta el ecuador. La latitud puede ser norte o sur y varía desde 0° hasta 90°.
- La **longitud** es la distancia angular que hay desde un punto de la Tierra hasta el meridiano de Greenwich. La longitud puede ser este u oeste y varía desde 0° hasta 180°.

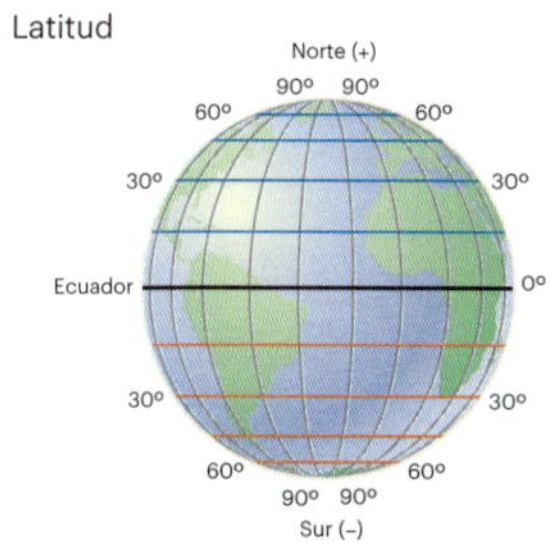

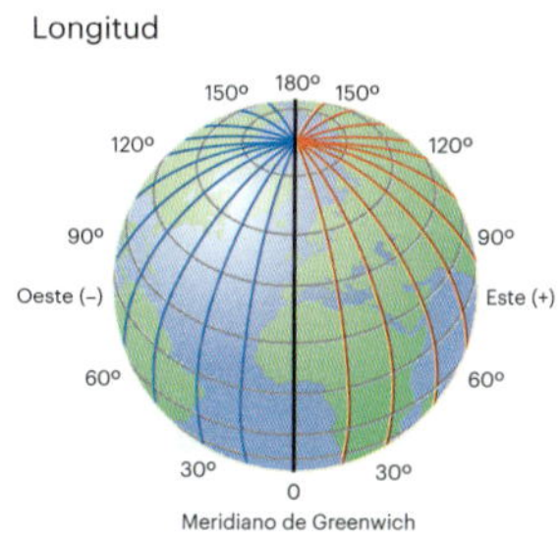

14. Husos horarios

Debido al movimiento de rotación de la Tierra, la hora varía de unos lugares a otros del mundo. En las zonas situadas más al este, amanecerá antes que en las que están ubicadas al oeste.

Teniendo en cuenta que nuestro planeta tarda 24 horas en dar una vuelta entera sobre sí misma (360°), resulta que **cada 15° de longitud hay una hora de diferencia,** o, lo que es lo mismo, por cada grado de diferencia entre las latitudes de dos lugares, habrá una diferencia horaria de 4 minutos.

Estas consideraciones se refieren a la hora solar, no a la hora oficial, que cada Estado establece y que no siempre coincide con la hora solar.

Ejemplo

15. Calcula la diferencia horaria entre dos puntos situados en las coordenadas 20° latitud norte, 15° longitud oeste y 65° latitud norte, 120° longitud oeste.

La diferencia de longitudes es de 120° − 15° = 105°.

La diferencia horaria será de $\frac{105}{15} = 7$ horas.

Apunte 13

¡Recuerda!

$$A_{esfera} = 4 \cdot \pi \cdot r^2$$

$$V_{esfera} = \frac{4 \cdot \pi \cdot r^3}{3}$$

$$A_{huso} = \frac{4 \cdot \pi \cdot r^2 \cdot \alpha}{360}$$

Profesor en casa. Operaciones con coordenadas geográficas

Profesor en casa. Distancia en el globo terráqueo.

Entrénate

27. Calcula el área y el volumen de las siguientes figuras:

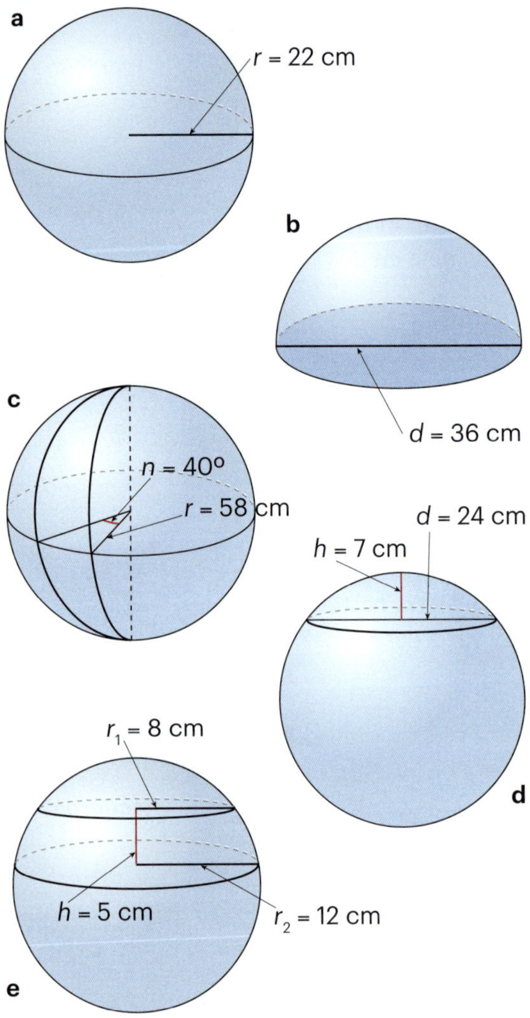

28. Calcula la superficie de una esfera de 45 m de radio.

29. Halla el volumen de una esfera de 40 cm de diámetro.

30. Calcula la superficie de un huso de 80° en una esfera de 83 cm de radio.

31. Determina el volumen de una cuña de 10° en una esfera de 72 m de diámetro.

32. Halla la superficie de un casquete de 32 cm de altura en una esfera de 10 dm de diámetro.

33. Calcula el volumen de un casquete de 10 cm de altura en una esfera de 80 cm de radio.

34. Halla la superficie de una zona esférica comprendida entre dos radios de 12 cm y 21 cm, y cuya altura es de 8 cm.

35. Determina el volumen de una zona esférica comprendida entre dos radios de 37 cm y 26 cm, y cuya altura es de 15 cm.

36. Calcula el radio de una esfera de 113,1 cm^2 de superficie.

37. Halla el radio de una esfera de 33,5 m^3 de volumen.

38. Determina el radio de una esfera cuyo huso de 30° tiene una superficie de 16,75 m^2.

39. Calcula el ángulo de un huso en una esfera de radio 5 cm, si la superficie del huso es de 52,4 cm^2.

40. Determina el radio de una esfera cuya cuña de 220° tiene un volumen de 20,5 m^3.

41. Halla el ángulo de una cuña en una esfera de radio 3 cm si el volumen del huso es de 34,2 cm^3.

42. Calcula el radio de una esfera cuyo casquete de 4 cm de altura tiene una superficie de 226,2 m^2.

43. Determina la altura de un casquete en una esfera de 43 m de radio si el casquete tiene una superficie de 270,2 m^2.

44. Halla el radio de una esfera cuyo casquete de 5 cm de altura tiene un volumen de 576 cm^2.

45. En una esfera de 20 cm de radio, calcula el volumen de un casquete de 20 cm de altura y el volumen de una cuña de 180°. ¿Qué observas? ¿Es normal?

Banco digital

46. Sabemos que el radio medio de la Tierra mide, aproximadamente, 6370 km. Calcula:

a El área de la superficie terrestre.
b El volumen de nuestro planeta.
c El área de un huso horario.

47. Dos localidades se encuentran situadas sobre dos meridianos que forman un ángulo de 195°. ¿Qué hora será en una de ellas, si en la otra son las 9 de la mañana?

48. Dos ciudades están sobre el meridiano 30° este. Determina su distancia, si sabes que la ciudad noruega tiene una latitud 70° norte y la sudafricana, 22° sur.

49. Quito (capital de Ecuador) y Kampala (capital de Uganda) están situadas casi sobre el ecuador. Quito tiene una longitud 78° oeste y Kampala, una longitud 32,5° este.

a Calcula la distancia entre las dos ciudades.
b ¿Qué diferencia horaria hay entre ambas?
c ¿Qué hora será en Quito cuando en Kampala sean las 3 de la mañana?

Banco digital

Mates en contexto

4 CM CL Personal **Manzana en gajos**

Olga está preparando la comida a su hija pequeña, pero a esta no le gusta mucho la fruta. Como Olga sabe que es muy importante que los niños tomen fruta, parte la manzana de tal forma que a su hija le resulte fácil comerla.

Problemas

1. Si la manzana fuese lo más redonda posible, ¿a qué forma geométrica se asemejaría? ¿Los trozos partidos qué serían? ¿Y la piel de esos gajos?
2. Si la manzana tiene 4 cm de radio, ¿qué volumen ocupa? ¿Qué superficie de piel tiene?
3. Olga ha partido la manzana en 10 gajos del mismo tamaño. ¿Qué ángulo forma cada gajo?
4. ¿Cuál es el volumen de cada gajo?
5. ¿Cuál es la superficie de la piel de cada gajo?

Argumenta: 1 **Matematiza: 2, 3, 4, 5**

5 CM CL Profesional **Pelotas de países**

Los dueños de una empresa que fabrica pelotas de plástico quieren estampar en sus diseños las banderas de distintos países. Pero, antes de empezar a fabricarlas, van a estudiarlas para saber qué material necesitarán.

Problemas

1. Las pelotas que fabrican tienen un diámetro de 66 cm. Calcula su superficie y su volumen.
2. Averigua cómo es la bandera de Alemania y contesta: ¿cuántos colores precisarán para pintarla? ¿Qué figura formará cada color, una vez que la pelota esté pintada? ¿Son iguales?
3. ¿Cuál será la altura de cada una de las regiones pintadas con un color determinado?
4. Halla la superficie pintada de negro y de amarillo.
5. Determina, usando el teorema de Pitágoras, los radios que definen la zona pintada de rojo y calcula su superficie.

Matematiza: 1, 4, 5 **Argumenta: 2, 3**

6 CM CL Social **Viaje en el tiempo**

Rusia es el estado más extenso del mundo. De hecho, dentro del país existen distintas regiones horarias y se registran ocho horas de diferencia entre dos de sus ciudades. Esto hace que sea posible «viajar en el tiempo».

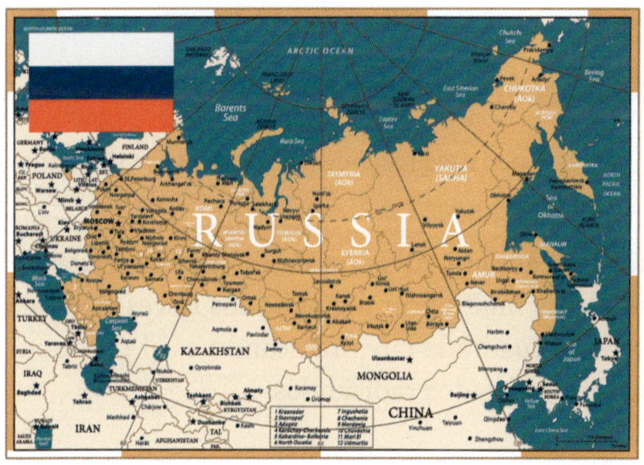

Problemas

1. Localiza las ciudades rusas de Kazán y Perm, y anota sus coordenadas geográficas.
2. Calcula la diferencia horaria real usando sus coordenadas.
3. ¿Cuál es su diferencia horaria oficial?
4. Investiga qué duración tiene un vuelo directo de una ciudad a otra.
5. Si sales de Perm a las 8:00 de la mañana (hora de Perm), ¿qué hora será en Kazán?
6. ¿A qué hora llegarás a Kazán usando el horario de esa ciudad?

Comunica: 1, 3, 4 **Matematiza: 2** **Argumenta: 5, 6**

NÚMEROS

Raíz cuadrada

La **raíz cuadrada** es la operación inversa a elevar al cuadrado. Consiste en averiguar un número cuyo cuadrado conocemos. Esta operación se representa mediante el símbolo $\sqrt{\ }$.

El número cuya raíz cuadrada se desea conocer se llama **radicando.**

Toda raíz cuadrada tiene dos valores, uno positivo y otro negativo, con el mismo valor absoluto.

Los números negativos no tienen raíces cuadradas.

Para **introducir** factores en una raíz, se eleva al cuadrado cada factor:

$$a\sqrt{b} = \sqrt{a^2 \cdot b}$$

Para **extraer** factores, se descomponen los radicandos expresándolos en potencias de exponente 2. La base de esa potencia es el factor que resulta:

$$\sqrt{a^2 \cdot b} = a\sqrt{b}$$

Operaciones con raíces cuadradas

Las operaciones más frecuentes con raíces cuadradas son las siguientes:

- **Multiplicación y división de raíces cuadradas.** El resultado de multiplicar o dividir dos raíces cuadradas es otra raíz cuadrada cuyo radicando es el producto o la división de los dos radicandos:

$$\sqrt{a} \cdot \sqrt{b} = \sqrt{a \cdot b}$$

$$\frac{\sqrt{a}}{\sqrt{b}} = \sqrt{\frac{a}{b}}$$

- **Suma y resta de raíces cuadradas.** Solo se pueden sumar o restar raíces cuadradas que tengan el mismo radicando. En este caso, se suman las raíces como si fuesen variables o incógnitas:

$$\sqrt{a} + \sqrt{a} = 2\sqrt{a}$$

$$b\sqrt{a} + c\sqrt{a} = (b+c)\sqrt{a}$$

A veces, los radicandos iguales están «ocultos» y, para ver que podemos sumar, hemos que extraer todos los factores de la raíz que podamos. Cuando no se puedan sumar o restar, los dejaremos indicados.

Polinomios

Un **polinomio** es una expresión algebraica formada por sumas y restas de monomios.

- El **grado** de un polinomio es el mayor de los grados de los monomios que lo forman.
- El **valor numérico** de un polinomio es el resultado de sustituir las letras por números y realizar las operaciones.
- Un polinomio es **completo** cuando tiene todos los términos, desde el de mayor grado hasta el término independiente.
- Un polinomio está **ordenado** si en él los monomios se ordenan de mayor a menor grado.

Operaciones con polinomios

- **Suma.** Se agrupan los monomios semejantes y se suman sus coeficientes.
- **Resta.** Se suma al minuendo el opuesto del sustraendo.
- **Producto.** Se multiplica cada monomio de uno de los factores por todos y cada uno de los monomios del otro factor. Después, se suman los monomios semejantes obtenidos.
- **Productos (o identidades) notables.** Son igualdades muy usadas en matemáticas:

$(a + b)^2 = (a + b) \cdot (a + b) = a^2 + 2ab + b^2$

$(a - b)^2 = (a - b) \cdot (a - b) = a^2 - 2ab + b^2$

$(a + b) \cdot (a - b) = a^2 - b^2$

$(a + b + c)^2 = (a + b + c) \cdot (a + b + c) = a^2 + b^2 + c^2 + 2ab +$
$+ 2ac + 2bc$

$(a + b)^3 = (a + b) \cdot (a + b) \cdot (a + b) = a^3 + 3a^2b + 3ab^2 + b^3$

$(a - b)^3 = (a - b) \cdot (a - b) \cdot (a - b) = a^3 - 3a^2b + 3ab^2 - b^3$

GEOMETRÍA

Triángulos semejantes

Dos figuras son semejantes si sus ángulos son iguales y sus lados, proporcionales.

La razón entre la longitud de un lado de la figura transformada y la del lado correspondiente de la figura inicial es la **razón de semejanza** y se representa mediante ***k*.** Cuando las figuras son triángulos, para estudiar si son semejantes, basta con comprobar si cumple una de las condiciones siguientes:

1. Tienen los tres ángulos iguales.
2. Tienen dos ángulos iguales.
3. Tienen un ángulo igual y los lados que lo forman son proporcionales.

Teorema de Tales

Si dos rectas secantes se cortan por rectas paralelas, los segmentos correspondientes que se forman en cada una de las rectas son proporcionales.

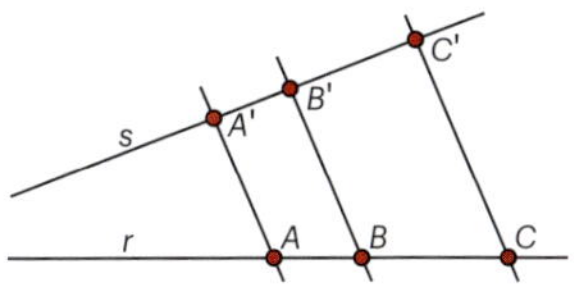

$$\frac{AB}{A'B'} = \frac{BC}{B'C'} = \frac{AC}{A'C'}$$

Dos triángulos están en posición de Tales si tienen un ángulo común y los lados opuestos a él son paralelos. Son triángulos semejantes.

Movimientos en el plano

Un **movimiento** es una transformación geométrica que conserva los ángulos y las distancias de las figuras. Hay tres tipos de movimientos en el plano:

- **Traslación.** Está determinado por un vector $\vec{v}$. Transforma un punto A en otro A', de modo que $\overrightarrow{AA'}$ es $\vec{v}$.
- **Giro.** Está determinado por un punto O (centro de giro) y un ángulo α. Transforma un punto A en otro A', de modo que $A\hat{O}A' = \alpha$ y la distancia $\overline{OA}$ es igual que $\overline{OA'}$.
- **Simetría.** Hay dos tipos:
  - **Simetría axial** respecto de una recta que se llama **eje** y es la **mediatriz** del segmento $\overline{AA'}$, siendo A' el transformado de A.
  - **Simetría central** respecto de un punto llamado **centro.** Es el punto medio entre cualquier punto A y su transformado A'.

Esfera. Área y volumen

La **esfera** es el lugar geométrico formado por los puntos del espacio que están a una determinada distancia de un punto fijo llamado centro. Esa distancia se denomina radio.

La superficie de la esfera se calcula con la siguiente fórmula:

$$S = 4\pi r^2$$

Y el volumen de la esfera se calcula con la siguiente fórmula:

$$V = \frac{4}{3} \cdot \pi \cdot r^3$$

Regiones en la esfera

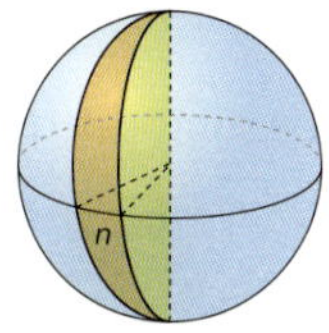 Huso esférico / Cuña esférica	$A = \frac{4 \cdot \pi \cdot r^2 \cdot n}{360}$ $V = \frac{4}{3} \cdot \frac{\pi \cdot r^3 \cdot n}{360}$
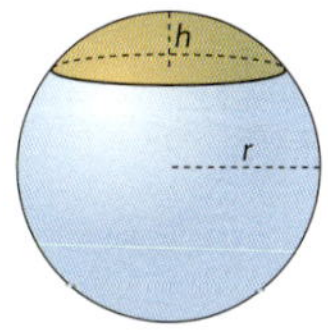 Casquete esférico	$A = 2 \cdot \pi \cdot r \cdot h$ $V = \pi \cdot h^2 \left(r - \frac{h}{3} \right)$
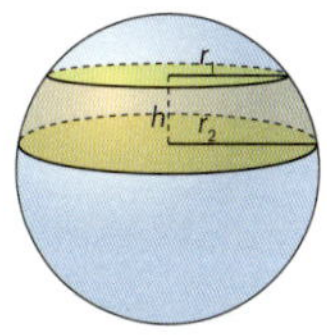 Zona esférica	$A = 2 \cdot \pi \cdot r \cdot h$ $V = \frac{\pi \cdot h}{6} \left(h^2 + 3r_1^2 + 3r_2^2 \right)$

El globo terráqueo

La Tierra tiene forma casi esférica y gira sobre sí misma en torno a su **eje de rotación.**

- Los **paralelos** son círculos perpendiculares al eje. El más importante es el ecuador.
- Los **meridianos** son semicírculos que pasan por los polos norte y sur. El más importante es el meridiano de Greenwich.

La red de paralelos y meridianos nos permite averiguar las coordenadas geográficas de cualquier lugar:

- La **latitud** es la distancia angular que hay desde un punto de la Tierra hasta el ecuador. Puede ser norte o sur y varía de 0° a 90°.
- La **longitud** es la distancia angular que hay desde un punto de la Tierra hasta el meridiano de Greenwich. Puede ser este u oeste y varía de 0° a 180°.

Husos horarios

El movimiento de rotación de la Tierra determina que la hora varíe entre los distintos lugares del mundo. En las zonas situadas más al este amanecerá antes que en las que están situadas al oeste. Como la Tierra tarda 24 horas en dar una vuelta entera, resulta que cada 15° de longitud implica una hora de diferencia.

Entrénate +

Raíces cuadradas

50. Introduce dentro del radical los factores que se encuentran fuera de él:

a $3\sqrt{5}$ **c** $2^3\sqrt{6}$

b $2\cdot 7\sqrt{10}$ **d** $5^2\cdot 3\sqrt{15}$

51. Saca fuera del símbolo radical todos los factores que puedas:

a $\sqrt{2^5}$ **d** $\sqrt{5^3\cdot 3^5}$

b $\sqrt{3^{11}}$ **e** $\sqrt{3^{13}\cdot 5^{15}}$

c $\sqrt{5^{37}}$ **f** $\sqrt{10^3\cdot 20^5}$

52. Realiza las siguientes operaciones y simplifica cuando puedas:

a $\sqrt{3}\cdot\sqrt{6}$ **d** $\frac{6\sqrt{72}}{3\sqrt{12}}$

b $2\sqrt{3}\cdot 3\sqrt{2}$ **e** $\frac{\sqrt{120}}{\sqrt{15}}$

c $5\sqrt{10}\cdot 5\sqrt{20}$ **f** $\frac{2\sqrt{360}}{3\sqrt{160}}$

53. Suma las siguientes raíces:

a $\sqrt{75}+\sqrt{27}-\sqrt{3}-\sqrt{12}$

b $\sqrt{24}+3\sqrt{6}-2\sqrt{54}+5\sqrt{150}$

54. Racionaliza y simplifica:

a $\frac{12}{\sqrt{6}}$ **c** $\frac{5\sqrt{2}}{2\sqrt{5}}$ **e** $\frac{2}{\sqrt{3}-1}$

b $\frac{1+\sqrt{2}}{1-\sqrt{2}}$ **d** $\frac{15}{\sqrt{20}-\sqrt{10}}$ **f** $\frac{\sqrt{6}}{2\sqrt{3}-3\sqrt{2}}$

Banco digital

55. Dados los polinomios $P(x) = 2x^3 - 4x^2 + 6x - 8$ y $Q(x) = x^3 - 2x + 3$, calcula:

a $P(x) + Q(x)$ **b** $Q(x) - P(x)$ **c** $P(x)\cdot Q(x)$

56. Halla las siguientes potencias de polinomios, aplicando las identidades notables cuando sea posible:

a $(2x^2 + 4x + 6)^2$ **f** $(x^2 - x - 7)^2$

b $(x + 4)^3$ **g** $(5x - 2)^3$

c $(x + 9)^2$ **h** $(4x + 7)^2$

d $(x - 10)^2$ **i** $(8x - 4)^2$

e $(2x + 2)\cdot(2x - 2)$ **j** $(3x^2 + 6)\cdot(3x^2 - 6)$

Geometría

57. Estudia si estos triángulos son semejantes o no:

a ABC: $\hat{B} = 54^\circ$; $a = 7$ cm; $c = 6$ cm.

$A'B'C'$: $\hat{B}' = 54^\circ$; $a' = 3{,}5$ cm; $c' = 2$ cm.

b ABC: $\hat{A} = 68^\circ$; $\hat{B} = 72^\circ$.

$A'B'C'$: $\hat{B}' = 72^\circ$; $\hat{C} = 40^\circ$.

58. Calcula los lados de un rectángulo semejante a otro cuyos lados miden 9 cm y 4 cm, si $k = \frac{3}{2}$.

59. ¿Cuál es la razón de semejanza entre un hexágono regular de 6 dm y su homólogo de 9 dm? ¿Y la razón de sus áreas?

60. Calcula la altura de un árbol, sabiendo que su sombra mide 110 cm y que, en ese mismo instante, un bastón de 90 cm proyecta una sombra de 60 cm. Da el resultado en metros.

61. En un mapa de escala 1:1 000 000, uno de los ríos que se representan en él tiene una longitud de 35,9 cm. ¿Cuál es su longitud?

62. Halla la longitud que tendría una calle de 2,5 km en un plano de escala 1:350 000.

63. ¿Qué escala se ha utilizado para que un cuadrado de 30 m de lado se represente como otro de 2 cm?

64. El área de una figura plana es 48 m^2. Halla el área de su representación a escala 1:400.

Banco digital

65. Halla la superficie y el volumen de una esfera de 33 cm de radio.

66. Calcula la superficie de un huso de 36º en una esfera de 3 cm de radio.

67. Determina el volumen de un casquete de 11 cm de altura en una esfera de 60 cm de radio.

68. Calcula la superficie y el volumen de una zona esférica comprendida entre dos radios de 7 cm y 13 cm, y cuya altura es de 6 cm.

69. Tres ciudades tienen las siguientes longitudes: *A*: 75º oeste, *B*: 10º este y *C*: 65º este.

a Calcula sus diferencias horarias.
b ¿Qué hora será en *C* cuando en *A* sean las 22 horas?
c ¿Qué hora será en *A* cuando en *B* sean las 14 horas?

Banco digital

Mates en contexto

7 CM CL CA Científico El número áureo

Ya conoces el número áureo, también llamado la divina proporción: $\Phi = \frac{1+\sqrt{5}}{2}$.

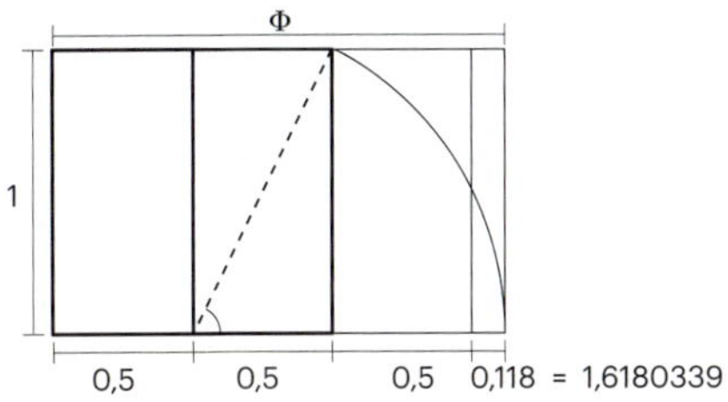

No es un simple número, pues presenta múltiples propiedades.

Problemas

1. Usando la calculadora, obtén Φ para comprobar que $\Phi = 1,61803398875$.
2. Calcula Φ^2. ¿Qué observas?
3. Escribe algebraicamente la relación que has obtenido en el ejercicio anterior.
4. Determina $\frac{1}{\Phi}$. ¿Qué observas?
5. Escribe algebraicamente la relación que has obtenido en el ejercicio anterior.
6. Usando la fórmula $\Phi = \frac{1+\sqrt{5}}{2}$ y operando con ella, comprueba que la relación que has obtenido en el ejercicio 3 ($\Phi^2 = \Phi + 1$) es cierta.
7. Comprueba ahora la fórmula que has obtenido en el ejercicio 5 $\left(\frac{1}{\Phi} = \Phi - 1\right)$.
8. Comprueba algebraicamente que $1 - \Phi = \frac{1-\sqrt{5}}{2}$.

Matematiza: 1, 2, 4 **Argumenta: 2, 4**
Simboliza: 3, 5, 6, 7, 8 **Plantea: 7**

8 CM CL CA Científico La sucesión de Fibonacci

La sucesión de Fibonacci es la siguiente: 1, 1, 2, 3, 5, 8, 13, 21...

Como puedes comprobar, se obtiene sumando los dos términos anteriores de ella; así, el siguiente término de la sucesión se obtiene de este modo: $f_9 = f_7 + f_8$: 13 + 21 = 34 (recuerda que el subíndice indica en qué posición de la sucesión se encuentra el elemento).

Los elementos de esta sucesión se llaman números de Fibonacci y la sucesión debe su nombre a Leonardo de Pisa, matemático italiano del siglo XIII, también conocido como Fibonacci.

Tiene numerosas aplicaciones en ciencias de la computación, matemáticas y teoría de juegos. También aparece en configuraciones biológicas: en las ramas de los árboles, en la disposición de las hojas en el tallo y en el modo en que el ADN codifica el crecimiento de formas orgánicas complejas. De igual manera, se encuentra en la estructura espiral del caparazón de algunos moluscos.

¿Tienen algo en común estos dos conceptos matemáticos, el número áureo y la sucesión de Fibonacci? Aunque parezca lo contrario, ya que uno es un número irracional y el otro es una sucesión de números enteros, sí que están muy relacionados.

1, 1, 2, 3, 5, 8, 13, 21, 35...

¿?

$$\frac{1+\sqrt{5}}{2}$$

Problemas

1. Escribe los 25 primeros términos de la sucesión de Fibonacci.
2. Divide cada término de la sucesión de Fibonacci entre el anterior a este, es decir $\frac{f_n}{f_{n-1}}$. Escribe ordenadamente los resultados que obtengas.
3. ¿Qué observas en los datos obtenidos en el ejercicio anterior? ¿Qué conclusión podemos sacar?

   Resulta que la fórmula para obtener un término de la sucesión de Fibonacci depende del número áureo:

$$f_n = \frac{\Phi^n - (1-\Phi)^n}{\sqrt{5}} = \frac{\left(\frac{1+\sqrt{5}}{2}\right)^n - \left(\frac{1-\sqrt{5}}{2}\right)^n}{\sqrt{5}}$$

4. Usando la calculadora, comprueba que esta fórmula es cierta: f_{10}, f_{12}, f_{15}, f_{18}, f_{20} y f_{25}.

   Hay más relaciones entre la sucesión de Fibonacci y el número áureo.

   Calculemos Φ^3 y Φ^4:

   $\Phi^3 = \Phi^2 \cdot \Phi = (\Phi + 1) \cdot \Phi = \Phi^2 + \Phi = (\Phi + 1) + \Phi = 2\Phi + 1$

   $\Phi^4 = \Phi^3 \cdot \Phi = (2\Phi + 1) \cdot \Phi = 2\Phi^2 + \Phi = 2(\Phi + 1) + \Phi = 3\Phi + 2$

5. Siguiendo este mismo procedimiento, halla Φ^5, Φ^6, Φ^7 y Φ^8.
6. ¿Qué observas? ¿Podrías encontrar una regla explicativa?

Matematiza: 1, 2, 4
Argumenta: 3, 6
Plantea: 5, 6
Simboliza: 5, 6

Profesor en casa. Número áureo y Fibonacci.

9 CM CL CS CA Social Ayuda y retos matemáticos

En la vida cotidiana, tendrás que utilizar fracciones y operar con ellas.

Una ONG destina $\frac{2}{5}$ de su recaudación a alimentos, $\frac{5}{12}$ del resto a ropa y los 21 000 € restantes, a medicamentos.

Problemas

En cada apartado, deja escrita la operación que haces.

1. Si destina a alimentos $\frac{2}{5}$, ¿qué fracción le queda a la ONG para el resto?
2. Calcula la fracción que utiliza para ropa.
3. ¿Qué fracción del total le queda para medicinas?
4. Calcula el presupuesto total del que dispone.
5. Determina cuánto dinero destina a cada concepto.
6. Imagina que la fracción que se dedica a alimentos es $\frac{1}{\sqrt{5}}$.
   ¿En qué se diferencia esta fracción de la anterior? Para simplificar las operaciones que vendrán después, ¿se te ocurre alguna manera de utilizar una fracción equivalente que no tenga ese denominador? Si no se te ocurre nada, prueba a escribir la raíz como potencia y piensa en la manera de conseguir que el exponente fraccionario deje de serlo.
7. Contesta a los problemas 1 a 5 partiendo de esa nueva fracción. Para las correspondientes a las preguntas 4 y 5, redondea a las centésimas. Comprueba si el resultado es correcto. ¿Cómo se explica que no cuadre?
8. Valora si, dentro de este contexto, es importante este descuadre. Piensa en situaciones en las que sí pueda ser relevante el descuadre y la manera en que se puede mejorar.
9. Calcula fracciones equivalentes a las siguientes que no tengan raíz en el denominador:
   a $\frac{1}{\sqrt{7}}$ **b** $\frac{9}{\sqrt[4]{3}}$ **c** $\frac{12}{\sqrt[3]{6}}$ **d** $\frac{15}{2\sqrt[5]{3}}$ **e** $\frac{14}{3\sqrt[6]{7}}$
10. Vamos con otro reto. Ahora, la fracción que han decidido destinar a alimentos es $\frac{1}{4-\sqrt{2}}$.
    a ¿Recuerdas alguna expresión que sea la diferencia de cuadrados? Escríbela.
    b Piensa en la expresión por la que hay que multiplicar el numerador y el denominador para obtener en el denominador una diferencia de cuadrados.
    c Realiza las operaciones. ¿Qué ha sucedido con la raíz del denominador?
    d Trabaja de nuevo los problemas 1 al 5 redondeando a las centésimas.
11. Calcula fracciones equivalentes a las siguientes que no tengan raíz en el denominador:
    a $\frac{1}{5-\sqrt{3}}$ **b** $\frac{4}{2+\sqrt{2}}$ **c** $\frac{2}{\sqrt{5}-\sqrt{3}}$ **d** $\frac{3}{\sqrt{11}-2\sqrt{2}}$

Matematiza: 1, 2, 5, 7, 9, 11 **Argumenta: 3, 4, 7, 8** **Plantea: 6, 10**

10 CM CL CC Profesional Celosías

Según el *Diccionario* de la Real Academia Española (RAE), una celosía es un enrejado de listoncillos de madera o hierro que se pone en las ventanas y otros huecos de los edificios para que las personas que están en el interior vean sin ser vistas.

En arquitectura, también se utilizan para la ventilación o como elementos decorativos. Los materiales empleados son más variados: adobe, madera, aluminio, mármol, etc.

Estas son algunas piezas que forman las celosías. El cuadrado inicial de las imágenes 1, 2 y 3 es de 30 cm x 30 cm.

Imagen 1

Imagen 2

Imagen 3

Imagen 4

Imagen 5

Problemas

1. Observa la imagen 1. ¿Qué movimiento hay que aplicar al cuadrado superior izquierdo para que se repita hacia la derecha? ¿Y para que se repita hacia abajo?

2 Fíjate ahora en la imagen 2:

- **a** ¿Qué movimiento se aplica al cuadrado superior izquierdo para que se transforme en el de su derecha?
- **b** ¿Qué movimiento o movimientos habrá que realizar para que se transforme en el inferior? (Nota: es probable que tengas que hacer más de uno.)
- **c** ¿Qué movimiento relaciona las dos figuras de la izquierda con las dos de la derecha?
- **d** ¿Qué movimiento relaciona las figuras formadas en diagonal: superior izquierda con inferior derecha, por un lado, y las otras dos, por el otro?

3 En la imagen 3, ¿qué movimiento transforma el cuadrado inferior izquierdo en el que está a su derecha? ¿Y el que lo transforma en el cuadrado superior derecho?

4 Vamos a analizar las imágenes 4 y 5:

- **a** ¿Cuál es la figura plana de las celosías?
- **b** ¿Qué movimientos transforman a cada una de estas figuras en las que hay a su derecha?

5 Normalmente, cuando se dibuja un cuadrado, se utiliza la primera forma. ¿Qué movimiento lo transforma en el segundo? Indica sus elementos.

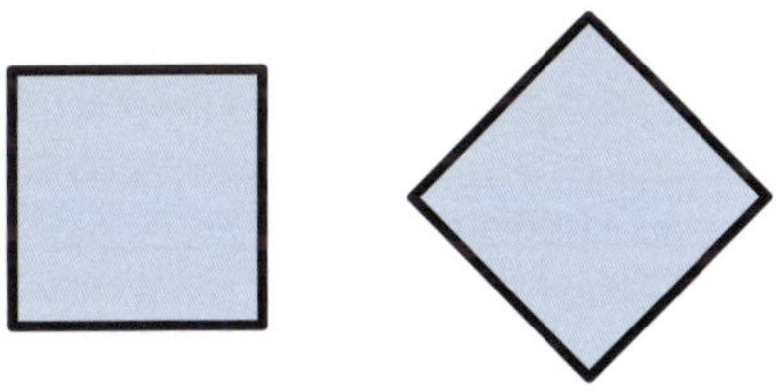

6 En la siguiente figura de una celosía, ¿existe algún movimiento que transforme el círculo pequeño en el grande? ¿Son semejantes? Razona tus respuestas.

7 Considera solo el cuadrado superior derecho de las imágenes 1, 2 y 3, y busca todos sus ejes de simetría, si los tiene.

8 Si en las imágenes 1, 2 y 3 se considera una fila de cuadrados, se forma una región del plano que se definió en la unidad 3. ¿Cuál es su nombre?

9 Teniendo en cuenta la definición de mosaico como recubrimiento del plano, ¿una celosía puede ser un mosaico?

Matematiza: 1, 2, 3, 4, 5, 9 **Argumenta: 6, 7, 9**

11 CM CL Profesional Cortar sandía

Los profesionales de la hostelería cuentan con pequeños trucos para desempeñar su tarea de una forma eficiente. Uno de esos trucos consiste en cortar sandías de una manera rápida y segura.

Problemas

1 Al tratarse de una fruta redonda, para poder cortarla sin que se resbale, se hacen dos cortes a ambos extremos. ¿Qué forma tienen esos cortes?

2 Si la sandía tiene un diámetro de 38 cm, ¿cuál es su volumen total? ¿Y el de los cortes? ¿Cuánta sandía queda?

3 Una vez que se han hecho esos cortes, quien corta se puede apoyar en ellos para continuar con el resto de la sandía. ¿Esos cortes formarán cuñas esféricas? ¿Por qué?

Argumenta: 1, 3 **Matematiza: 2**

12 CM CL Profesional Recubrimiento metálico

Un observatorio astronómico tiene forma de cúpula semiesférica. Los responsables de un observatorio quieren recubrir esa cúpula con una capa metálica.

Problemas

1 Se dispone de 500 m^2 de capa metálica y el radio de la semiesfera mide de 10 m. ¿Se podrá cubrir la cúpula entera?

2 En caso de que no sea posible, se puede recurrir a la estrategia de comenzar a cubrir la cúpula desde arriba. ¿Cuál será la altura del casquete cubierto?

Matematiza: 1, 2

1. Escribe $\sqrt[6]{7^8}$ en forma de potencia y $3^{\frac{4}{5}}$ en forma de radical.

2. Escribe tres radicales equivalentes a la potencia $10^{\frac{5}{8}}$.

3. Calcula la diagonal de la base y la diagonal total de un cubo de 10 cm. Escribe el resultado en forma de radical lo más simplificado posible.

4. Realiza las siguientes operaciones con radicales, simplificando todo lo posible el resultado:

a $\dfrac{\sqrt[3]{5^2}\cdot\sqrt[4]{10^3}}{\sqrt[6]{32}}$ **b** $2\sqrt{3\sqrt[3]{6}}$

5. Suma y resta estos radicales:

$$\sqrt{125}+2\sqrt{500}-3\sqrt{245}$$

6. Racionaliza y simplifica:

a $\dfrac{\sqrt{6}}{2\sqrt{3}}$ **b** $\dfrac{6}{\sqrt{5}+\sqrt{2}}$ **c** $\dfrac{10}{5\sqrt{2}-2\sqrt{5}}$

7. Calcula los lados y el área de un rectángulo semejante a otro cuyos lados miden 24 cm y 18 cm, si $k=\dfrac{2}{3}$.

8. A la misma hora que Carlota proyecta una sombra de 90 cm, un edificio proyecta una sombra de 6,3 m. Sabiendo que Laura mide 1,7 m, calcula la altura del edificio.

9. Tenemos un plano de Úbeda con una escala de 1:2000. ¿Qué longitud real tendrá una calle, si en el plano mide 62 mm? Si la anchura real de la calle es de 8 m, ¿qué anchura tendrá en el plano?

10. Tenemos una esfera de 48 cm de diámetro. Calcula:

a El área de esa superficie esférica.
b El volumen de la esfera.
c El área y el volumen de una cuña esférica de 60º de amplitud.

11. Alba vive en Lanzarote (13,6º oeste); Noemí, en Girona (3º este); Judit, en Boston (71º oeste) y David, en San Petersburgo (30,4º este). Si son las 16 horas en el reloj de Noemí, ¿qué hora marcarán los relojes de los otros tres amigos?

	4 puntos	3 puntos	2 puntos	1 punto
1. Potencias y raíces	Entiendo la relación entre potencias y radicales, y la utilizo correctamente.	Entiendo la relación entre potencias y radicales, y la utilizo adecuadamente, pero me equivoco en algún cálculo.	Entiendo la relación entre potencias y radicales, pero no siempre la utilizo correctamente.	No entiendo ni uso las relaciones entre potencias y radicales.
2. Operaciones con radicales	Realizo correctamente cualquier tipo de operaciones con radicales.	Sé operar con radicales, pero me equivoco en los cálculos.	Sé realizar alguna operación con radicales, pero otras no las hago correctamente.	No sé realizar ningún tipo de operaciones con radicales.
3. Racionalización	Realizo con exactitud la racionalización y simplifico correctamente.	Realizo con exactitud la racionalización, pero no simplifico correctamente.	Realizo alguna racionalización, pero no todas.	No soy capaz de racionalizar en ningún caso.
4. Teorema de Tales	Aplico el teorema de Tales siempre que es necesario, escribiendo las unidades correctamente.	Aplico el teorema de Tales siempre que es necesario, pero me equivoco en los cálculos y/o unidades.	Sé aplicar el teorema de Tales, pero no lo aplico siempre que es necesario.	No sé aplicar el teorema de Tales.
5. Figuras proporcionales	Calculo con precisión las medidas de figuras semejantes conociendo su razón de proporcionalidad.	Calculo las medidas de figuras semejantes conociendo su razón de proporcionalidad, pero no realizo bien los cálculos necesarios para ello.	Calculo las medidas de longitud de figuras semejantes conociendo su razón de proporcionalidad, pero no su área.	No soy capaz de calcular ninguna medida de figuras semejantes.
6. Escalas	Paso del plano a la realidad y de la realidad al plano.	Paso del plano a la realidad y de la realidad al plano, pero me equivoco en los cálculos.	Paso del plano a la realidad o de la realidad al plano, pero no los dos casos.	No paso del plano a la realidad ni de la realidad al plano.
7. Áreas y volúmenes de cuerpos esféricos	Conozco y aplico con exactitud las fórmulas de las áreas y los volúmenes de todos los cuerpos esféricos.	Conozco y aplico las fórmulas de las áreas y los volúmenes de todos los cuerpos esféricos, pero cometo algún error al calcularlas.	Solo conozco y aplico con exactitud las fórmulas de las áreas y los volúmenes de la esfera y de la cuña esférica.	No conozco ni aplico las fórmulas de las áreas y los volúmenes de los cuerpos esféricos.

9 Comer con cabeza

1 ¿Qué son los nutrientes? ¿Es muy importante un exceso o un defecto de nutrientes?

2 ¿Cuál es la ración equilibrada?

3 ¿Existe mucha gente con trastornos alimenticios? ¿Hay más personas gordas o delgadas?

BLOQUES DE CONTENIDOS	Situación 1	Situación 2	Situación 3
NÚMEROS Y ÁLGEBRA			
Operaciones con fracciones y decimales.	●		
Cálculo aproximado y redondeo. Cifras significativas.	●		
Error absoluto y error relativo.	●		
Cálculo de porcentajes.	●		
Operaciones con fracciones y decimales. Cálculo aproximado y redondeo.		●	
Sucesiones numéricas. Sucesiones recurrentes. Progresiones aritméticas y geométricas.		●	
Polinomios. Transformación de expresiones algebraicas. Operaciones elementales con polinomios.		●	
Ecuaciones de primer y segundo grado con una incógnita. Resolución por el método algebraico y gráfico de ecuaciones de primer grado. Resolución de problemas mediante el uso de ecuaciones de primer grado y de sistemas de ecuaciones.		●	
ESTADÍSTICA Y PROBABILIDAD			
Fases y tareas de un estudio estadístico. Población, muestra.			●
Métodos de selección de una muestra estadística. Representatividad de una muestra.			●
Frecuencias absolutas, relativas y acumuladas.			●
Parámetros de posición. Cálculo, interpretación y propiedades. Parámetros de dispersión.			●

1 Nutrientes

¿Qué son los nutrientes? ¿Es muy importante un exceso o un defecto de nutrientes?

CM CL CA

Científico

Profesional

Aprende a...

Realizar aproximaciones por defecto y por exceso.

Aplicar técnicas de truncamiento y redondeo en problemas contextualizados.

Expresar el resultado de un problema en forma de número decimal, redondeándolo si es necesario.

Ítem 1. ¿Qué son? ¿Dónde se encuentran?

Los nutrientes son sustancias que aportan a las células todo lo que necesitan para vivir. Se encuentran en los alimentos que tomamos. Los que se ingieren en grandes dosis diarias se llaman **macronutrientes:** son las proteínas, los hidratos de carbono y las grasas. Los que se consumen en pequeñas dosis diarias son los **micronutrientes:** se trata de las vitaminas y los minerales.

La cantidad diaria adecuada de cada uno de ellos se organiza en tablas avaladas por organismos competentes en salud.

Ítem 3. Valor energético

El organismo utiliza la energía que aportan los nutrientes para mantener las funciones vitales cuando está en reposo, para la digestión y absorción de los alimentos, y para la actividad física diaria.

El valor energético de los nutrientes se suele medir en kilocalorías (kcal). La cantidad de kilocalorías que debe ingerir una persona depende de su edad, salud, sexo y nivel de actividad física. En condiciones normales, un chico adolescente debe tomar una media de 2750 kcal y una chica adolescente, 2200 kcal.

Ítem 2. Aporte calórico aproximado

La energía que recibe el organismo se debe repartir a lo largo del día como se refleja en la siguiente tabla:

	Desayuno	Media mañana	Comida	Merienda	Cena
Valor energético	20%	10%	35%	10%	25%

Cada tipo de nutriente aporta un determinado valor energético:

	Hidratos de carbono	Grasas	Proteínas*	Vitaminas y minerales
Valor energético	55%-60%	30%	10%-15%	Resto

* $\frac{2}{3}$ de las proteínas han de tener un origen vegetal y $\frac{1}{3}$, origen animal.

Construye con lo que sabes

Nota: en los ejercicios siguientes, si el resultado es decimal, redondéalo al valor entero y explica si es mayor o menor que el que has obtenido con los cálculos.

Matematiza (1) Teniendo en cuenta las calorías diarias recomendadas para los adolescentes (ítem 3) y cómo se deben repartir a lo largo del día (ítem 2), calcula las calorías que se han de tomar en cada caso.

Argumenta (2) **a** Escribe el intervalo correspondiente al número de calorías que una chica y un chico adolescentes recibirían con los hidratos de carbono que se recomiendan.

b Repite el apartado anterior, pero aplicándolo ahora a las proteínas.

c La cantidad de proteínas recomendada es de 0,8 mg por kg de peso corporal. ¿Cuántas debería tomar un chico de 57 kg y una chica de 52 kg? ¿Cuántas serían de origen animal? ¿Y cuántas tendrían un origen vegetal?

Matematiza (3) Si un chico adolescente toma 2750 kcal al día, las cuales suponen un aporte energético del 10% de proteínas, ¿qué cantidad debería ser de origen animal? ¿Y de origen vegetal?

Argumenta (4) Utiliza el valor decimal (con un decimal) de las fracciones que indican la cantidad de proteínas de origen animal y de origen vegetal para resolver el ejercicio 3. ¿Hay alguna diferencia con el resultado que has obtenido en ese ejercicio? Razona tu respuesta y decide qué es mejor.

Matematiza (5) ¿Cuál es el porcentaje mínimo de valor energético que aportan las vitaminas y los minerales? ¿Y el porcentaje máximo? Escribe el intervalo correspondiente.

Ítem 4. Suplementos vitamínicos

Es perjudicial para la salud tanto la falta de nutrientes como su exceso.

En los últimos años, se ha incrementado el número de personas que toman suplementos vitamínicos sin consultar a profesionales. Se suelen presentar en forma de pastillas, batidos o zumos.

Ítem 5. Errores al medir o al calcular

Para poder realizar medidas tan pequeñas como las del ítem 6, en los laboratorios se utilizan balanzas especiales que proporcionan valores tan próximos a la realidad que se consideran exactos.

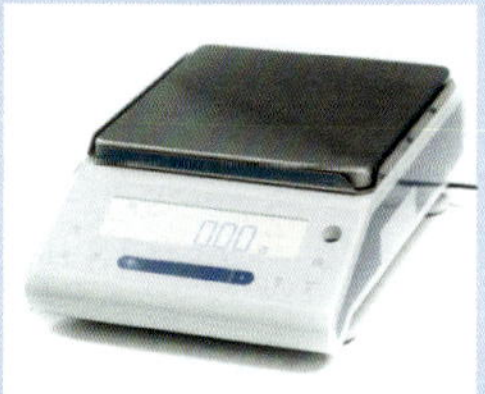

Sin embargo, siempre se producen errores, aunque sean mínimos, debidos a un calibrado deficiente del instrumento, o a errores de lectura o cálculo.

Ítem 6. Composición de las multivitaminas

		Cantidad por cápsula
	Raíz de ginseng	40 mg
	Lecitina	100 mg
Vitaminas y provitaminas	Vitamina A	800 μg
	Vitamina B1	1,1 mg
	Vitamina B2	1,4 mg
	Vitamina B3 (niacina)	16 mg
	Vitamina B6	1,4 mg
	Vitamina B12	2, 5 μg
	Vitamina C	60 mg
	Vitamina D	5 μg
	Vitamina E	12 mg
Minerales y oligoelementos	Hierro	10,5 mg
	Calcio	120 mg
	Selenio	55 μg
	Manganeso	2 mg
	Cinc	1,5 mg

Construye con lo que sabes

Matematiza
Argumenta

6 **a** Calcula el peso en gramos de una cápsula multivitamínica fijándote en los datos del ítem 6.

b ¿Te parece que es una cantidad razonable o crees que el valor real es diferente? Si te inclinas por la segunda opción, ¿cuál consideras que es el valor real?

Argumenta

7 Razona si todas las cápsulas que se fabrican con la composición reflejada en el ítem 6 son iguales o puede haber alguna diferencia de peso entre ellas.

Plantea

8 Si la balanza con la que se mide puede dar lugar a un error de 0,1 mg, el resultado que se observe en el visor podría ser, realmente, 0,1 mg mayor o 0,1 mg menor. Halla los valores máximos y mínimos que tendrían las cantidades que componen una cápsula.

Argumenta

9 Si, al pesar la lecitina, se obtiene un resultado de 110 mg, ¿qué habría que pensar?

Matematiza

10 Para comprobar si la balanza está bien calibrada, se han pesado los miligramos de vitamina C, de vitamina B12, de calcio y de selenio que debe tener una cápsula. Se han obtenido las siguientes medidas: 59,6 mg; 2,4 μg; 119,6 mg y 49,9 μg, respectivamente. ¿Qué diferencia hay, en cada caso, entre la medida que se debería obtener y la que se obtiene realmente?

11 Para cada cantidad del ejercicio anterior, calcula el cociente entre la diferencia obtenida y el valor que debe tener en la cápsula.

Argumenta

12 A la vista de los resultados de los dos ejercicios anteriores, ¿cómo podrías decir en qué caso se ha registrado un error más importante?

Lo que has construido

Aproximas cantidades por **redondeo** y determinas si se trata de una **aproximación por exceso o por defecto.**

Distingues entre el **valor exacto** y el **valor aproximado** de una cantidad.

Calculas los **errores absoluto y relativo.**

Decides cuándo es importante o no el **error en el que se incurre.**

1. Aproximación

Apunte 1

La relación entre un número y su aproximado se debe escribir con el símbolo $\simeq$, puesto que los valores no son iguales:

$$\sqrt{2} \simeq 1{,}41$$

Ejemplo

1. Al sustituir π (valor exacto) por 3,14 o por 3,1416 (valores aproximados) se hace una aproximación.

También se aproxima al utilizar 1,41 (valor aproximado) por $\sqrt{2}$.

Una **aproximación** es un resultado inexacto, pero próximo al exacto, que se obtiene de una medición o de un cálculo.

Aproximar un número es sustituir su valor exacto por otro que facilite la comprensión y resolución de un problema sin que la solución resulte afectada.

El valor exacto y el valor aproximado no son iguales; uno de ellos siempre es menor que el otro (apunte 1).

- **Aproximación por defecto:** el valor aproximado es menor que el valor exacto.
- **Aproximación por exceso:** el valor aproximado es mayor que el valor exacto.

Ejemplo

2. El valor decimal exacto de $\frac{2}{11}$ es $0,\widehat{18} = 0{,}181\,818\,18...$ (apunte 2).

$0{,}18 < \frac{2}{11}$. Por tanto, 0,18 es una aproximación por defecto.

$0{,}2 > \frac{2}{11}$. En este caso, 0,2 es una aproximación por exceso.

Apunte 2

Se suelen utilizar aproximaciones de números cuando estos son periódicos o irracionales.

2. Métodos de aproximación

Hay dos formas de aproximar cantidades:

- **Por truncamiento.** Consiste en escribir las cifras con las que se desea trabajar y eliminar las demás (apunte 3).
- **Por redondeo.** Se trata de escribir las cifras con las que se quiere trabajar, teniendo en cuenta que:
  - Si la primera cifra que se elimina es menor que 5, la última cifra que se escribe no cambia.
  - Si la primera cifra que se elimina es mayor o igual que 5, se añade una unidad a la última que se escribe.

Apunte 3

La aproximación por **truncamiento** siempre es por defecto.

La aproximación por **redondeo** a veces es por defecto y otras, por exceso.

Ejemplo

3. Aproximamos $\sqrt{7} = 2{,}645\,751\,31\ldots$ por truncamiento y por redondeo:

a A la décima. **b** A la centésima. **c** Al entero.

a Por truncamiento, se escribe el número hasta la décima: 2,6.

Por redondeo, hay que tener en cuenta que la primera cifra que no se escribe es la centena (4), que es menor que 5. Por tanto, se escribe el número hasta la última cifra, la décima: 2,6.

b Por truncamiento, se escribe el número hasta la centésima: 2,64.

Por redondeo, se observa que la primera cifra que no se escribe es 5. En este caso, a la última cifra con la que se trabajará, la centésima (4), se le añade 1 y se cambiará por 5 (4 + 1). La aproximación será 2,65.

c Por truncamiento, se escribe el número sin los decimales: 2.

Por redondeo, se debe considerar que la primera cifra que se elimina es la décima (6), que es mayor que 5. Por tanto, se añade 1 a la última cifra que se escribe, la unidad (2). La aproximación será 3.

3. Errores

Como el valor aproximado y el valor exacto de un número no son iguales, al utilizar el primero en lugar del segundo se cometen **errores.**

Sabiendo que esto sucede, hay que intentar conseguir que los errores sean lo más pequeños posibles; de este modo, la cantidad con la que se trabajará será válida.

4. Tipos de errores

- **Error absoluto.** Es la diferencia, en valor absoluto, entre el valor exacto y el valor aproximado de una cantidad. Se mide en las mismas unidades que los valores que se restan. Se representa mediante E_a.

$$E_a = |\text{Valor real} - \text{Valor aproximado}| = |V_r - V_a|$$

- **Error relativo.** Es el cociente entre el error absoluto y el valor exacto. No tiene unidades de medida, ya que se utiliza para comparar dos cantidades expresadas en la misma unidad. Se representa mediante E_r.

$$E_r = \frac{\text{Error absoluto}}{\text{Valor real}} = \frac{E_a}{V_r}$$

A veces, el error relativo también se expresa en forma de porcentaje. Cuanto más pequeño sea, mejor será la aproximación que se utiliza.

Profesora en casa. Error absoluto y error relativo.

Calculadora

La calculadora tiene un modo operativo que permite redondear hasta la novena cifra decimal: MODE FIX.

Una vez seleccionado, se escribe el número de decimales al que se quiere redondear y ya se puede trabajar.

```
1:Fix
2:Sci
3:Norm
Fix:Select 0~9
```

Para volver al modo de trabajo habitual, hay que poner MODE NORM. Aparecerá en la pantalla **1~2?** Poner 1.

```
1:Fix
2:Sci
3:Norm
Norm:Select 1~2
```

Ejemplos

4. Al medir una barra de hierro de 186,5 mm con una cinta métrica, el valor que se observa en la cinta es de 186 cm. Calcula el error absoluto.

El valor real o exacto es el que se sabe que tiene la barra: 186,5 mm.

El valor aproximado es el que se obtiene con la cinta métrica: 186 cm.

Para hallar el valor absoluto, las cantidades deben estar expresadas en las mismas unidades, puesto que hay que restarlas:

$$E_a = |V_r - V_a| = |186{,}5 - 186| = |0{,}5| = 0{,}5 \text{ mm}$$

5. Se sabe que la distancia entre dos ciudades es de 450 km. Después de unos arreglos en la carretera que las comunica, la distancia se vuelve a medir y se obtiene una medida de 451 km. Decide cuál de las dos medidas (la del ejemplo anterior y la de este) es mejor.

Para valorar la aproximación de una cantidad se utiliza el error relativo.

En el ejemplo 4: $E_r = \frac{E_a}{V_r} = \frac{0{,}5}{186{,}5} = 0{,}002\,68.$

En el ejemplo 5: $E_a = |V_r - V_a| = |450 - 451| = |-1| = 1 \text{ km} \rightarrow$

$\rightarrow E_r = \frac{E_a}{V_r} = \frac{1}{450} = 0{,}002\,22.$

Como el error relativo es menor en el ejemplo 5, la mejor medida es la de este ejemplo.

Entrénate

1. Da un valor aproximado por exceso y otro por defecto de los siguientes decimales:

a 4,301 **b** 51,24 **c** 0,01 **d** 8,999

2. Escribe el valor decimal con redondeo a la décima de estos números:

a $\sqrt{5}$ **b** $\frac{1}{4}$ **c** $\sqrt{8}$ **d** $\frac{7}{9}$

3. Indica si la aproximación es por exceso o por defecto en cada uno de los apartados del ejercicio anterior.

4. (+)(−) Pon la calculadora en modo redondeo y comprueba que los valores que has dado en el ejercicio 2 son correctos.

5. Calcula los errores absoluto y relativo de las siguientes aproximaciones de $\frac{3}{11}$:

a 0,27 **b** 0,28 **c** 0,272 **d** 0,2728

6. Presta atención a los resultados del ejercicio anterior y realiza las actividades:

a Calcula y expresa de otra forma el valor exacto de $\frac{3}{11}$.

b Indica qué tipo de aproximación se ha realizado en cada uno de los casos.

c ¿Se puede decidir en todos los casos el método de aproximación? Razona tu respuesta.

d A partir de los resultados del ejercicio 5, explica cuál de las cuatro opciones que se ofrecen es la mejor aproximación de $\frac{3}{11}$.

7. Teniendo en cuenta que $3{,}142 < 3{,}145 < 3{,}147$:

a ¿Qué se puede afirmar de los valores extremos respecto al central?

b ¿Cuál es el error absoluto en cada caso?

c ¿Qué valor es mejor para sustituir a 3,145 en una operación?

8. Determina un número aproximado por defecto y otro por exceso del número 3,152, de tal modo que la diferencia entre el valor exacto y el valor aproximado sea ±0,005.

9. Justifica mediante los cálculos adecuados qué aproximación es mejor para $1,\overset{\frown}{19}$: ¿1,2 o 1,192?

Banco digital

10. Para poner un marco a un lienzo de forma cuadrada cuyo lado mide 26 cm de longitud, Carla ha medido su lado y ha obtenido 266 mm. Pepe cree que es preferible medir el perímetro entero y obtiene una medida de 105 cm.

Halla el error absoluto y el error relativo que comete cada uno de ellos y decide quién ha hecho la mejor medida.

11. Si las ventas de una empresa durante el último año fueron de 336 millones de euros y la información que aparece en la prensa al respecto es que las ventas han sido, aproximadamente, de 340 millones de euros:

a ¿Qué tipo de aproximación se ha hecho?

b ¿Qué método se ha utilizado para aproximar las ventas? ¿A qué cifra se ha aproximado?

c Calcula el error absoluto y el error relativo de la aproximación.

12. Al medir la altura de un árbol de 18 m utilizando el teorema de Tales, se han acumulado varios errores de medida y cálculo. El error absoluto que ha resultado con la nueva medida ha sido de 4 cm.

Halla el valor o los valores aproximados de la altura del árbol que se han calculado a través del método de Tales.

13. En una tienda de ropa juvenil, se anuncia una rebaja en los precios desde 5 €.

Un pantalón de 46 € se ha rebajado 10 € y una camiseta de 10 € se vende por 7 €.

a ¿En cuál de los dos casos la rebaja es mayor?

b ¿Cuál es la mejor?

14. Se sabe que, cuando se mide la temperatura corporal con un determinado termómetro digital, se puede cometer un error de ±0,2 °C. Si, al tomar la temperatura de una persona, aparece 36,7 °C en la pantalla, ¿cuáles pueden ser las temperaturas reales máxima y mínima que tenga? ¿Cuál es el intervalo de temperaturas que contiene la temperatura exacta de esa persona?

15. Gracia ha dibujado un rectángulo de 12 cm × 9 cm. Después, ha medido la diagonal con una regla y ha obtenido 153 mm.

a Halla los errores absoluto y relativo de la medida.

b Si necesita calcular la medida con un porcentaje de error del 1%, ¿es válida la que tiene o debe repetir el dibujo?

Banco digital

Mates en contexto

1 CM CL CD Personal Un pequeño reto

Ana y Jesús son buenos nadadores y acuden a la piscina cuatro días a la semana. A veces, compiten para ver quién es el más rápido al hacer un largo o quién aguanta más tiempo bajo el agua.

Un día, ayudados por un socorrista amigo suyo, han hecho una prueba diferente. Han puesto una boya con una pelota y, desde esquinas opuestas, tienen que nadar hasta alcanzarla. Gana el que lo consiga antes.

La piscina es de dimensiones olímpicas, 50 m de largo y 25 m de ancho.

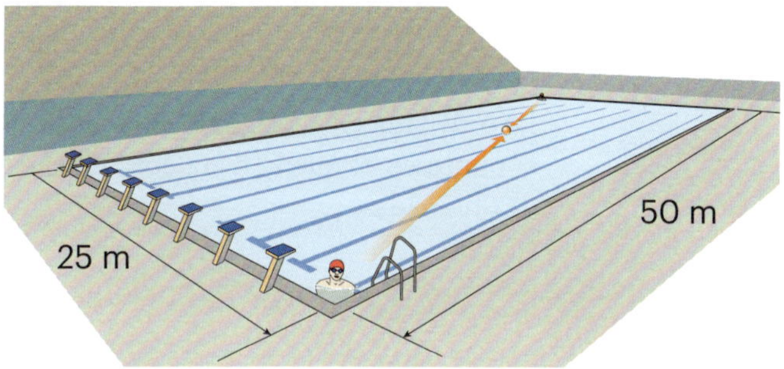

Problemas

1. Halla, dando el resultado en forma decimal, el valor exacto de la distancia entre la pelota y cada uno de los lados de la piscina.
2. Calcula el valor exacto de la diagonal de la piscina.
3. (+−) Redondéalo al entero y a la décima. ¿Son aproximaciones por exceso o por defecto?
4. (+−) Con el valor del ejercicio anterior, determina la distancia que debe recorrer cada uno de los nadadores hasta llegar a la pelota: de forma exacta y de forma aproximada a la décima.
5. Cuando realizaron el reto, Jesús se desvió de la trayectoria que debía seguir y llegó 15 cm a la derecha de la pelota. Calcula la longitud de la distancia que nadó (redondeando a la décima) de dos formas distintas:

   a Utilizando el valor exacto que tenía que nadar.
   b (+−) A partir del valor aproximado a la décima del ejercicio 2.
6. Con el valor aproximado a la décima, calcula la diferencia entre la distancia que recorrió cada uno.
7. (+−) Vuelve a repetir los ejercicios 2 al 5 redondeando a la centésima. ¿Cuál de las dos aproximaciones es mejor a la décima o a la centésima? Razona tu respuesta.

Argumenta: 1, 7 **Matematiza: 2, 3, 4, 5, 6**

2 CM CL Profesional El cronometraje de las carreras

Las primeras carreras que se cronometraron fueron las de caballos. Las de atletismo se empezaron a medir en 1850 en la Universidad de Oxford, con un error de $\frac{1}{2}$ de segundo. En 1862, se mejoraron a $\frac{1}{5}$ de segundo. En 1916, el fabricante suizo de relojes Heuer presentó un cronómetro que medía con $\frac{1}{50}$ de segundos de error y consiguió ser el medidor oficial de los Juegos Olímpicos entre 1920 y 1928. En ese año, Longines diseñó un cronómetro de bolsillo cuya precisión era de $\frac{1}{100}$ de segundos.

Problemas

1. ¿Cuándo se consiguió bajar el error a las centésimas por vez primera?
2. ¿Qué diferencia hay entre el error de los primeros cronómetros y el de los últimos?
3. Hasta 1920, el récord de los 100 m lisos estaba en 10,5 segundos. Teniendo en cuenta el error que se cometía en la medida en los tiempos, ¿entre qué dos valores podría encontrarse la medida real del récord?
4. El primer atleta que recorrió los 100 m lisos en menos de 10 segundos fue Jim Hines, que logró una marca de 9,95 s.

   a Escribe el intervalo que contiene el valor real según el cronómetro utilizado en ese momento. ¿Se podría afirmar que realmente bajó de los 10 segundos?
   b Si la medida se hubiera obtenido con los otros cronómetros, ¿cuál habría sido? ¿Es la misma si se redondea que si se trunca? ¿En qué caso se habría bajado de los 10 segundos?

Comunica: 1 **Matematiza: 2, 3** **Argumenta: 4**

2 Dietas

¿Cuál es la ración equilibrada?

CM CL CA CS Social Personal Profesional

Aprende a...

Formular algebraicamente una situación de la vida cotidiana mediante ecuaciones y sistemas de ecuaciones, resolverlas e interpretar el resultado de una manera crítica.

Identificar progresiones y emplearlas para resolver problemas.

Ítem 1. Nutrición

La nutrición es el proceso biológico en el que los seres vivos absorben de los alimentos los **nutrientes necesarios para la vida.**

Numerosos problemas de salud se pueden prevenir con una dieta saludable, que contenga las proporciones adecuadas de cada alimento.

Una dieta balanceada o equilibrada es aquella que, con los alimentos que integran cada una de las comidas, aporta nutrientes en las proporciones que un organismo sano necesita para su buen funcionamiento.

Las necesidades nutricionales diarias son:

- 50-60 % de hidratos.
- 15 % de proteínas.
- 25 % de grasas.

Ítem 2. Ecuación de la recta en forma explícita

$$y = mx + n$$

En ella, m es la pendiente de la recta, es decir, su inclinación:

- Si $m > 0$, la recta es creciente.
- Si $m < 0$, la recta es decreciente.
- Si $m = 0$, la recta no tiene pendiente; por lo tanto, es horizontal.

La ordenada en el origen es n, es decir, el punto en el que la recta corta al eje de ordenadas.

Construye con lo que sabes

Matematiza 1. M.ª Ángeles y Natalia son dos amigas que se van a independizar. Han decidido hacer un menú diario saludable, pero deben ajustar su presupuesto. Han calculado que destinarán 240 € en desayuno, comida y cena mensualmente. Calcula el presupuesto diario suponiendo que el mes tiene 30 días.

Simboliza 2. Destinan 7 € a la comida y la cena. Haz una ecuación que represente esta situación. Escribe lo que representa cada incógnita.

Matematiza 3. Plantea seis soluciones diferentes para la ecuación anterior. ¿Cuántas soluciones tiene esa ecuación?

Representa 4. Representa las soluciones del ejercicio anterior en unos ejes de coordenadas. ¿Qué observas? ¿Qué tipo de relación guardan las dos variables? ¿Qué ecuación las relaciona?

Argumenta 5. Multiplica por 2 la ecuación anterior. ¿Tiene las mismas soluciones que la ecuación original? Elige las seis soluciones que encontraste y comprueba si se cumplen en esta nueva ecuación.

Matematiza 6. Fíjate ahora en el ítem 2. ¿Cuál es la pendiente y cuál es la ordenada en el origen de la recta que relaciona ambos presupuestos?

7. Quieren destinar el 62,5 % del presupuesto diario a la comida y el 25 % a la cena. ¿Qué porcentaje dedicarán al desayuno?

Simboliza 8. Escribe una ecuación con los porcentajes de la comida y la cena utilizando las mismas variables que antes. Para no confundirte, escribe primero la proporción con los porcentajes para cada comida.

Argumenta 9. Dispones de dos ecuaciones que deben cumplir las variables x e y. ¿Cómo se llama el conjunto de dos ecuaciones que deben cumplir dos incógnitas? Si cada ecuación representa una recta, ¿cuántas posibles soluciones pueden existir? Haz una representación gráfica para justificar tu respuesta.

Matematiza 10. Resuelve el ejercicio 9 y calcula el dinero que M.ª Ángeles y Natalia destinarán a la comida y el que destinarán a la cena. Comprueba que el resultado es correcto haciendo uso de la información que has obtenido en los ejercicios 1 y 7.

Ítem 3. Progresión geométrica

Una progresión geométrica es aquella en la que cada término se obtiene del anterior, multiplicándolo por un número fijo llamado **razón.**

El término general de una progresión geométrica es $a_n = a_1 \cdot r^{n-1}$.

La suma de los n primeros términos de una progresión geométrica es: $S_n = \frac{a_n \cdot r - a_1}{r-1} = \frac{a_1 \cdot (r^n - 1)}{r-1}\ r \neq 1$

La suma de los infinitos términos de una progresión geométrica es: $S_\infty = \frac{a_1}{1-r}$

Ítem 4. Nutrientes de algunos alimentos cada 100 g

Alimento	Proteínas (g)	Grasas (g)	Carbohidratos (g)
Ternera	24,6	10,1	0
Pollo	29,8	5,4	0
Chorizo	11	44,2	0,9
Cereales	3	1	30
Verduras	2	0	5
Frutas	1	0	15
Garbanzos	22,1	5	57,8
Lácteos	5	6	9
Aceite	0	20	0
Pan	3	0,89	15
Pescado	25	10	0

Construye con lo que sabes

Simboliza

11 Según el ítem 1, es bueno consumir en torno a un 15% de proteínas al día. M.ª Ángeles y Natalia quieren que su desayuno les aporte el 4% de las proteínas diarias. Han optado por desayunar yogur con cereales.

a Copia y completa la siguiente tabla:

Proteínas	Cantidad por gramo	Proteínas por gramo	Aporte de proteínas
Yogur	x		
Cereales	y		
Yogur con cereales	1		

b Plantea la ecuación de la cantidad total de cada producto por gramo.
c Presenta la ecuación que relacione la cantidad de proteínas que aportan en total los alimentos y la cantidad de proteínas de la mezcla.
d Resuelve el sistema. Indica el porcentaje por gramo de cada alimento que deben consumir.

12 Fíjate en los alimentos de la tabla del ítem 4. Elige dos para obtener un 7% de las proteínas en la comida y el 5% restante en la cena. Indica las proporciones en las que debes mezclarlos.

13 Con el menú que has elaborado en las preguntas anteriores, calcula las proporciones de cada alimento que debes tomar para obtener un 5% de las grasas en el desayuno y un 20% en la comida. ¿Qué alimentos tienes que consumir en la cena?

14 Elabora un menú que cumpla el porcentaje diario recomendado de carbohidratos. Para ello, selecciona dos alimentos por comida y elige las proporciones que debes comer de cada uno para cumplir tu objetivo al final de la jornada.

Matematiza

15 M.ª Ángeles quiere dejar de consumir pan. Come una barra diaria, que pesa unos 250 g y decide reducir la quinta parte diariamente. Fíjate en el ítem 3.

a Calcula los gramos de pan que tomará el primer, el segundo, el tercer y el cuarto día.
b ¿Qué tipo de progresión representa el consumo de pan diario de M.ª Ángeles?

16 Halla los gramos de pan que consumirá el octavo día. ¿Cuántos habrá consumido en total?

Argumenta

17 ¿Cuántos gramos totales de pan comerá antes de dejarlo del todo? Justifica tu respuesta.

Lo que has construido

Utilizas **ecuaciones y sistemas** para resolver problemas de la vida real.

Buscas la relación existente entre una **secuencia de números** y contestas a preguntas a partir de esa relación.

5. Lenguaje algebraico

Una **expresión algebraica** es una combinación de letras y números relacionados por las operaciones matemáticas de suma, resta, multiplicación, división, potenciación y radicación. Nos permite representar, de una forma general, situaciones cotidianas con valores numéricos que se desconocen.

El **valor numérico** de una expresión algebraica es el número que resulta tras sustituir las letras por números y realizar las operaciones.

Ejemplo

6. El área de un triángulo es $A=\frac{b\cdot h}{2}$. Las letras son valores que no se conocen. Si queremos calcular el área para un triángulo cuya base mide 6 cm y cuya altura mide 5 cm, estamos asignando un valor a las letras. Para esas medidas, el área es: $A=\frac{6\cdot 5}{2}=15\text{cm}^2$.

Apunte 4

El signo de igualdad

Robert Recorde fue un médico y matemático galés que utilizó por primera vez el signo = en 1557. Argumentaba que escogió este símbolo porque «nada hay más igual que dos rayas de igual longitud y paralelas».

Su principal aportación al progreso del álgebra consistió en sistematizar la notación.

6. Ecuaciones y sistemas

Cuando igualamos dos expresiones algebraicas, obtenemos una **igualdad algebraica** (apunte 4) que puede cumplirse o no cumplirse.

6.1 Ecuaciones

Tenemos una única igualdad algebraica.

x + 5 = 6	**3x + 2x = 5x + 1**	**4x − x = 3x**
⇓	⇓	⇓
La igualdad se cumple únicamente para $x = 1$. Es una **ecuación** con una solución.	La igualdad no se cumple para ningún valor de x. En este caso, es una **ecuación sin solución.**	La igualdad se cumple para cualquier valor de x. Estamos ante una **identidad.**

Profesora en casa. Ecuación de primer grado con dos incógnitas.

Una **ecuación de primer grado con dos incógnitas** es una igualdad algebraica del tipo $ax + by = c$, donde a, b y c son tres números con $a \neq 0$ y $b \neq 0$. Las incógnitas son x e y. Las ecuaciones de este tipo presentan estas características:

- Tienen **infinitas soluciones.** Se calculan dando un valor (el que queramos) a una de ellas y despejando el otro valor.
- Cada **par de soluciones** determina un punto en el plano. Si dibujamos esos puntos en el eje de coordenadas, están alineados.
- En ellas, $ax + by = c$ es la ecuación de la recta que une todas las soluciones. Al despejar y, tenemos: $ax+by=c\rightarrow by=-ax+c\rightarrow y=\frac{-a}{b}x+\frac{c}{b}$. Esta ecuación se llama ecuación de la recta en forma explícita; en ella, $\frac{-a}{b}$ es la pendiente (o inclinación) de la recta y $\frac{c}{b}$ es la ordenada en el origen (o altura en la que la recta corta al eje de ordenadas).

Apunte 5

¡Recuerda!

1.º Quitar paréntesis.

2.º Quitar denominadores.

3.º Agrupar términos semejantes.

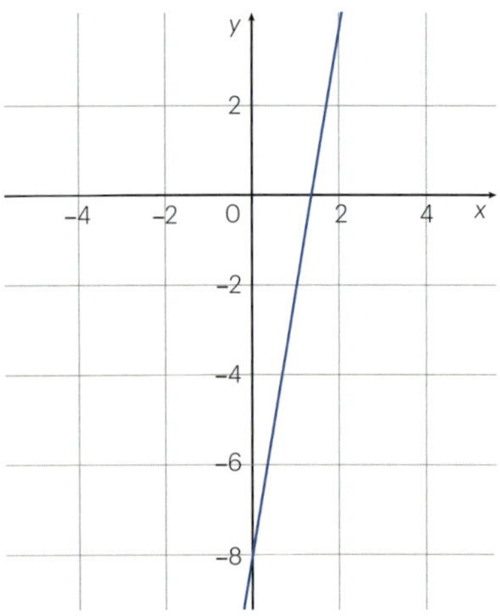

Ejemplo

7. $\frac{3(x-1)}{2}-\frac{y}{4}=\frac{1}{2}\rightarrow\frac{6(x-1)-y}{4}=\frac{2}{4}\rightarrow 6x-6-y=2\rightarrow 6x-y=8$

Damos valores a x: si $x = 0$, $y = -8$; si $x = 1$, $y = -2$; si $x = 2$, $y = 4$.

Despejamos y: $y = 6x - 8$. La pendiente es 6 y la ordenada en el origen es −8.

6.2 Sistemas

Tenemos dos o más igualdades algebraicas con dos o más incógnitas. En este caso, los valores para las letras deben hacer que se cumpla la igualdad en **todas las igualdades algebraicas.**

Vamos a trabajar con sistemas de dos ecuaciones de primer grado con dos incógnitas: $\begin{cases} a_1x + b_1y = c_1 \\ a_2x + b_2y = c_2 \end{cases}$.

Resolver un sistema consiste en encontrar los valores de las incógnitas que cumplen, a la vez, las dos ecuaciones. Recuerda que cada ecuación es una recta en el plano.

A la hora de resolver un sistema, pueden darse tres situaciones:

- **El sistema no tiene solución,** es decir, las dos rectas no tienen ningún punto en común. Son rectas paralelas, tienen la misma pendiente. En este caso, se dice que el **sistema** es **incompatible.**
- **El sistema tiene solución;** entonces, el **sistema** es **compatible.** A su vez, podemos encontrar dos casos:
  a) Tiene **una única solución.** Las rectas se cortan en un punto, luego sus pendientes son distintas. El **sistema** es **compatible determinado.**
  b) Tiene **infinitas soluciones.** Son dos rectas iguales (coincidentes), tienen la misma pendiente y la misma ordenada en el origen. El **sistema** es **compatible indeterminado.**

Discutir un sistema consiste en indicar el tipo de solución que tiene sin resolverlo.

Ejemplos

8. $\begin{cases} 2x + y = 1 \\ 4x + 2y = 7 \end{cases} \rightarrow y = 1 - 2x \rightarrow 4x + 2(1 - 2x) = 7 \rightarrow 4x + 2 - 4x = 7 \rightarrow 2 = 7$

Llegamos a una contradicción, porque $2 \neq 7$. Las dos rectas son paralelas. Escribimos ambas de forma explícita:

$$\begin{cases} 2x + y = 1 \\ 4x + 2y = 7 \end{cases} \rightarrow \begin{cases} y = -2x + 1 \\ 2y = -4x + 7 \end{cases} \rightarrow \begin{cases} y = -2x + 1 \\ y = -2x + \dfrac{7}{2} \end{cases}$$

Observa que en ambos casos la pendiente es –2 y la ordenada en el origen es distinta.

9. $\begin{cases} 2x + 3y = 1 \\ 4x + 6y = 2 \end{cases}$

Observamos que la segunda ecuación es la primera multiplicada por 2.

Así, una de las ecuaciones sobra; nos queda una ecuación de primer grado con dos incógnitas, que ya sabemos que tiene infinitas soluciones. Si la resolvemos, llegamos a la igualdad $0 = 0$.

Apunte 6

Resolución de un sistema

1.º Se simplifican las ecuaciones hasta que tengan la forma $ax + by = c$.

2.º Se aplica uno de los métodos de resolución de sistemas:

- **Sustitución:** se despeja una incógnita en una de las ecuaciones y se sustituye en la otra.
- **Igualación:** se despeja la misma incógnita en ambas ecuaciones y se igualan.
- **Reducción:** las ecuaciones se multiplican, de tal manera que se igualen los coeficientes con signos contrarios de una de las incógnitas. Se suman las ecuaciones y se resuelve la ecuación resultante.

Profesora en casa. Tipos de soluciones de un sistema lineal de dos ecuaciones con dos incógnitas.

Apunte 7

Pendientes

- **Pendientes distintas:** sistema compatible determinado (una solución).
- **Pendientes y ordenadas en el origen iguales:** sistema compatible indeterminado (infinitas soluciones).
- Solo la **pendiente igual:** sistema incompatible (no tiene solución).

Entrénate

16. Calcula el valor numérico de las siguientes expresiones para los valores que se indican:

a $x^2y - 5x + y^3x$ para $x = -1$, $y = 2$

b $\frac{2}{3}xy^2 - \frac{5}{2}(x^2y^2 - 30)$ para $x = -3$, $y = 2$

17. Indica si estas igualdades algebraicas son ecuaciones o identidades. En el caso de que se trate de una ecuación, di si tiene solución o no:

a $\frac{3(x-2)}{2} - \frac{x+1}{4} = \frac{5x-13}{4}$

b $\frac{3(2x-1)}{5} - \frac{2x-1}{2} = \frac{x}{5} - 1$

c $\frac{x+1}{2} - 3x = \frac{1-5x}{2} + 1$

18. Encuentra cinco soluciones para cada una de las siguientes ecuaciones con dos incógnitas. Dibuja en unos ejes de coordenadas las rectas que representan:

a $2x - y = -3$

b $\frac{x+2}{2} - \frac{y-1}{3} = 2$

c $\frac{3x+y}{2} - \frac{2(x-1)}{3} = 2(x-y)$

19. Despeja la y en las ecuaciones anteriores y determina el valor de la pendiente y de la ordenada en el origen.

20. Escribe rectas paralelas a las anteriores cuya ordenada en el origen sea –5.

21. ¿En cuántos puntos se cortan dos rectas paralelas? Razona tu respuesta.

22. ¿Una recta con pendiente $\frac{3}{2}$ es paralela a otra con pendiente $\frac{9}{6}$? Justifica tu respuesta.

23. Indica si el par de valores $x = -1$, $y = 2$ es la solución de alguna de estas ecuaciones:

a $3x - 2y = -7$

b $5y - x = 11$

c $2x - 3y = -8$

d $5y - x = 9$

24. Determina si los siguientes pares de rectas tienen algún punto en común:

a $3x - 2y = 7$; $6x - 4y = 9$

b $-x + 5y = -1$; $-4x + 20y = -4$

c $3x - 2y = 2$; $2x - 3y = -2$

Banco digital

25. Resuelve los siguientes sistemas y comprueba que las soluciones obtenidas se cumplen para las dos ecuaciones:

a $\begin{cases} y - x = 3 \\ 3x - 5y = 7 \end{cases}$

b $\begin{cases} 2(x+y) + 3(x-y) = 9 \\ 4(2x-y) - 5(x-2y) = 12 \end{cases}$

c $\begin{cases} \frac{x+1}{2} - \frac{y-1}{3} = x - 1 \\ \frac{3-x}{4} - \frac{y+2}{3} = y - 2 \end{cases}$

d $\begin{cases} \frac{x-1}{4} - \frac{2y-1}{2} = -x \\ \frac{1-x}{4} - \frac{y-2}{3} = 3y + 2 \end{cases}$

26. Dibuja las rectas de cada sistema del ejercicio 25 y comprueba que, efectivamente, la solución es la que has obtenido.

27. Escribe la pendiente y la ordenada en el origen de todas las rectas del ejercicio 25.

28. Indica, sin resolverlo, el tipo de solución de estos sistemas:

a $\begin{cases} 4y = 10 - x \\ y - x = 5 \end{cases}$

b $\begin{cases} x - 2y = -3 \\ -4y + 2x = -6 \end{cases}$

c $\begin{cases} x = 2y + 1 \\ y = 2x - 3 \end{cases}$

d $\begin{cases} 5x - 2y = 0 \\ 4y - 10x = 8 \end{cases}$

29. Dada la recta $y = 3x + 2$, determina el valor que ha de tener k para que las rectas siguientes sean paralelas a ella:

a $y = \frac{k}{3}x - 5$

b $2y = kx + 4$

c $y = \frac{1}{k}x + 4$

d $kx - 5y = 10$

30. Dada la recta $3x - 5y = 2$, complétala con otra ecuación para que resulte un sistema según se especifica en cada uno de los siguientes casos. Explica, para cada uno de ellos, por qué has añadido la ecuación.

a El sistema es compatible determinado.

b El sistema es compatible indeterminado.

c El sistema es incompatible.

31. Discute, según los diferentes valores de a, los siguientes sistemas:

a $\begin{cases} x - 2y = 3 \\ 5x - 10y = a \end{cases}$

b $\begin{cases} 2x - 3y = 1 \\ 4x + ay = 2 \end{cases}$

Profesora en casa. Discusión de un sistema.

Mates en contexto

3 CM CL CA Personal Restaurante Las tres jotas

Angelines y Marcelino han decidido montar un restaurante. A Angelines se le da muy bien la cocina tradicional. Como tienen tres hijos que se llaman Jorge, Javier y Jose, han pensado que un buen nombre para el restaurante sería Las tres jotas. Disponen de un comedor para 60 personas y quieren comprar mesas para dos y para cuatro comensales. Tienen la duda de que no saben cuántas mesas de cada tipo deben comprar.

Problemas

1. Escribe las incógnitas que tienen que calcular y lo que representa cada una.
2. ¿Cuántas condiciones hay en el enunciado?
3. ¿Cuántos comensales habrá en las mesas de dos? ¿Y en las mesas de cuatro?
4. ¿Podría haber 15 comensales en las mesas de cuatro, suponiendo que todos los sitios están ocupados? ¿Y en las mesas de dos? Justifica tus respuestas.
5. Escribe la ecuación que permite calcular el número de mesas de cada tipo.
6. ¿Cuántas soluciones posibles tiene esa ecuación? Escríbelas. Si las representamos en unos ejes de coordenadas, ¿podrías unirlas todas? Justifica tu respuesta.
7. Si careciera de contexto, ¿cuántas soluciones tendría la ecuación del problema 5? ¿Podrías unirlas todas en esta circunstancia?
8. Calcula la pendiente y la ordenada en el origen de la recta que uniría todos los puntos en el caso que se propone en el problema 7.
9. Finalmente, Angelines y Marcelino han decidido poner en su restaurante el triple de mesas de dos plazas que de cuatro plazas. A partir de las soluciones que has escrito en el problema 6, elige ahora la correcta.
10. Escribe la nueva condición en función de las variables anteriores.
11. Resuelve el sistema y comprueba que la solución coincide con la que escogiste en el problema 9.
12. ¿Qué sucede si añadimos una segunda condición: que van a comprar 40 mesas? Escribe la nueva ecuación, resuélvela y saca conclusiones.

Simboliza: 1, 2, 3, 5, 10 **Argumenta: 2, 4, 6, 7, 12**

Matematiza: 8, 9, 11

4 CM CL CA Personal El café perfecto

Baldo tiene una tienda de café. Vende dos clases: café natural, a 9 €/kg, y café torrefacto, a 6,40 €/kg. Quiere conseguir una mezcla con un precio de venta de 8 €/kg. Además, desea que esa mezcla contenga 3 kg más de café natural que de café torrefacto.

Problemas

1. Escribe las incógnitas que tienes en el ejercicio.
2. Plantea la ecuación que refleja la condición de que debe haber 3 kg más de café natural que de café torrefacto.
3. Calcula el coste del café natural y el coste del café torrefacto utilizados en la mezcla.
4. Plantea la expresión algebraica que expresa los kilos totales que tiene la mezcla.
5. Halla el beneficio que obtendrá Baldo al vender esos kilos de mezcla.
6. Como no debe haber pérdidas ni beneficios, plantea la ecuación que refleje esa condición.
7. ¿Cuántos kilogramos de café de cada clase ha de coger para conseguir la mezcla en las condiciones anteriores?
8. Calcula la pendiente y la ordenada en el origen de las ecuaciones anteriores. Representa esas rectas en los ejes de coordenadas y comprueba que, efectivamente, se cortan en el punto que has obtenido.

Simboliza: 1, 2, 3, 4, 5, 6 **Matematiza: 7, 8**

3 Ni tan gordo ni tan delgado

¿Existe mucha gente con trastornos alimenticios?
¿Hay más personas gordas o delgadas?

CM CL CA CS

Social

Personal

Aprende a...

Distinguir población y muestra en problemas contextualizados.

Valorar la representatividad de una muestra.

Calcular e interpretar las medidas de posición de una variable estadística.

Ítem 1. Muestra

El sobrepeso y la obesidad infantil en España son problemas muy serios que tienen en alerta permanente los servicios médicos. El porcentaje de sobrepeso infantil en España gira en torno al 23 % y el de obesidad infantil se encuentra cerca del 18 %.

Para conocer el nivel de sobrepeso y obesidad en niños y niñas menores de 14 años, en la Universidad de Granada se ha realizado un análisis estadístico estudiando a 3642 niños y niñas, repartidos de la siguiente forma:

Niños	Niñas	2-5 años	6-9 años	10-14 años
1954	1668	1054	1042	1546

Ítem 2. Resultados en niñas

	2-5 años (%)	6-9 años (%)	10-14 años (%)
Bajo peso	22,6	9,4	12,4
Sobrepeso	14,0	22,4	14,9
Obesidad	19,8	13,1	2,6

Ítem 3. Resultados en niños

	2-5 años (%)	6-9 años (%)	10-14 años (%)
Bajo peso	23,0	9,9	8,9
Sobrepeso	11,6	25,0	22,2
Obesidad	18,0	12,4	3,6

Construye con lo que sabes

Argumenta

1. ¿Por qué crees que se ha escogido una muestra y no a todos los niños y niñas comprendidos entre esas edades?

Matematiza

2. Completa las tablas de los ítems 2 y 3 añadiendo el porcentaje de niños y niñas con un peso normal.

3. Sabiendo que, al seleccionar la muestra por edades, se ha mantenido la proporción entre sexos, calcula el número de niños y niñas de cada tramo de edad que hay en la muestra.

4. Elabora dos tablas (una para cada sexo) que reflejen el número de niños y niñas de cada categoría, en lugar del porcentaje.

5. Une las dos tablas del ejercicio 4 en una sola para saber cuántos niños y niñas hay en cada categoría, sin distinción de sexo.

6. A partir de los datos obtenidos en el ejercicio 5, calcula el porcentaje de bajo peso, sobrepeso y obesidad en cada tramo de edad.

Argumenta

7. ¿Qué resultados de este estudio te han sorprendido? ¿Por qué?

8. ¿Puedes dar una explicación al hecho de que exista una elevada proporción de niños y niñas de entre 2 y 5 años con bajo peso?

Argumenta
Plantea
Comunica

9. ¿Por qué crees que se reduce tanto la obesidad entre los niños y niñas de 10 a 14 años?

10. Analizad los datos y sacad conclusiones de este trabajo.

Ítem 4. Anorexia nerviosa

La **anorexia nerviosa** es un trastorno de la conducta alimentaria. Se caracteriza por la pérdida de peso y la resistencia a recuperarlo, lo cual puede provocar en la persona que la padece una situación de desnutrición grave.

Quienes sufren anorexia tienen una preocupación excesiva por su peso, lo que los lleva a disminuir la cantidad de alimentos que ingieren y a seleccionar aquellos que contienen menos calorías.

Ítem 5. Bulimia

La **bulimia** es una alteración de la conducta alimentaria que se caracteriza por la presencia de episodios regulares de atracones de comida con un gran contenido calórico, en cortos períodos de tiempo y a escondidas de los demás. Estos episodios van seguidos de comportamientos dirigidos a compensar ese exceso, sobre todo, provocando vómitos.

Muchas personas con bulimia también padecen anorexia. En ambos trastornos existe una preocupación excesiva por todo lo relativo a la comida, el peso y la figura.

Ítem 6. Casos de anorexia y bulimia

En España, los últimos estudios realizados coinciden en señalar que los casos de trastornos alimentarios en la población adolescente es de un 5 %. En particular, un 2,2 % corresponde a la anorexia y un 1,3 %, a la bulimia.

La relación hombre-mujer en los trastornos del comportamiento alimentario es de 1/10. Es decir, por cada hombre enfermo, hay 10 mujeres enfermas.

Ítem 7. ¡Se cura!

Se calcula que el 20 % de las personas que padecen anorexia nerviosa fallecen por complicaciones derivadas de la enfermedad, pero es esperanzador saber que un 60 % de los enfermos se cura. Por ello, ante cualquier síntoma hay que acudir al especialista

Construye con lo que sabes

Matematiza

(11) Si en una región viven 80 000 chicos y chicas repartidos al 50 %:

a ¿Cuántos, aproximadamente, padecen anorexia nerviosa? ¿Y bulimia?
b De los enfermos obtenidos en el apartado anterior, ¿cuántos son hombres? ¿Cuántos son mujeres?

(12) Usa los datos del ejercicio anterior para rellenar la siguiente tabla, colocando en cada casilla la probabilidad correspondiente (pon los datos en tantos por mil):

	Anorexia	Bulimia
Chicos		
Chicas		

Argumenta

(13) Supón que se escoge al azar a una persona de este colectivo. Calcula el tanto por ciento de que:

a Sea chico.
b Sea chico y padezca anorexia nerviosa.
c Sea chica y esté sana (no padezca anorexia ni bulimia).
d Sea chica, padezca anorexia nerviosa y sane con un tratamiento médico.

(14) ¿Cuántas personas es de prever que mueran en esta región a causa de la anorexia nerviosa?

Lo que has construido

Distingues entre **muestra y población.**

Obtienes **muestras representativas.**

Obtienes información y la analizas en **tablas.**

7. Estadística

La **estadística** es la parte de las matemáticas que se ocupa de reunir todos los hechos que se pueden valorar numéricamente, para poder hacer comparaciones y sacar conclusiones.

Un **estudio estadístico** consta de las siguientes fases, diferenciadas, pero relacionadas entre sí:

1.º Recogida de datos (apunte 8).
2.º Organización y representación de datos.
3.º Análisis de datos.
4.º Obtención de conclusiones.

Apunte 8

La **recogida de datos** para llevar a cabo un estudio estadístico se puede hacer mediante la **observación directa** o a través de encuestas.

8. Población y muestra

Para la recogida de datos, es importante saber si nos centraremos en todos los objetos del estudio o solo en unos pocos:

- **Población.** Es el conjunto de todos los elementos (personas, animales o cosas) que van a ser objeto de un estudio estadístico. Cada elemento se llama **individuo** (apunte 9).
- **Muestra.** Es un conjunto representativo de la población de referencia.

Apunte 9

En estadística, se utilizan términos como ***individuo*** o ***población*** porque los primeros estudios de este tipo se realizaron con personas.

Lo ideal es estudiar a toda una población, pero la mayoría de las veces no es posible y solo se considera una muestra.

Es fundamental escoger bien la muestra, pues, de lo contrario, se podrían obtener datos poco fiables. No es fácil confeccionar una muestra; hay que tener en cuenta algunas consideraciones:

1. Que la muestra sea suficientemente representativa.
2. Que abarque la máxima cantidad posible de valores distintos.
3. Que la elección sea objetiva.

Para recoger datos, se puede recurrir a la observación directa o a encuestas (apunte 10). A la hora de hacer una encuesta, no hay que olvidar lo siguiente:

- El tema debe ser claro y concreto.
- Las preguntas tienen que ser precisas y estar bien formuladas, sin rodeos.
- Las preguntas no deben influir en las respuestas de los encuestados.
- A ser posible, la respuesta a cada pregunta ha de constar de una sola palabra.
- El orden de las preguntas es importante.

Ejemplos

10. Para saber la nota media del alumnado de una clase de Matemáticas o el deporte favorito de tus amigos, usaremos la población, ya que está compuesta por un número asequible de individuos. En cambio, para conocer la calidad de un lote de conservas, el número de hijos de las familias de una comunidad autónoma o el destino preferido por los alemanes para sus vacaciones, nos decantaremos por la muestra.

11. En un instituto están matriculados 240 alumnos y 260 alumnas. ¿Cómo tomaríamos una muestra de 25 personas?

Habría que mantener la proporción por sexos. Como hay 500 personas y queremos escoger solo a 25, resulta que: 500 / 25 = 20. Hay que coger 1 de cada 20 personas. Por tanto, chicos: 240 / 20 = 12. Chicas: 260 / 20 = 13.

Apunte 10

En una **encuesta** se averigua la opinión dominante sobre una materia a través de preguntas que se hacen a mucha gente.

9. Parámetros centrales o de posición

Los **parámetros centrales** son números que representan de forma global el conjunto de los datos de un estudio estadístico. Existen muchos parámetros centrales; los más importantes son estos:

- **Moda.** Es el valor que tiene mayor frecuencia absoluta. Se representa mediante ***Mo.***
- **Mediana.** Es el valor que ocupa el lugar central de todos los datos cuando estos están ordenados de menor a mayor. Se representa con ***Me.***
- **Media aritmética.** Es el valor que se obtiene tras sumar todos los datos y dividir el resultado entre el número total de datos. Se representa con el símbolo $\overline{x}$.
- **Cuartiles.** Son los valores que dividen los datos (ordenados) en cuatro partes iguales. Hay tres cuartiles: Q1, Q2 y Q3. El segundo cuartil es la mediana. El primer cuartil es la mediana de la primera mitad de los datos y el tercer cuartil es la mediana de la segunda mitad de los datos. Es decir, el primer cuartil es el valor en el cual o por debajo del cual queda un cuarto (25 %) de todos los valores de la sucesión (ordenada). El tercer cuartil es el valor en el cual o por debajo del cual quedan las tres cuartas partes (75 %) de los datos. La diferencia entre los cuartiles tercero y primero se conoce como **rango intercuartílico** (RIC).

Ejemplo

12. La siguiente tabla nos muestra el número de ciudades declaradas Patrimonio de la Humanidad que han visitado 160 personas, escogidas al azar para realizar una encuesta:

x_i	f_i	F_i	$x_i \cdot f_i$
0	50	50	0
1	42	92	42
2	26	118	52
3	22	140	66
4	12	152	48
5	6	158	30
6	2	160	12
Suma	**160**		**250**

Para calcular los parámetros centrales necesitamos, además de la columna de las frecuencias absolutas (f_i), la de las frecuencias acumuladas (F_i) y la del producto ($x_i \cdot f_i$).

- **Moda:** la mayor frecuencia absoluta es 50, que corresponde al valor 0. Luego la moda es *Mo* = 0.
- **Mediana**: tenemos 160 datos. Dividimos 160 : 2 = 80. La primera frecuencia acumulada mayor de 80 es 92, que corresponde al valor 1. Así pues, la mediana es *Me* = Q2 = 1.
- **Cuartiles:** tenemos 160 datos. Dividimos el número de datos entre 4 (Q1 es la mitad de la mitad): 160 : 4 = 40. La primera frecuencia acumulada mayor de 40 es 52, que corresponde al valor 0. Luego Q1 = 0. La mitad entre 80 (mitad de los datos) y 160 (todos los datos) es 120. Observa que es igual que multiplicar 40 por 3. La primera frecuencia acumulada mayor de 120 es 140, que corresponde al valor 3. Así pues, Q3 = 3.
- **Media aritmética:** creamos y utilizamos la columna de la derecha. Para ello, multiplicamos los valores por su frecuencia absoluta. Sumamos todos estos productos y resulta 250. Si dividimos este valor entre el número de datos, obtenemos la media aritmética: $\overline{x} = \frac{250}{160} = 1{,}5625$.

Entrénate

32. Indica qué preguntas están bien formuladas y cuáles no, para una encuesta:

a ¿Qué colonia usas?
b Fumar es perjudicial para la salud. ¿Tú fumas?
c ¿Cuál crees tú que es la característica más importante que deben tener los profesores para enseñar bien?
d Ya que hay muchos sucesos desagradables en la ciudad y los ciudadanos no se ayudan los unos a los otros para facilitar la vida a los demás, ¿qué habría que hacer para mejorar la sociedad?

33. Fíjate en los siguientes estudios estadísticos e indica en cuáles utilizarías una población y en cuáles, solo una muestra:

a La altura media del alumnado de tu instituto.
b La nota más baja en Matemáticas de tu clase.
c La resistencia a la rotura de una producción de vasos.
d La calidad de un lote de televisores.
e La música favorita de tus compañeros de clase.
f Los gustos culinarios de tu familia.

34. Un fabricante de bombillas quiere analizar su duración. Para hacer el experimento, ¿tendrá que tomar una población o una muestra? ¿Por qué?

35. Elabora una pequeña encuesta sobre los gustos alimenticios. Luego, escoge una muestra de 10 estudiantes entre todas las clases de 1.º y 2.º de ESO de tu centro de estudios y lleva a la práctica la encuesta. Recoge los datos en una tabla de frecuencias.

36. Para las próximas elecciones, en una ciudad hay censados 135000 mujeres y 115000 hombres. Se quiere realizar un sondeo a 500 personas. ¿Cuántos hombres y mujeres hay que escoger como muestra?

37. En una población de 125000 habitantes se ha tomado una muestra de 2500 personas para saber qué deportes practican. Los resultados han sido los siguientes: 400 no se dedican a ningún deporte; 1125 practican fútbol; 235, baloncesto; 55, balonmano; 140, ciclismo; 310, natación y el resto, otros deportes. A partir de estos datos, construye una tabla en la que reflejes cuántas personas de esa población practican cada uno de los deportes.

38. Las notas conseguidas por Elisenda al final del curso han sido estas: 7, 9, 6, 5, 8, 7, 9, 6. Las de Nacho han sido: 6, 8, 7, 5, 9, 7, 9, 6. ¿Qué nota media obtuvieron al final del curso? ¿Quién logró mejores resultados?

Banco digital

39. Las notas en un examen de Matemáticas han sido las siguientes: 9, 3, 6, 7, 4, 7, 7, 5, 3, 2, 1, 4, 9, 6, 5, 4, 7, 5, 6, 3, 2, 8, 5, 6, 6, 4, 4, 7, 6, 7.

a Construye una tabla con los valores, y sus frecuencias absolutas y acumuladas.
b Calcula la moda, la mediana y la media aritmética.
c Determina los cuartiles.

40. La siguiente tabla refleja el número de suspensos de una clase en la segunda evaluación:

Suspensos	0	1	2	3	4	5
Estudiantes	22	30	19	15	10	4

a Elabora una tabla que recoja las frecuencias acumuladas.
b Calcula la moda, la mediana y la media aritmética.
c Halla los cuartiles.

41. Preguntamos a 20 alumnos y alumnas de una clase sobre el número de hermanos que tienen y obtenemos los siguientes datos: 3, 2, 0, 1, 2, 2, 3, 2, 3, 3, 0, 0, 2, 1, 1, 3, 2, 2, 4, 1. Calcula todos sus parámetros centrales.

42. En una clase, el número de suspensos en la primera evaluación viene dado por este diagrama de barras:

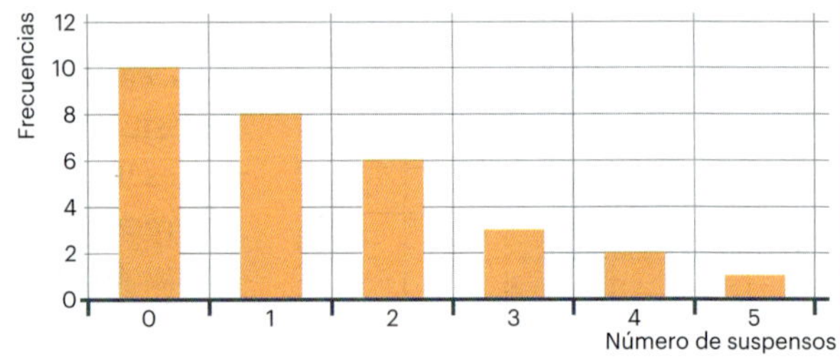

a Construye una tabla con las frecuencias absolutas y acumuladas.
b Halla la moda, la mediana y la media aritmética.
c Calcula los cuartiles.

43. Este diagrama muestra el resultado de un estudio sobre el número de veces que acude al cine un grupo de personas:

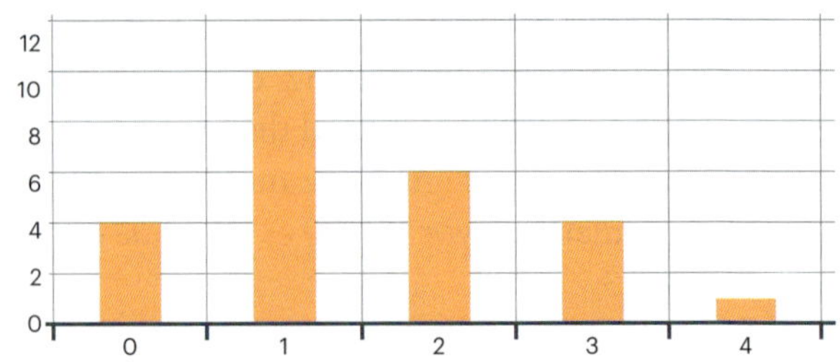

a Construye una tabla con las frecuencias absolutas y acumuladas.
b Calcula sus parámetros de posición.

Mates en contexto

5 CM CL CA CS Social El polideportivo

En una ciudad se desea construir un nuevo polideportivo. Para conocer los gustos y las necesidades de los habitantes, y ajustar el proyecto, los responsables del Ayuntamiento hacen una encuesta a una muestra de 200 ciudadanos.

Se sabe que unas 80 000 personas pueden utilizar el polideportivo. De ellas, que 42 400 son mujeres y el resto, hombres. Además, 28 800 son menores de 18 años y 13 200 tienen más de 65 años.

Problemas

1. Diseña una encuesta con varias preguntas que permitan averiguar qué deporte o deportes les gusta practicar a los ciudadanos, cuántas veces por semana usarían el polideportivo, qué hora y día les convendría, etc.
2. A partir de los datos de los que dispones, responde:
   - **a** ¿Cuántos hombres hay?
   - **b** ¿Cuántas personas hay con edades comprendidas entre 18 y 65 años?
   - **c** De estas últimas, ¿cuántas, aproximadamente, son mujeres?
3. ¿Cuál es la proporción entre la muestra y los posibles usuarios del polideportivo?
4. Teniendo en cuenta estos datos:
   - **a** ¿A cuántos hombres hay que hacer la encuesta? ¿Y a cuántas mujeres?
   - **b** ¿A cuántos menores de edad habría que hacer la encuesta? ¿A cuántos mayores de 65 años? ¿Y a cuántas personas cuya edad está comprendida entre 18 y 65 años?
5. Con la respuesta al problema 1, preparad una encuesta sobre el tema para contestarla en clase. Luego, reunid todos los datos y debatid sobre ellos.

Plantea: 1 **Matematiza: 2, 3, 4** **Argumenta: 5** **Comunica: 5**

6 CM CL CA CS Social Profesional ¿Estoy enfermo?

Unos laboratorios han creado una prueba que permite detectar, con una simple muestra de sangre, un tipo de cáncer con una fiabilidad del 98 %. Esto significa que, si una persona está enferma, se la diagnostica como tal con ese porcentaje, pero también implica que, si está sana, el 2 % de las veces la prueba indicará que está enferma.

Se sabe que, aproximadamente, una de cada 200 personas padece esta dolencia.

En una campaña de prevención de este tipo de cáncer, han hecho la prueba a Samuel (junto a otras 10 000 personas) y ha dado positivo.

También sabemos que el 90 % de las personas a las que se diagnostica esta enfermedad a tiempo, se curan con su tratamiento.

¿Hasta qué punto Samuel debe estar preocupado por el resultado de la prueba, es decir, cuál es la probabilidad de que padezca esta enfermedad?

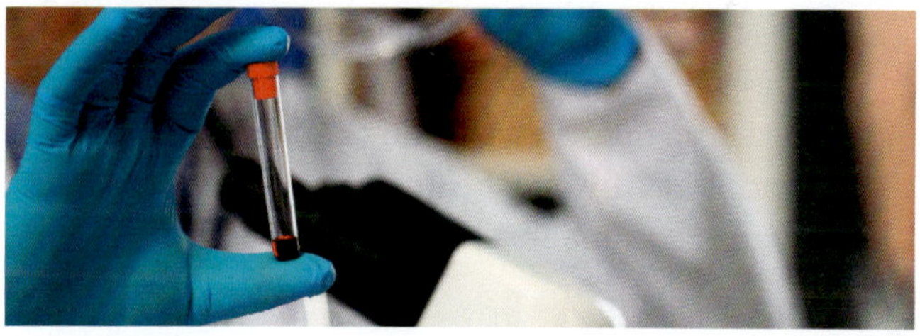

Problemas

1. Las 10 000 personas que se han sometido a la prueba, ¿son una población o una muestra?
2. De las 10 000 personas que se han sometido a la prueba, ¿cuántas estarán enfermas? ¿Y sanas?
3. De las personas enfermas, ¿cuántas se van a curar, aproximadamente?
4. De las personas enfermas, ¿a cuántas les saldrá positiva la prueba, es decir, a cuántas les indicará que están enfermas?
5. De las personas sanas, ¿a cuántas les saldrá positiva la prueba, es decir, a cuántas les indicará que están enfermas, aunque no lo estén?
6. Con estos datos, ¿cuál es la proporción (en tanto por ciento) de Samuel de estar enfermo?
7. Comenta en clase tu opinión sobre el resultado obtenido.

Matematiza: 1, 2, 3, 6 **Argumenta: 4, 5, 7** **Comunica: 7**

NÚMEROS

Aproximación

Aproximar un número es sustituir su valor exacto por otro que facilite la comprensión y resolución de un problema sin que la solución resulte afectada.

El valor exacto y el valor aproximado no son iguales; uno de ellos siempre es menor que el otro:

- Si el valor aproximado es menor que el valor exacto, se efectúa una **aproximación por defecto.**
- En caso contrario, se hará una **aproximación por exceso.**

Métodos de aproximación

Hay dos formas de aproximar cantidades:

- **Por truncamiento.** Consiste en escribir las cifras con las que se quiere trabajar y eliminar las demás.
- **Por redondeo.** Se trata de escribir las cifras con las que se desea trabajar, teniendo en cuenta que:
  - Si la primera cifra que se elimina es menor que 5, la última cifra que se escribe no cambia.
  - Si la primera cifra que se elimina es mayor o igual que 5, se añade una unidad a la última que se escribe.

Errores

Como los valores aproximado y exacto de un número no son iguales, al utilizar el primero en lugar del segundo se cometen **errores.** Hay dos tipos de errores:

- **Error absoluto.** Es la diferencia, en valor absoluto, entre el valor exacto y el valor aproximado de una cantidad. Se mide en las mismas unidades que los valores que se restan. Se representa mediante E_a.

$$E_a = |\text{Valor real} - \text{Valor aproximado}| = |V_r - V_a|$$

- **Error relativo.** Es el cociente entre el error absoluto y el valor exacto. No tiene unidades de medida, ya que se utiliza para comparar dos cantidades expresadas en la misma unidad. Se representa mediante E_r.

$$E_r = \frac{\text{Error absoluto}}{\text{Valor real}} = \frac{E_a}{V_r}$$

A veces, este error también se expresa en forma de porcentaje.

Cuanto más pequeño sea, mejor será la aproximación que se haga.

Lenguaje algebraico

Una **expresión algebraica** es una combinación de letras y números relacionados por las operaciones matemáticas de suma, resta, multiplicación, división, potenciación y radicación.

El **valor numérico** de una expresión algebraica es el número que resulta tras sustituir las letras por números y realizar las operaciones.

Ecuaciones y sistemas

Cuando igualamos dos expresiones algebraicas obtenemos una **igualdad algebraica**, la cual puede cumplirse o no cumplirse.

- **Ecuaciones.** Una **ecuación de primer grado con dos incógnitas** es una igualdad algebraica del tipo $ax + by = c$, donde a, b y c son tres números con $a \neq 0$ y $b \neq 0$. Las incógnitas son x e y.

  Las ecuaciones de este tipo se caracterizan por estos rasgos:

  - Tienen **infinitas soluciones.** Se calculan dando un valor (el que queramos) a una de ellas y despejando el otro valor.
  - Cada **par de soluciones** determina un punto en el plano. Si dibujamos esos puntos en un eje de coordenadas, estarán alineados.
  - En ellas, $ax + by = c$ es la ecuación de la recta que une todas las soluciones. Despejamos y: $ax + by = c \rightarrow by = -ax + c \rightarrow y = \frac{-a}{b}x + \frac{c}{b}$. Esta ecuación se llama ecuación de la recta en forma explícita; en ella, $\frac{-a}{b}$ es la pendiente (o inclinación) de la recta y $\frac{c}{b}$ es la ordenada en el origen (o altura en la que la recta corta al eje de ordenadas).

- **Sistemas.** Existen dos o más igualdades algebraicas con dos o más incógnitas. En este caso, los valores para las letras deben hacer que se cumpla la igualdad en **todas** las igualdades algebraicas.

  Trabajamos con sistemas de dos ecuaciones de primer grado con dos incógnitas: $\begin{cases} a_1x + b_1y = c_1 \\ a_2x + b_2y = c_2 \end{cases}$.

  Resolver un sistema consiste en encontrar los valores de las incógnitas que se cumplen a la vez en las dos ecuaciones. Cada ecuación es una recta en el plano.

A la hora de resolver un sistema, se pueden presentar tres situaciones:

- **El sistema no tiene solución,** es decir, las dos rectas carecen de un punto en común. Son rectas paralelas; tienen la misma pendiente. En este caso, el sistema es **incompatible.**
- **El sistema tiene solución;** se dice que es **compatible.** A su vez, se pueden dar dos casos:
  - Tiene **una única solución.** Las rectas se cortan en un punto, luego sus pendientes son distintas. El sistema es **compatible determinado.**
  - Tiene **infinitas soluciones.** Se trata de dos rectas iguales (coincidentes) que tienen la misma pendiente y la misma ordenada en el origen. El sistema es **compatible indeterminado.**

Discutir un sistema consiste en decir el tipo de solución que tiene sin resolverlo.

ESTADÍSTICA

Estudio estadístico

La **estadística** es la parte de las matemáticas que se ocupa de reunir todos los hechos que se pueden valorar numéricamente, para poder hacer comparaciones y sacar conclusiones.

Un **estudio estadístico** consta de estas fases, diferenciadas, pero relacionadas entre sí:

1.º Recogida de datos.
2.º Organización y representación de datos.
3.º Análisis de datos.
4.º Obtención de conclusiones.

Población y muestra

Para la recogida de datos, es importante saber si el análisis estadístico se va a hacer con todos los objetos del estudio o solo con unos pocos:

- **Población.** Es el conjunto de todos los elementos (personas, animales o cosas) que son objeto del estudio estadístico. Cada elemento es un **individuo.**
- **Muestra.** Es un conjunto representativo de la población de referencia.

No es sencillo confeccionar una muestra. Para hacerla, hay que tener en cuenta algunas consideraciones:

- Que la muestra sea suficientemente representativa.
- Que abarque la máxima cantidad posible de valores distintos.
- Que la elección sea objetiva.

La recogida de datos se puede hacer mediante observación directa o mediante encuestas.

Para realizar una encuesta hay que tener en cuenta estos aspectos:

- El tema debe ser claro y concreto.
- Las preguntas tienen que ser precisas y estar bien formuladas, sin rodeos.
- Las preguntas no deben influir en las respuestas de los encuestados.
- A ser posible, la respuesta a cada pregunta ha de constar de una sola palabra.
- El orden de las preguntas es importante.

Parámetros centrales o de posición

Los **parámetros centrales** son números que representan de forma global el conjunto de los datos de un estudio estadístico. Existen muchos parámetros centrales; los más importantes son estos:

- **Moda.** Es el valor que tiene mayor frecuencia absoluta. Se representa mediante ***Mo.***
- **Mediana.** Es el valor que ocupa el lugar central de todos los datos cuando estos están ordenados de menor a mayor. Se representa con ***Me.***
- **Media aritmética.** Es el valor que se obtiene tras sumar todos los datos y dividir el resultado entre el número total de datos. Se representa con el símbolo $\overline{x}$.
- **Cuartiles.** Son los valores que dividen los datos (ordenados) en cuatro partes iguales. Hay tres cuartiles: Q1, Q2 y Q3. El segundo cuartil es la mediana. El primer cuartil es la mediana de la primera mitad de los datos y el tercer cuartil es la mediana de la segunda mitad de los datos. Es decir, el primer cuartil es el valor en el cual o por debajo del cual queda un cuarto (25 %) de todos los valores de la sucesión (ordenada). El tercer cuartil es el valor en el cual o por debajo del cual quedan las tres cuartas partes (75 %) de los datos. La diferencia entre los cuartiles tercero y primero se conoce como **rango intercuartílico** (RIC).

Entrénate +

Números

44. Escribe una aproximación por exceso y otra por defecto de los números:

a 13,54 **b** 6,302 **c** 8,5 **d** 3,21

45. Obtén una aproximación por exceso a la centésima de estos números:

a 4,18 **b** 2,4 **c** 1,39 **d** 0,03

46. Redondea al entero y a la décima:

a 7,45 **b** 8,56 **c** 2,96 **d** 9,92

47. En el ejercicio anterior, indica qué aproximaciones son por exceso y cuáles, por defecto.

48. Calcula el error absoluto y el error relativo que se produce en cada caso:

a Se sustituye $\frac{1}{4}$ por 0,3.

b Se usa 2,15 en lugar de 2,146.

49. Cuando son las 12:05, un reloj marca las 12:03. Calcula el error absoluto y el error relativo de la medida.

50. Dos personas miden un listón de 3 m de longitud. Una obtiene 295 cm y la otra, 3012 mm. Estudia y explica qué medida es mejor.

Banco digital

Álgebra

51. Encuentra cinco soluciones para cada una de las siguientes ecuaciones con dos incógnitas. Dibuja en unos ejes de coordenadas las rectas que representan:

a $-3x + 5y = -3$ **b** $\frac{x+3}{2} - \frac{2y-1}{4} = 1$

52. ¿Cuánto vale la pendiente y la ordenada en el origen de las rectas del ejercicio 57? ¿Tienen algún punto en común?

53. Resuelve los siguientes sistemas:

a $\begin{cases} \frac{x+2}{2} - \frac{2y-1}{3} = -1 \\ 2(x+y) - 5(y-x) = -20 \end{cases}$ **b** $\begin{cases} \frac{x+y}{2} = 1-y \\ \frac{x-y}{2} = 1-x \end{cases}$

54. Escribe la pendiente y la ordenada en el origen de las rectas del ejercicio 59.

55. Indica, sin resolverlo, el tipo de solución de los siguientes sistemas:

a $\begin{cases} 3y = 4-2x \\ y-x-3=0 \end{cases}$ **c** $\begin{cases} 3x+1=2y \\ y=-x-3 \end{cases}$

b $\begin{cases} x-2y=1 \\ 6y-3x=8 \end{cases}$ **d** $\begin{cases} 3x-5y=-1 \\ -10y+6x=-2 \end{cases}$

Banco digital

Estadística

56. Se desea conseguir una muestra de estudiantes de un instituto. Con este fin, se escoge a un estudiante entre todos aquellos cuyo apellido empieza por la letra A, a otro entre los que tienen un apellido que comienza por la letra B, y así sucesivamente. ¿Es representativa la muestra? ¿Por qué?

57. Una empresa de automóviles quiere investigar las preferencias de los usuarios respecto al color de los coches. Con este fin, hace una encuesta a personas con edades comprendidas entre 18 y 65 años. ¿Cuál sería la población? ¿Se usaría una muestra o toda la población? ¿Por qué crees que la encuesta no se hace a personas menores de 18 años?

58. En una población de 16 000 habitantes hay 10 000 mujeres y 6000 hombres. Se quiere hacer una encuesta preguntando a 200 personas sobre las mejoras que harían en esa población. ¿A cuántas mujeres habría que escoger? ¿Y hombres?

59. En un instituto hay 1200 alumnos y alumnas. De ellos, 750 son de Educación Secundaria, 350 pertenecen a Bachillerato y el resto está matriculado en Ciclos Formativos. Se desea hacer una encuesta a 48 estudiantes de este centro. ¿A cuántos de cada modalidad de estudio hay que escoger?

60. El número de móviles usados por el alumnado de una clase se refleja en este diagrama de barras:

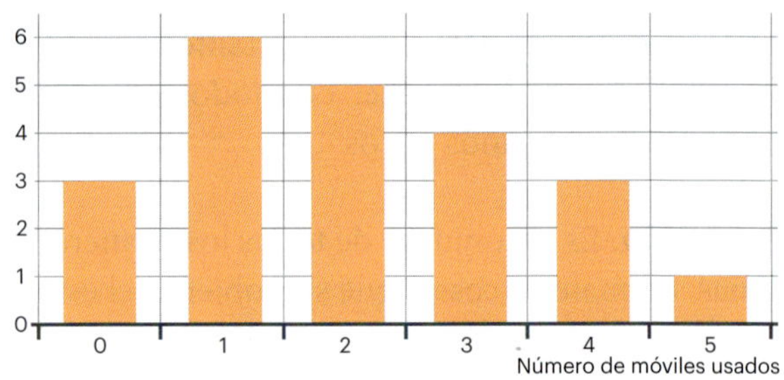

a Construye una tabla con todas las frecuencias.

b Calcula todos sus parámetros centrales.

Banco digital

Mates en contexto

7 CM CL Profesional Midiendo pastillas

El término *pastilla* se utiliza para designar de forma genérica a los comprimidos, que es el término científico. Es una forma farmacéutica sólida que se obtiene por compresión de sus ingredientes, previamente reducidos a polvo. Su peso puede llegar hasta 1 g, y su medida depende de su forma y de sus componentes.

Para medir sus dimensiones se puede utilizar un vernier o pie de rey, que tiene una precisión de 1 décima de mm, o bien un tornillo micrométrico o tornillo de Palmer, cuya precisión es de 1 centésima de mm e incluso de 1 micra.

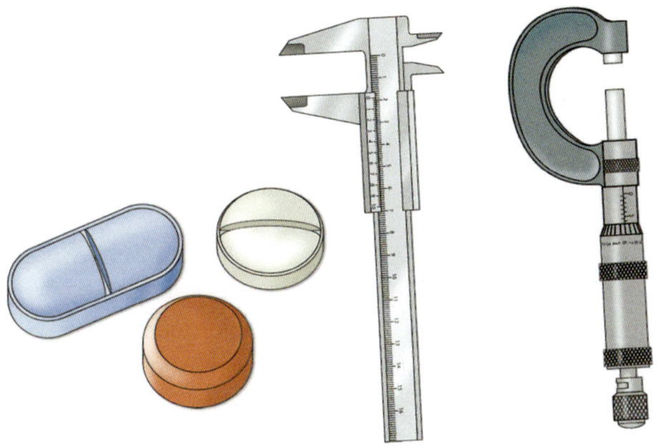

Problemas

1. Se han pesado unos comprimidos de 250 mg en una balanza, obteniéndose los siguientes resultados (en mg):

251	248	251	250	251
252	254	251	249	247

Calcula la media de los datos y la desviación típica.

2. Teniendo en cuenta que la exactitud es la diferencia entre la medida obtenida y la medida real, y que la precisión es la desviación típica, determina la exactitud y la precisión de la balanza del problema 1.

3. Calcula la exactitud y la precisión de las siguientes balanzas, en las que se han pesado las pastillas anteriores:

Balanza 2:	252	248	252	252	251
	249	250	248	250	251
Balanza 3:	249	251	248	251	252
	251	248	251	247	248
Balanza 4:	251,3	249,4	251,9	248,7	251,3
	248,7	250,9	248,8	252,1	249,9

4. ¿Cuál es la balanza más exacta? ¿Y la más precisa? Razona tus respuestas.

5. Al medir las dimensiones de un comprimido cilíndrico de 650 mg, se obtiene esto: 6,123 mm de diámetro y 2,894 mm de altura. Explica razonadamente con qué instrumento se han tomado las medidas.

6. Teniendo en cuenta la respuesta del problema 5, ¿entre qué dos valores se encontrarían las medidas reales?

7. Si el diámetro y la altura del comprimido deben ser 6 mm y 3 mm, respectivamente, y un comprimido no es válido si sus medidas varían más del 5 %, ¿se aceptará o se rechazará un comprimido de 6,2 mm de diámetro y 2,8 mm de altura? Razona tu respuesta tras hacer los cálculos necesarios.

8. ¿Con qué instrumento se habrían realizado las medidas anteriores?

9. Considerando la precisión de los instrumentos de medida de las dimensiones de los comprimidos, ¿qué instrumento consideras más adecuado para los comprimidos que han de guardarse en blíster y para los que se guardan en botes?

10. Al medir la altura del comprimido del problema 7 con tres tornillos micrométricos diferentes, se han obtenido las siguientes medidas: 3,036 mm; 2,966 mm y 3,120 mm. ¿Qué aparato es más preciso?

Matematiza: 1, 2, 3, 6, 10 **Argumenta: 4, 5, 7, 8, 9**

8 CM CL Profesional ¿Cuánto dura exactamente un año terrestre?

El año es el tiempo que tarda la Tierra en dar una vuelta alrededor del Sol. Este valor no es un número exacto de días. La media es de 365 días, 5 horas, 48 minutos y 46 segundos. Nuestro calendario es de 365 días; cada cuatro años se añade un día más, 366, para compensar la diferencia con el valor real.

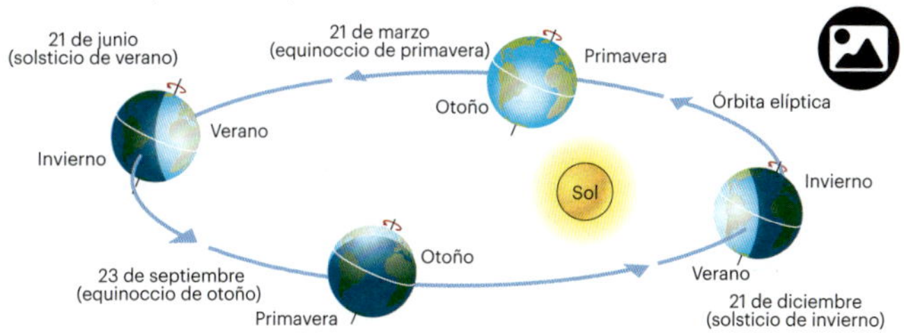

Problemas

1. Comprueba si es cierto que lo que excede a 365 da lugar a un día más al cabo de cuatro años.

2. Si no es cierto, razona si se obtiene una aproximación por exceso o por defecto.

3. En el caso de que sea una aproximación, calcula el error absoluto que se comete y el porcentaje de error.

Matematiza: 1, 3 **Argumenta: 2**

9 CM CL Personal Aleaciones

Una **aleación** es una mezcla de metal con un segundo metal u otro material no metálico. Las aleaciones pueden combinar las propiedades más útiles de dos materiales, al tiempo que reducen sus puntos débiles.

En joyería se utilizan mucho las aleaciones de oro con otros metales, que suelen ser plata y cobre. De este modo, se consiguen la pureza y el color ideales para terminados de joyería.

Un **quilate** (K) representa una veinticuatroava parte de la masa total de la aleación que compone el metal. Así, si una joya está hecha con oro de 18 quilates, tiene $\frac{18}{24}=\frac{3}{4}$ partes de oro y, por lo tanto, una pureza del 75%.

Un joyero tiene dos lingotes de oro, uno de 12 quilates y otro de 18 quilates. ¿Cuántos gramos de cada lingote debe utilizar para obtener 9 g de oro de 14 quilates?

Problemas

1. Escribe las incógnitas del problema.
2. ¿Cuáles son las condiciones del problema?
3. Escribe la ecuación que representa la primera condición.
4. Copia y completa la siguiente tabla, que te ayudará con la segunda condición:

	Cantidad	Partes de oro	Oro total
Oro 12 K			
Oro 18 K			
Aleación 14 K			

5. Escribe la ecuación que represente la segunda condición.
6. Contesta a la pregunta del problema.
7. Calcula la pendiente y la ordenada en el origen de ambas rectas. Represéntalas y comprueba que el resultado obtenido es correcto.

Simboliza: 1, 3, 5 | Argumenta: 2, 6 | Matematiza: 4, 7

10 CM CL Personal ¿Cuánto vale?

Alba y sus amigas han salido a merendar a una cafetería. Han pagado 25 € por cinco bocadillos y cinco refrescos.

Problemas

1. Con los datos que tienes, ¿puedes saber el precio de un bocadillo y el de un refresco? Justifica tu respuesta.
2. Escribe la ecuación que representa la situación y haz una lista de cinco posibles precios para el refresco y para el bocadillo.
3. Representa gráficamente la ecuación anterior.
4. Escribe la recta en forma explícita. ¿Cuánto valen la pendiente y la ordenada en el origen?
5. Alba ya ha estado otras veces en esta cafetería. Recuerda que la vez anterior compraron tres bocadillos, pero no recuerda el número de refrescos. De lo que sí se acuerda es de que todo le costó 18 €. Con esta nueva información, ¿puede determinar el precio del bocadillo y el del refresco? Justifica tu respuesta.
6. Plantea la ecuación de lo que recuerda Alba y escribe una letra en el dato que desconoces. Esta letra se llama parámetro.
7. Escribe la recta en forma explícita. Ambas ecuaciones forman un sistema de dos ecuaciones con dos incógnitas. ¿Qué sucede si las pendientes de ambas rectas son distintas? ¿El sistema tendría solución? ¿Cuántas soluciones tendría?
8. Escribe lo que sucedería si las pendientes fueran iguales. ¿Para qué valor del parámetro sucede esto?
9. Resuelve el sistema en el caso de que el valor del parámetro sea 5, es decir, si la vez anterior compró cinco refrescos. ¿Cuánto vale cada cosa?
10. Representa gráficamente ambas rectas y comprueba el resultado.
11. Imagina ahora que Alba recuerda que compró siete refrescos y siete bocadillos, pero no se acuerda de lo que pagó. Estudia las soluciones que puede tener el nuevo sistema en función del parámetro.

Argumenta: 1, 5, 7, 8 | Simboliza: 2, 6 | Representa: 3, 10 | Matematiza: 4, 9, 11

11 CM CL CS Social Profesional **«Ventanas» en baloncesto**

Las «ventanas FIBA» de baloncesto son un proceso previo de clasificación para torneos europeos y mundiales. Han generado polémica entre equipos y jugadores, porque la mayoría de las selecciones deben disputar estos partidos clasificatorios cuando hay competición en sus ligas y, por tanto, no pueden disponer de sus mejores jugadores.

En la última ventana de clasificación para el mundial, los jugadores de la selección española que participaron en ella tenían estas medidas:

Altura (cm)	Peso (kg)
186	84
188	88
193	79
200	93
188	75
202	93

Altura (cm)	Peso (kg)
203	95
200	90
205	109
205	90
202	102
212	97

Problemas

1. Elabora dos tablas de frecuencias (valores y frecuencias).
2. ¿Crees que es efectivo realizar la tabla para el trabajo estadístico? Razona tu respuesta.
3. Haz una lista con las 12 alturas, ordenadas de menos a más.
4. ¿Cuál es la altura mayor? ¿Y la menor?
5. Calcula la media aritmética de las alturas de los jugadores de baloncesto.
6. Halla su moda. ¿Cuántas modas hay?
7. Calcula los tres cuartiles de la altura.
8. Haz una lista con los 12 pesos ordenados de menos a más.
9. ¿Cuál es el mayor peso? ¿Y el menor?
10. Calcula la media aritmética de los pesos de los jugadores.
11. Halla su moda. ¿Tiene sentido calcular la moda con estos datos?
12. Calcula los tres cuartiles del peso.

Matematiza: 1, 3, 5, 7, 8, 10, 12 **Argumenta: 2, 4, 6, 9, 11**

12 CM CL CS CC Social Profesional **Vacaciones escolares**

En el ámbito escolar, no es nuevo el debate sobre las horas de clase y las vacaciones. En distintos países de Europa no existe uniformidad en lo relativo a los días lectivos, las horas diarias de clase ni las vacaciones.

En la siguiente tabla aparece la jornada escolar europea con su carga lectiva diaria, el número de días de clase al año y la carga lectiva anual:

Países	Carga lectiva diaria (minutos)	Días de clase al año	Carga lectiva anual (horas)
Bélgica	280	182	849
Dinamarca	216	200	720
Alemania	227	188	712
Grecia	270	175	788
España	270	180	810
Francia	282	180	846
Irlanda	280	183	854
Italia	270	200	900
Luxemburgo	265	212	936
Países bajos	300	200	1000
Austria	250	180	750
Portugal	300	175	875
Finlandia	207	190	656
Inglaterra	282	190	893
Islandia	240	160	640
Noruega	261	190	827
Bulgaria	200	165	550
República Checa	216	184	662
Hungría	225	185	694
Polonia	207	185	638
Rumanía	230	170	652

Problemas

1. Copia esta tabla en tu cuaderno ordenando los países de menor a mayor carga lectiva anual.
2. ¿En qué país la carga anual es la más alta? ¿Y en cuál es la más baja?
3. ¿Dónde se sitúa España, entre los países de mayor o de menor carga lectiva anual?
4. ¿Qué países tienen menos días lectivos? ¿Y cuáles tienen más días de clase?
5. ¿Dónde se sitúa España respecto al número de días de clase al año?
6. ¿En qué países dura más la jornada escolar? ¿Cuál tiene la jornada más larga? ¿Y la más corta?
7. ¿Cuál es la situación de España respecto a la duración de la jornada escolar?
8. Calcula la media aritmética de la carga lectiva diaria, los días de clase al año y la carga lectiva anual.

Matematiza: 1, 8 **Argumenta: 2, 3, 4, 5, 6, 7**

1. La aproximación, con seis decimales, del número ϖ es: 3,141592. Redondea este número a las centésimas, a las milésimas y a las diezmilésimas.

2. Escribe el valor decimal con redondeo a la centésima de estos números:

a $\sqrt{2}$ **b** $\frac{1}{4}$ **c** $\frac{5}{6}$

3. Se ha construido un rectángulo de 16 cm de largo y 12 cm de ancho. Calcula el error absoluto y el error relativo que se ha cometido en las siguientes mediciones:

a Largo: 166 mm.

b Ancho: 1,17 dm.

c Perímetro: 55 cm.

d Diagonal: 204 mm.

4. Resuelve el siguiente sistema: $\begin{cases} \frac{x+1}{4} - \frac{y+2}{6} = 1 \\ 2(x-y) - 3(x+y) = 7 \end{cases}$

5. A Elena le han regalado un ramo de margaritas y rosas. El número de rosas del ramo es 6 unidades mayor que el número de margaritas. Tras cuatro días, se marchitan 2 rosas y 4 margaritas; en ese caso, el número de rosas es el doble que el de margaritas. ¿Cuántas flores quedaron en el ramo después de esos cuatro días?

6. Indica, sin resolverlo, el tipo de solución que tienen los siguientes sistemas:

a $\begin{cases} 3x - 2y = 1 \\ 4y - 6x = -2 \end{cases}$ **b** $\begin{cases} x = 2y + 3 \\ x - 2y = -3 \end{cases}$

7. Dada la recta $y = 2x - 1$, determina el valor que debe tener k para que las rectas siguientes sean paralelas a ella:

a $y = \frac{k}{5}x - 3$ **b** $kx - 3y = 4$

8. En un instituto hay 1200 estudiantes, de los cuales 750 son de ESO, 350 cursan Bachillerato y el resto, ciclos formativos. Se quiere hacer una encuesta preguntando a 48 de ellos. ¿A cuántos estudiantes de cada modalidad hay que escoger?

9. El número de teléfonos móviles de los que disponen los componentes de 30 familias escogidas al azar son los siguientes:

2, 5, 4, 3, 3, 8, 1, 4, 3, 6, 2, 7, 6, 4, 4, 5, 3, 4,

8, 6, 4, 5, 3, 3, 4, 6, 5, 2, 4, 5, 3, 6, 4, 4, 5, 6, 4, 3, 4, 5

a Realiza una tabla con los valores y con las frecuencias absolutas y acumuladas.

b Calcula la moda, la mediana y la media aritmética de estos datos.

c Obtén los cuartiles.

	4 puntos	3 puntos	2 puntos	1 punto
1. Aproximaciones y redondeos	Comprendo ambos conceptos, y soy capaz de aproximar y redondear con exactitud.	Soy capaz de aproximar y redondear, pero me equivoco en los cálculos.	Comprendo ambos conceptos y soy capaz de aproximar o redondear, pero no las dos cosas.	No soy capaz ni de aproximar ni de redondear.
2. Errores	Calculo correctamente los errores absolutos y relativos.	Sé calcular errores absolutos y relativos, pero me equivoco en algún cálculo.	Sé calcular errores absolutos, pero no errores relativos.	No sé calcular ni errores absolutos ni errores relativos.
3. Resolución de sistemas de ecuaciones	Planteo y resuelvo sistemas de ecuaciones con exactitud.	Planteo y resuelvo sistemas de ecuaciones, pero me equivoco en los cálculos.	Resuelvo sistemas de ecuaciones, pero no soy capaz de plantearlos.	No sé ni plantear ni resolver sistemas de ecuaciones.
4. Discusión de sistemas	Indico el número de soluciones de cualquier tipo de sistemas.	Indico el número de soluciones de los sistemas, pero me equivoco en los cálculos.	Sé calcular el número de soluciones en algunos casos, pero no en todos.	No sé calcular el número de soluciones de un sistema.
5. Rectas paralelas y secantes	Distingo cuándo dos rectas son paralelas o no, y soy capaz de calcular una recta paralela a otra dada.	Distingo y calculo cuándo dos rectas son paralelas o no, pero me equivoco en los cálculos.	Distingo cuándo dos rectas son paralelas o no, pero no soy capaz de calcular una recta paralela a otra dada.	No sé distinguir cuándo dos rectas son paralelas.
6. Población y muestra	Entiendo la diferencia entre ambos conceptos y soy capaz de obtener una muestra representativa.	Entiendo la diferencia entre ambos conceptos y sé obtener una muestra, pero me equivoco en los cálculos.	Entiendo la diferencia entre ambos conceptos, pero no soy capaz de obtener una muestra representativa.	No sé qué es una muestra ni sé calcularla.
7. Parámetros centrales	Conozco y calculo correctamente todos los parámetros centrales o de posición.	Conozco y calculo todos los parámetros centrales o de posición, pero cometo algún fallo al realizar las operaciones.	Conozco y calculo los parámetros centrales principales, pero fallo en los cuartiles.	De todos los parámetros de posición, calculo, como mucho, la moda.

Anexo

Tabla de contenidos

		PRIMER TRIMESTRE		
	CONTENIDOS	**Campamento de verano**	**Naturaleza matemática**	**En movimiento**
NÚMEROS Y ÁLGEBRA	**Potencias y raíces**			
	Potencias de números racionales con exponente entero. Significado y uso.			
	Potencias de base 10. Aplicación para expresar números muy pequeños.			
	Operaciones con números expresados en notación científica.			
	Raíces cuadradas. Operaciones.			
	Representación de números en la recta real.			
	Fracciones y decimales			
	Transformación de fracciones en decimales y viceversa.			
	Números decimales exactos y periódicos. Fracción generatriz.			
	Operaciones con fracciones y decimales. Cálculo aproximado y redondeo. Cifras.			
	Sucesiones			
	Investigación de regularidades, relaciones y propiedades que aparecen en conjuntos de números. Expresión mediante el uso del lenguaje algebraico.			
	Sucesiones numéricas. Sucesiones recurrentes. Progresiones aritméticas y geométricas.			
	Álgebra			
	Polinomios. Transformación de expresiones algebraicas. Operaciones elementales con polinomios.			
	Igualdades notables.			
	Ecuaciones de primer y segundo grado con una incógnita. Resolución por el método algebraico y gráfico de ecuaciones de primer y segundo grado. Resolución de problemas mediante el uso de ecuaciones de primer y segundo grado, y de sistemas de ecuaciones.			
	Sistemas de ecuaciones lineales. Resolución de sistemas de ecuaciones. Resolución de problemas mediante el uso de sistemas.			

SEGUNDO TRIMESTRE		
Historias matemáticas	Tiempo libre y ocio	El mundo de la publicidad

TERCER TRIMESTRE		
Los números te cuidan	Arquitectura matemática	Comer con cabeza

Tabla de contenidos

		PRIMER TRIMESTRE		
	CONTENIDOS	**Campamento de verano**	**Naturaleza matemática**	**En movimiento**
GEOMETRÍA	**Geometría en el plano**			
	Rectas y ángulos en el plano. Relaciones entre los ángulos definidos por dos rectas que se cortan.			
	Frisos y mosaicos en la arquitectura andaluza.			
	Lugar geométrico: mediatriz de un segmento y bisectriz de un ángulo.			
	Polígonos. Circunferencia y círculo. Perímetro y área.			
	Teorema de Tales. División de un segmento en partes proporcionales.			
	Escalas.			
	Teorema de Pitágoras. Aplicación a la resolución de problemas.			
	Movimientos en el plano: traslaciones, giros y simetrías.			
	Geometría en el espacio			
	Poliedros, poliedros regulares. Vértices, aristas y caras. Teorema de Euler.			
	Cilindro, cono y tronco de cono.			
	La esfera. Intersecciones de planos y esferas. El globo terráqueo. Coordenadas geográficas y husos horarios. Longitud y latitud de un punto.			

SEGUNDO TRIMESTRE		
Historias matemáticas	Tiempo libre y ocio	El mundo de la publicidad

TERCER TRIMESTRE		
Los números te cuidan	Arquitectura matemática	Comer con cabeza

Tabla de contenidos

		PRIMER TRIMESTRE		
	CONTENIDOS	**Campamento de verano**	**Naturaleza matemática**	**En movimiento**
FUNCIONES	**Gráficas y funciones**			
	Análisis y descripción cualitativa de gráficas que representan fenómenos del entorno cotidiano y de otras materias.			
	Análisis de una situación a partir del estudio de las características locales y globales de la gráfica correspondiente.			
	Análisis y comparación de situaciones de dependencia funcional dadas mediante tablas y enunciados.			
	Uso de modelos lineales para estudiar situaciones provenientes de los diferentes ámbitos de conocimiento y de la vida cotidiana, mediante la confección de la tabla, la representación gráfica y la obtención de la expresión algebraica.			
	Expresiones de la ecuación de la recta.			
	Funciones cuadráticas. Representación gráfica. Utilización para representar situaciones de la vida cotidiana.			
ESTADÍSTICA	Estadística			
	Fases y tareas de un estudio estadístico. Población y muestra. Variables estadísticas: cualitativas, discretas y continuas.			
	Métodos de selección de una muestra estadística. Representatividad de una muestra.			
	Frecuencias absolutas, relativas y acumuladas.			
	Gráficas estadísticas.			
	Parámetros de posición. Cálculo, interpretación y propiedades. Parámetros de dispersión. Diagrama de caja y bigotes.			

SEGUNDO TRIMESTRE		
Historias matemáticas	Tiempo libre y ocio	El mundo de la publicidad

TERCER TRIMESTRE		
Los números te cuidan	Arquitectura matemática	Comer con cabeza

Los códigos del libro

LAS COMPETENCIAS

- CM Competencia matemática y competencias en ciencia y tecnología
- CA Aprender a aprender
- CI Sentido de iniciativa y espíritu emprendedor
- CL Comunicación lingüística
- CD Competencia digital
- CS Competencias sociales y cívicas
- CC Conciencia y expresiones culturales

LOS RECURSOS MULTIMEDIA

- Imagen
- Video
- Enlace
- Documento
- Profesor/a en casa
- Banco digital

PROCESOS Y HABILIDADES MATEMÁTICAS (PISA)

Procesos matemáticos		
Formular 1	Formular y emplear 1	Formular, emplear e interpretar 1

Habilidades de la competencia matemática						
Comunica	**Matematiza**	**Representa**	**Argumenta**	**Plantea**	**Simboliza**	**Tecnifica**

LAS ACTIVIDADES

- Grupal
- Oral
- Calculadora

Los videos «Profesor/a en casa»

Editorial Casals, fundada en 1870

Libro adaptado a los contenidos que prescribe el Real Decreto 1105/2014, de 26 de diciembre, por el que se establece el currículo básico de la Educación Secundaria Obligatoria y el Bachillerato.

Las actividades de este libro se proponen como modelos de ejercicios que cada alumno/a debe resolver en su libreta o cuaderno. En ningún caso debe realizarlas en el propio libro.

Coordinación editorial: Laura Domínguez
Revisión lingüística: M.ª José Rueda
Revisión técnica: Antoni Bancells
Diseño de cubierta: Miquel Puig
Diseño interior: Bassa & Trias
Maquetación: Joan Boldó
Ilustración: Jaume Farrés, Lluís Cadafalch
Fotografía: iStock

Casp 79, 08013 Barcelona
Tel.: 902 107 007 Fax: 93 265 68 95 editorialcasals.com ecasals.net

Primera edición: junio de 2019
ISBN: 978-84-218-6627-6
Depósito legal: B-11385-2019
Printed in Spain